ABITUR-TRAINING

Biologie 1

Zellbiologie · Genetik
Neuronale Informationsverarbeitung
Immunbiologie

Werner Bils

Mit Lernvideos

STARK

Autor:
Dr. Werner Bils hat die Kenntnisse und didaktische Erfahrung, die den beiden Bänden „Abitur-Training Biologie" zugrunde liegen, vor allem durch seine Tätigkeit als Lehrer an Gymnasien, als Fachberater für das Fach Biologie am Regierungspräsidium Tübingen und als Fachleiter in der Ausbildung von Referendaren erworben. Zurzeit ist er als Lehrbeauftragter für die Didaktik der Biologie an der Universität Tübingen sowie als Schulbuchautor tätig. Schwerpunkte seiner Arbeit sind die erklärende Darstellung biologischer Sachverhalte sowie die Erstellung von Aufgaben für die Kontrolle des Lernerfolgs.

Bildnachweis
Umschlagbild: mathagraphics – Fotolia.com

Inhalt

Fortsetzung nächste Seite

Im Hinblick auf eine eventuelle Begrenzung des Datenvolumens wird empfohlen, dass Sie sich beim Ansehen der Videos im WLAN befinden. Haben Sie keine Möglichkeit, den QR-Code zu scannen, finden Sie die Lernvideos auch unter:
http://qrcode.stark-verlag.de/847018V

Autor: Dr. Werner Bils

Hinweis: Die in diesem Buch angegebenen Verweise auf weitere relevante Textstellen sowie das Stichwortverzeichnis beziehen sich gleichzeitig auf den Band **Biologie 2**, Verlags-Nr. 847028. Die Fundstellen werden daher durch die vor der Seitenzahl in Klammern aufgeführten Ziffern 1 (für Biologie 1) bzw. 2 (für Biologie 2) gekennzeichnet.

Vorwort

Liebe Schülerin, lieber Schüler,

der in Baden-Württemberg geltende **Bildungsplan** stellt einige Anforderungen an den Biologieunterricht der Kursstufe, die für Sie wichtig sind. Es geht vor allem um den **Erwerb von Kompetenzen**, die anhand von konkreten Inhalten vermittelt werden. Zudem soll der Unterricht über die Orientierung an Fakten hinaus auch erklärenden Charakter haben, sich an grundlegenden **biologischen Prinzipien** orientieren sowie Kenntnisse und Methoden anderer naturwissenschaftlicher Fächer einbeziehen.

Diese Ausrichtung des Bildungsplans ist anspruchsvoll, denn es wird erwartet, dass Sie Kenntnisse und fachliche Fähigkeiten, aber auch allgemeine Kompetenzen eigenverantwortlich erlernen oder üben. Die beiden Trainingsbücher Biologie 1 und Biologie 2 (Verlagsnr. 847018V und 847028) helfen Ihnen, sich selbstständig auf den **Unterricht**, auf **Klausuren** und auf die **Abiturprüfung** vorzubereiten.

Die beiden Bände behandeln **alle im Bildungsplan erwähnten Themen** und berücksichtigen die übergeordneten **biologischen Prinzipien**.
Inhalte, die über die Anforderungen des zweistündigen Fachs hinausgehen, sind durch einen **farbigen Balken** am Seitenrand gekennzeichnet.

Zu ausgewählten Themenbereichen gibt es **Lernvideos**, die zentrale biologische Zusammenhänge veranschaulichen. An den entsprechenden Stellen im Buch befindet sich ein QR-Code, den Sie mithilfe Ihres Smartphones oder Tablets scannen können – Sie gelangen so schnell und einfach zum zugehörigen Lernvideo.

Die **Texte und Abbildungen** sind **leicht verständlich** gestaltet. In der Regel werden sie durch deutlich markierte, ausführliche **Beispiele** anschaulich gemacht und vertieft. Im Anschluss an jedes Kapitel werden die **wichtigsten Fakten** noch einmal in Kurzform **zusammengefasst**. Diese Übersichten dienen als Gedächtnisanker. Sie helfen Ihnen dabei, neue Fakten leichter zu erlernen und sicher zu behalten.

Fortsetzung nächste Seite

Eine besondere Bedeutung kommt den **Übungsaufgaben** zu. Sie decken alle Inhalte des jeweils vorangehenden Kapitels ab. Die **themenübergreifende Ausrichtung** einiger Aufgaben zeigt die **enge Vernetzung** der verschiedenen **Teildisziplinen** der Biologie und soll zum Verständnis übergeordneter Gesetzmäßigkeiten beitragen.
Die Art der Aufgabenstellung bereitet Sie auf die schriftliche Abiturprüfung in Baden-Württemberg vor. Mithilfe der Aufgaben überprüfen Sie nicht nur, ob Sie in der Lage sind, die erforderlichen **Kenntnisse wiederzugeben**, sondern auch, ob Sie ihr **Wissen anwenden** können. Häufig werden Sie daher in den Aufgaben und in den ausführlichen Lösungen eine andere Betrachtungsweise, andere Beispiele und andere Formulierungen als im erklärenden Text finden. Zusätzlich sollen die Aufgaben Sie dabei unterstützen, eigenverantwortlich Ihren **Kenntnisstand festzustellen**. Dadurch trainieren Sie die von Ihnen geforderte Kompetenz zur Selbstdiagnose im Bereich von **Reproduktion, Reorganisation und Transfer**.

Zur **Vorbereitung auf die schriftliche Abiturprüfung** oder auf **Klausuren** empfehle ich Ihnen, Ihre Kenntnisse mithilfe des erklärenden Textes aufzufrischen, um sie danach anhand der Aufgaben zu prüfen. Es ist aber auch möglich, zunächst die Aufgaben zu lösen, und erst bei aufkommenden Schwierigkeiten die einführenden Texte zurate zu ziehen.

Für Ihre Prüfungen wünsche ich Ihnen viel Erfolg.

Ihr

Dr. Werner Bils

Dr. Werner Bils

Zell- und Molekularbiologie

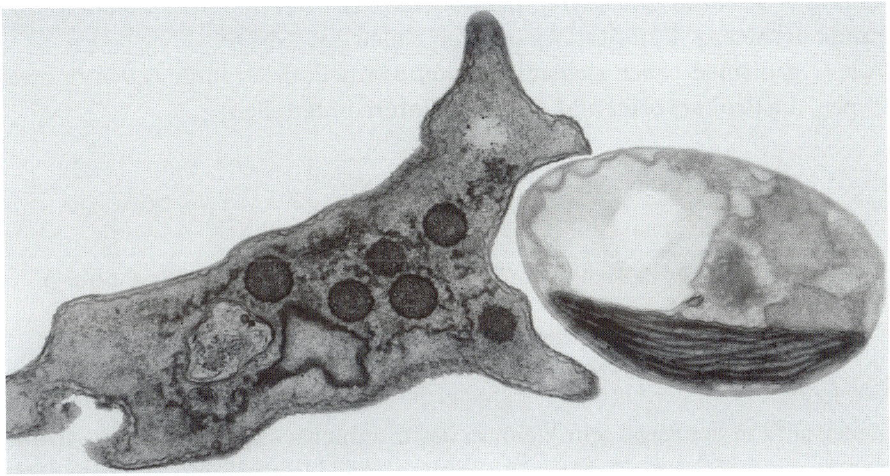

Amöben sind Einzeller, die keine feste Körperform haben, sondern sich ständig verändern. Bei der Fortbewegung bildet die Amöbe plasmagefüllte Scheinfüßchen, sogenannte Pseudopodien, durch die sie Kontakt zum Untergrund aufnimmt. Mit den Scheinfüßchen umfließt die Amöbe ihre Beute, zu der andere Einzeller, Bakterien oder Algen (siehe Foto) gehören, bis sie sie komplett umschlossen hat. In der Nahrungsvakuole zersetzen spezielle Enzyme dann die Beute und erlauben der Amöbe die Aufnahme von Nährstoffen in ihr Zytoplasma. Diese spezielle Form der Nahrungsaufnahme nennt man Phagozytose.

1 Mikroskopie

Alle Lebewesen sind aus **Zellen** aufgebaut. Die Zelle ist die kleinste Einheit, in der Lebensprozesse ablaufen können. Im einfachsten Fall besteht daher ein Organismus aus einer einzigen Zelle (Bakterien, einzellige Pilze wie Hefen u. Ä., einzellige Pflanzen und Tiere). Bei höheren Pflanzen und Tieren bilden Verbände aus einer z. T. riesigen Anzahl von Zellen den Körper.
Alle Organismen lassen sich anhand von Baumerkmalen ihrer Zellen in zwei Typen, die **Prokaryoten** und die **Eukaryoten**, unterteilen:

	Prokaryoten	Eukaryoten
Zelltyp	Prozyte	Euzyte
Kennzeichen	kein Zellkern	Zellkern, innere Membranen (Kompartimentierung)
Vorkommen	Bakterien	Pflanzen, Tiere, Pilze

Tab. 1: Merkmale von Pro- und Eukaryoten.

Zellen sind in der Regel sehr klein, so besitzen menschliche Zellen eine Größe von nur ca. 5–50 µm[1]. Zu ihrer Betrachtung und Untersuchung sind daher **Mikroskope** erforderlich. Von besonderer Bedeutung sind das Lichtmikroskop (LM) und das Transmissions-Elektronenmikroskop (TEM). In beiden Geräten können nur Objekte betrachtet werden, die so dünn sind, dass sie Licht- bzw. Elektronenstrahlen durchlassen. In den meisten Fällen ist es daher erforderlich, die Objekte in außerordentlich dünne Scheiben zu schneiden, und in der Regel ist auch eine spezielle Vorbehandlung der Präparate notwendig, um die Kontraste der Zellstrukturen zu verstärken.
Der **Vorteil des TEM** gegenüber dem LM liegt v. a. im höheren **Auflösungsvermögen**. Unter dem Auflösungsvermögen versteht man den kleinsten Abstand, den zwei Strukturen haben dürfen, um nicht als Einheit, sondern als **zwei getrennte Elemente** wahrgenommen werden zu können.
Die Grenzen der Auflösung betragen beim

- LM ca. 0,2 µm ($0{,}2 \cdot 10^{-3}$ mm),
- TEM ca. 0,1 nm ($0{,}1 \cdot 10^{-6}$ mm)[2].

Das Auflösungsvermögen des TEM ist also ca. **2 000-mal höher** als das des LM, ein elektronenmikroskopisches Bild lässt daher sehr viel mehr Einzelheiten erkennen, das Bildraster enthält sehr viel mehr Bildpunkte.

1 Einheit: 1 µm = 1 „Mikrometer" = $1 \cdot 10^{-3}$ mm.
2 Einheit: 1 nm = 1 „Nanometer" = $1 \cdot 10^{-3}$ µm = $1 \cdot 10^{-6}$ mm.

Im Elektronenmikroskop wird das Objekt nicht wie im Lichtmikroskop von Lichtstrahlen, sondern von **Elektronen** durchstrahlt. Dies erklärt die speziellen **Konstruktionsmerkmale**, das hohe Auflösungsvermögen und einige Beschränkungen der Leistung.

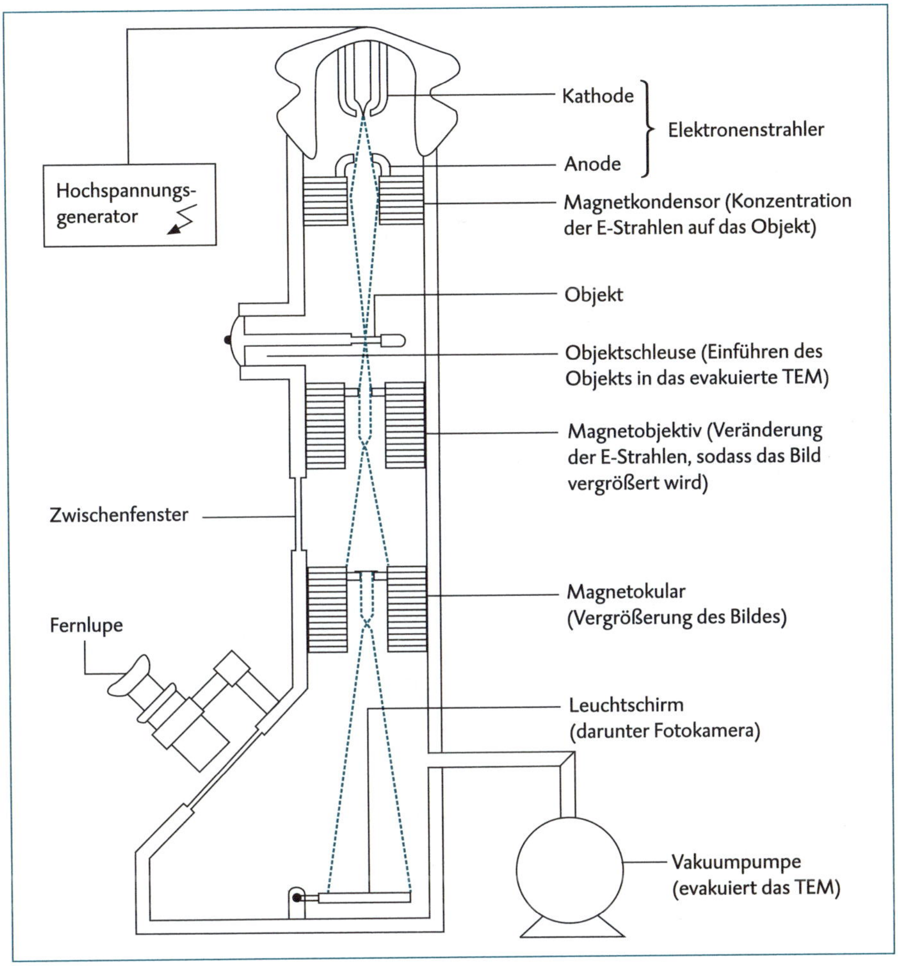

Abb. 1: Schema zum Aufbau eines Transmissions-Elektronenmikroskops.

- Statt Linsen sind **Magnetspulen** erforderlich. Sie erzeugen elektromagnetische Felder und können den Gang des Elektronenstrahls verändern. Damit haben sie eine vergleichbare Wirkung wie die Glaslinsen in den Objektiven und Okularen des LM. Glaslinsen sind im TEM nicht möglich, da Glas die Elektronen nicht durchtreten lässt.
- **Leuchtschirme** oder Fotoplatten (Filme) sind erforderlich, da das menschliche Auge nur Licht bestimmter Wellenlängen wahrnehmen kann. Elektronenstrahlen müssen erst durch Leuchtschirme oder für Elektronen empfindliche Filme wahrnehmbar gemacht werden. Vergleichbar ist dies mit der Röntgen-Technik in der Medizin.
- Nur **Schwarzweißaufnahmen** sind möglich. Farbe ist eine Qualität des Lichts. Da die Objekte aber nicht von Licht durchstrahlt werden, kann auch kein Farbeindruck entstehen.
- Im TEM muss ein **Vakuum** herrschen, da Gasteilchen die Elektronen abbremsen würden. Im TEM lassen sich daher keine lebenden Organismen beobachten.

Zusammenfassung

- **Prokaryoten** haben Zellen, denen der Zellkern fehlt, **Eukaryoten** bestehen aus Zellen, die einen **Zellkern** enthalten.
- Zellen haben in der Regel eine Größe von nur einigen µm.
- **Objekte**, die im Lichtmikroskop oder Elektronenmikroskop betrachtet werden sollen, müssen so **dünn** sein, dass Licht- bzw. Elektronenstrahlen durchtreten können.
- Das **Auflösungsvermögen** eines Mikroskops gibt den **kleinsten Abstand** an, den zwei Strukturen des betrachteten Objekts haben dürfen, um noch als **getrennte Bildpunkte** wahrnehmbar zu sein.
- Das **Auflösungsvermögen des Elektronenmikroskops** ist sehr viel **höher** als das des Lichtmikroskops.
- Im Elektronenmikroskop ist im Gegensatz zum Lichtmikroskop das Objekt nicht direkt zu beobachten, es ist kein farbiges Bild und keine Untersuchung lebender Organismen möglich.

fgaben

1 Erklären Sie den Begriff „Auflösungsvermögen“ und geben Sie die Grenze des Auflösungsvermögens für das Licht- und das Elektronenmikroskop an.

2 Eine Zelle von 28 µm Länge soll im Ultramikrotom (Gerät zur Herstellung von mikroskopischen Schnitten) quer in Scheiben geschnitten werden. Die Scheiben sollen eine Dicke von 40 nm haben.
Berechnen Sie die Zahl der Scheiben, in die man die Zelle bei der angegebenen Schnittdicke maximal zerteilen kann.

3 Nennen Sie die Organellen aus der folgenden Liste, die sich nur im TEM sichtbar machen lassen, nicht im LM:

a	Mikrotubuli:	24 nm	(Durchmesser)
b	Mitochondrien:	10 µm	(Länge)
c	Eiweißmolekül:	ca. 10 nm	
d	Membran:	7–10 nm	(Stärke)
e	Ribosom:	0,015–0,025 µm	
f	DNA-Molekül:	2 nm	(Durchmesser)
g	Chloroplast:	4–8 µm	
h	Kernporen:	30–40 nm	

4 Trotz seines geringeren Auflösungsvermögens bietet das Lichtmikroskop gegenüber dem Elektronenmikroskop einige Vorteile. Nennen Sie zwei dieser Vorzüge.

2 Bau der Eukaryoten-Zelle

2.1 Bau und Funktion der Zellmembran

Membranen sind die wichtigsten Grundstrukturen aller Zellen. Sie begrenzen die Zellen nach außen hin und trennen im Zytoplasma gesonderte Räume, sogenannte **Kompartimente**, voneinander ab. Auch Pflanzenzellen sind von einer Membran umgeben. Ihr liegt aber zusätzlich noch eine festigende Cellulosehülle, die **Zellwand**, auf. Alle Membranen haben den gleichen Grundaufbau (**Einheitsmembran**, *„unit-membrane"*). Sie bestehen aus Lipiden, Proteinen und zum geringen Teil aus kurzen Zuckerketten. Im TEM erscheinen sie bei sehr starker Vergrößerung dreischichtig – zwei dunkle äußere Bereiche schließen einen helleren Bereich ein. Man spricht daher von einer **dreischichtigen** oder trilaminaren **Membran**.

Bestandteile der Biomembran

Den größten Teil der Membranlipide bilden die **Phospholipide**. Die Moleküle dieser Lipide bestehen aus einem **polaren** Kopfbereich, der hydrophil („wasserfreundlich", von gr. *phílos* = „Freund") und lipophob („fettfeindlich", von gr. *phóbos* = „Furcht") ist, sowie einem **unpolaren**, langen Schwanzbereich, der hydrophob und lipophil ist. In wässrigen Lösungen, wie sie in und um Zellen herum vorliegen, wenden sich die wasserabweisenden Enden der Lipid-Moleküle einander zu, während die hydrophilen Bereiche in das umgebende, wässrige Medium hineinragen.

> Die **Biomembran** besteht aus einer Lipid-Doppelschicht, die in ihrem Innern hydrophob und lipophil, an ihren Außenseiten hydrophil und lipophob ist.

Membranproteine lassen sich je nach ihrer Lage unterscheiden:

- **Integrale Proteine** sind tief in der Lipidschicht liegende, bis in deren hydrophoben Bereich eingebettete Proteine oder sehr lang gestreckte Proteine, die sich quer durch die gesamte Lipidschicht ziehen. Die Enden der Proteine ragen meist über die Lipidschicht hinaus.
- **Periphere Proteine** sind nicht in die Lipidschicht eingebettet, sie liegen der Membran an den Außenseiten auf.

Biomembranen gleichen dadurch einem „Flickenteppich“ aus Proteinen, die in einer flüssigen Grundsubstanz, der Lipid-Doppelschicht, schwimmen. Auf der Außenseite der Zellgrenzmembran können die Proteine, gelegentlich aber auch Lipide, kurze **Zuckerketten** tragen. Sie ragen wie ein „Antennenwald“ in die Umgebung der Zelle. **Glykoproteine** haben einen Zucker- und einen Proteinanteil, **Glykolipide** einen Lipid- und einem Zuckeranteil.

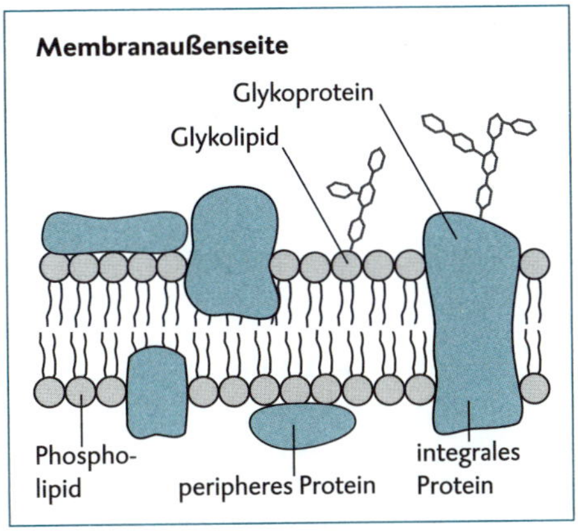

Abb. 2: Bau der Biomembran (stark schematisiert).

Gesamtstruktur der Membran

Die Biomembran ist keine starre Haut wie z. B. eine Plastikfolie. Vielmehr ähnelt sie einem Ölfilm, der sich auf einer Wasseroberfläche bildet. In diesem Film verschieben sich die Lipidmoleküle und damit auch die mosaikartig auf- oder eingelagerten Proteine ständig. Dabei wechseln die Moleküle aber nur selten ihre Lage quer zur Membran, weil dabei ihre hydrophilen äußeren Enden den hydrophoben inneren Bereich der Lipidschicht durchwandern müssten.

Die Biomembran ist ein **flüssiges Mosaik** aus Lipiden und Proteinen, man spricht vom **Flüssig-Mosaik-Modell** (fluid-mosaic-model).

Wichtige Eigenschaften der Zellmembran

Alle Membranen der Zelle haben die **gleiche Grundstruktur**. Spezifische Funktionen erhalten sie durch die Einlagerung besonderer Proteine. Die **hydrophoben**, einander zugewandten Bereiche der Lipidmoleküle bilden eine Art dünne „Ölschicht“, die für große hydrophile (wasserlösliche) Teilchen oder für Ionen nicht oder nur sehr schwer zu durchdringen ist, die aber lipophile (hydrophobe) Teilchen leicht passieren können. Ionen sind geladene Teilchen, die von einer Wasserhülle umgeben sind. Dies erschwert den Durchtritt durch den hydrophoben (unpolaren) inneren Bereich der Lipid-Doppelschicht. Für Wassermoleküle und andere **kleine Teilchen** wie Sauerstoff und Kohlenstoffdioxid-Moleküle ist die Membran durchlässig.

Die eingelagerten **integralen Proteine** können die Membran auch für Ionen oder für größere wasserlösliche Moleküle, z. B. für Glucose, passierbar machen. Häufig geschieht dies aber nur unter bestimmten Bedingungen.

> Biomembranen haben die Fähigkeit zur **selektiven Permeabilität**, d. h. zur „auswählenden Durchlässigkeit".

Die Zelle gleicht damit einer mittelalterlichen Burg. Sie schirmt sich mit Mauern und Gräben, ihrer Lipid-Doppelschicht der Membran, streng gegen die Außenwelt ab, braucht aber Tore und Brücken in Form integraler Proteine, um das Leben im Inneren aufrechtzuerhalten. An den Toren und Brücken lässt sich kontrollieren, wer die Burg betreten und wer sie verlassen darf.
Membranen enden nie frei, sondern vereinen sich immer zu **geschlossenen** Gebilden, vergleichbar mit der Bildung von Seifenblasen. Daher lassen sich Abschnitte von Membranen in Form geschlossener Bläschen **(Vesikel)** herauslösen, wodurch sich die Membranfläche verringert. Sie kann sich aber auch vergrößern, wenn Vesikel mit ihr verschmelzen (siehe Endozytose, S. (1) 16).

> Die ständige Veränderung der Membran durch Aufnahme und Abgabe von Vesikeln wird als **Membranfluss** bezeichnet.

Praktische Bedeutung hat diese Eigenschaft bei Experimenten und Manipulationen an Zellen. So bleibt z. B. nach dem Einstich in eine Zelle mit einer Injektionsnadel kein Loch, aus dem Zytoplasma ausfließen könnte, und unter bestimmten Bedingungen lässt sich beim Kontakt von zwei Zellmembranen erreichen, dass zwei Zellen zu einer verschmelzen (siehe Protoplastenfusion, S. (2) 198 f.).
Membranen trennen immer nicht-plasmatische (proteinarme) Bereiche von plasmatischen (siehe z. B. Tonoplast, S. (1) 24). Wenn zwei plasmatische Bereiche voneinander getrennt werden sollen, ist eine **Doppelmembran** aus zwei Membranen erforderlich, zwischen denen ein schmaler nicht-plasmatischer Bereich liegt. Solche Doppelmembranen findet man in einigen besonderen Bereichen des Zytoplasmas (siehe Organellen, S. (1) 17 ff.).

Funktionen der Zellmembran

Biomembranen erfüllen einige sehr wichtige Aufgaben und sind daher für den Ablauf der Lebensprozesse von höchster Bedeutung. So **grenzen** sie die Zellen nach außen hin ab. Die Zellgrenzmembran, das sogenannte **Plasmalemma**, ist sowohl Barriere als auch Vermittler zur Außenwelt. Sie trennt außerdem verschiedene **Kompartimente** voneinander ab. Dadurch können in der Zelle gleichzeitig Prozesse ablaufen, die sich sonst gegenseitig hemmen oder aufheben würden. Eine Pflanzenzelle kann z. B. zur gleichen Zeit Nährstoffe auf- und abbauen, etwa bei der Bildung von Glucose in der Fotosynthese und beim Umsatz von Glucose in der Zellatmung. Jedes von der Membran abgeschnürte Vesikel stellt einen gesonderten Reaktionsraum dar.

Biomembranen **regeln den Stofftransport** zwischen und innerhalb der Zellen. Durch integrale Proteine kann die Zelle bestimmen, für welche Teilchen eine Membran oder ein Membranbereich durchlässig sein soll und/oder unter welchen Bedingungen er für bestimmte Teilchen passierbar sein soll. Dies kann z. B. nur dann möglich sein, wenn sich die Ladungsverhältnisse an der Membran ändern, oder wenn sich bestimmte Signalstoffe angelagert haben. Ein Beispiel hierfür ist der Einstrom von Natriumionen bei der Spannungsänderung an der Axonmembran (siehe Aktionspotenzial, S. (1) 155 f.) oder der Na^+-Einstrom in die Nervenzelle bei Kontakt mit einem Transmitter an der Synapse (siehe S. (1) 166 f.). Auf diese Weise kann die Zelle steuern, wann welche Substanzen in welcher Menge in die Zelle oder in bestimmte Zellräume aufgenommen bzw. aus ihnen abgegeben werden sollen.

Biomembranen dienen dem Aufbau, dem Erhalt und der Veränderung von **elektrischen Potenzialen** (siehe Ruhepotenzial, S. (1) 149 ff.). Außerdem nehmen Sie **Informationen** auf und leiten sie ins Innere der Zelle weiter. Viele Membranproteine dienen als **Rezeptormoleküle**, z. B. für Hormone, Neurotransmitter oder für Signalstoffe des Immunsystems. Die Zellgrenzmembran ist von größter Bedeutung für die Fähigkeit der Zellen, Umweltveränderungen wahrzunehmen und darauf zu reagieren. So sind die Membranen zur **Erkennung** von körperfremden Zellen oder Substanzen fähig. Neben den Membranproteinen dienen hierzu häufig auch die **Zuckerketten** an der Außenseite der Zellgrenzmembran (siehe S. (1) 7). Die roten Blutkörperchen der vier Blutgruppen unterscheiden sich z. B. durch Zuckerreste auf ihren Oberflächen.

Biomembranen steuern **Stoffwechselprozesse**. Viele Membranproteine wirken als Enzyme, wie z. B. die Enzyme der Zellatmung in der inneren Membran der Mitochondrien oder die Enzyme der Fotosynthese in Membranen der Chloroplasten (siehe S. (1) 18 ff.).

2.2 Stofftransport durch die Membran

Der Stofftransport durch Membranen kann als **passiver Transport** durch Diffusion und Osmose ablaufen, wobei keine Stoffwechselenergie benötigt wird, oder als **aktiver Transport** unter Verbrauch von ATP.

Passiver Transport

In der Flüssigkeit, die die Zelle umgibt, und im Zytoplasma wandern Teilchen durch **Diffusion**. Sie bewegen sich dabei in alle Richtungen, in der Bilanz aber vom Ort der höheren zum Ort der geringeren Konzentration, also entlang des Konzentrationsgefälles. Verantwortlich für diese Wanderung ist die thermische Eigenbewegung (Wärmebewegung) der Teilchen. Die Zelle muss für diese Art des Stofftransports keine Stoffwechselenergie aufbringen. Mit einer **Erhöhung der Temperatur** wird die Geschwindigkeit der Diffusion größer. Die Diffusion läuft außerdem umso schneller ab, je stärker die **Konzentrationsunterschiede** sind. Die Diffusion endet, wenn der Konzentrationsunterschied einer Substanz ausgeglichen ist. Mit **zunehmender Entfernung** nimmt die Geschwindigkeit der Diffusion stark ab. Auf kurze Distanzen wandern die Teilchen noch mit hoher Geschwindigkeit, bei weiten Strecken werden sie sehr viel langsamer. Für eine doppelt so weite Entfernung braucht ein diffundierendes Teilchen sehr viel länger als die doppelte Zeit. Der **Größe von Zellen** sind daher Grenzen gesetzt, da der Stofftransport durch Diffusion ab einer bestimmten Distanz zu langsam abläuft.

> **Diffusion** ist der grundlegende Transportvorgang von Teilchen in der Zelle. Triebfeder der Diffusion ist das Bestreben der Teilchen, sich gleichmäßig in dem ihnen zur Verfügung stehenden Raum zu verteilen. Die Diffusion läuft ohne Verbrauch von Stoffwechselenergie ab.

Ionen und größere hydrophile Teilchen können durch Biomembranen diffundieren, wenn spezielle **Transportproteine** vorhanden sind, die Kanäle bilden. In der Regel lassen solche **Tunnelproteine** nur eine bestimmte Art von Teilchen passieren. Einige Transportproteine können sich öffnen und schließen, wodurch die Zelle in der Lage ist, die Diffusion der Teilchen zu beeinflussen und zu kontrollieren (siehe Aktionspotenzial, S. (1) 155 f.). Wasser und einige andere sehr kleine Teilchen können eine Membran ungehindert durchqueren, die meisten übrigen Teilchen dagegen nicht. Dies bezeichnet man als die **Semipermeabilität** von Membranen. Eine Membran stellt daher für bestimmte Teilchen einer Lösung eine **Diffusionsbarriere** dar.

Die **eingeschränkte Diffusion** wird als **Osmose** bezeichnet. Auch für die Osmose ist **keine** Stoffwechselenergie erforderlich. Sie ist ein rein physikalischer Vorgang.

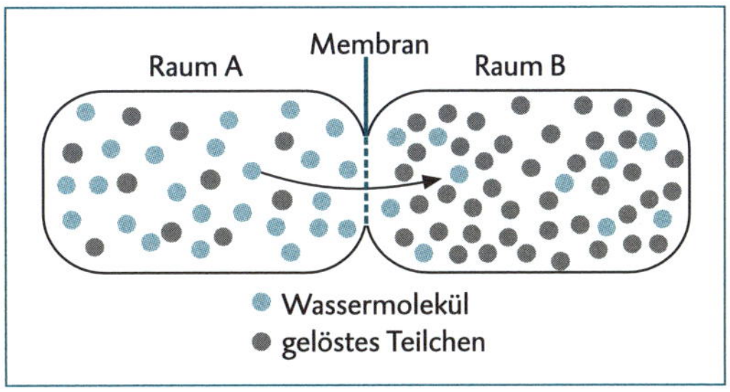

Abb. 3: Osmose (vereinfachtes Schema).

In der Abb. 3 ist die Membran zwischen den Räumen A und B durchlässig für H_2O-Moleküle, aber undurchlässig für darin gelöste Teilchen. Die Konzentration gelöster Teilchen ist im Raum B höher als im Raum A. Durch Diffusion wandern H_2O-Teilchen vom Ort der höheren Konzentration durch die Membran in den Raum der niedrigeren Konzentration. Mit der Zeit gleichen sich die Konzentrationsunterschiede in den beiden Räumen immer weiter aus, sodass die Diffusionsgeschwindigkeit kontinuierlich abnimmt.

Hoch konzentrierte Lösungen haben das Bestreben, Wasser aus Lösungen mit geringerer Konzentration aufzunehmen. Sie erzeugen einen hohen **osmotischen Druck**.

Zellen enthalten in ihrem Plasma und, soweit es sich um pflanzliche Zellen handelt, in ihrer Vakuole (Zellsaftraum) viele gelöste Teilchen. Sie haben daher das Bestreben, Wasser aufzunehmen. Wenn Zellen in eine Umgebung geraten, die eine höhere Konzentration gelöster Teilchen aufweist als ihr Zytoplasma, besteht umgekehrt die Gefahr, dass sie zu viel Wasser durch die Membran nach außen verlieren. Bei Pflanzenzellen nennt man dies **Plasmolyse**.

Versuche zur Osmose in Pflanzenzellen

Osmotische Vorgänge in der Pflanzenzelle lassen sich durch Versuche verdeutlichen. Dazu können z. B. Modellversuche dienen, die die Vorgänge in der Zelle mithilfe von Geräten simulieren. Es lassen sich aber auch Versuche zur Osmose an echten Pflanzenzellen durchführen, die man kontrolliert unterschiedlichen Bedingungen aussetzt.

In einem **Modellversuch** wird ein Gefäß verwendet, dessen Boden aus einer semipermeablen Membran besteht (siehe Abb. 4). Dieses Gefäß, die Kammer I, ist mit einer gefärbten Rohrzuckerlösung gefüllt und befindet sich untergetaucht in einem zweiten Gefäß (Kammer II), in dem sich destilliertes Wasser befindet. Die Kammer I steht mit einem sehr dünnen Glasrohr, dem Steigrohr, in Verbindung. Die semipermeable Membran ist durchlässig für Wasser, nicht jedoch für Zucker- und Farbstoffteilchen.

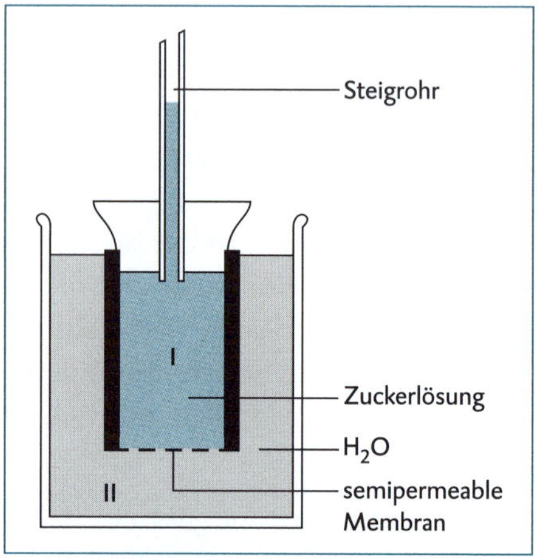

Abb. 4: Modellversuch zur Osmose.

Es lassen sich die folgenden Beobachtungen machen:

- Der Flüssigkeitsspiegel im Steigrohr steigt an. Die Geschwindigkeit des Anstiegs wird mit der Zeit geringer.
- Die Färbung der Zuckerlösung (Kammer II) wird blasser.
- Nach einer gewissen Zeit bleibt der Flüssigkeitsspiegel im Steigrohr bei einem bestimmten Wert stehen.

Erklärungen für diese Beobachtungen:

- Die höhere Konzentration der freien Wasserteilchen in der Kammer II führt dazu, dass mehr Wasserteilchen von der Kammer II durch die semipermeable Membran in die Kammer I wandern als umgekehrt. Die in die Kammer I diffundierenden Wasserteilchen lassen den Flüssigkeitsspiegel im Steigrohr ansteigen. Außerdem verringern sie die Farbintensität der Rohrzuckerlösung in der Kammer I.
- Durch das Einströmen von Wasserteilchen in die Kammer I verringert sich der Unterschied zwischen den beiden Kammern in ihrer Wasserteilchen-Konzentration. Die nun verdünnte Rohrzuckerlösung hat eine geringere Fä-

higkeit, Wasser anzuziehen, man spricht davon, dass ihr **osmotischer Wert** gesunken ist. Daher wandern immer weniger Wasserteilchen pro Zeiteinheit in die Kammer I. Durch den immer geringer werdenden **osmotischen Druck** steigt die Flüssigkeit im Steigrohr immer langsamer.

- Dem osmotischen Druck wirkt der Schweredruck der Flüssigkeit im Steigrohr, der sogenannte **hydrostatische Druck**, entgegen. Wenn der osmotische Druck und der hydrostatische Druck gleich groß sind, steigt die Flüssigkeit im Steigrohr nicht weiter.

Die Ergebnisse dieses Modellversuchs lassen sich auf die Vorgänge übertragen, die unter natürlichen Verhältnissen in einer **Pflanzenzelle** ablaufen.
Die Abb. 5 zeigt eine Pflanzenzelle unter natürlichen Bedingungen. Im Inneren einer erwachsenen Pflanzenzelle liegt ein großer, Membran-umschlossener Bereich, der **Zellsaftraum**, auch **zentrale Vakuole** genannt. Er ist mit **Zellsaft** gefüllt. Das Zytoplasma und der Zellsaft enthalten viele gelöste Teilchen. Daher diffundiert Wasser aus der Umgebung durch die semipermeablen Membranen, die das Zytoplasma nach innen und außen abgrenzen, in die Vakuole. Wenn der Zellsaft farbig ist, z. B. in den Zellen der Zwiebelschuppenhaut roter Küchenzwiebeln, wird seine Färbung durch das aufgenommene Wasser weniger intensiv. Durch die Füllung mit einströmendem Wasser dehnt sich der Zellsaftraum aus. Er drängt das Zytoplasma von innen an die Zellwand und übt so Druck auf die Zellwand aus. Man bezeichnet diesen Druck als **Turgor**. Er setzt die Pflanzenzelle unter Spannung und erhöht dadurch ihre Stabilität. Dem Turgor wirkt der Druck der elastischen Zellwand entgegen. Die Aufnahme von Wasser in den Zellsaftraum endet, wenn der Druck der Zellwand gleich groß ist wie der osmotische Druck des Zellsafts.

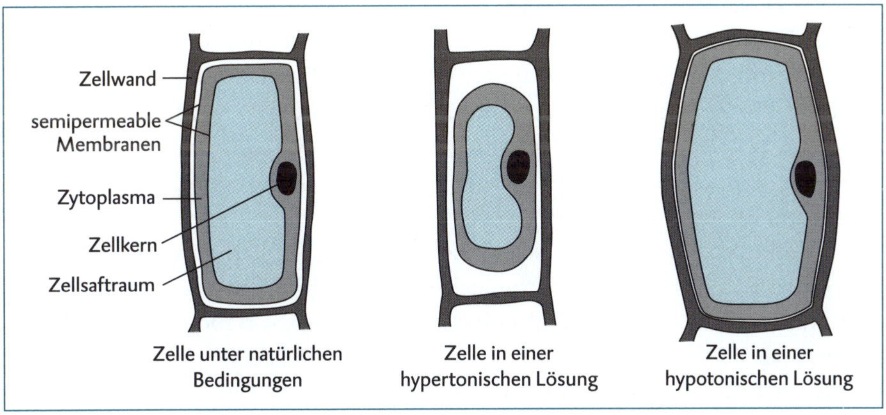

Abb. 5: Versuche zur Osmose an Membranen der Pflanzenzelle.

Die Tab. 2 gibt an, welche Faktoren bzw. Reaktionsräume sich jeweils beim Modellversuch und beim Versuch mit einer echten Pflanzenzelle entsprechen.

Modellversuch		Versuch mit Pflanzenzelle
Kammer I	↔	Zellsaftraum und Zytoplasma
Kammer II	↔	Außenraum der Zelle
Rohrzuckerlösung	↔	Zellsaft und Zytoplasma
Hydrostatischer Druck	↔	Druck der Zellwand
Osmotischer Druck der Zuckerlösung	↔	Osmotischer Druck des Zellsafts

Tab. 2: Entsprechungen beim Modellversuch und dem Versuch mit einer Pflanzenzelle.

In Versuchen lässt sich der Turgor nicht nur künstlich erhöhen, sondern auch vermindern. Geeignet für einen solchen Versuch sind z. B. die Zellen der Zwiebelschuppenhaut roter Küchenzwiebeln, deren Zellsaft rot gefärbt ist. Um den Turgor zu vermindern, legt man solche Zellen in eine Flüssigkeit, deren osmotischer Wert höher ist als der des Zellsafts, die also mehr gelöste Teilchen enthält als der Zellsaft. Man bezeichnet solche Flüssigkeiten als **hypertonisch**. Im Verlauf des Versuchs diffundiert Wasser aus dem Zellsaft durch das Zytoplasma hindurch in den Zellaußenraum. Die Färbung des Zellsafts wird dadurch intensiver. Das Volumen der zentralen Vakuole verkleinert sich durch den Wasserverlust. Der Turgor, der Druck der zentralen Vakuole, nimmt ab. Dadurch löst sich das Zytoplasma schließlich von der Zellwand ab, es kommt zur **Plasmolyse**. Die Zelle verliert ihre Spannung und wird schlaff.

Eine Flüssigkeit, die weniger gelöste Teilchen enthält als die zentrale Vakuole, bezeichnet man als **hypotonisch**. In einer hypotonischen Lösung diffundiert Wasser in die zentrale Vakuole der Pflanzenzelle und erhöht so den Druck auf die Zellwand. Man bezeichnet diesen Vorgang als **Deplasmolyse**. Im Extremfall kann die Zellwand dem Druck der sich durch die Deplasmolyse ausdehnenden Vakuole nicht mehr standhalten, sodass die Zelle platzt. Bei Regen können z. B. hochreife Kirschen wegen des starken Zuckergehaltes im Zellsaftraum ihrer Zellen aufplatzen.

Osmotische Vorgänge in tierischen Zellen laufen ähnlich ab und haben vergleichbare Folgen wie bei Pflanzenzellen. Wenn rote Blutkörperchen z. B. in destilliertem Wasser liegen, diffundieren so viele Wasserteilchen durch die semipermeable Zellgrenzmembran in ihr Zytoplasma, dass sie platzen. In hypertonischen Lösungen diffundieren Wasserteilchen aus den roten Blutkörperchen, sodass sie schrumpfen.

Aktiver Transport

Zellen sind darauf angewiesen, Substanzen in ihrem Inneren anzureichern und Konzentrationsunterschiede aufrechtzuerhalten, z. B. die von Aminosäuren, Zuckern, Nukleotiden, aber auch von Ionen wie Na^+, K^+ usw. (siehe Ruhepotenzial, S. (1) 149 ff.). Dies ist allerdings nur durch Transportvorgänge **gegen** ein Konzentrationsgefälle möglich und kann daher nicht durch Diffusion oder Osmose geschehen.

Aktiver Transport ist von Stoffwechselenergie abhängig, kann also nur unter Verbrauch von ATP ablaufen. Er geschieht an speziellen **Carrier-Proteinen**, die die Membran vollständig durchziehen.

Carrier-Proteine binden die Teilchen auf der einen Seite der Membran und setzen sie auf der anderen wieder frei. Die am aktiven Transport beteiligten Systeme werden häufig als „Pumpen“ bezeichnet, weil sie **gegen das Konzentrationsgefälle** arbeiten, also „bergauf“ transportieren. Ein Beispiel dafür ist die Natrium-Kalium-Pumpe in der Membran des Axons von Nervenzellen (siehe S. (1) 153).

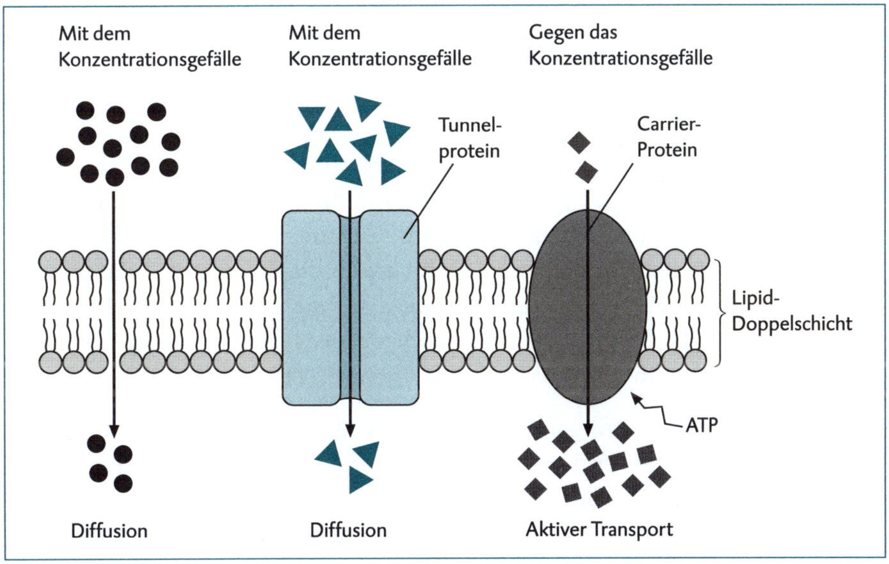

Abb. 6: Transport von Teilchen durch die Membran.

Größere Moleküle wie z. B. Proteine, Vielfachzucker, aber auch Viren, Bakterien, Bruchstücke anderer Zellen u. Ä. werden für den Transport durch das Zytoplasma meistens in Bläschen **(Vesikel)** eingeschlossen. Diese Vesikel schnüren sich zu Beginn des Transports von der Zellgrenzmembran oder von innerhalb der Zelle liegenden Membranen ab, verschmelzen, wenn sie ans Ziel gelangt sind, mit anderen Membranbereichen und geben dabei ihren Inhalt wieder ab. Wenn die Membran eines Vesikels eine andere Membran berührt, ordnen sich ihre Lipidmoleküle so um, dass beide Membranen zu einer **kontinuierlichen** Struktur verschmelzen. Möglich ist dies durch die ähnliche Grundstruktur aller Membranen (siehe S. (1) 6). Diese Vorgänge erlauben den Transport größerer Partikel durch die Membran, ohne dass dabei „Löcher" in ihr auftreten.

Je nach der **Richtung** des Transports durch die Zellgrenzmembran unterscheidet man zwei Varianten:

- Bei der **Exozytose** wandern Vesikel durch das Zytoplasma in Richtung Zellgrenze und verschmelzen dort mit der Zellgrenzmembran. Auf diese Weise kann die Zelle Inhaltsstoffe, z. B. große Moleküle, die sie in ihrem Stoffwechsel gebildet hat, nach außen abgeben. **Drüsenzellen** können so ihre Sekrete ausscheiden. Die Zellen der Bauchspeicheldrüse geben ein Hormon, das Insulin, auf diese Weise ins Blut ab, und Pflanzenzellen sondern so Cellulose nach außen ab, aus der dann die Zellwand gebildet wird.
- Bei einer **Endozytose** schnürt sich an der Zellgrenzmembran ein Bläschen nach innen ab und wandert ins Zytoplasma hinein. Auf diese Weise können Substanzen in Vesikel „verpackt" von außen ins Zellinnere gelangen. Wenn feste Substanzen aufgenommen werden, spricht man von einer **Phagozytose**, bei flüssigen von einer **Pinozytose**. Mithilfe von Endozytosen gelangt ein Teil der Nährstoffe aus dem Dünndarm in die Zellen der Darmoberfläche. Sie durchqueren die Zellen und werden durch Exozytose wieder abgegeben. Einige Lymphozyten sind durch Phagozytose in der Lage, Erreger oder Fremdstoffe in sich aufzunehmen (siehe S. (1) 232 und 235).

Durch Endozytosen verringert sich die Fläche der Zellgrenzmembran, Exozytosen vergrößern sie. Wenn sich die beiden Vorgänge die Waage halten, verändert sich die Größe der Zelle nicht.

2.3 Die Organellen der eukaryotischen Zelle

Die meisten Stoffwechselprozesse laufen in oder an den **Organellen** ab, Bereiche des Zytoplasmas mit **spezieller Struktur und Funktion**. Organellen, die von Membranen umgeben sind, bilden als Kompartimente vom übrigen Plasma abgetrennte Reaktionsräume (siehe z. B. Energieumwandlung, S. (1) 46 f.).

Organellen mit Doppelmembran

Ein **Zellkern** ist mit wenigen Ausnahmen in jeder Zelle vorhanden. Die roten Blutkörperchen des Menschen allerdings sind in ihrer aktiven Lebensphase kernlos. In der Regel ist der Kern das **größte Organell** der Zelle und daher schon im Lichtmikroskop sichtbar. Große Zellen haben meistens einen großen Zellkern, Zellen mit geringem Ausmaß einen kleinen **(„Kern-Plasma-Relation“)**. Die Kernhülle besteht aus einer Doppelmembran, die von zahlreichen Öffnungen, den **Kernporen**, durchbrochen ist und eine Verbindung zum Endoplasmatischen Retikulum hat (siehe S. (1) 21). In der Grundsubstanz des Zellkerns, dem „Kernsaft“ **(Karyoplasma)**, liegen die **Chromosomen** und der **Nukleolus**. Der Nukleolus ist ein kleiner Körper, der RNA und Proteine enthält. Die Chromosomen bestehen aus DNA und Proteinen (siehe S. (1) 78 ff.). Sie sind im aktiven Zustand **(Arbeitsform)** im Lichtmikroskop nicht sichtbar. Während der Zellteilung verkürzen und verdicken sie sich zur „**Transportform**“ und sind in diesem Zustand im Lichtmikroskop erkennbar.

Die DNA in den Chromosomen enthält die **Erbinformationen** (genetische Informationen) der Zelle:

- Die Gene **steuern** über Enzyme, die mit ihrer Hilfe gebildet werden, den Stoffwechsel der Zelle.
- Sie sorgen außerdem dafür, dass die bei Zellteilungen (Mitose) entstehenden neuen Zellen entweder mit den ursprünglichen **identisch** sind oder **spezifische Unterschiede** ausbilden.
- Schließlich bedingen die Gene, dass bei der Fortpflanzung die **Merkmale der Eltern** auf die Nachkommen übertragen werden.

> Die **Funktion** des Zellkerns liegt in der Steuerung der Zellfunktionen, man kann ihn als „Leitzentrale der Zelle“ bezeichnen.

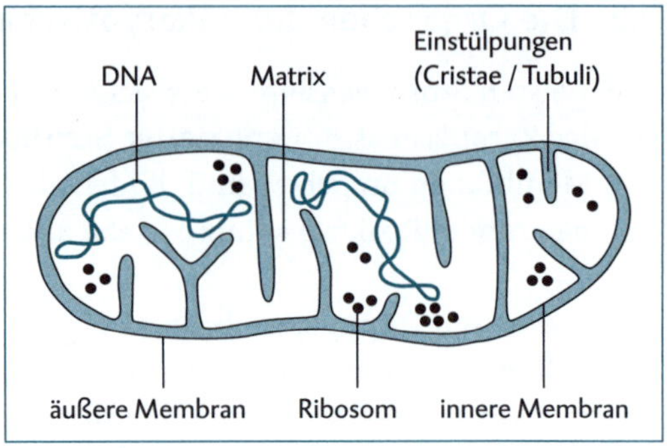

Abb. 7: Schematischer Aufbau eines Mitochondriums.

Die **Mitochondrien** gehören zur „Grundausstattung" aller eukaryotischen Zellen. Sie stellen große Organellen dar, die im Lichtmikroskop sichtbar sind. Die Oberfläche der inneren der beiden Hüllmembranen ist durch **faltenartige Einstülpungen** (Cristae, Tubuli) in den plasmatischen Raum (Matrix) hinein stark vergrößert. Diese innere Membran enthält einen Teil der Enzyme, die für den Ablauf der Zellatmung (siehe unten) erforderlich sind. In der Matrix liegen weitere Atmungsenzyme, aber auch DNA **(mitochondriale DNA)** und Ribosomen. Mitochondrien sind in der Lage, sich eigenständig durch Teilung oder Knospung zu vermehren („Selbstteilungskörperchen"). Genutzt werden dazu u. a. die DNA und die Ribosomen der Matrix (siehe Endosymbiontentheorie, S. (2) 25 f.).

In den Mitochondrien läuft an den Atmungsenzymen in der Matrix und an der inneren Membran die **Zellatmung** ab. Dabei wird Glucose durch **Oxidation** zu H_2O und CO_2 abgebaut:

$$C_6H_{12}O_6 + 6\,O_2 \longrightarrow 6\,CO_2 + 6\,H_2O \qquad \Delta G = -2\,800\ kJ \cdot mol^{-1}$$

In der Zellatmung wird die in der Glucose enthaltene Energie in kleinen Schritten freigesetzt. Ein Teil der Energie wird in Form von ATP gebunden, der Rest wird als Wärme frei. Mitochondrien sorgen für die Bereitstellung von **ATP**, dem **universellen Energiespeicher und -überträger** der Zellen. In Form von ATP kann chemische Energie für Stoffwechselprozesse nutzbar gemacht werden (siehe S. (1) 47 ff.).

Die Funktion der **Mitochondrien** liegt in der **Energieversorgung**, sie werden daher als „Kraftwerke" der Zelle bezeichnet.

Plastiden findet man nur in Pflanzenzellen, nicht aber in Zellen von Pilzen und Tieren. Sie sind bei höheren Pflanzen meistens linsenförmig und so groß, dass man sie schon bei geringer Vergrößerung im Lichtmikroskop erkennen kann. Wie die Mitochondrien enthalten auch sie Ribosomen und DNA sowie einen **eigenen Proteinsyntheseapparat**. Dies erklärt, dass auch die Plastiden in der Lage sind, sich eigenständig durch Teilung zu vermehren.
Je nach Bedarf und Bedingungen können in Pflanzenzellen aus undifferenzierten, kleinen Vorformen, den **Proplastiden**, verschiedene Plastidentypen entstehen. Bei Pflanzen findet man drei Typen von Plastiden:
- farblose Leukoplasten,
- gelbliche oder rötliche Chromoplasten,
- grüne Chloroplasten.

Leukoplasten dienen als **Nährstoffspeicher**.

Leukoplasten sind mit Assimilationsstärke gefüllt, die aus der in der Fotosynthese gebildeten Glucose entsteht (siehe S. (1) 20). Man findet sie v. a. in solchen Teilen von Pflanzen, die Zeiten überdauern müssen, in denen keine Fotosynthese möglich ist, z. B. in der Kartoffelknolle oder im Getreidekorn.

Chromoplasten färben Teile von Pflanzen rot oder gelb, z. B. Karotten und reife Tomaten.

Verantwortlich für die Färbung der Pflanzenteile sind rote Pigmente, sogenannte **Carotinoide**, die in der inneren Membran liegen.

Ursache für die **grüne** Farbe von Pflanzen sind die **Chloroplasten** ihrer Zellen. In ihnen laufen die **Fotosynthese**-Prozesse ab.

Die Umwandlung von Proplastiden oder bereits differenzierten Plastidentypen zu grünen Chloroplasten wird durch die Bestrahlung mit Licht ausgelöst. Gegenüber den übrigen Plastiden zeigen Chloroplasten einige Besonderheiten in ihrem Bau.

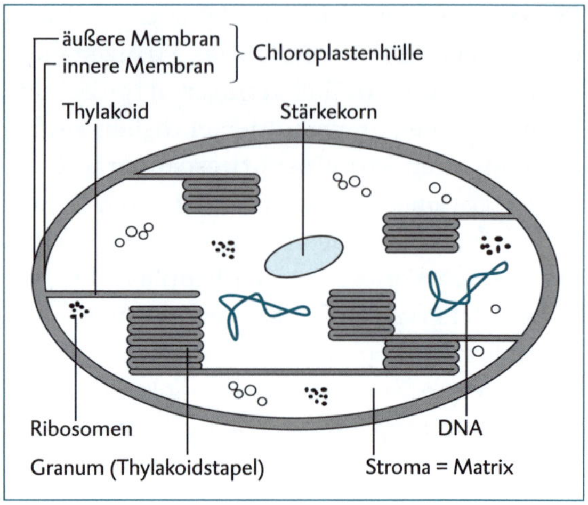

Abb. 8: Schematischer Aufbau eines Chloroplasten.

Die innere der beiden Hüllmembranen des **Chloroplasten** schnürt zahlreiche flache Membransäckchen, die **Thylakoide**, in den Innenraum ab, wodurch eine Vergrößerung der Membranfläche erreicht wird. Diese Thylakoide liegen in einer Grundsubstanz, dem Stroma. An vielen Stellen sind die Thylakoide wie „Geldrollen" gestapelt. Man bezeichnet einen solchen Bereich als **Granum** (Mehrzahl Grana). Die innere Membran (Thylakoidmembran) enthält das lichtabsorbierende Pigment **Chlorophyll**, das für die **Fotosynthese** erforderlich ist. Es sorgt für die Umwandlung von Lichtenergie in chemische Energie, die in Form von Glucose gespeichert wird. Die vereinfachte Bilanzgleichung lautet:

$$6\,CO_2 + 6\,H_2O \longrightarrow C_6H_{12}O_6 + 6\,O_2 \qquad \Delta G = +2\,800\,kJ \cdot mol^{-1}$$

Die Vorgänge während der Fotosynthese lassen sich folgendermaßen zusammenfassen:

- Mithilfe des **Chlorophylls** und den Enzymen der **Thylakoidmembran** wird zunächst in der sogenannten **„Lichtreaktion"** ATP gebildet. Wassermoleküle werden gespalten, und die Wasserstoffatome auf eine Trägersubstanz übertragen. Der bei der Spaltung von H_2O entstehende Sauerstoff entweicht in die Umgebung. Dieser Prozess ist die nahezu einzige natürliche O_2-Quelle der Erde.
- In der nachgeschalteten **„Dunkelreaktion"** wird mithilfe der im Stroma liegenden Enzyme Glucose ($C_6H_{12}O_6$) synthetisiert. Dazu dienen die folgenden Verbindungen: Aus der Umgebung aufgenommenes **CO_2**, **ATP**, das in der Lichtreaktion gebildet wurde, und **Wasserstoff**, der aus der Wasserspaltung der Lichtreaktion stammt und an einen Überträger gebunden wird.

Die gebildeten Glucosemoleküle können enzymatisch zu **Stärke**, einem Vielfachzucker (Polysaccharid) verbunden werden. Die **Stärkekörnchen** werden im Stroma der Chloroplasten abgelagert und dienen als Energiespeicher.

Organellen mit einfacher Membran

Das **Endoplasmatische Retikulum** (ER) ist im Lichtmikroskop nicht sichtbar. Es besteht aus einem Labyrinth von Membranen, die Kanäle und flache Räume **(Zisternen)** bilden und das gesamte Zytoplasma der Zelle durchziehen. Die Form des ER ist nicht konstant, sie ändert sich ständig durch die Aufnahme oder die Abschnürung von Vesikeln. Die Vesikel wandern vor allem zwischen dem ER und der Zellgrenzmembran, bzw. dem ER und dem **Golgi-Apparat**. Die **Hülle des Zellkerns** steht mit dem ER in Verbindung. Man kann sie auch als Teil des ER betrachten. In Zellen findet man zwei verschiedene Formen des Endoplasmatischen Retikulums:

- Das **raue ER** ist auf der Außenseite, der dem Zytoplasma zugewandten Seite, mit zahlreichen **Ribosomen** besetzt (siehe S. (1) 25).
- Das **glatte ER** trägt keine Ribosomen.

Das ER **leitet und verteilt** Substanzen, v. a. Enzyme und andere Proteine in der Zelle, **speichert und wandelt** bestimmte Substanzen in seinen Zisternen **um**, z. B. die Sekrete vieler Drüsenzellen, und **bildet** das Membranmaterial der meisten Zellbestandteile und der Zellhülle.

> Das **Endoplasmatische Retikulum** ist das Transportsystem der Zellen.

Die **Dictyosomen** des **Golgi-Apparates** sind im Lichtmikroskop sichtbar. Sie bestehen aus flachen, leicht gewölbten, übereinander gestapelten Räumen, die von einer Membran begrenzt werden. Dictyosomen haben keine **direkte** Verbindung zu den Membranen des ER, jedoch bilden und vergrößern sie sich durch Vesikel, die vom ER abgeschnürt werden.

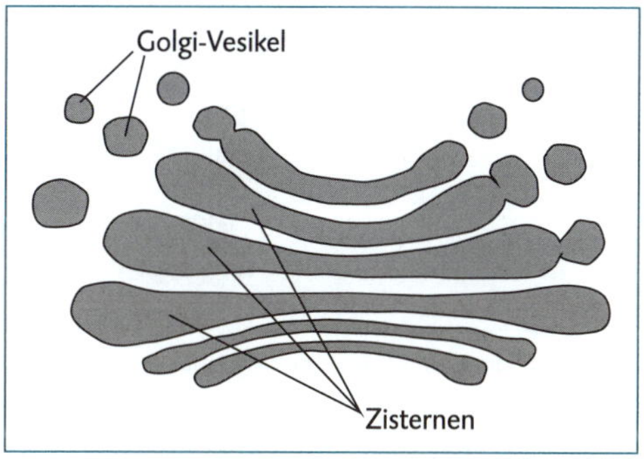

Abb. 9: Schematischer Aufbau eines Dictyosoms.

> Die Gesamtheit der Dictyosomen wird als **Golgi-Apparat** bezeichnet. Dieser übernimmt die Aufgabe von **Endbearbeitungs-, Lagerungs-, Sortier- und Verpackungsräumen**.

Im Einzelnen laufen im Golgi-Apparat folgende Prozesse ab:

- Er **wandelt** Substanzen **um**, z. B. Proteine durch „Anheftung“ von Zuckermolekülen (siehe Glykoproteine, S. (1) 7).
- Er **nimmt** Substanzen **auf**, die in Vesikeln vom ER geliefert werden.
- Vom Golgi-Apparat **schnüren** sich Membranbläschen, die Golgi-Vesikel, ab, in denen Substanzen an andere Stellen der Zelle transportiert werden. Sekrete aus Drüsenzellen und Cellulose zur Bildung der Zellwand werden so abgeschieden (siehe Exozytose, S. (1) 16).
- Er **sortiert** Substanzen und kann Lösungen mit erhöhten Konzentrationen herstellen, z. B. die von Lysozym in den Lysosomen (siehe unten).
- Er **bildet** verschiedene **Kohlenhydrate**, bei pflanzlichen Zellen auch Zellwandmaterial.

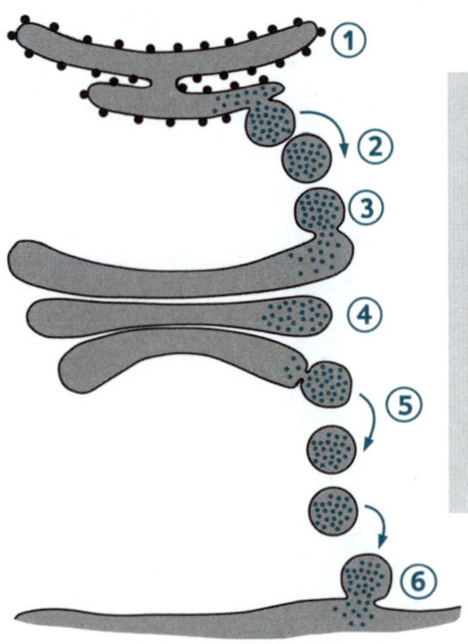

1 = Synthese des Proteins an Ribosomen (raues ER)
2 = Transport der Proteine in Vesikeln, die sich aus dem ER abschnüren
3 = Verschmelzen der Vesikel mit den Zisternen des Dictyosoms (Golgi-Apparat)
4 = Veränderung des Proteins im Dictyosom
5 = Transport des Proteins in Vesikeln, die sich vom Dictyosom abschnüren (Golgi-Vesikel)
6 = Verschmelzen der Vesikel mit der Zellgrenzmembran (Exozytose)

Abb. 10: Bildung und Ausscheidung eines proteinhaltigen Sekrets.

Die im Lichtmikroskop erkennbaren **Lysosomen** entstehen aus Vesikeln, die sich aus Dictyosomen abschnüren. Sie sind also spezielle Golgi-Vesikel. Die **Funktion** der Lysosomen kann man mit der eines Magens oder einer Recyclinganlage vergleichen. Sie bauen große Moleküle und Partikel durch **Verdauung** ab, z. B. gealterte Organellen der Zelle oder durch Phagozytose aufgenommene Erreger. Lysozym kann Bakterien abtöten (siehe Immunsystem, S. (1) 232). Die durch die Zersetzungsarbeit des Lysozyms entstandenen Einzelbausteine von Molekülen oder Organellen geben die Lysosomen an das Zytoplasma ab, wo sie wiederverwendet werden können.

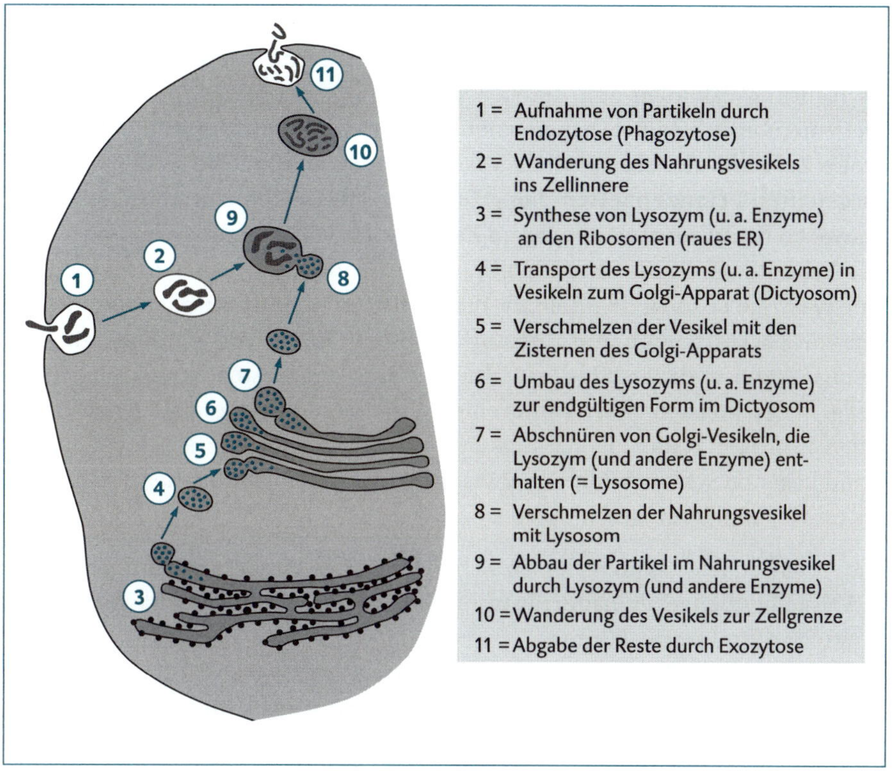

Abb. 11: Aufnahme und Abbau großer Partikel.

Lysosome enthalten **Verdauungsenzyme**, die für **Abbauvorgänge** innerhalb der Zelle verantwortlich sind.

Als **Vesikel** bezeichnet man kleine, im Lichtmikroskop häufig nicht sichtbare Membranbläschen, die einen **nicht-plasmatischen** Raum einschließen. Das können z. B. Golgi-Vesikel, Lysosome, durch Endozytose von der Zellgrenzmembran abgeschnürte Bläschen oder aus dem ER abgetrennte Vesikel sein.

Vesikel haben die Aufgabe, Substanzen in der Zelle zu **transportieren** und zu **speichern**.

Vakuolen sind ähnlich wie Vesikel gebaute, aber sehr viel größere und deshalb im Lichtmikroskop sichtbare, Membran-umschlossene Räume. Sie treten z. B. als Nahrungsvakuolen auf, die sich durch Phagozytose aus Teilen der Zellgrenzmembran gebildet haben (siehe S. (1) 16). Besonders auffällig ist die große **Zellsaftvakuole** (zentrale Vakuole, Zellsaftraum), die in der Regel bei ausgereiften **Pflanzenzellen** den größten Teil des Zellinnenraums einnimmt. Bisweilen findet man auch mehrere Zellsaftvakuolen in einer Zelle.
Die Vakuole wird von einer Membran, dem Tonoplast, begrenzt und enthält eine wässrige Lösung, den Zellsaft, der aus Ionen und organischen Verbindungen wie Zucker, Säuren und Farbstoffen besteht. Er enthält allerdings nur sehr wenige Proteine, daher zählt die Vakuole zum nicht-plasmatischen Bereich der Zelle. In den meisten Fällen nimmt die Zellsaftvakuole bei erwachsenen Zellen einen so großen Raum ein, dass das Zytoplasma nur eine dünne, unter der Zellwand liegende Schicht bildet, die zwischen den beiden Membranen Plasmalemma und Tonoplast eingeschlossen ist.

Die Aufgaben der Vakuolen lassen sich in folgenden Punkten zusammenfassen:

- Vakuolen dienen als **Lagerraum** für Substanzen, die giftig wirken oder den Stoffwechsel stören könnten.
- Sie können vor Tierfraß oder Pilzbefall **schützen**, wenn Stoffe in den Zellsaft abgegeben werden, die giftig wirken oder unangenehm schmecken.
- Viele Vakuolen enthalten **Farbstoffe** und sind häufig Ursache für die blaue Färbung von Pflanzenteilen.
- Durch ihre hohe Teilchenkonzentration nimmt eine Vakuole durch Osmose viel Wasser auf, steht dadurch **unter Druck** und stützt die Zellverbände im Pflanzenkörper. Die durch Osmose prall gefüllten Zellen sorgen bei krautigen Pflanzen für die aufrechte Wuchsform (siehe Zellwand, S. (1) 26; Osmose-Versuche, S. (1) 12 f.).

Vakuolen dienen den Zellen als **Speicherraum** und „**Abfalldeponie**“.

Organellen ohne Membran

Ribosomen sind sehr kleine, aus zwei verschieden großen Untereinheiten zusammengesetzte massive Körperchen, die im Lichtmikroskop nicht sichtbar sind. Sie bestehen aus Proteinen und RNA (rRNA), die aus dem Nukleolus stammen (siehe S. (1) 17). Die Ribosomen liegen **frei** im Zytoplasma vor oder sind an die Membran des **rauen ER gebunden**. Freie Ribosomen können wie eine Perlenschnur aufgereiht sein, man bezeichnet sie dann als **Polysomen** (siehe S. (1) 109).

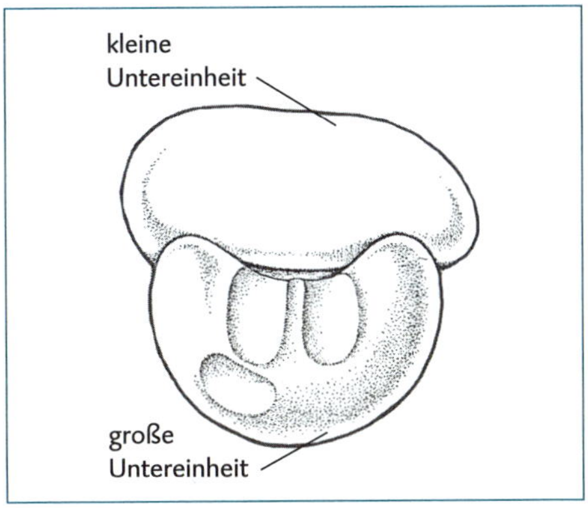

Abb. 12: Schematische Darstellung eines Ribosoms mit kleiner und großer Untereinheit.

Folgende Prozesse laufen an den Ribosomen ab:

- An den Ribosomen werden einzelne Aminosäuren zu Polypeptiden und Proteinen **verkettet** (siehe S. (1) 108 f.).
- Proteine, die sich an den Ribosomen des **rauen ER** bilden, gelangen zunächst ins Innere des ER und wandern, verpackt in Vesikel oder als Bestandteil der Vesikelmembran, zu ihren Bestimmungsorten. Dies geschieht z. B. mit Enzymen wie Lysozym, Sekreten wie Verdauungsenzymen, Hormonen und Membranproteinen der Organellen oder der Zellgrenzmembran.
- Proteine, die sich an **freien** Ribosomen bilden, gelangen v. a. in das Zytoplasma und erfüllen dort verschiedene Aufgaben, wie die Steuerung bestimmter Stoffwechselvorgänge.

Die Ribosomen sind die **Proteinsynthese-Maschinen** der Zellen.

Mikrotubuli sind aus speziellen Proteinen aufgebaut, die sich zu dünnen, röhrenförmigen Stäbchen zusammensetzen. Größere Gebilde sind im Lichtmikroskop sichtbar. Spezielle Mikrotubuli bilden die Centriolen, die Fasern der Kernspindel und die **Geißeln und Wimpern**. Geißeln sind peitschenartige Fäden, die der Fortbewegung dienen, z. B. bei Spermien. Als Wimpern (Cilien) bezeichnet man sehr kurze Geißeln, die in großer Zahl auf der Zellgrenzmembran bestimmter Zellen stehen.

Die **Funktionen** der Mikrotubuli:

- Sie bilden zusammen mit speziellen Proteinfäden ein **Stützgerüst**, das das Zytoplasma als dichtes Netz durchzieht (Zytoskelett) und bei tierischen Zellen die Form der Zelle festlegt.
- Mikrotubuli sind zusammen mit Proteinfäden, die sich kontrahieren können, für **Bewegungsvorgänge** und den gezielten Transport von Vesikeln und anderen Organellen verantwortlich.
- Als **Spindelfasern** (Kernspindel) bewirken sie, dass sich in der Mitose Chromatiden voneinander trennen und an die Zellpole wandern. In der 1. Reifeteilung der Meiose sorgen sie für die Trennung homologer Chromosomen.
- Als **Centriolen** (Kinetochoren) sind Mikrotubuli bei allen tierischen und wenigen pflanzlichen Zellen an der Bildung der Kernspindel beteiligt.
- Mikrotubuli sorgen durch ihre besondere Konstruktion für den Schlag von **Geißeln** und **Wimpern**. Solche Strukturen finden sich z. B. auf den Oberflächenzellen der Bronchien, die Schleim und Fremdkörper aus dem Körper befördern, oder bei Spermien, wo sie der Fortbewegung dienen.

Mikrotubuli bilden „**Transportwege**“ und das **Innenskelett** der Zellen.

Die **Zellwand** ist ein charakteristisches Merkmal von **Pflanzenzellen**, sie kommt nur hier vor. Im Lichtmikroskop ist die Zellwand meist leicht zu erkennen. Sie besteht v. a. aus Cellulose. Dieser Vielfachzucker (Polysaccharid) ist aus zahlreichen Glucosemolekülen aufgebaut, die jedoch durch eine andere Bindung miteinander verkettet sind als bei der Verknüpfung von Glucosemolekülen zu Stärke. Die Cellulosefasern liegen ähnlich wie die Schichten einer Sperrholzplatte übereinander, wobei sich die Fasern überkreuzen.
Pflanzenzellen nehmen durch Osmose (siehe S. (1) 11 ff.) Wasser in ihre Vakuole auf und entwickeln dadurch einen Binnendruck **(Turgor)**. Die Zellwand wirkt diesem Turgor entgegen, begrenzt damit die Wasseraufnahme und gibt den Pflanzenzellen durch die „pralle Füllung“ die nötige Festigkeit. Ihre Funktion ist vergleichbar mit der der Lederhülle eines Fußballs, die den Druck begrenzt und dem Ball im aufgepumpten Zustand Stabilität und Form verleiht (siehe Osmose-Versuche, S. (1) 12 ff.).

Die **Zellwand** dient den pflanzlichen Zellen als **Stütz- und Schutzhülle**.

Die Abb. 13 zeigt die **wichtigsten Organellen** von **tierischen** bzw. **pflanzlichen** Zellen in ihrer Lage und Ausdehnung.

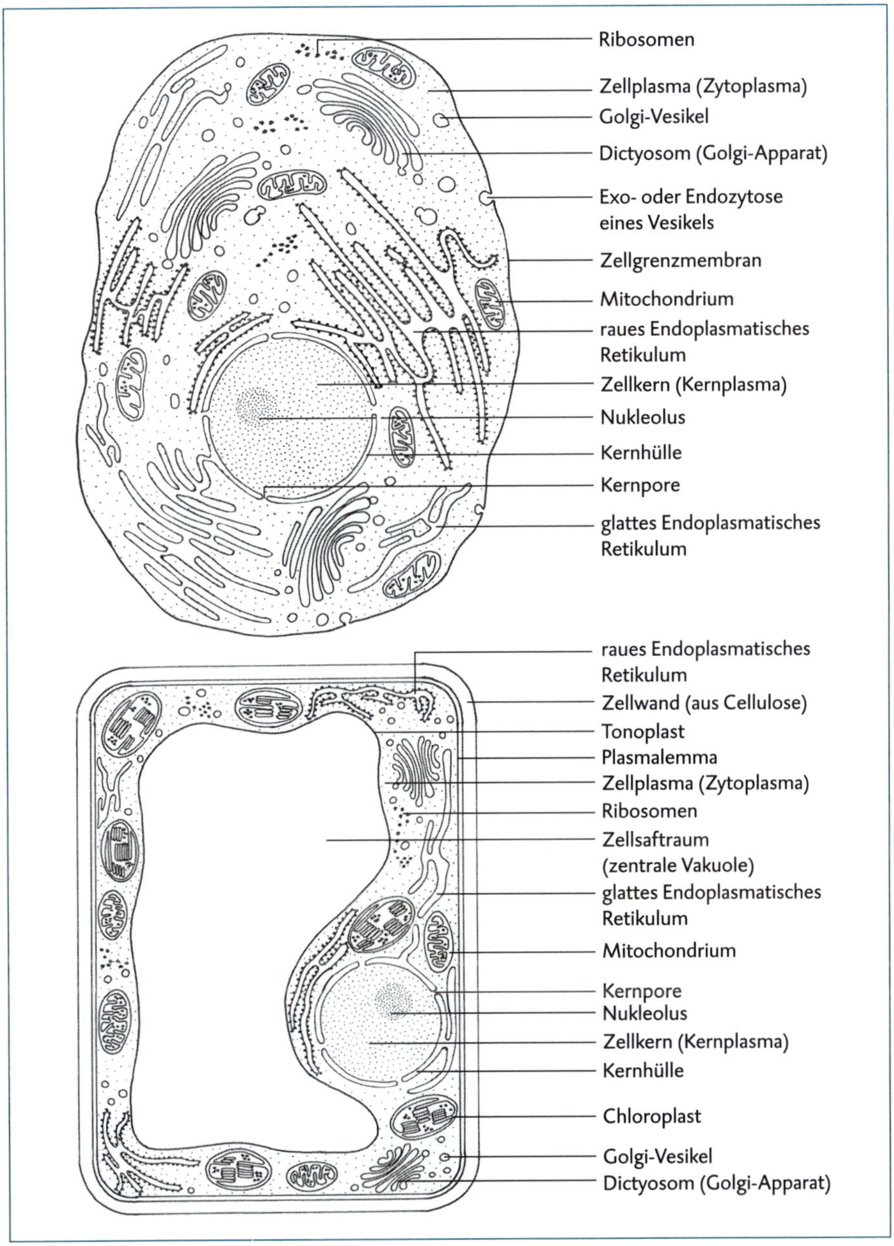

Abb. 13: Organellen der tierischen (oben) und der pflanzlichen (unten) Zelle.

2.4 Die Zellorganellen im Transmissions-Elektronenmikroskop

Zur Untersuchung der Zellstrukturen eignet sich vor allem das Transmissions-Elektronenmikroskop (TEM) (siehe S. (1) 3). Es hat sich bewährt, bei der Analyse von TEM-Bildern vor allem die dunklen Linien zu beachten. Sie geben in fast allen Fällen Membranen wieder. Bei mittlerer und schwacher Vergrößerung erkennt man eine Doppelmembran als zwei dunkle, parallele Linien, zwischen denen ein heller Bereich liegt. Bei sehr starker Vergrößerung lässt sich im TEM eine einzelne Membran so genau darstellen, dass ihr zentraler Bereich (Phospholipidmoleküle) von den beiden äußeren Bereichen (Proteinmoleküle) getrennt erscheint. Bei sehr starker Vergrößerung sieht eine Membran dann dreischichtig aus, auf den ersten Blick also wie eine Doppelmembran.

Organellen mit Doppelmembran

Zellkern

Sehr großer Zellbereich (auffällig größer als Chloroplasten und Mitochondrien); Hülle an einigen Stellen so unterbrochen, dass abgeschlossene Bereiche der Doppelmembran aneinanderstoßen und einen kleinen Raum freilassen (Kernporen); bisweilen sichtbar, dass die Kernhülle mit dem ER in Verbindung steht.

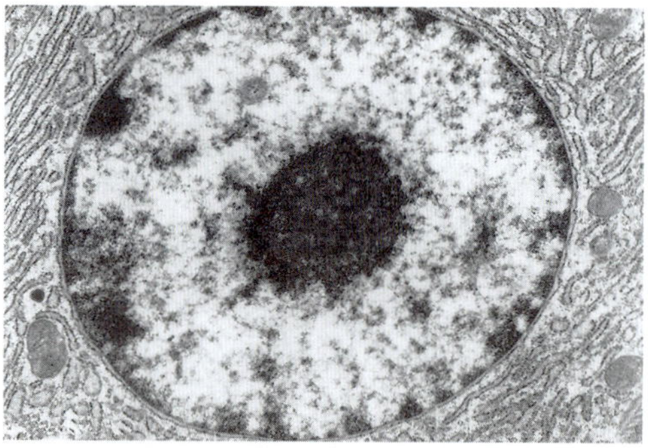

Abb. 14: Zellkern.

Chloroplast

Mittelgroßer Zellbereich (größer als Mitochondrium); im Inneren Stapel von flachen Räumen, die von Membranen begrenzt werden (Grana); bisweilen auch Strukturen sichtbar, die zeigen, dass es sich bei diesen Thylakoiden um Einstülpungen der inneren Hüllmembran handelt; den Vorläufern der Chloroplasten, den Proplastiden, fehlen die Grana, weshalb sie wie Vesikel mit einer Doppelmembranhülle aussehen; häufig Stärkekörner als große dunkle Bereiche im Chloroplasten sichtbar.

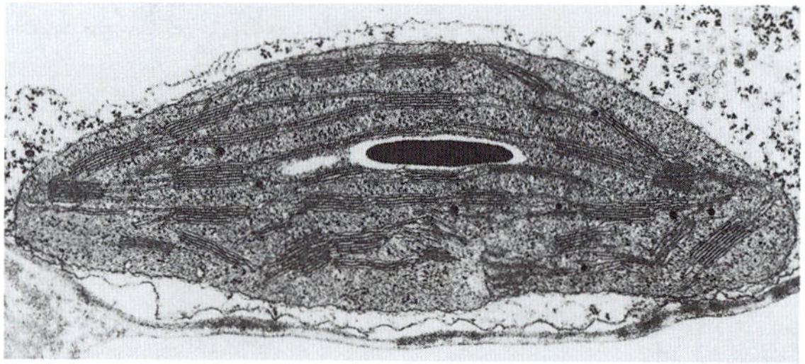

Abb. 15: Chloroplast.

Mitochondrium

Mittelgroßer Zellbereich (kleiner als Chloroplast); im Längsschnitt Gestalt eines lang gestreckten Ovals, im Querschnitt kreisförmig; schlauch- oder fingerförmige Einstülpungen der inneren Hüllmembran (Cristae, Tubuli), die bei starker Vergrößerung häufig sichtbar sind.

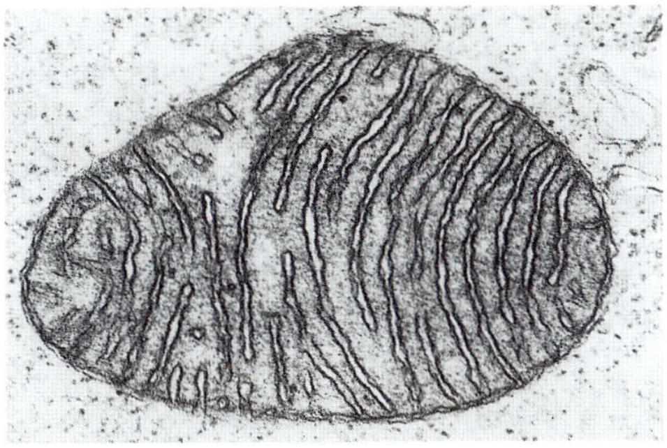

Abb. 16: Mitochondrium.

Organellen mit einfacher Membran

Golgi-Apparat (Dictyosomen)

Mehrere flache, häufig gebogene und von Membranen umschlossene Räume (Zisternen), die als Stapel dicht zusammen liegen; oft einzelne Bläschen (Vesikel) in ihrer Nähe, wobei nicht zu unterscheiden ist, ob die Vesikel vom Dictyosom abgetrennt wurden oder bald mit seinen Zisternen verschmelzen; im TEM-Bild meistens nicht erkennbar, dass alle Dictyosomen einer Zelle durch Membran-umschlossene Räume miteinander verbunden sind.

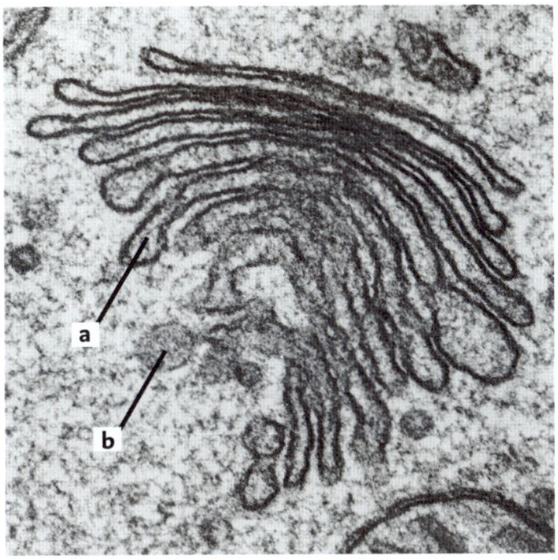

Abb. 17: Golgi-Apparat (a) und Vesikel (b).

Vesikel

Meistens kleine, runde Gebilde; im Einzelfall ist ihre Funktion allein aus dem Bild nicht erkennbar (z. B., ob es sich um ein Lysosom handelt); Vesikel in der Nähe eines Dictyosoms sind häufig Golgi-Vesikel; Vesikel in der Nähe der Zellgrenzmembran lassen vermuten, dass sie am Vorgang der Exo- oder Endozytose beteiligt sind.

Vakuole

Deutlich größer als Vesikel; meistens keine runde, sondern eine unregelmäßige Form; in jungen Zellen oft mehr als eine Vakuole, später füllt eine große Vakuole die erwachsene Pflanzenzelle fast ganz aus und drängt das Zytoplasma als schmalen Belag an die Zellwand; diese große Vakuole ist meistens von einzelnen Plasmasträngen durchzogen.

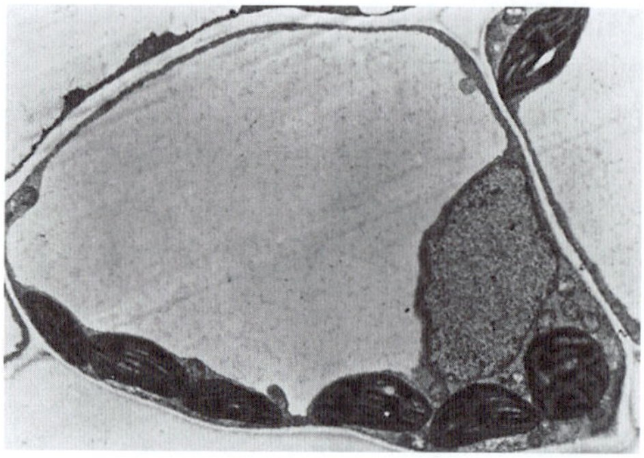

Abb. 18: Vakuole.

Endoplasmatisches Retikulum

Lang gestreckte Kanäle; häufig als Scharen parallel liegender, dunkler Linien erkennbar; zuweilen Verbindungen zwischen den Kanälen sichtbar; oft Membranen mit kleinen, dunklen Punkten besetzt (Ribosomen, raues ER); glattes ER ohne Ribosomen-Besatz; tierische Zellen mit hoher Proteinsyntheseaktivität häufig zum großen Teil mit Kanälen des ER ausgefüllt.

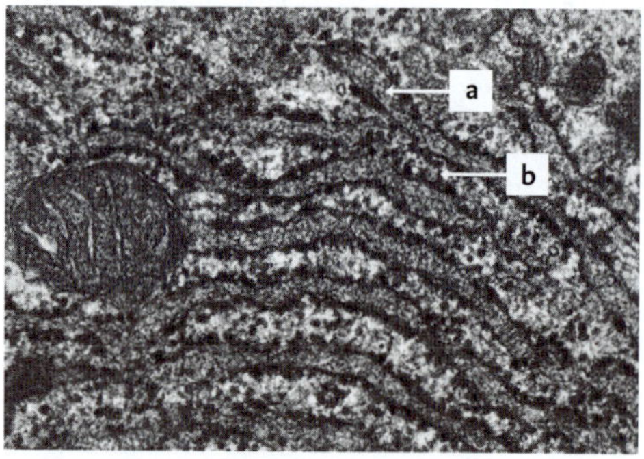

Abb. 19: Raues Endoplasmatisches Retikulum (a) besetzt mit Ribosomen (b).

Organellen ohne Membran

Ribosomen

Kleine, dunkle Pünktchen; außen an den Membranen des ER sitzend (raues ER) oder frei im Zytoplasma in Reihen angeordnet wie die Perlen einer Kette (Polysomen) oder unregelmäßig im Zytoplasma verteilt; auch Ribosomen in den Mitochondrien und Chloroplasten im TEM-Bild erkennbar.

Mikrotubuli

Für den ungeübten Betrachter nur als Bestandteil von Kernspindel, Zentriolen oder Geißeln erkennbar; im Querschnitt durch Zentriolen und Geißeln sind die Mikrotubuli kreisförmig angeordnet; meistens zusätzlich noch zwei Mikrotubuli im Zentrum des Querschnitts zu sehen (Neun-plus-zwei-Muster).

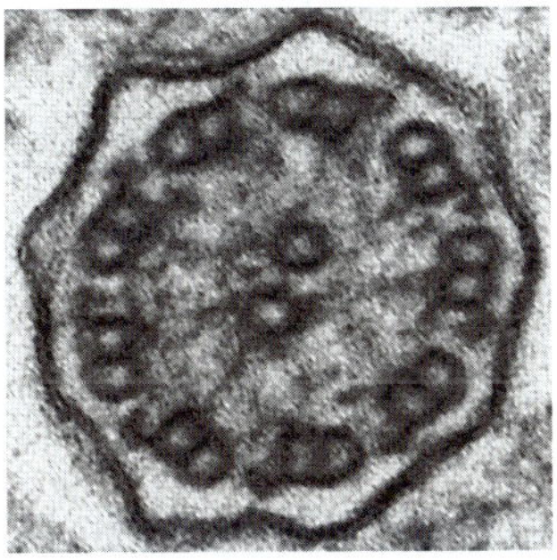

Abb. 20: Mikrotubuli.

Die tierische und die pflanzliche Zelle im TEM

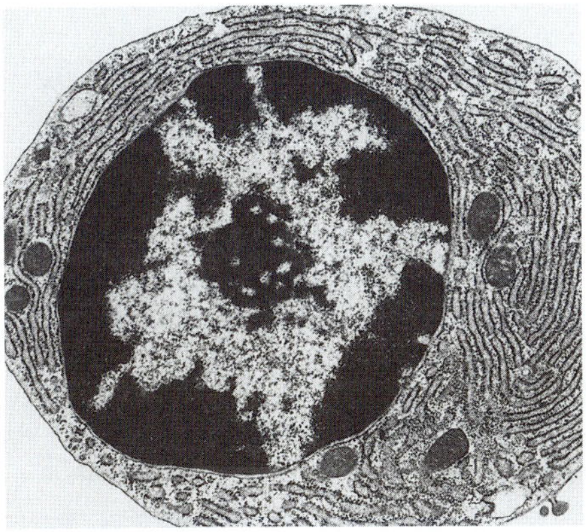

Abb. 21: Tierzelle.

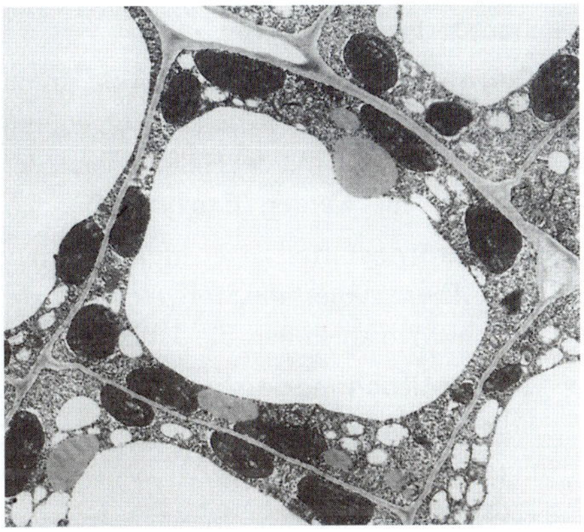

Abb. 22: Pflanzenzelle.

Zusammenfassung

- Die gesamte Zelle wird von einer Membran begrenzt. Innerhalb des Zytoplasmas bilden membranumhüllte **Kompartimente** voneinander **getrennte Reaktionsräume**.
- Die **Membranen** aller Zellen haben den gleichen Grundaufbau. Sie bestehen aus einer **Lipid-Doppelschicht**, auf der und in der **Proteinmoleküle** liegen.
- Membranen können ihre Durchlässigkeit für bestimmte Teilchen verändern **(selektive Permeabilität)** und damit den Stoffaustausch innerhalb der Zelle und mit dem Zellaußenraum kontrollieren.
- An Biomembranen kann ein **elektrisches Potenzial** aufrechterhalten werden und sie können Moleküle enthalten, die als **Rezeptoren** dienen. Die **Membranproteine** können als Enzyme wirken und daher bestimmte **Reaktionen katalysieren**.
- Der **Stofftransport** durch die Membran kann **passiv**, d. h. durch Diffusion und Osmose, oder **aktiv**, d. h. unter Verbrauch von Stoffwechselenergie, erfolgen.
- Der Unterschied in der Teilchenkonzentration zwischen dem Innen- und dem Außenraum einer Zelle ist für deren Wasserhaushalt von großer Bedeutung. Die **semipermeablen** Membranen (vor allem das Plasmalemma und der Tonoplast) sorgen durch **Osmose** dafür, dass eine Zelle Wasser abgibt, wenn sie in einer **hypertonischen** Lösung liegt, und Wasser aufnimmt, wenn sie von einer **hypotonischen** Lösung umgeben ist.
- Der **Transport** von Substanzen in der Zelle erfolgt im Zytoplasma in der Regel durch **Diffusion** oder innerhalb von Membran-umschlossenen Räumen und durch den Transport von **Vesikeln**.
- Durch das Abschnüren von Vesikeln aus der Zellgrenzmembran können Substanzen aus der Umgebung ins Zytoplasma aufgenommen werden **(Endozytose)**; durch Verschmelzen von Vesikeln mit der Hüllmembran der Zelle können Substanzen aus der Zelle ausgeschleust werden **(Exozytose)**.
- Die **Chromosomen** liegen im **Zellkern** und enthalten die **genetische Information** der Zelle. Diese steuert die Stoffwechselprozesse und sorgt dafür, dass bei der Fortpflanzung Organismen entstehen, die der Elterngeneration ähneln.
- In den **Mitochondrien** läuft die **Zellatmung** ab. In ihren Reaktionen wird Glucose zu Kohlenstoffdioxid und Wasser abgebaut und die dabei freigesetzte Energie zum Teil in Form von **ATP** festgelegt. ATP speichert Energie und stellt sie für energieverbrauchende Prozesse in der Zelle bereit.
- **Chloroplasten** sind die Orte der **Fotosynthese**. Ihr Plasma enthält zahlreiche Membranstapel, die eine große Oberfläche bilden und an denen viele wichtige Prozesse der Fotosynthese ablaufen.
- Die **Fotosynthese** lässt sich in zwei Abschnitte einteilen: In der **Lichtreaktion** wird Lichtenergie mithilfe von Chlorophyll in Form von ATP festgelegt, Wasserstoff wird auf ein Trägermolekül übertragen. In der **Dunkelreaktion** wird mithilfe von ATP, mit dem in der Lichtreaktion gewonnenen Wasserstoff und mit CO_2 aus der Luft Glucose aufgebaut.

- Das Membransystem des **Endoplasmatischen Retikulums** durchzieht die gesamte Zelle. Es dient vor allem als **Transportsystem**.
- Die Dictyosomen der Zelle bilden den **Golgi-Apparat**. In seinen Zisternen kann die Zelle Substanzen **speichern** und chemisch **verändern**.
- **Lysosomen** enthalten Enzyme, die in der Lage sind, in die Zelle aufgenommene Substanzen, aber auch zelleigene Bestandteile **abzubauen**.
- **Vesikel** sind Membran-umschlossene Räume der Zelle, in denen Substanzen **gespeichert** und **transportiert** werden.
- **Vakuolen** sind große Vesikel. Von besonderer Bedeutung ist die große zentrale Vakuole erwachsener Pflanzenzellen, die den Zellsaftraum bildet.
- Der **Zellsaft** in der zentralen Vakuole der Pflanzenzellen kann Abfallstoffe, Farbstoffe, Giftstoffe und ähnliche Substanzen, die als Fraßschutz dienen, enthalten. Seine hohe Konzentration an **gelösten Stoffen** führt zu einer starken Wasseraufnahme und erzeugt in den Pflanzenzellen einen Binnendruck (Turgor).
- **Ribosomen** sind die Orte, an denen Aminosäuren zu **Polypeptiden und Proteinen** verkettet werden. Sie liegen entweder an der Membran des Endoplasmatischen Retikulums oder frei im Zytoplasma.
- **Mikrotubuli** bestehen aus **Proteinfäden**, die tierischen Zellen eine Form geben, Transportwege in der Zelle festlegen und wesentliche Bestandteile von Geißeln und Wimpern bilden.
- Die **Zellwand** ist ein charakteristisches Merkmal von **Pflanzenzellen**. Sie besteht aus **Cellulose**, einem Vielfachzucker, und wirkt dem osmotischen Binnendruck der Zelle entgegen. Dadurch erhalten krautige Pflanzen ihre Festigkeit.
- Das **Transmission-Elektronenmikroskop** liefert Bilder der Zellorganellen in **sehr hoher Auflösung**, allerdings nur von toten Objekten und nicht in Farbe.

fgaben

5 Zeichnen Sie schematisch einen kleinen Ausschnitt der Einheitsmembran. Beschriften Sie Ihre Zeichnung.

6 Erklären Sie das Phänomen, dass sich die Membranproteine fast nur in Längsrichtung der Membran verschieben, Querbewegungen von einer Membranseite zur anderen aber kaum vorkommen.

7 Lipide, die man im Experiment aus der Membran von roten Blutkörperchen gelöst hat, bilden auf einer Wasseroberfläche eine Schicht aus aneinandergereihten Molekülen. Diese Schicht ist doppelt so groß wie die Oberfläche der roten Blutkörperchen. Erklären Sie diese Beobachtung.

8 Erklären Sie kurz die Vorgänge an der Membran, die mit den Begriffen „Membranfluss“ bzw. „Flüssig-Mosaik-Modell“ beschrieben werden.

9 Angenommen, Sie sehen im TEM-Bild zwei dunkle, nahe beieinander liegende, parallel verlaufende Linien, zwischen denen ein heller Bereich liegt. Je nach der Stärke der Vergrößerung können Sie eine solche Struktur unterschiedlich deuten.
Gehen Sie auf diese Deutungsmöglichkeiten ein.

10 Erläutern Sie, warum man das Plasmalemma sowohl als „Barriere“ wie auch als „Vermittler“ zur Umgebung der Zelle bezeichnen darf.

11 Die Antibiotika Nystatin und Filipin erzeugen winzige Löcher in der Lipid-Doppelschicht der Membran.
Beschreiben Sie die Folgen für die Zellen.

12 Ordnen Sie die aufgeführten Vorgänge und Funktionen den entsprechenden Baumerkmalen und Eigenschaften der Membran zu (Doppelnennungen sind möglich):

Vorgänge und Funktionen:

A Abschnürung von Vesikeln
B Unterscheidung körpereigener von körperfremden Zellen, z. B. Erkennung von Parasiten
C Undurchlässigkeit für große hydrophile Teilchen
D selektive Permeabilität
E Transportvorgänge gegen das Konzentrationsgefälle
F Aufnahme von Informationen aus der Umgebung der Zelle
G Steuerung von Stoffwechselprozessen

Baumerkmale und Eigenschaften:

1 Lipide bilden im Inneren der Membran eine Doppelschicht.
2 Proteine liegen der Membran auf oder durchziehen sie quer.
3 Zuckerreste sind an Proteine und in geringem Maße auch an Lipide gebunden und ragen in den Zellaußenraum vor.
4 Membranen sind immer geschlossen, freie Enden sind nicht möglich.

13 Nennen Sie von den aufgeführten Vorgängen und Strukturen die, die passive Transportvorgänge beschreiben oder an ihnen beteiligt sind:

a Exozytose
b Endozytose
c Diffusion
d Osmose
e Ionenpumpen in der Membran
f Carrierproteine in der Membran
g Tunnelproteine in der Membran

14 Zellen können in der Regel nur eine bestimmte Größe erreichen.
Nennen Sie die Art des Stofftransports in der Zelle, die in erster Linie für die Begrenzung der Zellgröße verantwortlich ist. Begründen Sie Ihre Antwort.

15 Liposomen sind kleine, künstlich hergestellte Bläschen aus einer Lipid-Doppelschicht, die eine wässrige Lösung einschließen.
Stellen Sie Vermutungen darüber an, wie sich Liposomen einsetzen lassen, um Medikamente, die die Zellmembran nicht durchdringen können, dennoch in das Innere von Zellen zu bringen.

16 Teile von Pflanzenzellen lassen sich mit Neutralrot anfärben. Neutralrot ist ein großes Molekül. Als Molekül ist es unpolar (lipophil) gebaut und hat eine gelbe Farbe, als Kation ist es polar (hydrophil) gebaut und hat eine kirschrote Farbe. In saurer Lösung lagert das Neutralrot-Molekül Protonen an und wandelt sich dadurch zum Kation um.
In zwei Experimenten werden Zellen der Zwiebelschuppenhaut mit unterschiedlichen Neutralrot-Lösungen behandelt.

- **Experiment I:** saure Neutralrot-Lösung (Kation, rot).
- **Experiment II:** pH-neutrale Neutralrot-Lösung (Molekül, gelb).

Im Experiment I färbt sich nur die Zellwand rot, im Experiment II färbt sich der Zellsaft in der zentralen Vakuole dauerhaft rot, wobei die Intensität der Färbung zunimmt. Der Zellsaft besitzt einen pH-Wert von ca. 5,8.
Erklären Sie die Versuchsergebnisse.

17 (Themenübergreifende Aufgabe)
Bestimmte Lymphozyten tragen an der Außenseite ihrer Zellgrenzmembran Proteinmoleküle, die Antigene binden können. Gibt man zu solchen Lymphozyten Antigene hinzu, die mit einem Leuchtstoff (Fluoreszenzfarbstoff) markiert sind, lässt sich das Muster der spezifischen Antigen-bindenden Membranproteine erkennen.
Im Experiment fand man zu verschiedenen Beobachtungszeitpunkten unterschiedliche Verteilungsmuster der fluoreszierenden Farbstoffe.
Erläutern Sie diese Beobachtung.

18 Einige Zellen können sich durch die Aufnahme fester Stoffe ernähren. Beschreiben Sie diesen Vorgang.

19 Nennen Sie die Organellen der Zelle, die umgeben sind von
- a einer Doppelmembran,
- b einer einfachen Hüllmembran,
- c keiner Membran.

20 Ordnen Sie den unten genannten Vorgängen die richtigen Organellen zu (Doppelnennungen möglich):
- a Zellatmung
- b Speicherung von Stärke
- c Steuerung des Stoffwechsels der Zelle
- d Weitergabe der Information über die Merkmale der Zelle und des gesamten Organismus
- e Festlegung der Lichtenergie in chemischen Bindungen
- f Bildung von ATP
- g Abbau gealterter Organellen
- h Gelbe oder rote Färbung von Pflanzenteilen
- i Transport und Verteilung von Proteinen
- j Umwandlung von Proteinen, z. B. Verknüpfung mit Zuckerresten
- k Bildung von Glucose
- l Sortierung und Konzentrierung von Stoffen, Verpackung in Vesikeln
- m Lieferung von Membranen für den Golgi-Apparat
- n Speicherung und Transport verschiedener Substanzen
- o Abbau großer Moleküle und Partikel
- p Dauerhafte Lagerung von Abfall-Substanzen
- q Verkettung von Aminosäuren zu Polypeptiden (Proteinen)
- r Formgebung und Stützung der Pflanzenzelle
- s Gerichteter Transport von Vesikeln, Chromosomen und anderen Zellbestandteilen
- t Erzeugung eines inneren Drucks, der gegen die Zellwand wirkt und zur Versteifung des gesamten Pflanzengewebes führt

21 Nennen Sie die Organellen, die nur in Pflanzenzellen zu finden sind.
- a Zellwand
- b Chromosomen
- c Zellgrenzmembran
- d Dictyosom
- e Raues ER
- f Glattes ER
- g Zellsaftvakuole
- h Chloroplasten
- i Leukoplasten
- j Zytoplasma
- k Kernspindel (Spindelfasern)
- l Mitochondrien
- m Golgi-Vesikel
- n Zellkern
- o Chromoplasten

22 Nennen Sie die Begriffspaare, die nicht zusammenpassen.

a Lysosom – Verdauung im Zellinneren
b Ribosom – Endozytose
c Golgi-Apparat – Verpackung von Zellprodukten
d Mitochondrium – Aufbau von Glucose
e Zellwand – selektive Permeabilität
f Raues ER – Herstellung von Proteinen

23 Die folgende Zeichnung einer Leberzelle wurde nach einer elektronenmikroskopischen Aufnahme bei 4 000-facher Vergrößerung angefertigt. Zu sehen sind Bereiche zweier Leberzellen. Nennen Sie die Fachbezeichnungen für die mit Buchstaben gekennzeichneten Strukturen.

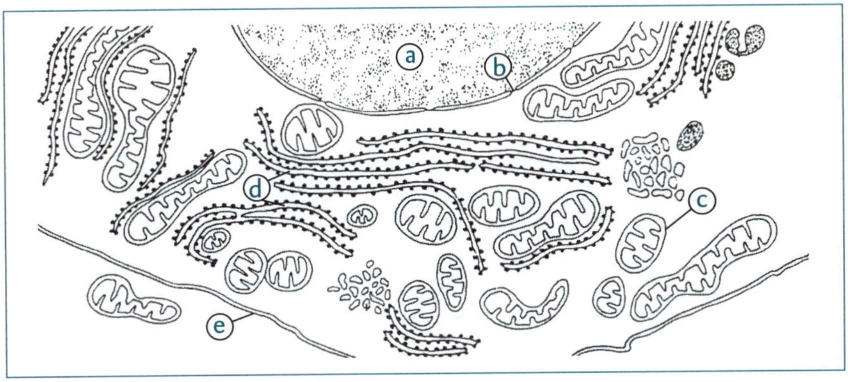

Abb. 23: 4 000-fach vergrößerte Leberzelle.

24 a Nennen Sie drei Bereiche der Pflanzenzelle, die von einer Doppelmembran umgeben sind.
b Erläutern Sie, warum in den genannten Fällen eine einfache Membran nicht möglich wäre.

25 (Themenübergreifende Aufgabe)
Nennen Sie die Zelltypen bzw. Zellbereiche, die besonders viele Mitochondrien enthalten. Begründen Sie Ihre Antwort.

a Muskelzellen
b Hautzellen
c Leberzellen
d Bindegewebszellen
e Endknöpfchen von Nervenzellen
f Knorpelzellen

26 Nach einer gut belegten Theorie entstanden die Mitochondrien in der Stammesgeschichte aus bestimmten prokaryotischen Zellen, die außerhalb der heutigen Eukaryoten lebten. Beschreiben Sie kurz Bestandteile und Vorgänge in der Matrix (Plasma) von Mitochondrien, die dafür sprechen, dass diese Zellorganellen früher einmal selbstständige Zellen waren.

27 **a** Nennen Sie die Merkmale, in denen sich Mitochondrien und Chloroplasten gleichen.
b Vergleichen Sie die Rolle der Glucose im Stoffwechsel beider Organellen.

28 Teile von Kartoffelknollen, die nicht von Erde bedeckt sind, färben sich grün, während Bereiche derselben Knolle, die im Boden liegen, weiß bleiben. Erläutern Sie diese Beobachtung.

29 Nennen Sie die Teile der Zelle, die aus Membranen des Endoplasmatischen Retikulums gebildet werden.

30 Für die Zelle ist es vorteilhaft, Enzyme in Vesikel einzuschließen, statt sie frei in das Zytoplasma abzugeben. Beschreiben Sie, welche Vorteile dies mit sich bringt.

31 Der Nasenschleim enthält Lysozym.
a Stellen Sie die Vorgänge dar, durch die das Lysozym aus den Schleimhautzellen der Nase nach außen abgegeben wird.
b Beschreiben Sie den Zweck, den Lysozym im Nasenschleim erfüllen könnte.

32 Nennen Sie den Zelltyp, den Sie wählen würden, wenn Sie Lysosomen untersuchen wollten. Begründen Sie Ihre Antwort.
a Muskelzellen
b Nervenzellen
c Phagozytierende Leukozyten (weiße Blutkörperchen, Lymphozyten)
d Zellen aus dem Gewebe eines Laubblattes
e Eizellen

33 Ein solarbetriebenes Fahrzeug benötigt Solarzellen, die Sonnenlicht in Elektrizität umwandeln, und eine Batterie, wenn es ständig einsatzbereit sein soll. Nennen Sie Strukturen und Substanzen der Pflanzenzelle, die der Solarzelle und der Batterie entsprechen. Begründen Sie Ihre Antwort.

34 Proteinhaltige Produkte von Drüsenzellen werden im Zytoplasma in Vesikeln transportiert und danach aus der Zelle ausgeschieden. Nennen Sie von den unten aufgeführten Wegen denjenigen, auf dem der Transport der Produkte verläuft.

- **a** ER → Vesikel → Golgi-Apparat → Golgi-Vesikel → Zellgrenzmembran → Exozytose
- **b** Golgi-Apparat → Golgi-Vesikel → ER → Vesikel → Zellgrenzmembran → Exozytose
- **c** ER → Golgi-Vesikel → Zellgrenzmembran → Vesikel → Golgi-Apparat → Exozytose
- **d** ER → Exozytose → Golgi-Vesikel → Golgi-Apparat → Vesikel → Zellgrenzmembran

35 Im Folgenden sind mehrere zusammenhängende Prozesse der Zelle stichwortartig dargestellt. Ordnen Sie diese Vorgänge mithilfe der Buchstaben so an, dass eine Grafik entsteht, die den Gesamtvorgang deutlich macht.

- **a** Bildung eines Nahrungsvesikels
- **b** Phagozytose
- **c** Abbau der Nahrungspartikel
- **d** Verschmelzung eines Nahrungsvesikels mit einem Lysosom
- **e** Ausscheidung der Reste durch Exozytose
- **f** Synthese von Lysozym und anderer abbauender Enzyme an Ribosomen
- **g** Abschnürung von Lysosomen vom Golgi-Apparat (Dictyosom)
- **h** Transport und Aufbereitung des Lysozyms und anderer abbauender Enzyme im Endoplasmatischen Retikulum
- **i** Abschnüren von Vesikeln aus dem ER, die Lysozym und andere Enzyme enthalten
- **k** Verschmelzung der Vesikel mit Membranen des Golgi-Apparats
- **l** Umwandlung des Lysozyms und der übrigen Enzyme in ihre endgültige, funktionsfähige Form

36 (Themenübergreifende Aufgabe)
Spezielle Membranen können dazu dienen, die Energie des Lichts aufzufangen und für die Zelle nutzbar zu machen.

- **a** Nennen Sie zwei Beispiele für solche Membranen.
- **b** Beschreiben Sie kurz die Bauteile dieser Membranen, die dafür verantwortlich sind, dass Licht aufgefangen werden kann.
- **c** Beschreiben Sie an zwei Beispielen ein Bauprinzip der Zelle oder eines Zellorganells, das dafür sorgt, dass möglichst viel Licht aufgefangen und seine Energie nutzbar gemacht wird.

37 a Nennen Sie das Organell, von dem dieser Ausschnitt aus einem TEM-Bild stammen könnte. Begründen Sie Ihre Antwort.

b Beschreiben Sie, wie dieses Organell gegen das Zytoplasma abgegrenzt ist.

c Nennen Sie weitere Strukturen, die Sie sehen können, wenn das gesamte Organell abgebildet ist.

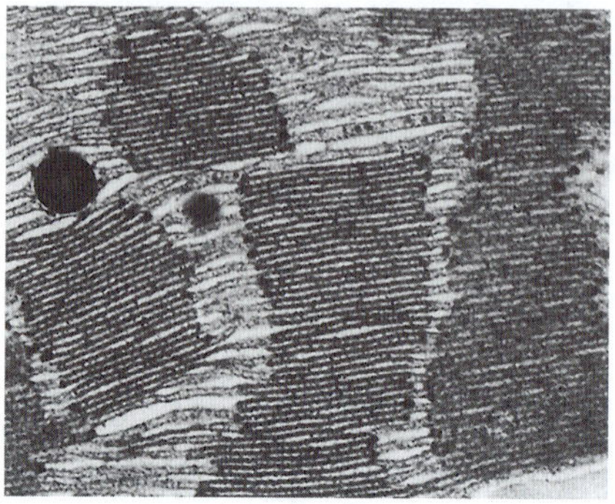

Abb. 24: Ausschnitt aus einem Organell.

38 Nennen Sie die Bezeichnungen für die mit Ziffern gekennzeichneten Strukturen, die in diesem Ausschnitt aus dem TEM-Bild einer Zelle erkennbar sind.

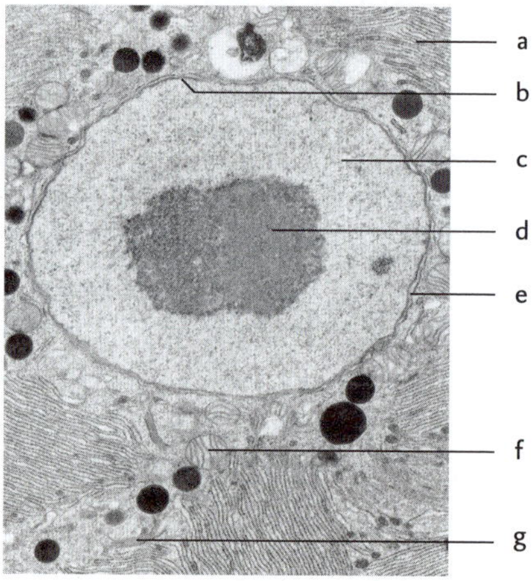

Abb. 25: Ausschnitt aus einem TEM-Bild.

39 Die Abb. 26 zeigt die Aufnahme einer Pflanzenzelle (mit angeschnittenen weiteren Zellen), die im TEM bei schwacher Vergrößerung gemacht wurde.

Nennen Sie die Fachbezeichnungen der mit Buchstaben gekennzeichneten Strukturen.

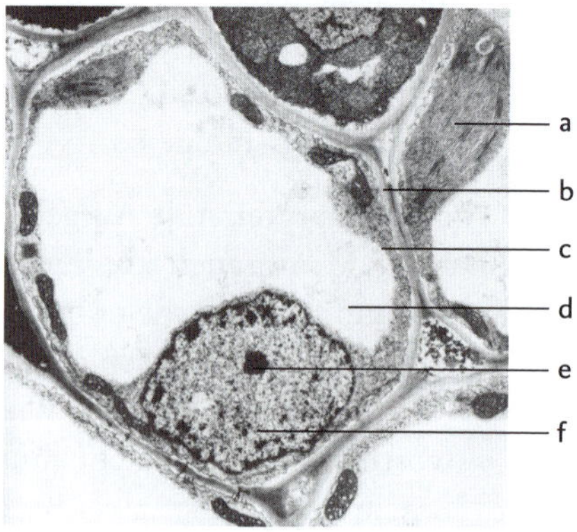

Abb. 26: Pflanzenzelle im TEM.

40 In der Abb. 27 sehen Sie ein TEM-Bild eines isolierten Zellorganells.

a Benennen Sie das Organell und geben Sie an, von welchen der folgenden Organismen es stammen könnte: Tier, Pflanze, Pilz, Bakterium.

b Benennen Sie die mit Buchstaben gekennzeichneten Strukturen.

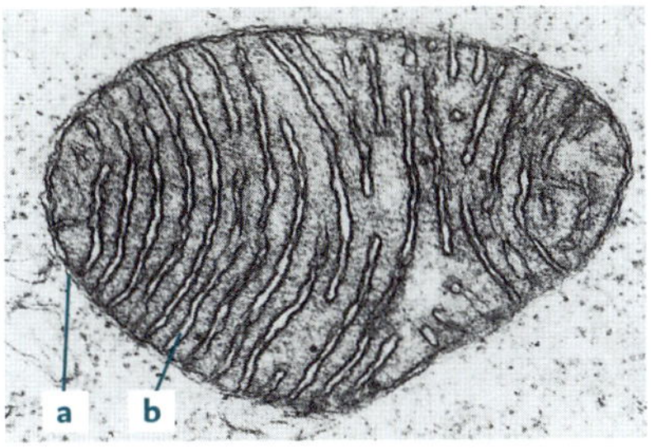

Abb. 27: Ein isoliertes Zellorganell.

3 Die Zelle als Grundeinheit des Lebens

Zellen stehen im ständigen Energie- und Stoffaustausch mit ihrer Umgebung. Während der Fotosynthese nehmen die Zellen eines Laubblattes u. a. Wasser und Mineralsalze aus dem Boden, CO_2 aus der Luft und Energie aus dem Licht auf. Sie geben u. a. O_2 an die Luft und $C_6H_{12}O_6$ (Glucose) an andere Zellen ab. Die Zu- und Abfuhr von Material und Energie macht die Zelle zu einem **offenen System**. Dadurch ergeben sich bestimmte Fähigkeiten, aber auch Einschränkungen, die durch den Vergleich mit einem geschlossenen System leichter verständlich werden.

3.1 Geschlossene Systeme

In geschlossenen Systemen findet weder Zufuhr noch Abfluss von Stoffen statt. Es stellt sich ein **chemisches Gleichgewicht** ein, d. h. ein Zustand, bei dem die Konzentrationen der im System enthaltenen Stoffe gleich bleiben. Ursache hierfür ist, dass Hin- und Rückreaktionen anfänglich unterschiedlich, nach einiger Zeit aber in gleicher Geschwindigkeit ablaufen, sodass sich die Konzentrationen der im System enthaltenen Stoffe nicht mehr ändern:

$$A \rightleftharpoons B \rightleftharpoons C$$

So bleiben die beispielhaften Verbindungen A, B und C im geschlossenen System ständig im selben Mengenverhältnis, z. B. A zu 10 %, B zu 30 % und C zu 60 %. Als Beispiel für eine Reaktion in einem geschlossenen System kann man eine **Esterbildung** betrachten: Wenn in einem solchen System Säure und Alkohol enthalten sind, reagieren diese beiden Verbindungen miteinander zu einem **Ester** und Wasser:

$$\text{Säure} + \text{Alkohol} \longrightarrow \text{Ester} + \text{Wasser}$$

Zu einem bestimmten Anteil läuft aber immer auch die **Rückreaktion** ab:

$$\text{Ester} + \text{Wasser} \longrightarrow \text{Säure} + \text{Alkohol}$$

Dadurch können Säure und Alkohol **nie vollständig** umgewandelt werden.

In einem **geschlossenen System** ist eine vollständige Umwandlung der enthaltenen Stoffe **nicht** möglich. Auch kann ein solches System **keine Energie** für die Verrichtung von Arbeit liefern.

3.2 Offene Systeme

In einem offenen System kann sich kein chemisches Gleichgewicht einstellen, da Stoffe ständig zu- und abfließen. Man spricht von einem **Fließgleichgewicht** oder *„steady state"*:

$$A \rightarrow \boxed{A \rightarrow B \rightarrow C} \rightarrow C$$

Die Lage des Fließgleichgewichtes wird durch die Stärke der Zu- und/oder Abflüsse bestimmt.

> In einem **offenen System** ist eine vollständige Umwandlung der enthaltenen Stoffe **möglich**. Auch kann ein solches System **Energie** für die Verrichtung von Arbeit **liefern**.

Betrachtet man das obige Schema eines offenen Systems und untersucht den **Abfluss** des Reaktionsproduktes C, so erkennt man, dass dieser Abfluss die Konzentration von C im System vermindert und das Gleichgewicht verschiebt. Die Hinreaktion

$$B \longrightarrow C$$

läuft verstärkt ab, wodurch sich auch die Konzentration von B vermindert. Infolgedessen wird A vermehrt zu B umgewandelt, sodass auch die Konzentration von A sinkt. Zieht man z. B. die Esterbildung im offenen System heran

$$\text{Säure} + \text{Alkohol} \rightleftharpoons \text{Ester} + \text{Wasser}$$

so bedeutet dies für das konkrete Beispiel: Wenn dem System ständig Wasser entzogen wird, kann sich kein chemisches Gleichgewicht einstellen. Die Reaktion läuft ständig weiter in Richtung der Esterbildung ab, bis die Ausgangsstoffe Säure und Alkohol vollständig verbraucht sind.

Jede **lebende Zelle** stellt ein offenes System dar. Ihre **Fließgleichgewichte** werden konstant in einem etwa „gleichen Abstand" zur Lage der chemischen Gleichgewichte gehalten oder kontrolliert verschoben, z. B. um die von der Zelle benötigten Verbindungen produzieren und abgeben zu können oder um zu wachsen. Die Zelle kann die Lage der Gleichgewichte wechselnden Bedingungen, z. B. in ihrer Umgebung, anpassen, sie hat die Fähigkeit zur **Autoregulation**. Die Aufrechterhaltung der Fließgleichgewichte ist nur durch **ständige Energiezufuhr** möglich, z. B. durch Energie aus dem Sonnenlicht oder durch Aufnahme von energiereichen Verbindungen, den Nährstoffen. Die Fließgleichgewichte ermöglichen die Entnahme von Energie, die dann zur Verrichtung von Arbeit, z. B. zur Muskelkontraktion, genutzt werden kann.

Beispiele

Die Prozesse der **Zellatmung** (siehe S. (1) 18) stehen in einem Fließgleichgewicht. Ein „echtes" chemisches Gleichgewicht kann sich nicht einstellen, da die Zelle als offenes System O_2 und $C_6H_{12}O_6$ aufnimmt und in der Lage ist, das Abfallprodukt CO_2 an die Umgebung abzugeben.

Wenn der **Abbau von Alkohol** in der Leber in einem geschlossenen System ablaufen würde, stünden Alkohol und seine Abbauprodukte im chemischen Gleichgewicht, nachdem die Abbaureaktion eine Zeit lang gelaufen wäre. Da sich Hin- und Rückreaktionen die Waage halten, könnte der Alkohol nicht vollständig abgebaut werden. Im offenen System der Leberzellen fließen die Abbauprodukte aber ständig ab, die Verminderung ihrer Konzentration beeinflusst die Lage aller chemischen Gleichgewichte, sodass der Alkohol vollständig abgebaut werden kann und damit eine wirkungsvolle Entgiftung des Körpers möglich ist.

Kriterien für das Leben

Anhand der Charakterisierung lebender Zellen als offene Systeme können die **allgemeinen Merkmale des Lebens** erklärt werden. Sie lassen sich in folgenden Punkten zusammenfassen:

- Zufuhr und Abfluss von Material führt zu **gerichtet** verlaufenden chemischen Reaktionen in der Zelle. Den Ab-, Auf- und Umbau von Stoffen in lebenden Zellen bezeichnet man als „**Stoffwechsel**".
- Die Zufuhr von Stoffen oder von Energie, etwa in Form von Licht oder Druck, ändert die Bedingungen für das „offene System Zelle" und setzt Reaktionen in Gang, z. B. die Permeabilitätsänderung der Zellgrenzmembran (siehe Lichtsinneszelle, S. (1) 210 f.). Ein Reiz führt zu einer Reaktion, man spricht von der „**Reizbarkeit**" lebender Organismen.
- Durch die gezielte Verlagerung des Fließgleichgewichts weg vom chemischen Gleichgewicht kann es zur Anreicherung von Verbindungen in der Zelle kommen. Dies ermöglicht „**Wachstum**".
- Zellen können die Lage ihrer Fließgleichgewichte gerichtet und kontrolliert verändern. Diese Fähigkeit zur **Autoregulation** ermöglicht auch die **Autoreproduktion**, also die Fähigkeit, sich selbst neu herzustellen und dadurch fortzupflanzen (siehe Replikation, S. (1) 77 ff.). „**Fortpflanzung**" ist ein weiteres Kriterium des Lebens.

Leben ist **kein Zustand**, sondern ein **Vorgang**. Leben ist nicht, es geschieht.

Ordnung und Unordnung in offenen Systemen

Die **Entropie** ist ein Maß für die Unordnung in einem System. Je zufälliger die Bestandteile eines Systems verteilt sind, desto größer ist seine Entropie, also seine Unordnung.

> Bei allen natürlichen Vorgängen besteht immer eine Tendenz zu zufälligen Verteilungen, also zu einer **Vergrößerung der Entropie**.

Um die Entropie eines Systems zu verringern, also die Ordnung zu vergrößern, ist es erforderlich, Energie zuzuführen.
Eine Zelle baut **geordnete Strukturen** aus weniger geordnetem Ausgangsmaterial auf. So bildet sie z. B. in der Proteinbiosynthese Proteine durch Verkettung einzelner Aminosäuren oder in der Fotosynthese Glucose aus CO_2 und H_2O. Dadurch erhöht sie ihre innere Ordnung, die Entropie wird geringer. Die Zelle benötigt dazu Energie, die z. B. durch das Sonnenlicht oder Nährstoffe bereitgestellt wird. Die Zelle kann aber auch bereits geordnete Strukturen aus der Umgebung aufnehmen und in weniger geordnete umwandeln, so bildet sie in der Zellatmung CO_2 und H_2O aus $C_6H_{12}O_6$. Dabei wird Energie freigesetzt, wodurch sich die Entropie der **Umgebung** vergrößert. An anderer Stelle kann diese Energie dann wieder für eine Vergrößerung der Ordnung verwendet werden, z. B. für die Synthese großer Moleküle aus kleinen. In der Bilanz hält ein lebendes System ständig einen Zustand aufrecht, in dem seine Entropie geringer ist als die seiner Umgebung. Es ist geordneter als seine Umgebung. Beim Tod des Lebewesens vergrößert sich die Entropie, da die zum Erhalt der Ordnung erforderliche Energie nicht mehr zugeführt wird.

> Zellen bzw. Organismen sind **biologische Systeme hoher Ordnung** in einer ungeordneten Umgebung.

3.3 Energieumwandlung in der Zelle

Endergonische und exergonische Prozesse

Da die große innere Ordnung lebender Zellen nur aufrechterhalten werden kann, wenn ständig Energie zugeführt wird, müssen grundsätzlich verschiedene Prozesse in der Zelle ablaufen.

- **Exergonische Reaktionen** sind Prozesse, die Energie liefern. In der Regel bestehen sie aus Stoffwechselschritten, durch die große Moleküle zu kleineren abgebaut werden. Sie erhöhen die Entropie in der Zelle, z. B. während der Zellatmung (siehe S. (1) 18).
- Prozesse, die zu ihrem Ablauf Energie benötigen, nennt man **endergonische Prozesse**. In der Regel bestehen sie aus Stoffwechselschritten, durch die große Moleküle aus kleineren aufgebaut werden. Sie erhöhen die Ordnung in der Zelle, verringern also die Entropie. Solche Reaktionen laufen z. B. in der Fotosynthese, bei der Proteinbiosynthese oder bei der Bildung von Stärke oder Cellulose aus Glucosebausteinen ab.

Die **exergonischen** Prozesse des Stoffwechsels liefern Energie, die für die folgenden Arbeitsleistungen genutzt werden kann: **Chemische Arbeit** ist für den Ablauf endergonischer Prozesse vonnöten. Die Kontraktion von Muskelzellen, das Schlagen von Geißeln oder der Transport von Chromosomen in der Mitose sind Formen **mechanischer Arbeit. Transportarbeit** muss z. B. bei der Aufnahme und Abgabe von Substanzen oder zur Aufrechterhaltung ungleicher Konzentrationen in verschiedenen Zellkompartimenten geleistet werden.

Eine lebende Zelle muss **ständig** Energie umsetzen und Arbeit leisten.

Die Freie Energie

Die Energie, die eine chemische Reaktion zur Verrichtung von Arbeit liefern kann, wird als ihre **Freie Energie (ΔG)** bezeichnet.

- Da **exergonische** Reaktionen Energie liefern, nimmt der Energieinhalt des Systems dabei ab, der ΔG-Wert trägt ein **negatives** Vorzeichen.
- Da **endergonische** Reaktionen Energie benötigen, nimmt der Energieinhalt des Systems im Laufe der Reaktion zu. Solche Reaktionen laufen nur unter Verrichtung von Arbeit ab, der ΔG-Wert trägt ein **positives** Vorzeichen.

eispiel

Der Abbau von Glucose ist ein exergonischer Prozess. Für ein Mol Glucose, das sind 180 g, das die Zelle in der Zellatmung abbaut, werden ca. 2 800 kJ an Energie frei ($\Delta G = -2\,800\ kJ \cdot mol^{-1}$). Dieser Energiebetrag steht für die Verrichtung von Arbeit an anderer Stelle zur Verfügung.

Die Quelle der Freien Energie ist bei **Pflanzenzellen** das (Sonnen-)Licht. Die Lichtenergie wird in der **Fotosynthese** in Form von Glucose chemisch gebunden. Bei **tierischen** Zellen dient die in den aufgenommenen **Nährstoffen** enthaltene Energie der Aufrechterhaltung der Lebensvorgänge. Die Energie aller Nährstoffe stammt letztlich aber auch aus dem Sonnenlicht.

Kopplung exergonischer und endergonischer Reaktionen

Die Zelle ist ein System mit einer höheren Ordnung als ihre Umgebung. Die Zunahme der Ordnung wird durch endergonische Prozesse erreicht. Daher benötigt die Zelle Energie. Diese Energie wird von exergonischen Prozessen geliefert, **endo- und exergonische Prozesse** müssen also **gekoppelt** sein. Allerdings laufen sie in der Zelle nicht an denselben Orten ab, da sie sich sonst gegenseitig beeinträchtigen könnten. „Überträgerverbindungen" sind erforderlich, die Energie aus exergonischen Prozessen aufnehmen und an endergonische Reaktionen abgeben können. Die beiden Reaktionen sind **energetisch** aneinander **gekoppelt**.

Der wichtigste Energieüberträger der Zelle ist **Adenosintriphosphat (ATP)**. ATP besteht aus der stickstoffhaltigen Purinbase **Adenin**, dem C_5-Zucker **Ribose** und **drei Phosphatgruppen**.

Adenin und Ribose bilden zusammen eine Einheit, die als **Adenosin** bezeichnet wird. Die Bindungen zwischen den Phosphatgruppen „Ⓟ" sind **energiereich** und werden durch das Symbol „~" kenntlich gemacht. Eine andere Schreibweise für ATP lautet daher A–Ⓟ~Ⓟ~Ⓟ. Bei der Abspaltung der dritten Phosphatgruppe werden 30 $kJ \cdot mol^{-1}$ frei, es entsteht **ADP** (Adenosin**di**phosphat):

$$ATP \longrightarrow ADP + Ⓟ \qquad \Delta G = -30\ kJ \cdot mol^{-1}$$

Bei der Bindung einer freien Phosphatgruppe an ADP erhöht sich der Energiegehalt der Verbindung um denselben Betrag:

$$ADP + Ⓟ \longrightarrow ATP \qquad \Delta G = +30\ kJ \cdot mol^{-1}$$

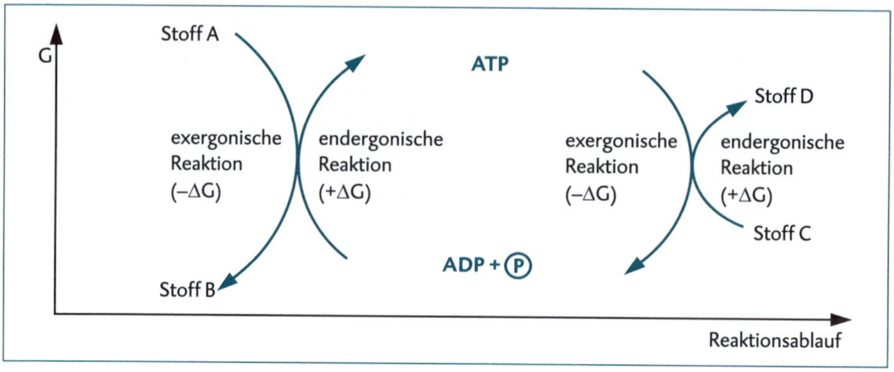

Abb. 28: Energieübertragung durch ATP.

Um eine endergonische Reaktion zu ermöglichen, müssen die Ausgangsstoffe **energiereicher** gemacht werden, ihre Freie Energie muss erhöht werden. Dies geschieht durch die Übertragung einer Phosphatgruppe des ATP auf eine der Ausgangssubstanzen der chemischen Reaktion. Diesen Vorgang bezeichnet man als **Phosphorylierung**.

Beispiel

Die Phosphorylierung von Glucose führt zur Bildung des um 13 $kJ \cdot mol^{-1}$ energiereicheren **Glucosephosphats**. Diese Verbindung ist reaktionsbereiter als die Glucose.

$$\text{Glucose} + \text{ATP} \longrightarrow \text{Glucose-Ⓟ} + \text{ADP} \qquad \Delta G = +13\ kJ \cdot mol^{-1}$$

Charakteristika der Energieübertragung durch ATP

ATP kann Energie aus fast allen exergonischen Reaktionen aufnehmen und sie an fast alle endergonischen liefern. Damit ist diese Verbindung die „energetische Tauscheinheit“ der Zelle. ATP ist in der Lage, fast alle endergonischen Prozesse in Gang zu setzen.

ATP ist der **universelle Energieüberträger** der Zelle. Er kann Energie aus exergonischen Reaktionen übernehmen und sie für endergonische Reaktionen zur Verfügung stellen.

Mithilfe von ATP lässt sich Energie **speichern** und sehr **schnell verfügbar** machen. ATP kann Prozesse antreiben, die die chemische Energie der energiereichen Bindungen zwischen seinen Phosphatgruppen in andere Energieformen umwandeln, z. B. in **Bewegungsenergie** in Muskelzellen oder an Geißeln, in **elektrische Energie** in den Nervenzellen oder in **Strahlungsenergie**, etwa beim Leuchtkäfer.

Dabei kann das ATP aber immer nur eine festgelegte „Energieportion“ von 30 kJ · mol^{-1} binden. Dies hat folgende Konsequenzen:

- Wenn für eine **endergonische** Reaktion weniger als 30 kJ · mol^{-1} benötigt werden, wird der Rest als Wärme frei. Zur Phosphorylierung von Glucose sind z. B. 13 kJ · mol^{-1} erforderlich. Die Übertragung einer Phosphatgruppe aus ATP auf die Glucose liefert aber 30 kJ · mol^{-1}. Ein Teil der Energie geht also verloren, da die Zelle die entstehende Wärme nicht für die Verrichtung von Arbeit nutzen kann.
- Bei einer **exergonischen** Reaktion, die mehr Energie freisetzt, als ein Molekül ADP durch die Bindung eines Phosphatrestes aufnehmen kann, wird der Überschuss ebenfalls als Wärme frei und geht damit für die Zelle als direkt nutzbare Energie verloren.
- Bei Prozessen, die viel Energie benötigen, kann die Energieanreicherung nur in mehreren Schritten erfolgen, da an einem Reaktionsschritt nur jeweils ein ATP- bzw. ADP-Molekül beteiligt ist.

Folgende drei Experimente dienen zum **Nachweis der ATP-Abhängigkeit**:

- Die Energieabhängigkeit der **Leuchtreaktionen** bei Leuchtkäfern, einigen Krebsen und Tiefseefischen, bei denen chemische Energie in Strahlungsenergie umgewandelt wird, lässt sich folgendermaßen nachweisen: Ein Gemisch aus nicht leuchtendem **Luciferin** und dem Enzym **Luciferase** leuchtet erst auf, wenn ATP hinzugefügt wird. Luciferin wird dabei oxidiert. Die Intensität des Lichts ist von der Konzentration der zugegebenen ATP-Lösung abhängig.
- **Glucose-Moleküle** werden in einem endergonischen Prozess zu **Stärke** verkettet. Der Prozess läuft nur ab, wenn die Reaktionsbereitschaft von Glucose erhöht wird. Im Experiment lässt sich daher Stärke nur nachweisen, wenn nicht Glucose, sondern **Glucosephosphat** im Versuchsansatz enthalten ist. Der Nachweis der Stärke geschieht durch Blaufärbung bei Zugabe von Iod-Kaliumiodid-Lösung (Lugol'sche Lösung).
- Leicht vorgespanntes Muskelgewebe **kontrahiert** sich, wenn eine ATP-Lösung aufgetropft wird. Die Stärke der Kontraktion ist abhängig von der Konzentration der zugegebenen ATP-Lösung.

Zusammenfassung

- Eine Zelle stellt ein **offenes System** dar. In ihr herrschen **Fließgleichgewichte**.
- Da eine Zelle ein offenes System ist, kann sie die in ihr enthaltenen **Stoffe vollständig umsetzen** und Energie für die Verrichtung von Arbeit liefern.
- Die Fließgleichgewichte in einer Zelle können nur durch **ständige Energiezufuhr** aufrechterhalten werden.
- Die Eigenschaften offener Systeme erklären die Fähigkeit der Zelle zu **Stoffwechsel, Reizbarkeit, Wachstum und Fortpflanzung**.
- Die innere Ordnung einer Zelle ist höher als die ihrer Umgebung, die **Entropie** einer Zelle ist geringer als die des Zellaußenraums.
- Um die Entropie innerhalb der Zelle geringer zu halten als die der Umgebung, muss **Energie aufgewendet** werden.
- Die freie Energie ist ein Maß für die Energiemenge, die eine **exergonische Reaktion** freisetzen und eine **endergonische Reaktion** aufnehmen kann.
- **ATP** dient der Zelle als **Energieüberträger und -speicher**.
- Exergonische und endergonische Prozesse können in der Zelle durch ATP aneinander gekoppelt werden.
- An einer **Reaktion** kann jeweils **nur ein ATP-Molekül** beteiligt sein und dieses kann nur eine bestimmte Energiemenge aufnehmen. Daher geht die in einer exergonischen Reaktion frei werdende und nicht in Form von ATP festlegbare Energie als **Wärme** verloren. Große Energiemengen können nur in **mehreren aufeinanderfolgenden Reaktionsschritten** übertragen werden.
- Die **Phosphorylierung** macht Verbindungen **reaktionsbereiter**; in der Regel geschieht sie durch die Übertragung eines von ATP abgespaltenen **Phosphatrestes**.

Aufgaben

41 Nennen Sie Eigenschaften der Zelle, die sich aus ihrem Charakter als offenes System ergeben.

42 Erläutern Sie am Beispiel der Zellatmung menschlicher Zellen, dass es in einem offenen System möglich ist, Substanzen vollständig umzuwandeln.

43 Die Tatsache, dass Muskelarbeit möglich ist, lässt den Schluss zu, dass die Zelle ein offenes System darstellt. Erklären Sie diese Aussage.

44 Beschreiben Sie kurz die Herkunft der Energie, die erforderlich ist, um das Fließgleichgewicht einer Zelle konstant zu halten oder kontrolliert zu verändern.

45 Skizzieren Sie in Stichworten, wie sich Kriterien des Lebens aus dem Charakter der Zelle als offenes System ableiten lassen.

46 Nennen Sie die Aussagen, die den Sachverhalt richtig beschreiben.
- a Ein hohes Maß an Entropie drückt einen hohen Grad an Unordnung aus.
- b In der Natur besteht allgemein die Tendenz zur Vergrößerung der Entropie.
- c Um die Entropie zu verringern, muss Energie aufgewendet werden.
- d Zellen haben eine höhere Entropie als ihre Umgebung.
- e Bei der Bildung von Glucose aus Kohlenstoffdioxid und Wasser nimmt die Entropie zu.
- f Der Abbau von Glucose in der Zellatmung führt zu einer Zunahme der Entropie in der Zelle, daher ist die Freisetzung von Energie möglich.
- g Die Zelle hält einen Zustand aufrecht, in dem ihre Entropie geringer ist als die ihrer Umgebung.
- h Da nach dem Tod einer Zelle keine Energie mehr zugeführt wird, nimmt ihre Entropie schnell ab.

47 Nennen Sie die korrekte(n) Aussage(n).
- a Endergonische Reaktionen erhöhen während ihres Ablaufs ihre Freie Energie.
- b Die Reaktionen, durch die während der Zellatmung Glucose abgebaut wird, vermehren ihre Freie Energie.
- c Die Quelle der Freien Energie ist bei tierischen Zellen die in den aufgenommenen Nährstoffen enthaltene Energie.
- d Während der Zellatmung wird die gesamte in den beteiligten Verbindungen enthaltene Energie freigesetzt und für die Zelle nutzbar gemacht.
- e Die Änderung der Freien Energie, die mit dem Ablauf exergonischer Prozesse verbunden ist, wird mit einem negativen ΔG-Wert angegeben.

48
- a Beschreiben Sie eine häufige Form, in der endergonische Prozesse in der Zelle die für ihren Ablauf erforderliche Energie erhalten.
- b Nennen Sie ein Beispiel für einen in der Zelle ablaufenden endergonischen Prozess.

49 Nennen Sie in Stichworten Vorgänge in der Zelle, für die die in exergonischen Prozessen gewonnene Energie verwendet werden kann.

50 Nennen Sie von den im Folgenden aufgeführten Molekülen die, die unmittelbar am Energiestoffwechsel einer menschlichen Zelle beteiligt sind.

a Cellulose
b Glucose
c DNA
d RNA
e ATP
f ADP
g Sauerstoff
h Kohlenstoffdioxid
i Membranproteine der Mitochondrien
k Membranproteine des Golgi-Apparats

51 Beschreiben Sie die „Nachteile“, die mit der Energieübertragung durch das ATP/ADP-System verbunden sind.

52 Beschreiben Sie Vorteile, die sich daraus ergeben, dass exergonische und endergonische Reaktionen in der Zelle nicht direkt, sondern durch einen Energieüberträger miteinander gekoppelt sind.

53 (Themenübergreifende Aufgabe)
Nennen Sie zwei Verbindungen der Zelle, zu deren wichtigen Bestandteilen Phosphor gehört.

54 Beschreiben Sie ein Experiment, mit dem sich die ATP-Abhängigkeit von Reaktionen nachweisen lässt.

55 Bei einer Mars-Mission der NASA sollte u. a. die Frage geklärt werden, ob auf dem Mars Leben in der gleichen Form wie auf der Erde existiert. Die Experten überprüften dies auf der Marsoberfläche mithilfe eines Gemisches aus Luciferin und Luciferase. Erläutern Sie, warum man mit dieser Methode Hinweise auf Lebensformen erhalten kann, die denen auf der Erde ähneln.

4 Moleküle des Lebens

4.1 Stoffliche Zusammensetzung der Zelle

Die wichtigsten **chemischen Elemente**, aus denen die Verbindungen einer Zelle bestehen, sind Kohlenstoff (C), Wasserstoff (H), Sauerstoff (O) und Stickstoff (N). Daneben kommen noch viele weitere Elemente vor, allerdings nur in geringen Mengen. Von Bedeutung sind vor allem die Ionen von Schwefel (S), Phosphor (P), Kalium (K), Natrium (Na), Calcium (Ca), Magnesium (Mg) und Chlor (Cl). Als **anorganische Verbindungen** findet man Wasser, das den größten Teil der Zellsubstanz ausmacht, sowie die Ionen verschiedener Salze. Die Prozesse des Stoffwechsels können nur in wässriger Lösung ablaufen. In der Zelle finden sich außerdem **organische** Verbindungen (siehe Tab. 3).

Verbindungen	Funktionen
Kohlenhydrate	Energiespeicher (z. B. Stärke); Baustoffe (z. B. Cellulose)
Fette	Energiespeicher; Baustoffe (z. B. Membranlipide)
Eiweiße (Proteine)	Baustoffe; Botenstoffe; Enzyme; Rezeptoren; Transportmoleküle
Nukleinsäuren	Speicher und Überträger genetischer Informationen (DNA, RNA)
Farbstoffe (Pigmente)	Chlorophyll: Umwandlung von Lichtenergie in chemische Energie Hämoglobin: Bindung und Transport von O_2 Sehfarbstoff: Umwandlung von Lichtenergie in elektrische Energie

Tab. 3: Wichtige in lebenden Zellen enthaltene organische Verbindungen.

Pflanzenzellen haben in der Regel einen relativ höheren Gehalt an Kohlenhydraten als tierische Zellen. Der Anteil an Eiweißen und Fetten ist dagegen meistens bei tierischen Zellen höher als bei pflanzlichen (siehe Abb. 29). Die organischen Verbindungen und im Wasser gelöste Ionen bilden das **Zytoplasma** der Zelle einschließlich des Plasmas der Organellen.

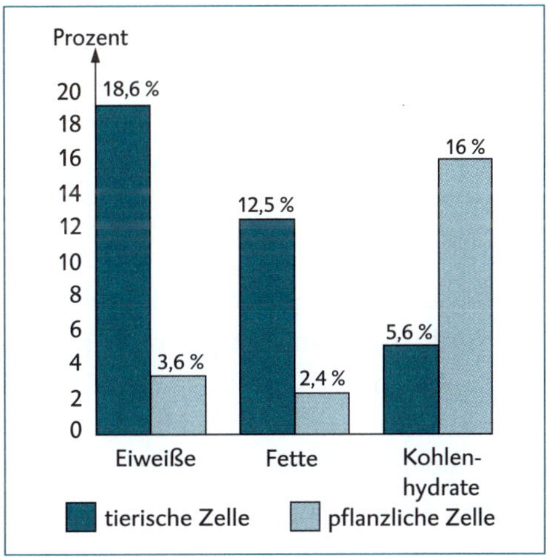

Abb. 29: Stoffliche Zusammensetzung von Zellen (Durchschnittswerte).

Im Plasma läuft die Gesamtheit aller chemischen Reaktionen des **Stoffwechsels** ab, bei dem man zwischen dem Energie- und dem Baustoffwechsel unterscheidet. Eine scharfe Trennung der Begriffe ist häufig nicht möglich.

Diejenigen Reaktionen, die den Energiehaushalt der Zelle betreffen, fasst man als **Energiestoffwechsel** (Betriebsstoffwechsel) zusammen. Alle chemischen Prozesse, die körpereigene Substanzen auf- oder umbauen, bilden den **Baustoffwechsel**.

4.2 Aufbau und Eigenschaften von Proteinen

Proteine (Eiweiße) sind Makromoleküle, die aus Ketten von **Aminosäuren** bestehen. Der Körper verwendet lediglich 20 verschiedene Aminosäuren für den Aufbau sämtlicher Proteine. Acht davon kann der menschliche Organismus nicht selber herstellen, er muss sie mit der Nahrung zu sich nehmen, weshalb man sie als **essenzielle Aminosäuren** bezeichnet. An Proteine können zusätzlich weitere Moleküle gebunden sein. Bei **Glykoproteinen** sind dies Kohlenhydratreste, **Lipoproteine** enthalten Lipide (siehe S. (1) 7).

Strukturelle Merkmale von Aminosäuren

Die Mehrzahl aller natürlich vorkommenden Aminosäuren stimmt in einem Bereich ihrer Struktur überein. Dieser Bereich besteht aus einem Kohlenstoffatom, an das **vier verschiedene Atome** bzw. Atomgruppen gebunden sind. Diese sind:

- ein Wasserstoffatom,
- eine Carboxygruppe (Carbonsäuregruppe) (–COOH),
- eine Aminogruppe ($-NH_2$) und
- ein variabler Rest, auch „Seitenkette" genannt. Dabei kann es sich auch „nur" um ein zweites Wasserstoffatom handeln.

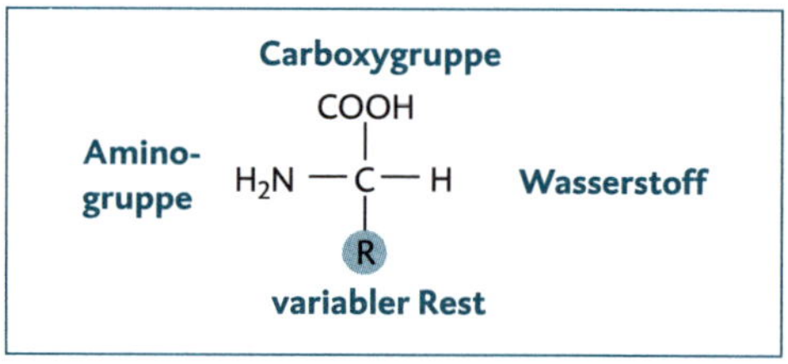

Abb. 30: Die strukturbestimmende Gruppierung der natürlichen Aminosäuren.

Die 20 verschiedenen Reste der natürlichen Aminosäuren lassen sich nach ihren **funktionellen Gruppen**, also denjenigen Atomgruppen, die die Reaktionsmöglichkeit wesentlich bestimmen, in **vier Gruppen** einteilen (siehe Abb. 31–34). Der besseren Übersicht halber werden alle Aminosäuren mit drei Buchstaben abgekürzt, z. B. **Gly** für Glycin, **Phe** für Phenylalanin, **Gln** für Glutamin oder **Trp** für Tryptophan.

1 Aminosäuren mit **unpolarem Rest**. Die unpolaren Gruppen zeichnen sich durch Bindungen mit annähernd gleichmäßiger Ladungsverteilung aus. Sie sind lipophil (z. B. Glycin und Alanin).

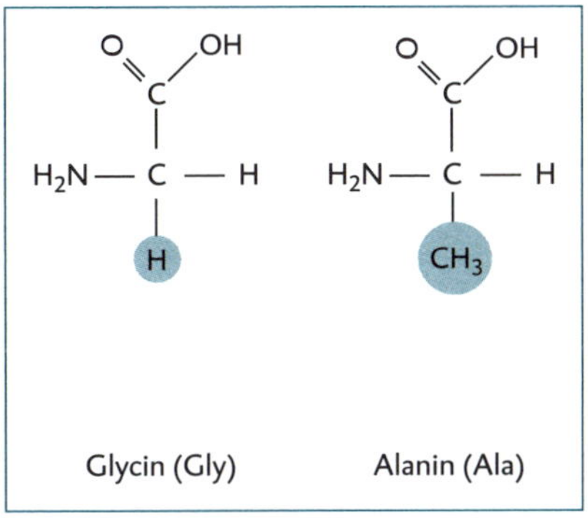

Abb. 31: Strukturformeln von Glycin und Alanin.

2 Aminosäuren mit **polarem Rest**. Die polaren Gruppen zeichnen sich durch Bindungen mit einer ungleichen Ladungsverteilung aus, sie sind hydrophil (z. B. Serin und Asparagin).

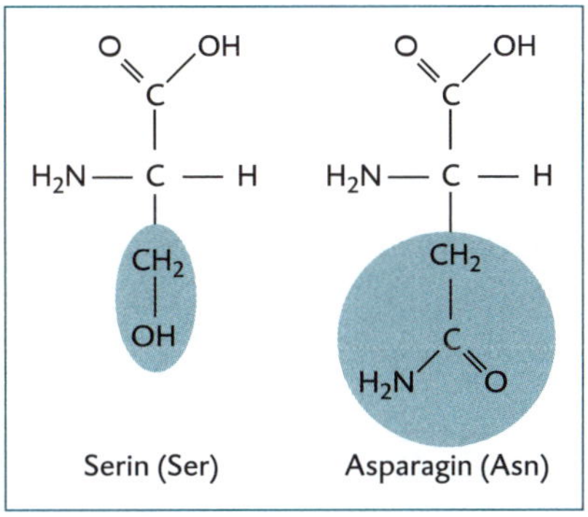

Abb. 32: Strukturformeln von Serin und Asparagin.

3 **Saure Aminosäuren**, deren Reste leicht Protonen abgeben. Meist sind diese Aminosäuren negativ geladen, d. h., sie liegen als **Anionen** vor (z. B. Asparaginsäure).

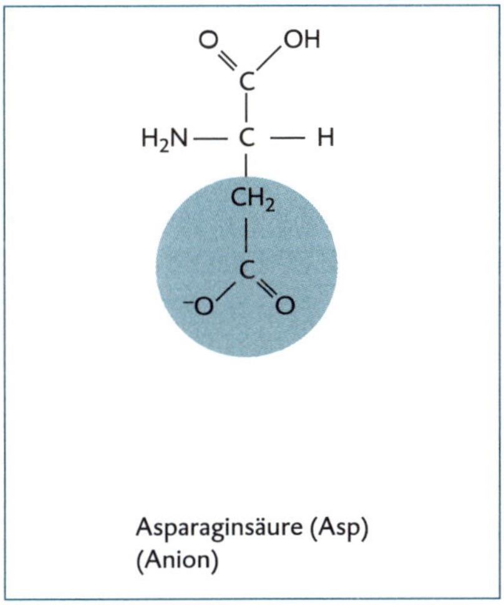

Abb. 33: Strukturformel von Asparaginsäure.

4 **Basische** Aminosäuren. Ihre Reste nehmen leicht Protonen auf. Normalerweise sind sie positiv geladen. Sie liegen also als **Kationen** vor (z. B. Lysin).

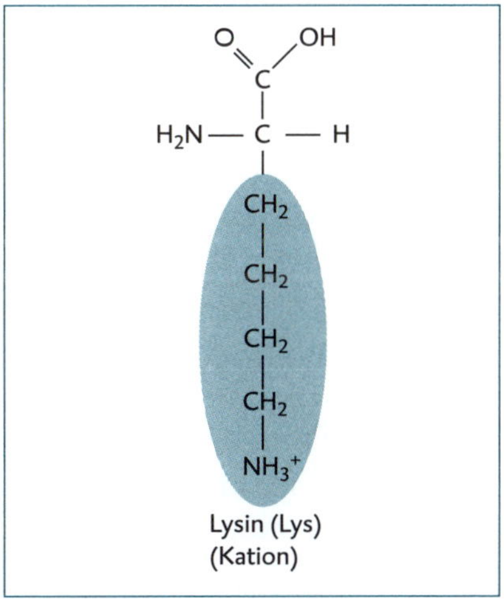

Abb. 34: Strukturformel von Lysin.

Eigenschaften der Peptidbindung

Aminosäuren verketten sich miteinander auf immer gleiche chemische Art und Weise. Die Carboxygruppe (–COOH) der einen Aminosäure verbindet sich mit der Aminogruppe (–NH_2) einer anderen. Dabei wird Wasser freigesetzt. Es handelt also um eine **Kondensationsreaktion**.

Die Reaktion zwischen der **Carboxygruppe** der einen und der **Aminogruppe** einer anderen Aminosäure führt zur Bildung einer sogenannten **Peptidbindung**.

Peptidbindungen lassen sich unter Aufnahme von H_2O in einer **Hydrolysereaktion** auch wieder lösen. In einem **Protein** bildet sich durch die Peptidbindungen eine Achse aus sich wiederholenden gleichen Atomgruppen, von der die verschiedenen Reste der Aminosäuren seitlich abstehen.

Proteine bestehen aus Ketten von Aminosäuren, die in immer gleicher Weise über **Peptidbindungen** miteinander verbunden sind.

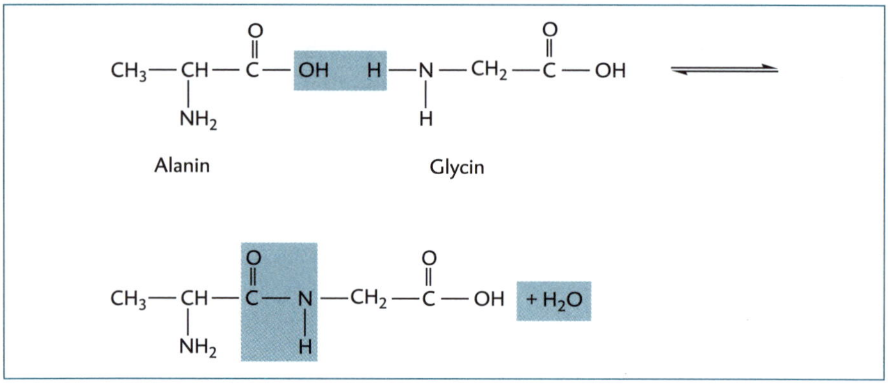

Abb. 35: Bildung der Peptidbindung.

Je nach der Zahl der miteinander verbundenen Aminosäuren entsteht ein:

- Dipeptid aus **zwei** Aminosäuren,
- Tripeptid aus **drei** Aminosäuren,
- Oligopeptid aus bis zu **10** Aminosäuren,
- Polypeptid aus **bis zu 100** Aminosäuren, oder ein
- Protein aus **mehr als 100** Aminosäuren.

Struktur von Proteinen

Die 20 zur Verfügung stehenden Aminosäuren können sich in **beliebiger Reihenfolge** miteinander verknüpfen, um ein Protein zu bilden. Wenn die Abfolge **(Sequenz)** der Aminosäuren nur dem Zufall unterläge, ergäbe sich eine unvorstellbar große Anzahl möglicher Proteine.

eispiel

Das Enzym Lysozym (siehe Lysosom S. (1) 22 f.) besteht aus 129 Aminosäuren. Bei zufälliger Reihenfolge der 20 Aminosäuren wären $\mathbf{20^{129}}$ verschiedene Proteine möglich. Die Anzahl der Atome im Universum wird im Vergleich dazu auf „nur" 10^{71} geschätzt.

Die **genetisch festgelegte Abfolge** (Sequenz) der Aminosäuren eines Proteins wird als seine **Primärstruktur** bezeichnet.

Die genetische Information jeder Zelle bestimmt in Form der **Basenabfolge der DNA** (siehe S. (1) 74 f.), in welcher Reihenfolge die Aminosäuren der Proteine angeordnet werden müssen.

Wechselwirkungen zwischen den Resten der Aminosäuren führen dazu, dass sich die Aminosäurekette spiralisiert, faltet, „knäult" oder aber dass sie gestreckt vorliegt. So zieht z. B. ein Rest, der negativ geladen ist, einen in seiner Nähe liegenden positiv geladenen Rest an, sodass sich die beiden Bereiche der Kette annähern, sich zueinander neigen und eine Krümmung der Kette erzeugen.
Durch die Primärstruktur ist auf diese Weise gleichzeitig die **räumliche** Anordnung der Aminosäurekette festgelegt. Die verschiedenen räumlichen Formen, die ein solcher Proteinfaden einnehmen kann, lassen sich weiter nach der Sekundär-, der Tertiär- und der Quartärstruktur kategorisieren.

Auf der Ebene der **Sekundärstruktur** kann ein Proteinmolekül in Form einer **Spirale** (Helix) oder als **Faltblatt** vorliegen. Dabei sind die parallel liegenden Aminosäureketten oder Abschnitte der Ketten im Zickzack gefaltet.

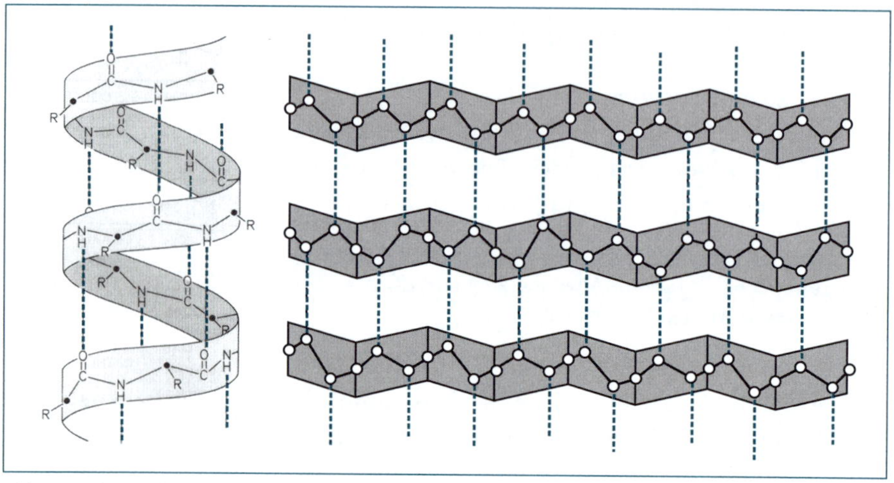

Abb. 36: Helix- und Faltblattstruktur. Die Wasserstoffbrückenbindungen zwischen den Atomen einer Proteinkette (links) bzw. zwischen verschiedenen Ketten (rechts) sind gestrichelt dargestellt.

Die Helix- und die Faltblattstruktur werden durch **Wasserstoffbrückenbindungen** stabilisiert. Diese bilden sich durch die elektrostatischen Anziehungskräfte zwischen einem Wasserstoffatom, das stark **positiv polarisiert** ist, etwa durch die Bindung an ein Atom, das stark elektronegativ ist, wie z. B. N oder O, und einem benachbarten Atom, das stark **negativ polarisiert** ist. Wasserstoffbrückenbindungen sind nur **schwach bindende** Wechselwirkungen, sie lassen sich meistens schon durch Erwärmung lösen.

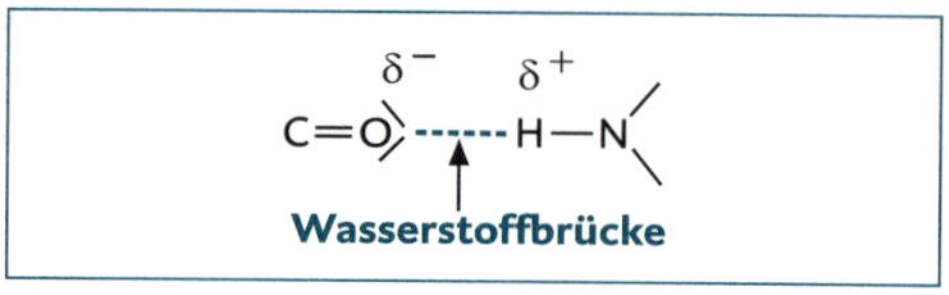

Abb. 37: Ausbildung einer Wasserstoffbrückenbindung.

Die Sekundärstruktur eines Proteins muss **nicht vollständig** in Helix- oder Faltblattstruktur ausgebildet sein. Sie kann auch aus einer Abfolge fester „Stäbe“ (Helices) und „Platten“ (Faltblätter) bestehen, dazwischen können gestreckte Bereiche, also Abschnitte in reiner Primärstruktur vorliegen.

Beispiele

- **Keratin**, das Strukturprotein der Haare, ist überwiegend als Helix geformt.
- **Spinnfäden** von Seidenraupen („Seide“) oder Webspinnen bestehen zum größten Teil aus Proteinen in Faltblattstruktur.
- **Lysozym**, ein einkettiges Protein aus 129 Aminosäuren, liegt zu 40 % in der Helix und zu 12 % in der Faltblattstruktur vor.

Wenn die Aminosäurekette noch weiter in verschiedenartigen Schleifen dreidimensional gewunden oder „geknäult“ ist, spricht man von der **Tertiärstruktur** eines Proteins. Häufig entstehen Gebilde von annähernd kugeliger Gestalt, die man als **globuläre Proteine** bezeichnet.

Die Tertiärstruktur wird stabilisiert durch:
- **Van-der-Waals-Kräfte**, also schwache Anziehungskräfte zwischen unpolaren Seitenketten der Reste,
- **Wasserstoffbrückenbindungen** zwischen polaren Seitenketten,
- **Ionenbindungen** zwischen verschieden geladenen Gruppen der Reste, z. B. NH_3^+ und COO^-,
- **Disulfid-Brücken**, also kovalente Atombindungen zwischen zwei Schwefelatomen.

Die **Tertiärstruktur** eines Polypeptids bildet sich durch die **räumliche Anordnung** eines in Sekundärstruktur vorliegenden Proteinfadens.

Die **Quartärstruktur** schließlich entsteht, wenn sich zwei oder mehr Aminosäureketten zu einem funktionsfähigen Proteinmolekül zusammenlagern.

Die **Quartärstruktur** beschreibt die **charakteristische Anordnung** der Peptidketten in komplexen Proteineinheiten.

Beispiele

- Der Eiweißanteil des roten Blutfarbstoffs **Hämoglobin** besteht aus **vier** Aminosäureketten.
- **Kollagen**, ein Faserprotein, das das Grundgerüst des Bindegewebes, aber auch der Sehnen und Bänder bildet, besteht aus miteinander verwobenen Proteinketten in Helixstruktur.

Vielfalt der Funktionen von Proteinen

Die Abfolge der Aminosäuren und die spezifische räumliche Form der Sekundär-, Tertiär- und Quartärstruktur eines Proteins stehen im Zusammenhang mit der **Funktion**, die es in der Zelle übernimmt.

Proteintypen	Funktionen und Beispiele
Enzyme	**Katalyse** von Reaktionen und Steuerung des Stoffwechsels, z. B. DNA-Polymerase
Gerüstelemente	**Festigung**, z. B. Keratin in Haaren, Nägeln, Hufen; Kollagen im Bindegewebe
Transportmoleküle	**O_2-Transport**, z. B. Hämoglobin **Transport** an Membranen, z. B. Carrierproteine, Tunnelproteine
Hormone	**Beeinflussung des Stoffwechsels**, z. B. Insulin
Rezeptormoleküle	**Informationsweiterleitung**, z. B. Acetylcholinrezeptoren; Antigenrezeptoren; Hormonrezeptoren
kontraktile Moleküle	**Bewegung**, z. B. in Muskelzellen und in Geißeln
Abwehrproteine	**Immunreaktionen**, z. B. Antikörper

Tab. 4: Typen, Aufgaben und Beispiele von Proteinen.

Die Sekundär- und Tertiärstruktur sind für die **Funktion** von Proteinen von großer Bedeutung. Da sie aber durch die Primärstruktur festgelegt werden, kann schon der **Austausch** einer einzigen Aminosäure die Wirkung eines Proteins beeinträchtigen oder unmöglich machen (siehe Sichelzellenanämie, S. (1) 120).

Denaturierung

Proteine können ihre Tertiärstruktur verlieren, also denaturieren (siehe Enzymgifte, S. (1) 67). Dies kann geschehen durch:

- **starke Erwärmung**, dabei lösen sich schwache Bindungen (z. B. Wasserstoffbrücken),
- **Säuren und Basen**, wodurch es zu Veränderungen der Ladungsverhältnisse in den Resten durch die Anlagerung oder Abgabe von Protonen (H^+) kommt,
- **Schwermetalle**, die Veränderungen kovalenter Bindungen bewirken können. Sie reagieren mit den Schwefelatomen und lösen die Disulfidbrücken.

4.3 Proteine als Enzyme

Die meisten chemischen Reaktionen in der Zelle laufen nur ab, wenn Energie zugeführt wird. Dies gilt auch für exergonische Reaktionen, die in der Regel erst in Gang kommen, wenn eine gewisse Energiemenge, die **Aktivierungsenergie**, zugeführt wird. Aus dem Alltag ist dies z. B. bei der Verbrennung von Holz oder Papier an der Luft bekannt. Um diese Reaktion in Gang zu setzen, muss zunächst Aktivierungsenergie in Form eines brennenden Streichholzes zugegeben werden.

Enzyme als Biokatalysatoren

Lebende Zellen können sich die hohen Energiebeträge, die zum „Anschub" der meisten Reaktionen erforderlich wären, nicht erlauben. Die hohe Temperatur, die damit verbunden wäre, würde ihre Bestandteile zerstören, z. B. die Proteine denaturieren. Die Lösung des Problems liegt in den **Enzymen**. Sie setzen die **Aktivierungsenergie** chemischer Reaktionen so weit herab, dass in menschlichen Zellen die Prozesse des Stoffwechsels bei 36–37 °C ablaufen können.

Enzyme sind an fast allen chemischen Reaktionen der Zelle beteiligt. Sie wirken als **Biokatalysatoren**.

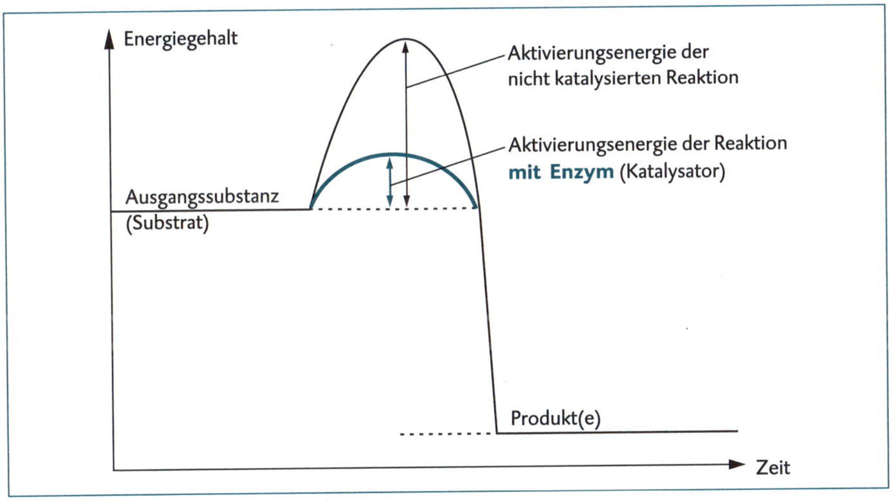

Abb. 38: Energiediagramm für eine nicht katalysierte und für eine durch ein Enzym katalysierte, exergonische Reaktion.

Der allgemeinen Definition des Katalysators entsprechend, gehen Enzyme **unverändert** aus der Reaktion hervor, die sie katalysieren. Weil sie durch die Katalysereaktion **nicht verbraucht** oder verändert werden, können sie in sehr kurzen Zeitabständen immer wieder verwendet werden. Daher können Enzyme in **sehr geringen Mengen** eine hohe Zahl von Molekülen zur Reaktion bringen.

Enzyme setzen die **Aktivierungsenergie** herab. Sie wirken auslösend oder beschleunigend auf chemische Reaktionen.

Bau von Enzymen

Fast alle Enzyme gehören zu den Proteinen. Entscheidend für ihre Wirkung als Katalysatoren ist ein kleiner Bereich des Moleküls, das sogenannte katalytische oder **aktive Zentrum**.

Man unterscheidet verschiedene **Enzym-Typen**. Ein **einfaches Enzym** ist ein hochmolekulares Protein aus einer einzigen langen Aminosäurekette. Ein **zusammengesetztes Enzym** dagegen besteht aus einem hochmolekularen **Apoenzym** (Proteinanteil) und einem **Coenzym**, einer niedermolekularen, nichteiweißartigen Verbindung. Coenzyme können z. B. einzelne Atome wie Mg oder Fe oder einige Vitamine, aber auch ATP, ADP oder ähnliche Moleküle sein. Coenzyme können fest mit dem Apoenzym verbunden oder ablösbar sein. ATP und ADP z. B. können sich an viele verschiedene Arten von Apoenzymen binden und wieder lösen. Auf diese Weise sind sie zusammen mit dem jeweiligen Apoenzym in der Lage, eine Phospatgruppe auf ein Molekül zu übertragen oder abzuspalten (siehe Phosphorylierung, S. (1) 48).

Das **aktive Zentrum** besteht bei vielen Enzymen aus einer Vertiefung der Moleküloberfläche, die eine bestimmte Form und ein charakteristisches Muster an elektrischen Ladungen hat. Bei zusammengesetzten Enzymen wird es zu einem Teil vom Coenzym gebildet, zum anderen von Seitenketten der Aminosäuren des Apoenzyms. Das aktive Zentrum nimmt das **Substratmolekül**, das chemisch umgesetzt werden soll, für eine sehr kurze Zeit auf. Dies ist möglich, da es mit seiner Form und seinem Ladungsmuster wie ein Schlüssel ins Schloss passt, man spricht daher vom **Schlüssel-Schloss-Prinzip** (siehe Immunreaktion, S. (1) 235) der Enzymwirkung. In der Regel verändert das aktive Zentrum seine Form und/oder erhält ein anderes Ladungsmuster, wenn sich die Tertiärstruktur des Apoenzyms ändert.

Ablauf enzymatisch katalysierter Reaktionen

Enzymatisch katalysierte Reaktionen laufen in **drei wichtigen Phasen** ab:

1 Enzym und Substratmolekül bilden für eine kurze Zeit einen **Enzym-Substrat-Komplex**.
2 Katalysiert durch das Enzym läuft eine chemische Reaktion ab.
3 Die **Reaktionsprodukte** lösen sich vom Enzym. Das Enzymmolekül liegt unverändert vor.

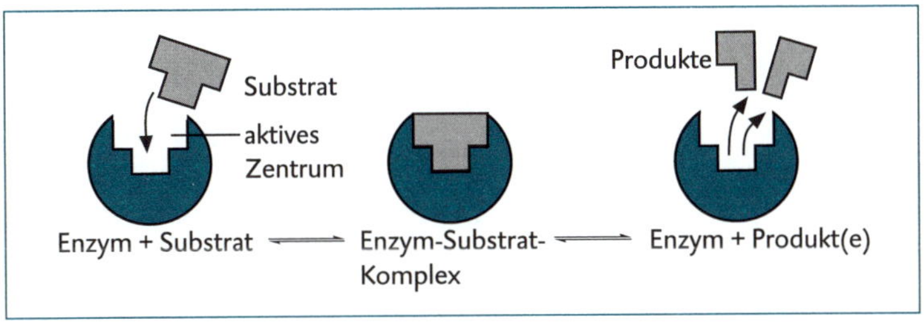

Abb. 39: Wirkung von Enzymen am Beispiel der Spaltung eines Substratmoleküls.

Das Enzym steht nach der Reaktion des Substratmoleküls sofort wieder für weitere Reaktionen zur Verfügung. Dadurch kann mit einer **geringen Menge** an Enzym eine **große Menge** von Substratmolekülen umgesetzt werden.

Vorraussetzung für eine enzymatische Katalyse ist die Bildung eines **Enzym-Substrat-Komplexes.** Nach dem **Schlüssel-Schloss-Prinzip** bindet das Substrat an das **aktive Zentrum** eines passenden Enzyms und wird dort umgesetzt.

Substrat- und Wirkungsspezifität

Ein Enzym kann nur mit einer ganz bestimmten Art von Substratmolekül einen Enzym-Substrat-Komplex nach dem Schlüssel-Schloss-Prinzip bilden. Es kann nur solche Moleküle an sich binden, die nach Form und Ladung **in sein aktives Zentrum passen**. Zuweilen ist die **Substratspezifität** aber nicht strikt, sodass sich auch einander ähnliche, aber nicht identische Substratmoleküle an das aktive Zentrum anlagern können.

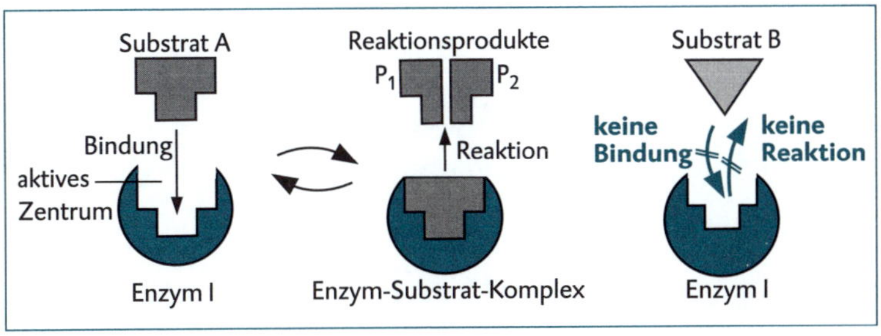

Abb. 40: Substratspezifität von Enzymen.

Jedes Enzym kann nur **eine ganz bestimmte Reaktion** katalysieren, z. B. nur die Spaltung des Substratmoleküls an einer genau festgelegten Stelle oder nur das Anfügen einer bestimmten Atomgruppe an einer festgelegten Stelle des Substratmoleküls. Die **Wirkungsspezifität** ist sehr streng und gilt für jedes Enzym ohne Ausnahme.

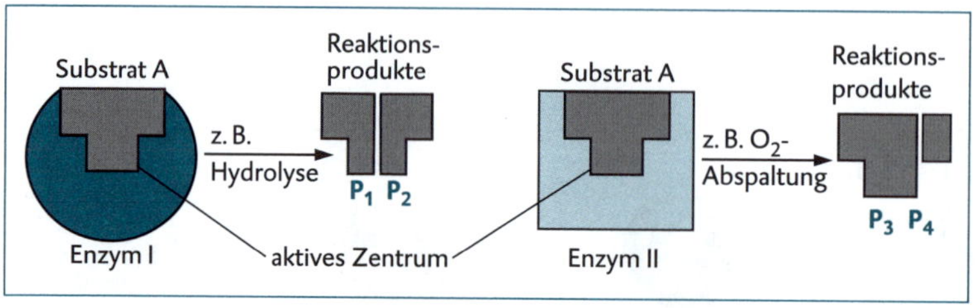

Abb. 41: Schema der Wirkungsspezifität von Enzymen.

Beispiel

Die **Saccharase** katalysiert die Spaltung von Saccharose (Rohrzucker) in Glucose (Traubenzucker) und Fructose (Fruchtzucker):

$$\text{Saccharose} + H_2O \xrightarrow{\text{Saccharase}} \text{Glucose} + \text{Fructose}$$

Saccharase kann **nur** die Spaltung von **Saccharose**, nicht aber die Spaltung von Maltose (Malzzucker) oder Lactose (Milchzucker) katalysieren. Die Saccharase kann **keine anderen Veränderungen** am Saccharosemolekül bewirken, als die Spaltung in Glucose und Fructose. Die Spaltung ist nur an **einer festgelegten Bindung** zwischen der Glucose und der Fructose möglich.

Ein bestimmtes Enzym kann nur die Reaktion eines ganz bestimmten Ausgangsstoffes katalysieren **(Substratspezifität)** und nur eine festgelegte chemische Veränderung bewirken **(Wirkungsspezifität)**.

Abhängigkeit der Enzymaktivität von der Temperatur und dem pH-Wert

Die **Aktivität** eines Enzyms wird als **Reaktionsgeschwindigkeit** gemessen. Sie gibt an, **wie viele Substratmoleküle pro Zeiteinheit** umgesetzt werden. Grundlage für vergleichende Messungen der Reaktionsgeschwindigkeit ist eine jeweils gleiche Konzentration von Enzymen. Die Reaktionsgeschwindigkeit ist von verschiedenen Faktoren abhängig.

Bei steigender Temperatur nimmt die Reaktionsgeschwindigkeit bis zu einem bestimmten Temperaturbereich, dem **Temperatur-Optimum**, zu. Am Temperatur-Optimum ist die größtmögliche Zahl von Enzym-Substratkomplexen erreicht, die pro Zeiteinheit gebildet werden. Oberhalb des Temperatur-Optimums nimmt die Reaktionsgeschwindigkeit wieder ab. Ursache hierfür ist die beginnende **Denaturierung** der Enzyme durch die Lösung von Bindungen, die das Protein stabilisieren, was eine Veränderung der Tertiärstruktur zur Folge hat (siehe S. (1) 60).

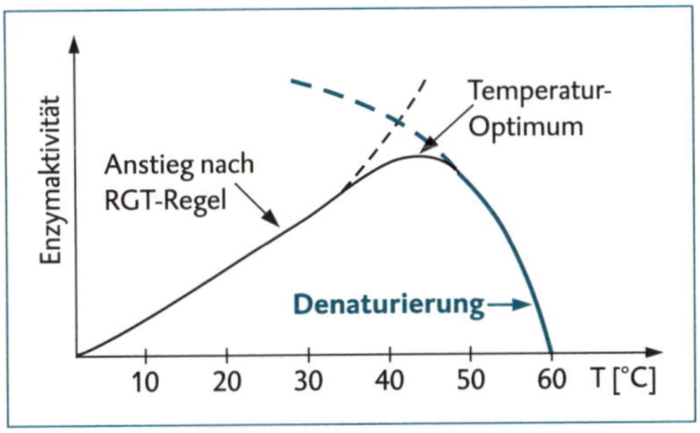

Abb. 42: Temperaturabhängigkeit der Enzymaktivität.

Beispiele

- Die Enzyme in menschlichen Zellen haben ihr Temperatur-Optimum im Bereich der Körpertemperatur, also bei ca. 36 °C. Oberhalb der maximal auftretenden Körpertemperatur beginnen sie zu denaturieren.
- Organismen, die in extrem warmer Umgebung leben, z. B. Bakterien in heißen Quellen, besitzen Enzyme, die auch bei sehr hohen Temperaturen von bis zu 90 °C nicht denaturieren. Ursache der Hitzeresistenz ist u. a. die besondere Stabilität der Tertiärstruktur der Enzyme durch eine Vielzahl an Disulfidbrücken (siehe S. (1) 59).

Die Temperaturabhängigkeit enzymatisch katalysierter Reaktionen wird außerdem durch die **RGT-Regel** (Reaktions-Geschwindigkeits-Temperatur-Regel) bestimmt. Pro Temperaturerhöhung **um 10 °C** erhöht sich danach die Reaktionsgeschwindigkeit um das **Zwei- bis Dreifache**. Diese Regel steht in Zusammenhang mit der Wärmebewegung der Teilchen, die dafür sorgt, dass Substratmoleküle bei steigender Temperatur häufiger mit dem aktiven Zentrum von passenden Enzymen zusammentreffen, sodass häufiger Enzym-Substrat-Komplexe entstehen.

Jedes Enzym hat seine maximale Aktivität (höchste Reaktionsgeschwindigkeit) bei einem bestimmten pH-Wert, seinem **pH-Optimum**. Bei den meisten Enzymen liegt das pH-Optimum zwischen 6 und 8.

Beispiele

Eine Ausnahme macht z. B. das **Pepsin**, eine Protease, also ein proteinabbauendes Enzym des menschlichen Magens, mit einem pH-Optimum von 2.

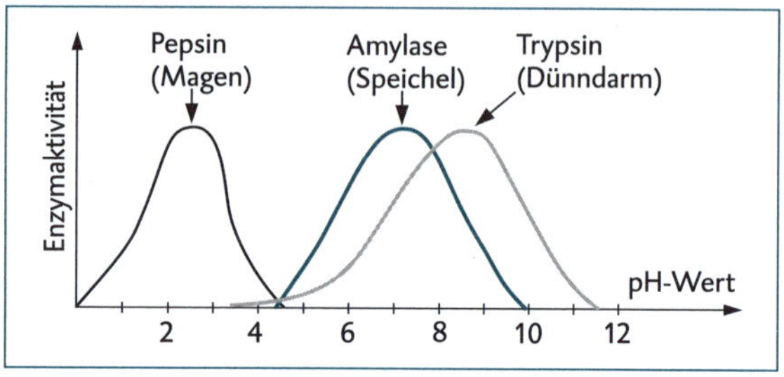

Abb. 43: Abhängigkeit der Enzymwirkung vom pH-Wert am Beispiel von Verdauungsenzymen.

Je nach pH-Wert der Umgebung können Teile des Enzyms Protonen abgeben oder aufnehmen. Wenn sich der pH-Wert verändert, erhalten daher manche Bereiche des Enzyms eine andere Ladung. Die Änderung des Ladungsmusters im aktiven Zentrum beeinträchtigt die Fähigkeit, einen Enzym-Substrat-Komplex zu bilden und damit auch die Wirksamkeit eines Enzyms. Die Änderung der Ladungsverhältnisse hat ebenfalls Einfluss auf die schwachen Bindungen zwischen den Bereichen der Aminosäurekette, z. B. auf die H-Brücken. Infolgedessen kann sich die Tertiärstruktur des Enzyms ändern, es kommt zur Denaturierung. Die Änderung der Form und der Ladungsverhältnisse hat v. a. dann deutliche Auswirkungen auf die Funktionsfähigkeit des Enzyms, wenn das aktive Zentrum betroffen ist.

Temperatur und **pH-Wert** haben Einfluss auf die **Geschwindigkeit** enzymatisch katalysierter Reaktionen, d. h. auf die pro Zeiteinheit umgesetzten Substratmoleküle.

Hemmung der Enzymwirkung

Es kommt vor, dass eine Verbindung, die dem Substratmolekül eines Enzyms ähnelt, an das Enzym bindet, von diesem aber nicht umgesetzt werden kann. Eine solche Verbindung konkurriert dann mit dem Substrat um die Bindung an das aktive Zentrum des Enzyms. Dadurch sinkt die Reaktionsgeschwindigkeit je nach der Konzentration des Hemmstoffs unterschiedlich stark ab, da ein Teil der Enzymmoleküle durch die Bindung mit dem Hemmstoff blockiert ist. Wird der Hemmstoff entfernt, so wird diese **kompetitive Hemmung** (Verdrängungshemmung) aufgehoben, sie ist **reversibel**.

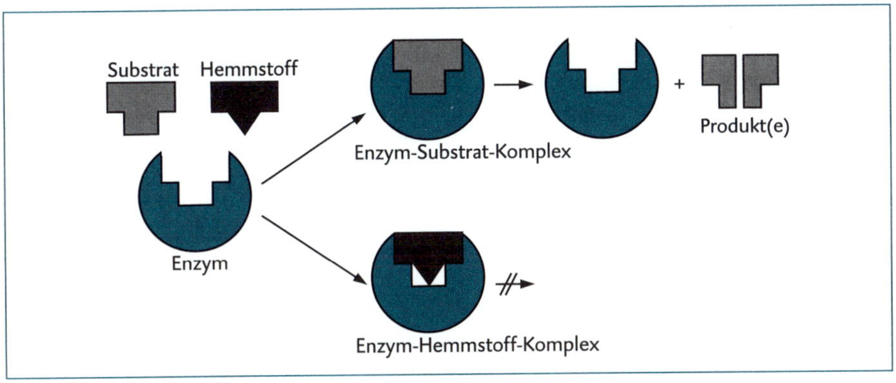

Abb. 44: Kompetitive Hemmung eines Enzyms.

eispiel

Gicht ist eine sehr schmerzhafte Krankheit der Gelenke. Sie tritt auf, wenn sich **Harnsäurekristalle** in den Gelenken ablagern. Das kann geschehen, wenn die Harnsäurekonzentration im Blut zu stark ansteigt. Harnsäure entsteht durch enzymatisch katalysierte Reaktionen aus Vorstufen. Ein **Medikament** gegen die Gicht kann eines der Enzyme, das an der Umwandlung der Vorstufen zu Harnsäure beteiligt ist, **kompetitiv hemmen**. Die Aktivität des Enzyms wird durch den Hemmstoff verringert, es entsteht weniger Harnsäure. Ihr Gehalt im Blut sinkt, in der Folge wird weniger Harnsäure in den Gelenken abgelagert.

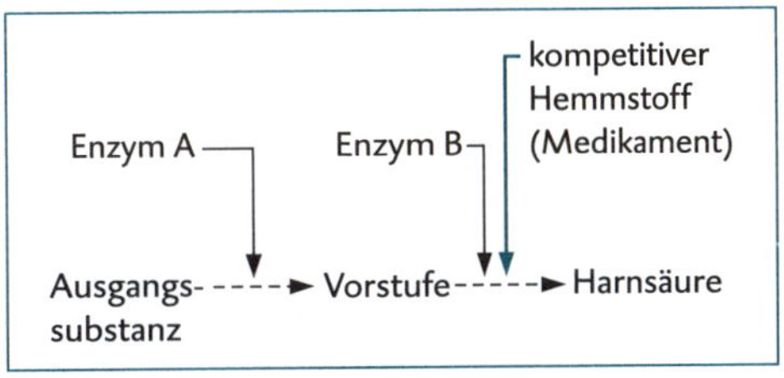

Abb. 45: Behandlung von Gicht mit einem Medikament, das ein Enzym kompetitiv hemmt.

Schwermetalle wie Blei, Cadmium, Quecksilber u. a. wirken als Enzymgifte. Sie können die Tertiärstruktur **irreversibel** verändern und ein Enzym dauerhaft unwirksam machen, z. B. durch das Aufbrechen von Disulfidbrücken. Man spricht von **nicht-kompetitiver** Hemmung.

Die Aktivität eines Enzyms lässt sich durch **Hemmstoffe** verändern. **Reversible** Hemmungen sind zeitlich begrenzt, **irreversible** Hemmungen führen zu dauerhaften Veränderungen der Enzyme.

Einige Enzyme haben an einer anderen Stelle als an ihrem aktiven Zentrum eine zweite Bindungsstelle, ein sogenanntes **allosterisches Zentrum**. Hier kann ein Wirkstoff gebunden werden, der die Struktur des aktiven Zentrums **reversibel** verändert. Je nach Wirkstoff kann die Veränderung eine Hemmung oder eine Aktivierung des Enzyms zur Folge haben. Durch eine **allosterische Hemmung** wird die Reaktionsgeschwindigkeit gesenkt.

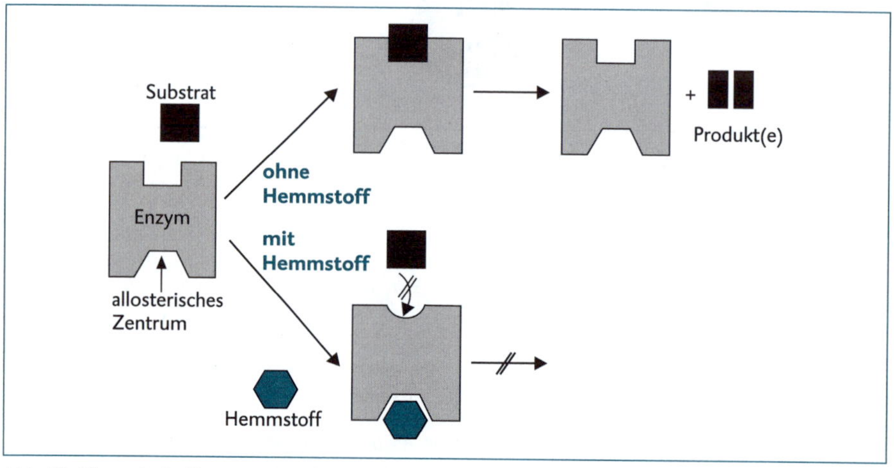

Abb. 46: Allosterische Hemmung eines Enzyms.

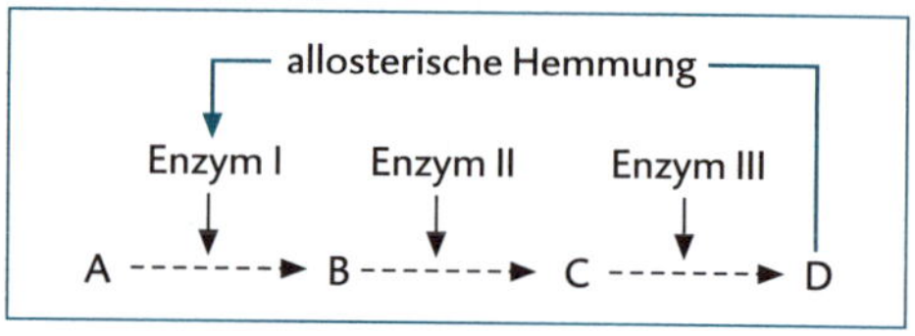

Abb. 47: Endprodukthemmung.

In einigen Stoffwechselketten kann ein Endprodukt oder ein spät in der Kette entstehendes Produkt ein Enzym, das eine Reaktion zu Beginn der Kette auslöst, allosterisch hemmen. Man spricht bei dieser Art der negativen Rückkopplung von einer **Endprodukt-** oder „feedback"-**Hemmung.** Wenn sich das Produkt D in der in Abb. 47 gezeigten Reaktion anhäuft, verlangsamt sich seine Synthese, da gleichzeitig mehr Moleküle des Enzyms I allosterisch gehemmt werden. So lässt sich die Menge der gebildeten Endprodukte regeln.

Abhängigkeit enzymatischer Reaktionen von der Substratkonzentration

Nur bei **geringen** Substratkonzentrationen steigt die Reaktionsgeschwindigkeit etwa **proportional** zur Erhöhung der Substratkonzentration an. Je weiter die Substratkonzentration steigt, desto weniger nimmt die Reaktionsgeschwindigkeit zu. Zum Verständnis dieser Beobachtung muss man folgende Überlegungen anstellen:

- Bei **geringer** Substratkonzentration sind nur wenige Enzymmoleküle von Substratmolekülen besetzt, es existieren nur wenige Enzym-Substrat-Komplexe. Kommen weitere Substratmoleküle hinzu, so treffen diese schnell auf freie, unbesetzte Enzymmoleküle.
- Bei **hoher** Substratkonzentration ist an fast alle Enzymmoleküle ein Substratmolekül gebunden. Wenn nun noch mehr Substrat angeboten wird, so treffen diese Moleküle nur noch selten auf ein freies Enzym. Die **Sättigungskonzentration** ist erreicht, wenn an alle Enzyme ein Substratmolekül gebunden ist, wenn also nur Enzym-Substratkomplexe vorliegen.

Michaelis-Konstante

Trägt man die Reaktionsgeschwindigkeit einer enzymatisch katalysierten Reaktion gegen die Substratkonzentration auf, so erhält man den typischen Verlauf einer sich **asymptotisch** an einen Sättigungswert annähernden Kurve. Der genaue Wert der Sättigungskonzentration ist schwer zu ermitteln. Daher wurde die **Michaelis-Konstante K_m** eingeführt. Sie gibt diejenige Substratkonzentration an, bei der die Hälfte der maximal möglichen Geschwindigkeit erreicht ist.

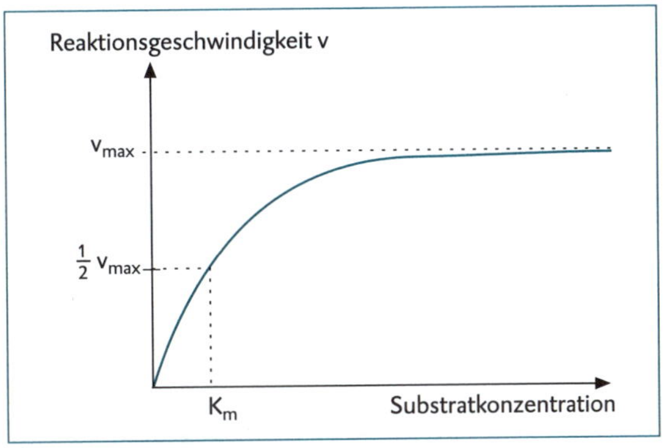

Abb. 48: Enzymaktivität in Abhängigkeit von der Substratkonzentration (Michaelis-Konstante).

Die **Michaelis-Konstante K_m** gibt diejenige Substratkonzentration an, bei der **die Hälfte** der Enzymmoleküle als Enzym-Substrat-Komplex vorliegt.

Jedes Enzym besitzt eine für ein bestimmtes Substrat charakteristische Michaelis-Konstante. Ein Enzym mit einer **kleinen** Michaelis-Konstante erreicht schon bei einer geringen Substratkonzentration die halbmaximale Reaktionsgeschwindigkeit. Es hat eine **hohe Aktivität**, führt also zu einer schnell ansteigenden Reaktionsgeschwindigkeit, wenn die Substratkonzentration erhöht wird. Bei verschiedenen Substraten ist die Michaelis-Konstante eines Enzyms unterschiedlich. Das Substrat mit dem geringeren K_m-Wert bindet sich besser an das Enzym und wird dadurch schneller umgesetzt.

Steuerung des Stoffwechsels durch Enzyme

Eine Zelle ist in der Lage, ihren Stoffwechsel zu steuern, indem sie die Bedingungen für ihre enzymatisch katalysierten Reaktionen gezielt verändert. Sie reagiert damit auf Angebot und Nachfrage, auf den je nach Situation unterschiedlichen Überschuss oder Mangel an chemischen Substanzen. Solche Maßnahmen können sein:

- Veränderung des **Angebots** an Substrat und Energie.
- Veränderung der **Nachfrage** nach dem Endprodukt einer Reaktionskette, etwa durch Abbau oder Abgabe aus der Zelle.
- Veränderung der Konzentration des entsprechenden **allosterischen** Hemm- oder Aktivierungsstoffes (nur bei allosterischen Enzymen).

Außerdem kann die Zelle über die Steuerung ihrer **Genaktivität**, also über die Veränderung der Proteinbiosynthese des entsprechenden Enzyms, die Menge des Enzyms erhöhen (siehe Genregulation, S. (1) 128 ff.). Die Geschwindigkeit jeder einzelnen Reaktion bleibt damit zwar gleich, aber es laufen mehr Reaktionen pro Zeiteinheit ab und es entstehen mehr Reaktionsprodukte.

Zellen sind in der Lage, ihren **Stoffwechsel** zu steuern, indem sie die Bedingungen, die für enzymatisch katalysierte Reaktionen von Bedeutung sind, gezielt verändern.

Experimente zum Nachweis charakteristischer Eigenschaften der Enzyme

1 Das Enzym **Urease** zersetzt Harnstoff in Ammoniak (NH_3) und CO_2. Aus CO_2 und NH_3 entstehen Ionen, die im Gegensatz zu Harnstoff den elektrischen Strom leiten. Die Leitfähigkeit lässt sich daher als Maß für die Aktivität von Urease verwenden. Zur Feststellung der Leitfähigkeit wird mithilfe einer Spannungsquelle und Elektroden, die in die Lösung tauchen, eine Spannung angelegt und die Leitfähigkeit mit einem Amperemeter gemessen.

Bedingungen	Ergebnis	Nachweis
ansteigende Temperatur	Optimumkurve (zunächst Zunahme, später Abnahme der Leitfähigkeit)	Temperaturabhängigkeit der Enzymreaktion; Anstieg der Enzymaktivität bis zum Optimum; Abfall mit zunehmender Denaturierung der Urease
Substrat: Thioharnstoff statt Harnstoff	keine Leitfähigkeit	Substratspezifität der Urease
Zugabe von Schwermetallionen	keine Leitfähigkeit	Vergiftung, Inaktivierung der Urease

Tab. 5: Versuche unter verschiedenen Bedingungen mit Harnstofflösung in jeweils gleicher Konzentration und bei Zugabe gleicher Mengen an Urease.

2 Das Enzym **Katalase** baut in Zellen das im Stoffwechsel entstehende Zellgift Wasserstoffperoxid (H_2O_2) zu O_2 und H_2O ab. Katalase ist z. B. in den Zellen von Kartoffelknollen oder Leber enthalten. Die Sauerstoffbildung zeigt sich anhand von Gasbläschen und kann mit einem Glimmspan nachgewiesen werden.

Bedingungen	Ergebnis	Nachweis
unterschiedliche Temperatur	unterschiedlich starke O_2-Bildung	Temperaturabhängigkeit der Enzymreaktion; Anstieg der Enzymaktivität bis zum Optimum; Abfall mit zunehmender Denaturierung der Katalase
unterschiedlicher pH-Wert	unterschiedlich starke O_2-Bildung	Abhängigkeit vom pH-Wert; Optimumkurve

Bedingungen	Ergebnis	Nachweis
nach Ende der O_2-Bildung Zugabe von a) frischer Kartoffel bzw. Leber b) H_2O_2	a) keine weitere O_2-Bildung b) erneute Bildung von O_2	a) Bei Zugabe von mehr Enzym läuft keine weitere Reaktion ab. → Substrat wurde komplett umgesetzt. b) Bei Zugabe von frischem Substrat läuft die Reaktion wieder ab, da Enzyme nicht verbraucht wurden und unverändert aus der Reaktion hervorgingen (Eigenschaft von Katalysatoren).
Zugabe von Schwermetallionen	keine O_2-Bildung	Vergiftung, Inaktivierung der Katalase

Tab. 6: Versuchsansätze von H_2O_2 mit kleinen Stücken Kartoffel oder Leber.

3 Zum Nachweis des Abbaus von Stärke durch die **Amylase** des Speichels gibt man eine bestimmte Menge Speichel zu einer Stärkelösung bekannter Konzentration. Die Stärkelösung wird mit Lugol'scher Lösung blau angefärbt. Durch die Entfärbung der Stärkelösung lässt sich die Enzymaktivität nachweisen.

Bedingungen	Ergebnis	Nachweis
unterschiedliche Temperatur	unterschiedlich schnelle Entfärbung	Temperaturabhängigkeit der Enzymreaktion; Anstieg der Enzym-Aktivität bis zum Optimum; Abfall mit zunehmender Denaturierung der Amylase
unterschiedlicher pH-Wert	unterschiedlich schnelle Entfärbung	Abhängigkeit vom pH-Wert; Optimumkurve
Zugabe von Schwermetallionen	keine Entfärbung	Vergiftung, Inaktivierung der Amylase

Tab. 7: Versuchsansätze aus Speichelproben und Stärkelösungen.

4.4 Nukleinsäuren

In den Zellen aller Organismen findet man zwei Arten von Nukleinsäuren, die **Desoxyribonukleinsäure** (DNA), die die genetische Information einer Zelle trägt, und die **Ribonukleinsäure** (RNA), die in verschiedenen Formen an der Realisierung der genetischen Information, vor allem an der Proteinbiosynthese beteiligt ist. Einige Viren speichern ihre genetische Information nicht in DNA-Molekülen, sondern in RNA-Molekülen, z. B. das AIDS-Virus (siehe Retroviren, S. (1) 110 und S. (1) 246 ff.).

Chemie und Struktur der Nukleinsäuren

Alle Nukleinsäuren bestehen aus langen Ketten von einander ähnlichen Bausteinen, den **Nukleotiden**. Man bezeichnet die Nukleinsäuren daher auch als **Polynukleotide**. Jedes Nukleotid enthält

- einen **Fünfer-Zucker** (Pentose). Bei DNA-Nukleotiden ist dies die **Desoxyribose**, bei RNA-Nukleotiden ist es die **Ribose**.
- eine an das fünfte C-Atom (C_5-Atom) des Zuckers gebundene **Phosphorsäure**.
- eine von vier verschiedenen organischen Basen, **Cytosin** (C), **Guanin** (G), **Adenin** (A) oder **Thymin** (T). In RNA-Nukleotiden wird statt Thymin die Base **Uracil** (U) eingebaut.

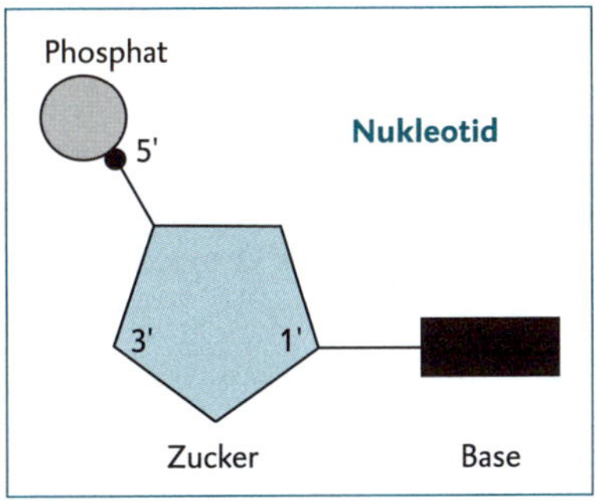

Abb. 49: Struktur eines Nukleotids.

Adenin-Nukleotide sind in der Zelle nicht nur an der Speicherung der genetischen Information in den Nukleinsäuren beteiligt, sondern in Form von **ATP** (Adenosintriphosphat) auch an der Festlegung und Übertragung von Energie (siehe S. (1) 47 ff.).

Struktur der Polynukleotide

Ein **Polynukleotidstrang** bildet sich durch die kovalente Verknüpfung jeweils eines Nukleotids mit dem Phosphatrest eines weiteren Nukleotids. So entsteht ein fadenförmiges Riesenmolekül aus einer sich wiederholenden Folge von Zuckern und Phosphatresten, von dem die Basen seitlich „abstehen".

Da seine beiden Enden unterschiedlich sind, besitzt ein Polynukleotidstrang eine **Polarität**.

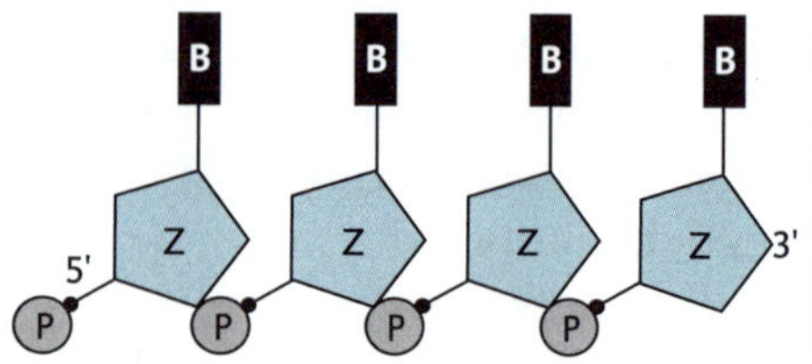

Abb. 50: Strukturausschnitt eines Polynukleotids.

Ein **Polynukleotidstrang** besitzt an einem Ende einen Phosphatrest, der am C_5-Atom des Zuckers gebunden ist. Dieses Ende wird als **5'-Ende** bezeichnet. Am anderen Ende des Strangs befindet sich ein Zuckermolekül, dessen C_3-Atom für die Bindung eines weiteren Nukleotids eingesetzt werden kann, weshalb man es **3'-Ende** nennt. Eine Verlängerung des Moleküls durch die Anlagerung weiterer Nukleotide ist nur an seinem 3'-Ende möglich. Die in den Polynukleotidmolekülen enthaltenen **genetischen Informationen** sind in der Abfolge (Sequenz) der vier verschiedenen Basen C, G, A, T (DNA) bzw. C, G, A, U (RNA) gespeichert. Nukleinsäuren mit verschiedenen genetischen Informationen unterscheiden sich daher nur in ihrer **Basensequenz**.

Am Bau eines Polynukleotidstrangs sind Fünferzucker (Pentosen), Phosphorsäurereste und die vier Basen **Cytosin, Guanin, Adenin und Thymin** beteiligt. Die genetische Information liegt in der **Abfolge der Basen**.

Wie bei den Wörtern der Buchstabenschrift ist die **Leserichtung** der Basenfolge für den Inhalt von entscheidender Bedeutung. Eine Basenfolge, die vom 3'-Ende zum 5'-Ende gelesen wird, ergibt eine andere Information als beim Lesen in 5'-3'-Richtung.

Baumerkmale von DNA-Molekülen

DNA besteht aus **zwei** in gegenläufiger Richtung verlaufenden, spiralig umeinander gewundenen Polynukleotidsträngen, die die **DNA-Doppelhelix** bilden. Dem 3'-Ende des einen Strangs liegt das 5'-Ende des anderen gegenüber, man spricht von der **Antiparallelität** der Einzelstränge. Die Basen beider Stränge stehen sich genau gegenüber und sind über Wasserstoffbrücken miteinander verbunden. Wegen der unterschiedlichen Zahl der Wasserstoffbrücken können sich dabei nur **Adenin mit Thymin**, bzw. **Guanin mit Cytosin** „paaren". Man spricht von **komplementären Basen**. Durch die komplementäre Basenpaarung entsteht ein Doppelstrang, ein leiterartiges Gebilde, dessen „Sprossen" aus je zwei gepaarten Basen bestehen und dessen „Holme" aus Ketten sich abwechselnder Zucker- und Phosphatreste gebildet werden, die über Atombindungen verknüpft sind.

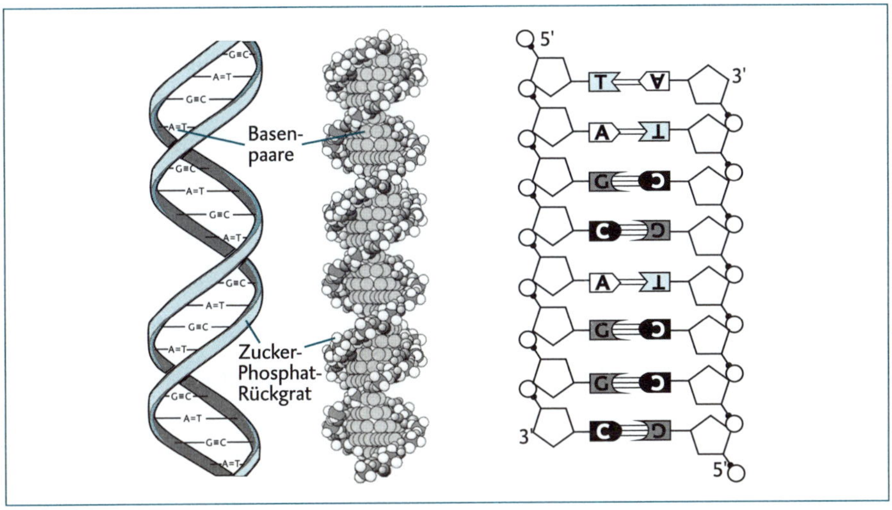

Abb. 51: Verschiedene Ausschnitte aus einem Polynukleotid-Doppelstrang der DNA.

Durch die spezifische Basenpaarung ist die **Sequenz der Basen** des einen Polynukleotidstranges **komplementär**, aber nicht identisch mit der des zweiten Stranges. Diese räumliche Struktur der DNA als Doppelhelix aus zwei komplementären und gegenläufigen Polynukleotidsträngen, die sich umeinander winden, wird nach den beiden Entdeckern als **Watson-Crick-Modell** bezeichnet.

DNA besteht aus **zwei** in entgegengesetzter Richtung verlaufenden **Polynukleotidsträngen**, die umeinander gewunden sind und deren Basenfolge **komplementär** ist.

Immer nur ein Einzelstrang trägt die Basenfolge, die ein **Gen** ausmacht. Der zu einem Gen komplementäre Bereich auf dem jeweils anderen Einzelstrang trägt keine Information, die für ein Protein codiert.
Da zur Festlegung der Informationen nur **vier verschiedene Zeichen**, die vier Basen C, G, A und T, zur Verfügung stehen, sind DNA-Abschnitte, die Gene darstellen, häufig sehr lang. Im Vergleich dazu sind z. B. in unserer Buchstabenschrift mit ihren 26 Zeichen kurze Informationseinheiten, die Wörter, möglich. DNA-Moleküle werden zusätzlich noch dadurch verlängert, dass nur **ein kleiner Teil** der Basensequenzen sinnvolle Informationen enthält. Weite Strecken bestehen aus Basenfolgen, die vermutlich keinen Sinn ergeben. Ihre Funktion ist derzeit nur unzureichend geklärt.

Baumerkmale von RNA-Molekülen

In der Zelle sind mehrere Arten von RNA-Molekülen mit unterschiedlichen Funktionen zu finden (siehe S. (1) 104 ff.). Allen gemeinsam ist dasselbe Aufbauprinzip. Im Gegensatz zur DNA bestehen RNA-Moleküle aus nur **einem** Polynukleotidstrang, allerdings kann sich ein RNA-Einzelstrang stellenweise paaren (siehe tRNA, S. (1) 107). Statt Desoxyribose enthält die RNA **Ribose** als Fünfer-Zucker und statt Thymin die Base **Uracil**.

Einfacher Versuch zur Isolierung von Nukleinsäuren aus Zellen

Nukleinsäuren lassen sich auf einfache Weise aus Zellen isolieren und darstellen. Folgende Arbeitsschritte sind dazu nötig:

1 **Zerstörung** der Zellen im Mörser.
2 **Abtrennung** von Zellbruchstücken in einem groben Filter.
3 **Abtrennung** der Proteine von der DNA durch starke Detergenzien, z. B. durch Haushaltsspülmittel, Natriumdodecylsulfat, Natriumcitratdihydrat, evtl. auch Zugabe von Proteasen, die in Waschmitteln oder bestimmten Fruchtsäften enthalten sind.
4 **Ausfällung** der Nukleinsäuren mit eisgekühltem Ethanol.

Die Nukleinsäuren erscheinen als zähflüssige, helle Substanz. Dass die ausgefällten Substanzen tatsächlich Nukleinsäuren sind, lässt sich durch **Anfärben** nachweisen, etwa mit Toluidinblau. DNA kann durch die Zugabe von **DNase** nachgewiesen werden. Dieses Enzym zerlegt die langen DNA-Moleküle in kleinere Bruchstücke. Wegen der Substratspezifität des Enzyms werden andere Typen von Nukleinsäuren nicht abgebaut. Die kürzeren DNA-Stücke führen zu einer **Verringerung der Viskosität** der ausgefällten DNA, d. h. zu einer zunehmenden Dünnflüssigkeit der Lösung.

Weitergabe genetischer Information – Replikation der DNA

Genetische Informationen können weitergegeben werden. Dies geschieht bei der Bildung neuer Zellen durch die **Mitose** und, wenn durch sexuelle Fortpflanzung Nachkommen entstehen, durch die **Meiose**, also bei der Bildung von Eizellen und Spermien bzw. Pollenzellen. In einem Kopiervorgang (Replikation) **verdoppelt** die Zelle ihre DNA, bevor Mitose oder Meiose beginnen.

Vorgänge bei der Replikation

Die Replikation der DNA läuft in folgenden Schritten ab:

1 Der DNA-Doppelstrang **entspiralisiert und öffnet** sich „wie ein Reißverschluss". Dazu werden die Wasserstoffbrückenbindungen zwischen den komplementären Basen durch ein Enzym gelöst, ATP wird verbraucht.

2 An die nach der Öffnung frei zugänglichen Basen lagern sich **freie Nukleotide** an. Dabei paaren sich die komplementären Basen A mit T und G mit C, sie binden sich über neue Wasserstoffbrücken aneinander.

3 Die angelagerten Nukleotide werden über kovalente Atombindungen zu einem **neuen Polynukleotidstrang** verbunden.
Dazu sind das Enzym DNA-Polymerase und ATP erforderlich (siehe Gentechnik, PCR, S. (2) 153 ff.).

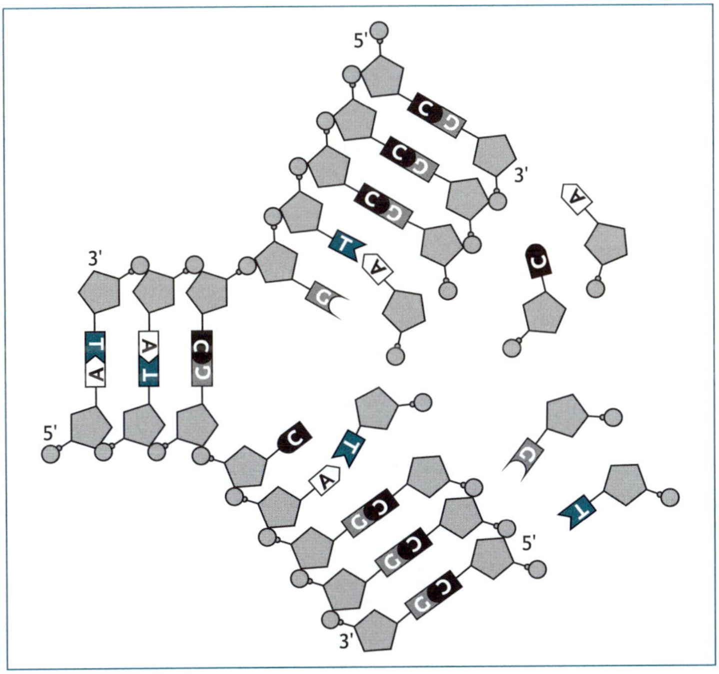

Abb. 52: Stark vereinfachte Darstellung der Replikation.

Das Ergebnis dieses Verdoppelungsvorgangs sind **zwei** DNA-Moleküle, die in ihrer genetischen Information sowohl untereinander als auch mit den Informationen des ursprünglichen DNA-Moleküls **identisch** sind. Je eine Hälfte des Ausgangs-DNA-Moleküls bildet einen Einzelstrang eines neuen DNA-Moleküls. Die Hälften des ehemaligen DNA-Strangs bleiben also erhalten, man spricht von der **semikonservativen Replikation** der DNA.

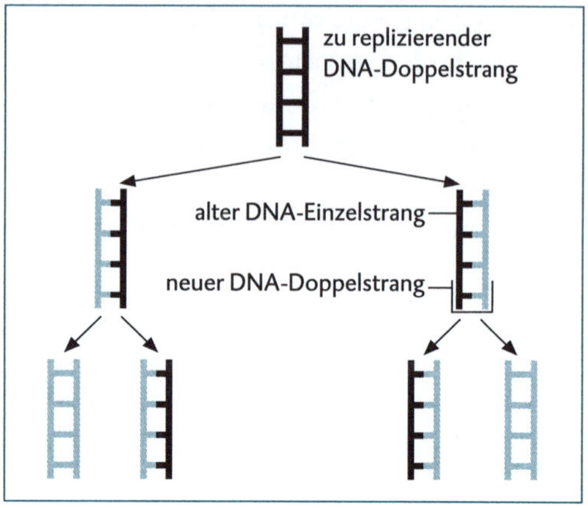

Abb. 53: Ursprüngliche und neu gebildete Polynukleotidstränge nach zwei aufeinanderfolgenden Replikationsschritten.

Die **Replikation** ist der Kopiervorgang, durch den DNA-Moleküle **identisch** vermehrt werden. Sie ist ein **semikonservativer** Vorgang, da die neu entstehenden Moleküle je zur Hälfte aus der zugrunde liegenden Ausgangsverbindung bestehen.

Chromosomen

Die **Chromosomen** eukaryotischer Zellen (siehe S. (1) 2) sind die **„Verpackungsform"** der genetischen Informationen. Sie bestehen aus DNA und Proteinen. Die Proteine dienen dazu, die DNA zu stützen und zu schützen. In der Zeit zwischen zwei Mitosen liegen die Chromosomen in der **„Arbeitsform"** vor. Merkmale dieser Struktur sind:

- Die DNA ist **langgestreckt** und nur wenig spiralisiert.
- Ein DNA-Molekül verteilt sich auf einen so großen Raum, dass ein Chromosom nur im Elektronenmikroskop sichtbar ist (siehe Auflösungsvermögen S. (1) 2).
- Die genetische Information, die in der Basensequenz gespeichert ist, wird **zugänglich**, d. h. sie kann vom Lese- und Syntheseapparat der Zelle abgelesen und genutzt werden (siehe Proteinbiosynthese, S. (1) 104 ff.). Außerdem ist die Replikation der DNA möglich.

Während der Mitose und der Meiose liegen die Chromosomen in der **„Transportform"** vor. Merkmale dieser Form sind:

- Jedes Chromosom besteht aus zwei DNA-Doppelsträngen, da in der Zeit vor der Mitose eine Replikation, die Verdoppelung des DNA-Moleküls, stattgefunden hat. Wenn diese beiden DNA-Moleküle im Lichtmikroskop sichtbar werden, bezeichnet man sie als **Chromatiden**.
- Der aus einer DNA-Doppelhelix bestehende Faden ist mehrfach spiralig aufgewickelt. Dadurch **verkürzen und verdicken** sich die Chromosomen. Sie lassen sich anfärben und sind im Lichtmikroskop erkennbar.
- Die genetischen Informationen können **nicht abgelesen** werden und die DNA lässt sich **nicht replizieren**.

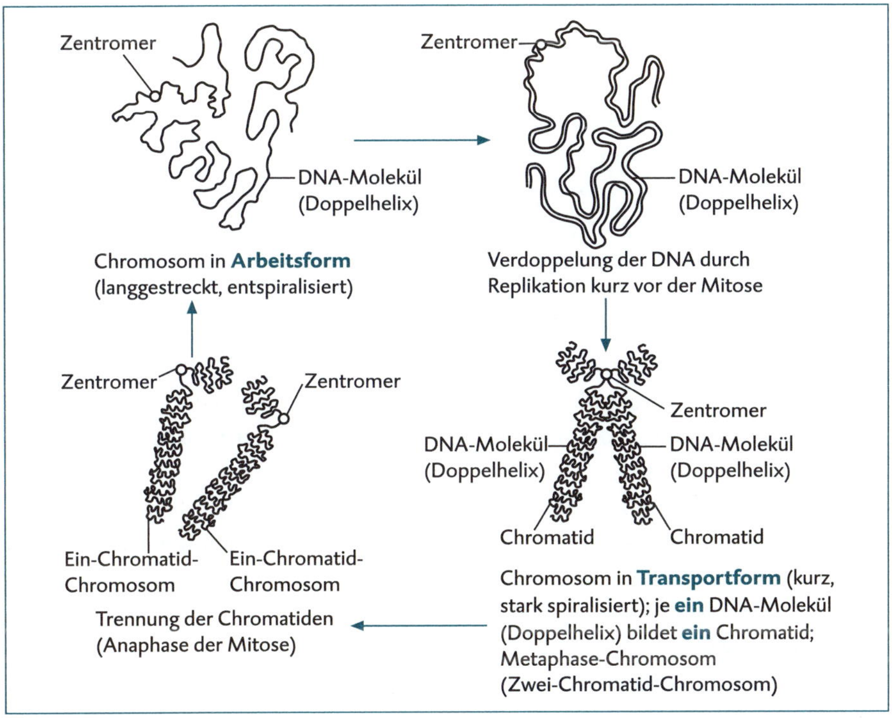

Abb. 54: Arbeits- und Transportform der Chromosomen. Eine Linie stellt einen DNA-Doppelstrang (Doppelhelix) dar.

Die Transportform ist erforderlich, um die langen DNA-Moleküle in der Mitose **bewegen** und auf die Tochterzellen **verteilen** zu können. In der Transportform ist das DNA-Molekül **sehr kompakt** in Spiralen gewickelt, sodass die Moleküle, die zum Ablesen der genetischen Information erforderlich sind, nicht an die Basen der DNA herankommen können (siehe Transkription, S. (1) 104 f.). Die dichte Packung des DNA-Moleküls macht die Replikation unmöglich. Sie erlaubt es nicht, dass der DNA-Doppelstrang sich öffnet.

Nur in der **Arbeitsform** der Chromosomen kann die DNA ihre genetischen Informationen für den Syntheseapparat nutzbar machen und sich durch Replikation verdoppeln.

Chromatiden

In der **Metaphase** der Mitose werden die zwei „Äste" der Chromosomen, die **Chromatiden**, sichtbar. In dieser Phase sind sie an einer Stelle, dem Zentromer (Kinetochor), noch miteinander verbunden. Die beiden Chromatiden werden in dem Abschnitt der Mitose, in dem die Chromosomen noch in der Arbeitsform vorlagen, durch Replikation gebildet.

Homologe Chromosomen des Menschen

Die Gesamtzahl der Chromosomen einer Körperzelle des Menschen beträgt 46. Diese Zahl kommt durch einen **diploiden** Chromosomensatz zustande, der aus zwei einfachen (haploiden) Sätzen mit je 23 Chromosomen besteht. Ein Chromosomensatz stammt aus der Eizelle der Mutter, der andere aus dem Spermium des Vaters. Man spricht daher auch von mütterlichen und väterlichen Chromosomen.
In jeder Körperzelle hat jedes Chromosom einen „Partner", der die gleichen Gene enthält, sein **homologes Chromosom**. Eine Ausnahme bildet beim Mann das 23. Chromosomenpaar, die **Geschlechtschromosomen**. In den Zellen des Mannes besteht das 23. Chromosomenpaar aus einem **X-Chromosom** und einem anders geformten, sehr kleinen und fast genleeren Chromosom, dem **Y-Chromosom**. Das X-Chromosom hat hier keinen gleichartigen Partner. Weibliche Zellen dagegen haben zwei X-Chromosomen.

Ergebnis der Mitose

Die beiden Chromatiden jedes Chromosoms trennen sich in der Mitose und je eines gelangt in eine Tochterzelle. Da die Chromatiden durch Replikation entstanden sind, erhält jede der beiden Tochterzellen Chromosomen mit **identischer genetischer Information** (siehe Reproduktionsbiologie, S. (2) 179).

Die **Mitose** sorgt dafür, dass die genetischen Informationen aller Zellen eines Organismus **identisch** sind.

Ablauf und Ergebnis der Meiose

Vor der **Meiose** wird – ähnlich wie bei der Mitose – jedes Chromosom durch Replikation verdoppelt. Die Meiose verläuft in **zwei Schritten**:

- Durch die **erste Reifeteilung** entstehen zunächst zwei Zellen.
- In der **zweiten Reifeteilung** bilden sich daraus vier Zellen, bei Tieren entweder vier gleich große Spermazellen oder eine große Eizelle und drei kleine Zellen, die Polkörperchen. Bei höheren Pflanzen entstehen statt Spermien bestimmte Zellen in den Pollenkörnern.

In der Anaphase der **ersten Reifeteilung** trennen sich nicht, wie bei der Mitose, die Chromatiden, sondern die homologen Chromosomen. Jedes Chromosom ist in dieser Phase bereits verdoppelt, besteht also aus zwei Chromatiden. Die beiden Chromatiden aber bleiben in der ersten Reifeteilung miteinander verbunden. Die Basensequenz homologer Chromosomen ist zwar ähnlich, kann aber kleine und bedeutsame Unterschiede aufweisen.

Beispiel

Das Gen für den Rhesusfaktor (siehe Immunbiologie, S. (1) 245 f.) kann als Allel Rh^+ oder als Allel rh^- vorliegen. Im AB0-Blutgruppensystem des Menschen sind sogar drei Ausprägungen möglich, das Allel für die Blutgruppe A, das Allel für B und das Allel für 0.

Je eines der zwei homologen Chromosomen wandert in eine Tochterzelle. Welches der homologen Chromosomen in welche der beiden neuen Zellen gelangt, ist dabei dem Zufall überlassen. Da diese Verteilung zufällig erfolgt und da die genetische Information homologer Chromosomen aufgrund verschiedener Allele (siehe S. (1) 119 und (2) 52) nicht identisch sein muss, kommt es zu unterschiedlichen Kombinationen von genetischen Informationen in den Tochterzellen.

Sich entsprechende Gene homologer Chromosomen werden als **Allele** bezeichnet. Sie können unterschiedliche genetische Informationen tragen.

Wegen der hohen Zahl von Genen kommt es durch die Meiose so gut wie immer zu einer **Rekombination** (Neukombination) von Allelen. Die Zellen, die durch die erste Reifeteilung der Meiose entstehen, enthalten mit hoher Wahrscheinlichkeit eine andere genetische Information als die ursprüngliche Zelle und sie sind auch untereinander genetisch verschieden (siehe Evolution, S. (2) 58 ff.). Die Verteilung von homologen Chromosomen führt dazu, dass der

Chromosomensatz zunächst **halbiert** wird, z. B. beim Menschen von 2 · 23 Chromosomen auf 1 · 23 Chromosomen. Aus einer **diploiden** Zelle entstehen durch die erste Reifeteilung zwei **haploide**.

Die **zweite Reifeteilung** der Meiose läuft wie eine Mitose ab. Hier werden die Chromatiden eines jeden Chromosoms voneinander getrennt und auf die entstehenden Keimzellen verteilt. Die genetische Information und die Chromosomenzahl ändern sich dabei nicht.

Durch **Mitosen** entstehen Zellen mit identischer genetischer Information. Durch **Meiosen** bilden sich Zellen, deren genetische Information mit sehr hoher Wahrscheinlichkeit unterschiedlich ist.

Zusammenfassung

- Die **Trockensubstanz** von Zellen besteht v. a. aus Kohlenhydraten, Fetten, Eiweißen und Nukleinsäuren. Den größten Teil der Zellsubstanz bildet Wasser mit darin gelösten Ionen.
- Die in der Zelle ablaufenden Prozesse lassen sich in **Energie- und Baustoffwechsel** einteilen.
- **Proteine** sind Ketten von Aminosäuren, die unterschiedliche **räumliche Strukturen** bilden können. Für den Aufbau der Proteine der Organismen werden **20 verschiedene Aminosäuren** verwendet.
- Die Zahl möglicher Proteine ist außerordentlich hoch.
- Proteine erfüllen eine Vielzahl wichtiger Aufgaben in den Zellen und im Organismus.
- **Enzyme** sind Proteine. Sie dienen als **Katalysatoren** fast aller chemischen Reaktionen des Stoffwechsels.
- Enzyme sind **substrat- und wirkungsspezifisch**. Ihre Funktion hängt u. a. von der **Temperatur** und dem **pH-Wert** ab.
- Enzymatisch katalysierte Reaktionen lassen sich durch **kompetitive** oder **allosterische Hemmung** steuern. Schwermetalle können die Enzymwirkung **irreversibel hemmen**.
- Die **Michaelis-Konstante** gibt die Substratkonzentration an, bei der eine enzymatisch katalysierte Reaktion die **halbmaximale Geschwindigkeit** erreicht.
- **Nukleinsäuren** speichern und übertragen die **genetischen Informationen** einer Zelle. Sie bestehen aus einer oder zwei Ketten von Nukleotiden.
- Ein **Nukleotid** ist aus einer **Pentose**, einem Phosphorsäurerest und einer von vier verschiedenen organischen **Basen** aufgebaut.

- Ein **DNA-Molekül** setzt sich aus zwei komplementären, gegenläufig orientierten und umeinander gewundenen **Polynukleotidsträngen** zusammen, die miteinander über **Wasserstoffbrücken** verbunden sind.
- Die genetische Information ist in der **Basenfolge** gespeichert.
- **RNA-Moleküle** sind einsträngig, sie enthalten eine andere Pentose und eine andere Base als die DNA.
- Bei der **semikonservativen Replikation** wird die DNA **identisch verdoppelt**. Dabei entsteht an jedem der beiden Polynukleotidstränge eines DNA-Moleküls ein neuer Strang.
- Chromosomen sind in der **Arbeitsform lang gestreckt und dünn**. Ihre genetischen Informationen lassen sich vom Syntheseapparat der Zelle ablesen.
- In der **Transportform** sind die Chromosomen **kurz und verdickt**. Ihre genetischen Informationen sind für die Zelle **nicht lesbar**.
- **Homologe Chromosomen** sind in Form und Größe gleich. Auf ihnen liegt jeweils ein Allel des gleichen Gens. Die genetische Information der Allele auf homologen Chromosomen kann unterschiedlich sein.
- In der **Mitose** wird die genetische Information **identisch** an die neu entstehende Zelle weitergegeben.
- In der **Meiose** halbiert sich der Chromosomensatz. Durch die zufällige Verteilung der homologen Chromosomen werden die genetischen Informationen **neu kombiniert**.

Aufgaben

56 Nennen Sie
- a die vier häufigsten Elemente, die in den Substanzen, aus denen Zellen bestehen, enthalten sind.
- b drei weitere für die Zelle bedeutsame chemische Elemente.

57 Nennen Sie von den unten aufgeführten Substanzen diejenige(n), die einen höheren Anteil an der Trockensubstanz (Material der Zelle ohne Wasser) einer typischen Pflanzenzelle hat/haben als an der einer tierischen Zelle.
- a Kohlenhydrate
- b Fette
- c Proteine
- d Nukleinsäuren
- e Farbstoffe

58 Nennen Sie je zwei Beispiele für die Funktion, die Fette und Kohlenhydrate in der Zelle und/oder im Organismus haben können.

59 Vervollständigen Sie folgende Sätze:
- a Proteine bestehen aus Ketten von …
- b Proteinähnliche Verbindungen mit weniger als 100 Einzelbausteinen bezeichnet man als …
- c Die Zahl der verschiedenen Einzelbausteine, die für den Bau von Proteinen fast aller lebenden Organismen zur Verfügung stehen, beträgt …
- d Die Einzelbausteine der Proteine, die der menschliche Organismus nicht selber herstellen kann, nennt man …
- e Bei der Verkettung der Einzelbausteine von Proteinen bindet sich jeweils …
- f Die Bindung zwischen den Einzelbausteinen von Proteinen löst sich unter …

60 Verbinden Sie die in der Abb. 55 dargestellten Aminosäuren in einer eigenen Skizze so miteinander, dass ein Tripeptid daraus entsteht.

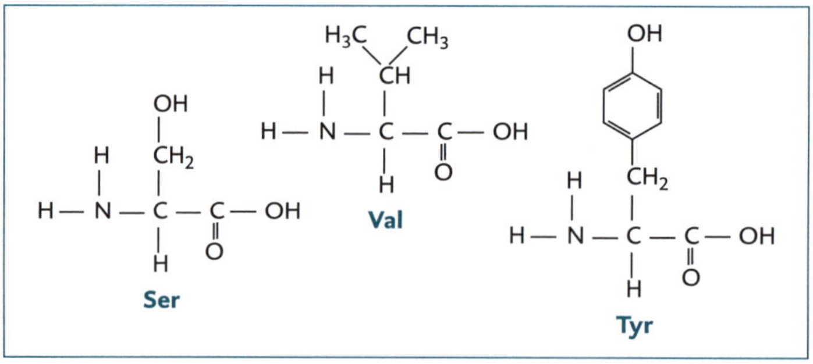

Abb. 55: Drei Aminosäuren.

61 a Nennen Sie von den in der Abb. 56 dargestellten Verbindungen die
- Aminosäuren mit unpolarem Rest,
- sauren Aminosäuren,
- Aminosäuren mit polarem Rest,
- basischen Aminosäuren.

b Bezeichnen Sie die in der Strukturformel des Serins mit Ziffern gekennzeichneten Gruppen.

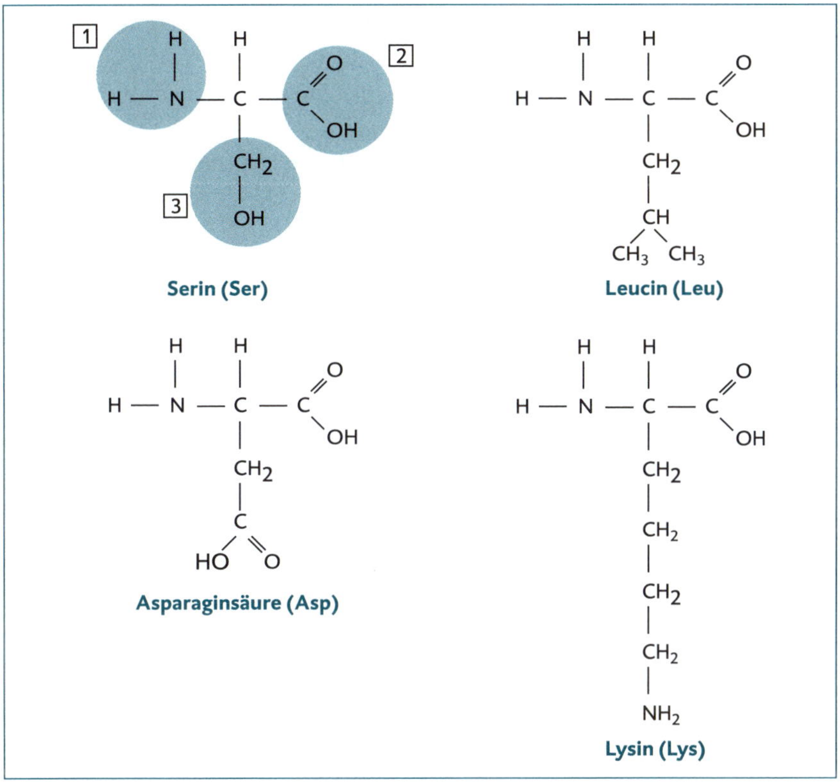

Abb. 56: Die Strukturen der Aminosäuren Serin, Leucin, Asparaginsäure und Lysin.

62 a Nennen Sie die Zahl der verschiedenen Primärstrukturen, die bei einem Protein mit 100 Aminosäuren denkbar sind.

b Beschreiben Sie, wie in der Natur die Verschiedenartigkeit eines solchen Proteins weiter erhöht werden kann.

63 Nennen Sie die Aussagen, die den Sachverhalt richtig wiedergeben.

- a Ein Protein in Tertiärstruktur kann aus einer Aminosäurekette bestehen, die teilweise als Helix (Sekundärstruktur) vorliegt.
- b Die Primärstruktur eines Proteins nimmt Einfluss auf die mögliche Sekundär- und/oder Tertiärstruktur.
- c Die Festlegung der Tertiärstruktur geschieht u. a. durch Wechselwirkungen zwischen den Resten der Aminosäuren.
- d Bei der Denaturierung von Eiweiß ändert sich die Primärstruktur.
- e Bei der Denaturierung von Eiweiß wird die Tertiärstruktur durch Disulfidbrücken stabilisiert.
- f In der Primärstruktur eines Proteins sind die Aminosäuren untereinander durch Disulfidbrücken verbunden.
- g Disulfidbrücken stabilisieren die Tertiärstruktur eines Proteins.

64 Nennen Sie Bereiche von Proteinmolekülen, in denen Aminosäuren verbunden sind durch

- a starke chemische Bindungen,
- b schwache chemische Bindungen.

65 Nennen Sie fünf allgemeine Funktionen von Proteinen in der Zelle oder im Organismus und geben Sie jeweils ein Beispiel an.

66 Nennen Sie Bedingungen, unter denen Proteine denaturieren können.

67 Beschreiben Sie kurz Eigenschaften, die Enzyme zu Katalysatoren machen.

68 Maltose ist ein Zweifachzucker, der aus zwei Molekülen Glucose besteht. Das Enzym Maltase kann Maltose in Glucosemoleküle spalten.
Erläutern Sie an diesem Beispiel die Substrat- und Wirkungsspezifität von Enzymen.

69 Die Geschwindigkeit von Reaktionen, die enzymatisch katalysiert werden, nimmt mit der Erhöhung der Temperatur nur bis zu einem bestimmten Temperaturbereich zu, darüber sinkt sie.
Erklären Sie, wie es trotz einer Erhöhung der Temperatur zum Sinken der Reaktionsgeschwindigkeit kommen kann.

70 Nennen Sie die korrekten Aussagen. Das aktive Zentrum eines Enzyms
- a ist an der Wirkungsspezifität beteiligt.
- b ist nicht für die Substratspezifität verantwortlich.
- c besteht bei vielen Enzymen aus einer Vertiefung, deren Form und Ladung zu bestimmten Bereichen des Substratmoleküls passt.
- d wird bei der Denaturierung des Enzyms nie verändert.
- e wird auch bei zusammengesetzten Enzymen allein aus dem Proteinanteil gebildet.
- f ist dafür verantwortlich, dass sich ein Enzym-Substrat-Komplex bilden kann.
- g hat vor dem Ablauf einer enzymatisch katalysierten Reaktion eine andere Form als danach.
- h steht mit dem Substratmolekül in einer Beziehung, die das Schlüssel-Schloss-Prinzip beschreibt.

71 Erläutern Sie in allgemeiner Form die molekularen Ursachen für die pH-Abhängigkeit der Enzymwirkung.

72 Viele Waschmittel enthalten Proteasen (proteinabbauende Enzyme). Diese Enzyme stammen nicht aus den Zellen von Säugern, sondern von anderen Organismen.
- a Erläutern Sie, warum Säugerenzyme ungeeignet sind.
- b Schlagen Sie Organismen vor, aus denen solche Proteasen gewonnen werden könnten.

73 Tabletten, mit denen ein Mangel an Trypsin und Chymotrypsin ausgeglichen werden soll, sind von einer säurefesten Kapsel umgeben, die sich aber im alkalischen Milieu auflöst. Trypsin und Chymotrypsin sind Verdauungsenzyme, die im Zwölffingerdarm und Dünndarm wirken. Das Milieu im Zwölffingerdarm und Dünndarm ist alkalisch, das im Magen ist stark sauer.
Erläutern Sie, warum die Tabletten mit einer säurefesten Kapsel umgeben sind.

74 Nennen Sie von den folgenden Aussagen diejenigen, die für die kompetitive bzw. für die allosterische Hemmung von Enzymen gelten:

a Die Hemmung ist reversibel.
b Die Reaktionsgeschwindigkeit (Aktivität des Enzyms) ist abhängig von der Konzentration des Hemmstoffes.
c Der Hemmstoff kann das Endprodukt einer Synthesekette sein (Endprodukthemmung).
d In bestimmten Fällen kann auf ähnliche Weise wie die Hemmung auch eine Aktivierung des Enzyms, also eine Erhöhung der Reaktionsgeschwindigkeit, erfolgen.
e Der Hemmstoff verändert die Tertiärstruktur des Enzyms.
f Der Hemmstoff lagert sich im aktiven Zentrum an.
g Der Hemmstoff lagert sich an anderer Stelle als dem aktiven Zentrum an.
h Die Hemmung kann nur auftreten, wenn das Enzym außerhalb des aktiven Zentrums einen Bereich mit einer rezeptorähnlichen Struktur besitzt.
i Der Hemmstoff ähnelt dem Substrat.

75 Im folgenden Schema ist die Steuerung der Isoleucin-Synthese durch Enzyme stark vereinfacht dargestellt.
Nennen Sie mit Fachbegriffen

a die Art der Steuerung der Enzymwirkung,
b den Enzymtyp des Enzyms 1.

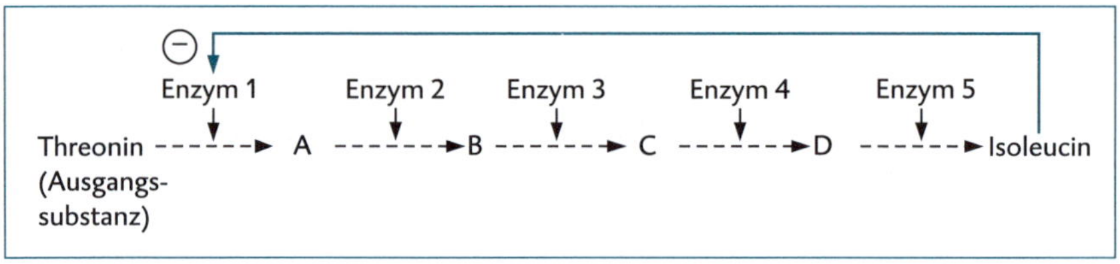

Abb. 57: Schema zur Steuerung der Isoleucin-Synthese.

76 Einige krankheitserregende Bakterien benötigen eine bestimmte Substanz, Para-Amino-Benzoesäure, um daraus in einem enzymatisch katalysierten Prozess eine für sie lebensnotwendige Verbindung herzustellen. Sulfonamide ähneln der Para-Amino-Benzoesäure.
Erläutern Sie, warum sich Sulfonamide zur Bekämpfung dieser Bakterien einsetzen lassen.

77 Erläutern Sie die biochemischen Grundlagen, die es vernünftig erscheinen lassen, bleifreies Benzin als Treibstoff für Autos zu verwenden.

78 Im folgenden Schema ist ein verzweigter Stoffwechselweg dargestellt, dessen Reaktionen enzymatisch katalysiert werden. Ebenfalls angegeben ist der Einfluss der Reaktionsprodukte auf den Ablauf der Reaktionen. Nennen Sie die Reaktion(en), die vorherrscht (vorherrschen), wenn sowohl E als auch G in hoher Konzentration vorliegen. Begründen Sie Ihre Antwort.

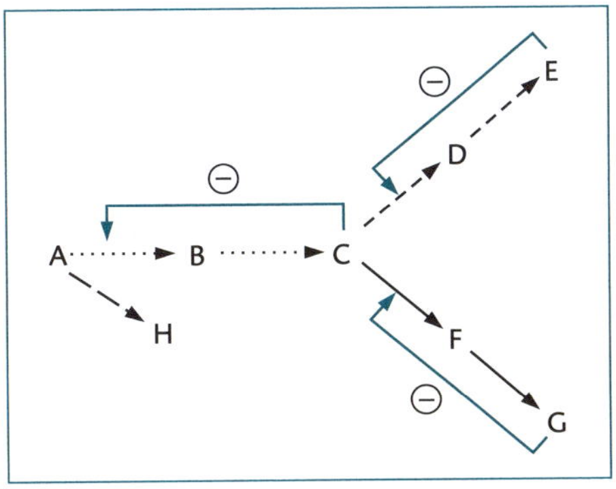

Abb. 58: Veränderung von Stoffwechselwegen durch Enzymhemmung.

79 Beschreiben Sie in Stichworten die Möglichkeiten, die eine Zelle hat, um Einfluss darauf zu nehmen, wie schnell und in welcher Menge die Produkte einer enzymatisch katalysierten Reaktion gebildet werden sollen.

80 Die Steigerung der Reaktionsgeschwindigkeit verläuft bei enzymatisch katalysierten Reaktionen nicht proportional zur Erhöhung der Substratkonzentration. Erklären Sie dieses Phänomen.

81 (Themenübergreifende Aufgabe)
Während des Winterschlafs ist die Körpertemperatur von Igeln, Fledermäusen, Siebenschläfern und ähnlichen Tieren stark herabgesetzt, teilweise bis dicht über dem Gefrierpunkt.

- a Erläutern Sie, welche Wirkung das auf die enzymatisch katalysierten Prozesse in ihren Zellen hat.
- b Stellen Sie die Folgen dar, die die bei Teilaufgabe a beschriebenen Veränderungen auf den ATP-Haushalt der Zellen und den Nährstoffbedarf haben.

82 Nennen Sie von den im Folgenden aufgeführten Maßnahmen diejenige(n), die dazu führen kann (können), dass mehr Reaktionsprodukte entstehen, wenn eine Enzymlösung mit Substrat gesättigt ist. Begründen Sie Ihre Antwort.

- a Zugabe von Enzymen
- b Zugabe von Substrat
- c Erhöhung der Temperatur auf 90 °C
- d Zugabe eines kompetitiven Hemmstoffs

83 Nennen Sie die richtigen Aussagen.

- a Die Michaelis-Konstante gibt die Enzymkonzentration an, bei der die Hälfte der maximalen Reaktionsgeschwindigkeit erreicht ist.
- b Jedes Enzym hat seine eigene, festgelegte Michaelis-Konstante.
- c Ein Enzym mit großer Michaelis-Konstante erzeugt in der Grafik eine flacher ansteigende Kurve der Reaktionsgeschwindigkeit als ein Enzym mit kleiner Michaelis-Konstante.
- d Ein Enzym mit kleiner Michaelis-Konstante hat eine hohe Aktivität.
- e Die Michaelis-Konstante gibt an, wie stabil die Tertiärstruktur eines Enzyms bei hohen Temperaturen bleibt.

84 In den beiden folgenden Grafiken ist die Aktivität zweier verschiedener Enzyme bei unterschiedlichen Substratkonzentrationen dargestellt.

- a Nennen Sie das Enzym, das eine höhere Aktivität hat, und beschreiben Sie, woran das im Schaubild zu erkennen ist.
- b Beschreiben Sie, wie sich die Kurven beider Schaubilder ändern würden, wenn man die Enzymkonzentration erhöhen würde. Geben Sie an, wo der K_m-Wert liegen würde, und begründen Sie Ihre Antwort.

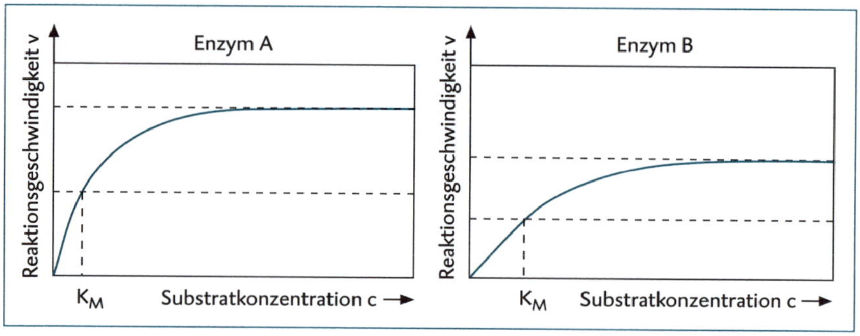

Abb. 59: Aktivität zweier Enzyme bei unterschiedlicher Substratkonzentration.

85 „Sie tranken gepanschten Wodka – und wussten nicht, dass sie sich vergifteten. Für Rafael N. endete die Klassenfahrt in die Türkei tödlich, zwei Kameraden sind in ernstem Zustand.“ So lauten die ersten Zeilen eines Berichts, den Spiegel Online am 4. April 2009 veröffentlichte.

Selbstgebrannter Schnaps kann neben dem Alkohol Ethanol auch Methanol enthalten. Methanol ist extrem giftig, weil dieser Alkohol in der Leber zu Formaldehyd und dann zu Ameisensäure oxidiert wird. Formaldehyd ist ein schweres Zellgift.

Im Körper des Menschen werden sowohl Ethanol als auch Methanol durch Enzyme abgebaut. Eines der Enzyme ist die Alkoholdehydrogenase. Die unterschiedliche Wirkung dieses Enzyms beim Abbau der beiden Alkohole ist im Schaubild vereinfacht dargestellt.

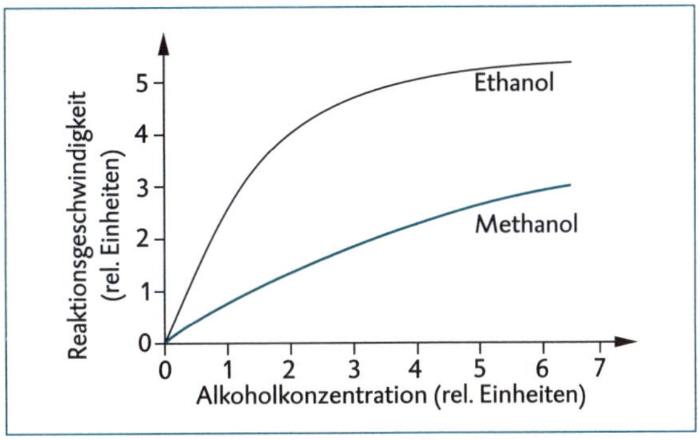

Abb. 60: Reaktionsgeschwindigkeit der Alkoholdehydrogenase für Ethanol und Methanol.

a Beschreiben Sie den Verlauf der beiden Kurven.

b Schätzen Sie mithilfe des Diagramms die Michaelis-Konstanten der Alkoholdehydrogenase für Ethanol und Methanol ab und vergleichen Sie die beiden Werte.

c Bei einer Methanolvergiftung geben Ärzte Ethanol als Gegengift (etwa 0,7 g pro kg Körpergewicht). Wenn dies rechtzeitig geschieht, scheidet der Körper das Methanol unverändert mit dem Urin aus. Erläutern Sie die Wirksamkeit dieser Therapie, indem Sie das Schaubild zur Hilfe nehmen.

d Der Schüler, der an der Methanolvergiftung starb, erhielt erst mehr als 20 Stunden nach dem Genuss des gepanschten Wodkas ärztliche Hilfe. Begründen Sie, warum die Hilfe zu spät kam.

86 Die Hexokinase ist ein Enzym, das Phosphatgruppen auf Hexosen wie Glucose und Fructose überträgt. Die Michaelis-Konstanten für die Hexokinase-Reaktionen betragen mit Glucose $K_m = 0{,}15 \cdot 10^{-2}$ mol $\cdot\, \ell^{-1}$ und mit Fructose $K_m = 1{,}5 \cdot 10^{-2}$ mol $\cdot\, \ell^{-1}$.

a Beschreiben Sie allgemein, was der K_m-Wert angibt.

b Beschreiben Sie den Unterschied zwischen den beiden Reaktionen, der sich aus den K_m-Werten ergibt.

c Beschreiben Sie die Substratspezifität von Hexokinase.

87 Beschreiben Sie einen Versuch, mit dem man die Substratspezifität des Enzyms Urease nachweisen kann.

88 Entwerfen Sie einen Versuch, durch den festgestellt werden kann, welchen Einfluss verschiedene Temperaturen auf die Enzymwirkung haben.

89 In der Abb. 61 sehen Sie einen Ausschnitt aus einem DNA-Molekül, dargestellt als vereinfachte Strukturformel.

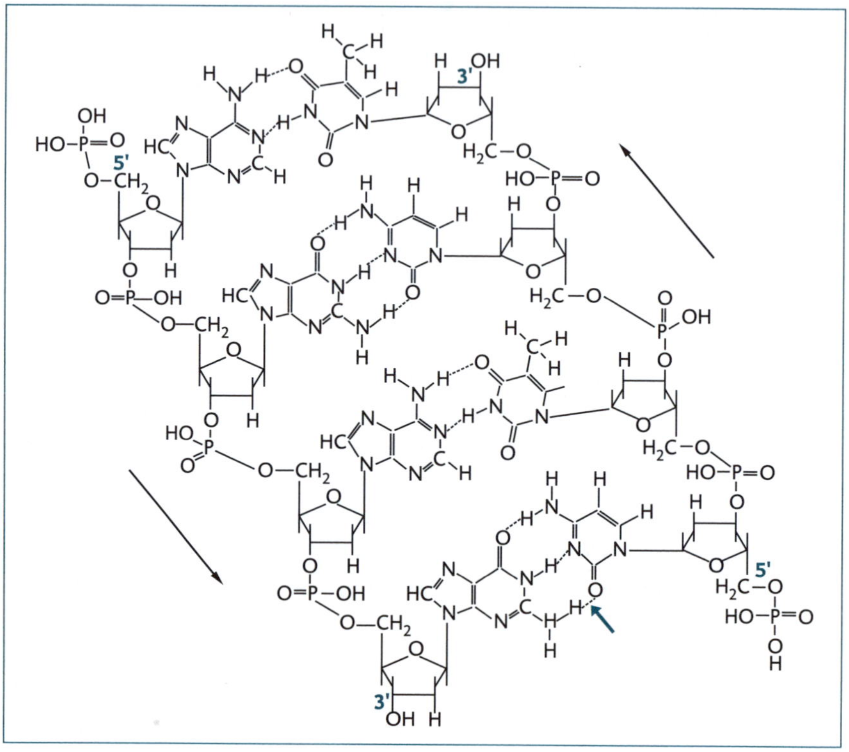

Abb. 61: Bau der DNA.

- **a** Zeichnen Sie ein einzelnes Nukleotid dieses DNA-Ausschnitts.
- **b** Nennen Sie den Fachbegriff für die Art der Bindung, auf die der farbige Pfeil hinweist. Nennen Sie die Teile des DNA-Doppelstrangs, die auf diese Art gebunden werden.
- **c** Erläutern Sie das Baumerkmal der DNA, das durch die beiden seitlichen Pfeile angedeutet wird.

90 Nennen Sie die Begriffe, die jeweils den Bau von RNA, DNA bzw. Proteinen beschreiben.

a Aminosäuren
b Wasserstoffbrücken
c Peptidbindung
d Ribose
e Desoxyribose
f Antiparallelität
g komplementäre Basen
h Cytosin
i Guanin
k Adenin
l Thymin
m Uracil
n Doppelhelix
o Faltblattstruktur
p Basensequenz
q Polynukleotidstrang
r Disulfidbrücken
s Phosphorsäure
t 3'-Ende/5'-Ende
u Doppelhelix

91 Vergleichen Sie tabellarisch den Bau von RNA- und DNA-Molekülen.

92 Innerhalb der DNA stehen die Basen Adenin und Thymin bei allen Organismen im Mengenverhältnis 1:1. Auch die Basen Guanin und Cytosin sind in der DNA aller Organismen in gleicher Menge vorhanden. Dagegen ist das Mengenverhältnis von A und G bzw. das von T und C für die DNA jeder Organismenart spezifisch. Erläutern Sie diese Beobachtung.

93 Nennen Sie die Ergebnisse, die man vermutlich erhält, wenn man die Menge der Basen miteinander vergleicht, die in der DNA einer bestimmten Organismenart vorhanden sind. Begründen Sie Ihre Antwort.

a A = T
b G = T
c A + G = C + T
d A + T = G + C
e C = A

94 Beschreiben Sie die molekularen Strukturen, die ein Gen bilden.

95 Beschreiben Sie den Vorgang der Replikation in Stichworten.

96 Erklären Sie, warum man die Replikation als semikonservativ bezeichnet.

97 In einem Versuch wird die DNA in lebenden Zellen radioaktiv markiert. Danach laufen mehrere Mitosen ab; für den Aufbau neuer Zellen stehen nur Nukleotide zur Verfügung, die nicht radioaktiv markiert sind.
Stellen Sie dar, nach der wievielten Mitose das erste Mal DNA-Moleküle ohne radioaktive Markierung auftreten.

98 In den Experimenten, die zur Aufklärung der Replikation führten, setzte man radioaktiv markierte Thymin-Nukleotide ein.
Begründen Sie, warum man Thymin und nicht die anderen Basen (Adenin, Cytosin, Guanin) verwendete.

99 Nennen Sie die zutreffende(n) Aussage(n).
Die genetische Information des Körpers einer bestimmten Person

- **a** ist trotz der Verschiedenheit der Zellen in allen Zellen dieses Menschen gleich.
- **b** muss wegen der Verschiedenheit der Zellen unterschiedlich sein.
- **c** ist nur in den Gehirnzellen und den Keimzellen gespeichert.
- **d** ist nur während der Zellteilung (Mitose) ablesbar.
- **e** ist nur in der Zeit zwischen den Zellteilungen ablesbar.
- **f** wird durch das Blut zu allen Zellen des Körpers transportiert.
- **g** ist in Chromosomen gespeichert.
- **h** wird durch die Mitose identisch an neu entstehende Zellen weitergegeben.

100 Nennen Sie die richtige(n) Aussage(n).
Homologe Chromosomen einer Zelle

- **a** sind in Form und Größe gleich.
- **b** enthalten immer identische genetische Informationen.
- **c** können unterschiedliche genetische Informationen enthalten.
- **d** enthalten immer die gleichen Gene.
- **e** enthalten immer die gleichen Allele.
- **f** trennen sich in der Mitose voneinander.
- **g** trennen sich in der Meiose voneinander.
- **h** kommen nur in haploiden Zellen vor.

101 Beschreiben Sie die Vorgänge, die erforderlich sind, um die DNA eines Gewebes zu isolieren.

102 Nennen Sie die Aussagen, die jeweils die Merkmale der Transportform und der Arbeitsform von Chromosomen beschreiben.

- a Die DNA ist lang gestreckt und wenig spiralisiert.
- b Das Chromosom besteht aus zwei DNA-Molekülen.
- c Das Chromosom besteht aus einem DNA-Molekül.
- d Das Chromosom ist im Lichtmikroskop sichtbar.
- e Das Chromosom ist im Lichtmikroskop nicht sichtbar.
- f Die genetische Information der DNA kann vom Lese- und Syntheseapparat der Zelle genutzt werden (ist ablesbar).
- g Die genetische Information der DNA ist für die Zelle nicht nutzbar (ist nicht ablesbar).
- h Replikation ist möglich.
- i Replikation ist nicht möglich.
- k Das Chromosom ist kurz und dick.

103 Die elektronenmikroskopische Aufnahme in Abb. 62 zeigt ein Chromosom eines Hamsters.

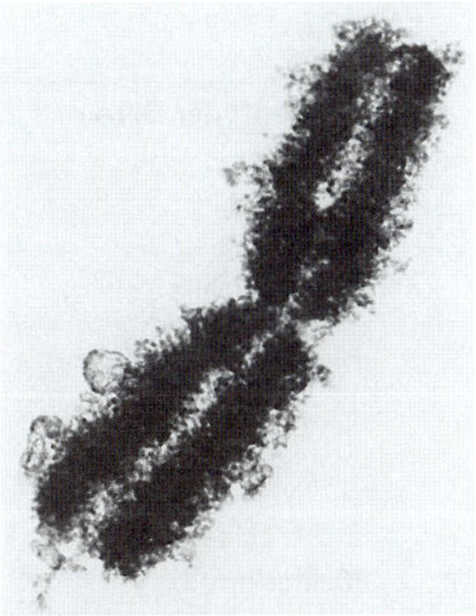
Abb. 62: Chromosom eines Hamsters.

- a Geben Sie an, ob ein Chromosom in der dargestellten Form auch im Lichtmikroskop sichtbar wäre.
- b Begründen Sie, ob die Aufnahme aus einer Zelle stammt, die sich teilt, oder aus einer Zelle in einem Stadium zwischen zwei Zellteilungen.
- c Beschreiben Sie die Vorgänge, durch die die beiden Schenkel des abgebildeten Chromosoms entstanden.
- d Nennen Sie die Fachbegriffe für die beiden Schenkel des Chromosoms und für die Stelle, an der die Schenkel miteinander verbunden sind.
- e Vergleichen Sie die genetische Information der beiden Schenkel des Chromosoms. Begründen Sie.
- f Erklären Sie, ob die Zelle die genetische Information ablesen kann, wenn die Chromosomen in einer Form vorliegen, wie sie in der Abb. 62 zu sehen ist.

104 Geben Sie die Gesamtzahl der DNA-Moleküle (DNA-Doppelstränge) aller Chromosomen des Menschen für die unten angegebenen Fälle an. Begründen Sie Ihre Antworten in Stichworten.

a Körperzelle während der Mitose
b Körperzelle in der Zeit zwischen den Mitosen
c Zelle zu Beginn der ersten Reifeteilung der Meiose
d Zelle zu Beginn der zweiten Reifeteilung der Meiose
e Zelle nach Ende der zweiten Reifeteilung der Meiose
f Zelle nach der ersten Furchung der befruchteten Eizelle (Zwei-Zell-Stadium des Embryos)
g Leberzelle in der Zeit zwischen den Mitosen (Leberzellen bilden eine Ausnahme. Sie haben einen oktoploiden Chromosomensatz.)

105 In der Tab. 8 sind die prozentualen Häufigkeiten der organischen Basen in der DNA einiger Organe des Menschen und des Rindes angegeben.

	I	II	III	IV	V
Herkunft der DNA	Häufigkeit von **Adenin**	Häufigkeit von **Thymin**	Häufigkeit von **Guanin**	Häufigkeit von **Cytosin**	**Quotient** der Häufigkeiten A+T / G+C
Mensch (Milz-Zellen)	29,9	29,8	19,5	20,1	1,51
Mensch (Leber-Zellen)	30,3	30,3	19,5	19,9	1,53
Rind (Thymusdrüsen-Zellen)	28,2	27,8	21,5	21,2	1,27
Escherichia coli (Bakterium)	23,9	23,9	26,0	26,2	0,92

Tab. 8: Prozentuale Häufigkeit der organischen Basen bei verschiedenen Organismen.

a Erläutern Sie, wie es zu den in den Spalten I bis IV der Tab. 8 dargestellten Ähnlichkeiten und Unterschieden der Basenhäufigkeiten kommen kann. Berücksichtigen Sie dabei nicht kleine Unterschiede, die durch Messfehler auftreten können.
b Erklären Sie die Ähnlichkeiten und Unterschiede der Werte für den in der Spalte V eingetragenen Quotienten der Basenhäufigkeiten.
c Stellen Sie Vermutungen dazu an, welche Ergebnisse eine Messung der Basenhäufigkeiten in einer großen Probe Spermien eines Menschen ergeben würden.

106 In Wachstumszonen einer Pflanze, z. B. an der Spitze der Wurzel, findet man besonders häufig Zellen, deren Chromosomen in der Transportform vorliegen. Erklären Sie dieses Phänomen.

107 (Themenübergreifende Aufgabe)
Normale Zellen sind sehr klein. Ihr Ausmaß wird u. a. durch die Größe des Zellkerns bestimmt. Die DNA im Zellkern kann nur Vorgänge in einem beschränkten Volumen von Zytoplasma steuern.
Nennen Sie zwei Beispiele, wie es trotz dieser Einschränkung zu großen Zellen kommen kann.

108 (Themenübergreifende Aufgabe)
Nennen Sie von den folgenden Substanzen, Zellbereichen und Zellprodukten diejenigen, die ganz oder überwiegend aus Proteinen bestehen.

a Haare
b Hufe
c Zellwand der Pflanzenzelle
d DNA
e RNA
f Stärke
g Milchzucker (Lactose)
h Insulin
i Acetylcholin-Rezeptoren
k Kernspindel (Spindelfasern)
l Zellsaft (in der zentralen Vakuole von Pflanzenzellen)
m Na^+-Poren der Axon-Membran
n Geißeln und Wimpern
o Hämoglobin (roter Blutfarbstoff)
p Antikörper

109 (Themenübergreifende Aufgabe)
Nennen Sie drei Substanzen der Zelle, die Adenin enthalten, und beschreiben Sie kurz ihre Funktion in der Zelle.

110 (Themenübergreifende Aufgabe)
Nennen Sie zwei Beispiele für Vorgänge, die im Körper des Menschen nach dem Schlüssel-Schloss-Prinzip ablaufen.

Vom Gen zum Merkmal

Der Sammelbegriff „Albinismus“ bezeichnet eine Reihe unterschiedlicher erblicher Gendefekte, die bei den erkrankten Personen zu einem Pigmentmangel führen. Ursache dieses Pigmentmangels sind Genmutationen, die eine Störung der Melaninsynthese oder Defekte der Melanosomen (Pigmentzellen der Epidermis) bewirken. Betroffene wie dieser Schuljunge aus Südafrika besitzen eine weiße, durchscheinende Haut, sehr helle und feine Kopfhaare sowie eine rosa schimmernde Iris. Diese Merkmale variieren aber von Person zu Person je nach Ausprägungsgrad des Albinismus.

1 Der genetische Code

In den **Genen** trägt die DNA die Erbinformationen eines Lebewesens. Der überwiegende Teil der Gene enthält Informationen für **Proteine**, die meisten davon sind **Enzyme**. Alle Merkmale der Organismen entstehen durch Stoffwechselprozesse, die von Enzymen gesteuert werden (siehe S. (1) 61 ff.). Daher kann die DNA durch die **gesteuerte Bildung** von Enzymen festlegen, welche Vorgänge wann und wie stark in der Zelle ablaufen sollen, welche momentanen Zustände verändert und welche dauerhaften Merkmale („Phäne") ausgeprägt werden sollen.
Als Code bezeichnet man ein System von Zeichen, mit denen eine Information verschlüsselt, übertragen oder gespeichert werden kann. So lassen sich die Wörter unserer Sprache in einer Folge von **Buchstaben**, aber auch z. B. mithilfe der Zeichen des **Morse-Alphabets** codieren.
In den Zellen ist die Aminosäuresequenz der Proteine in der Basenfolge der Polynukleotidstränge der DNA codiert. Da nur vier verschiedene Basen zur Verfügung stehen, um die Information über die Abfolge von 20 verschiedenen Aminosäuren zu speichern, muss die Signaleinheit **(Informationseinheit)** für eine Aminosäure aus einer **Gruppe von Basen** bestehen (siehe Proteine, S. (1) 57).

> Die Informationseinheit der DNA für **eine Aminosäure** besteht aus einer Folge von **drei Basen**, einem sogenannten **Basentriplett**.

So steht beispielsweise das Basentriplett „AAA" für Phenylalanin, „AAC" für Leucin. Von den rein rechnerisch **möglichen 64** (4^3) Basentripletts codieren aber nur 61 für Aminosäuren:

- Sogenannte **Start-Codons** codieren für eine bestimmte Aminosäure und gleichzeitig für den Beginn der Proteinsynthese.
- Drei Basentripletts codieren nicht für eine Aminosäure, sondern bilden **Stopp-Codons**, d. h. Signale für das Ende der Proteinsynthese.

Der genetische Code weist eine Reihe von Eigenschaften auf, die in engem Zusammenhang mit seiner Funktion stehen. So ist er **kommafrei**, d. h., es gibt keine Zeichen, die das Ende oder den Beginn eines Tripletts anzeigen, die Basensequenz wird durchgehend abgelesen. Der Code zeigt außerdem **keine Überlappungen**, d. h., eine Base gehört nie zwei Tripletts an. Es sind mehr Basentripletts ($4^3 = 64$) vorhanden als Aminosäuren (20). Man sagt, der genetische Code sei **degeneriert** (redundant), denn viele Aminosäuren werden von mehr als einem Basentriplett codiert, die Aminosäure Phenylalanin z. B. von „AAA" und „AAG". Vergleichbar ist dies mit einer Schrift, in der ein Laut durch verschiedene Buchstaben(-kombinationen) codiert werden kann, wie z. B. in Del**f**in und Del**ph**in oder in **F**otosynthese und **Ph**otosynthese. Dies bedeutet auch, dass nicht jeder Austausch einer Base in der DNA zum Einbau einer anderen Aminosäure im Protein führt (siehe Mutation, S. (1) 120). Ein weiteres Merkmal des genetischen Codes ist seine **Universalität**. Fast alle Organismen besitzen den gleichen genetischen Code, in fast allen Organismen codieren die gleichen Tripletts für dieselben Aminosäuren. Die Universalität des genetischen Codes spricht dafür, dass alle lebenden Organismen aus einer einzigen, gemeinsamen Ausgangsform entstanden sind (siehe Evolution, S. (2) 26). Der genetische Code wird häufig als **Code-Sonne** für die mRNA angegeben. Die erste Base eines mRNA-Basentripletts steht im Inneren der „Sonne", die letzte im äußeren Kreis.

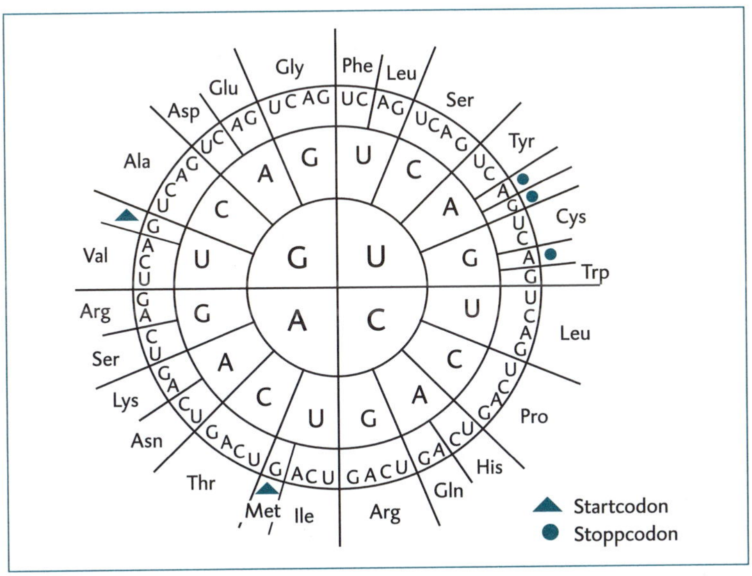

Abb. 63: Die Code-Sonne, angegeben für die mRNA.

Zusammenfassung

- Die **DNA** enthält v. a. die genetische Information für **Proteine**, zum größten Teil sind das **Enzyme**.
- Je nach Zeitpunkt und Häufigkeit des Ablesens der genetischen Information auf der DNA lässt sich die Menge der in der Zelle vorhandenen Enzyme verändern. Die **gezielte Veränderung der Enzymmenge** ermöglicht eine Steuerung des Stoffwechsels der Zelle.
- Eine **Aminosäure** wird durch eine bestimmte Abfolge von drei Basen auf der DNA codiert. Die Aminosäuresequenz von Proteinen ist in der Abfolge von **Basentripletts** der DNA verschlüsselt.
- Teilweise codieren mehrere Tripletts für die gleiche Aminosäure (**Degeneration** des genetischen Codes).
- Der Proteinsyntheseapparat liest die Basenfolge der DNA **ohne Pausenzeichen** zwischen den Basentripletts und **ohne deren Überlappung**.
- Bei allen heute lebenden Organismen entsprechen einer bestimmten Aminosäure immer die gleichen Tripletts (**Universalität** des genetischen Codes).

Aufgaben

111 Nennen Sie in Stichworten die Eigenschaften des genetischen Codes.

112 Erklären Sie, woran es liegt, dass man zwar eindeutig von der Basensequenz der DNA auf die Aminosäuresequenz des entsprechenden Genprodukts (Protein) schließen kann, nicht aber umgekehrt.

113 Stellen Sie die Eigenschaften des genetischen Codes dar, die sich aus der Beobachtung erschließen lassen, dass beim Ersatz einer Base eines Gens durch eine andere

a manchmal keine Änderung der Aminosäuresequenz auftritt.

b sich höchstens eine Aminosäure im entsprechenden Protein ändert.

114 (Themenübergreifende Aufgabe)
Insulin, ein Hormon, das den Blutzuckergehalt regelt, ist ein Protein, das aus zwei Polypeptidketten besteht.
Die Abb. 64 zeigt die Aminosäuresequenz der beiden Polypeptidketten. In der Tab. 9 sind Unterschiede in der Aminosäuresequenz der kurzen Kette für die Positionen 6 bis 11 beim Menschen und einigen Säugetieren aufgeführt.

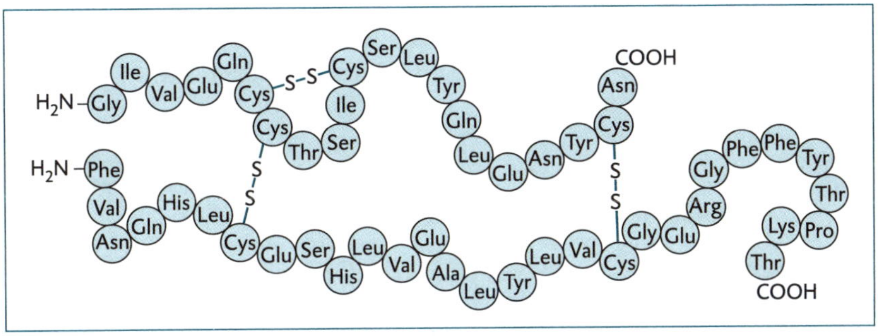

Abb. 64: Humaninsulin (bestehend aus zwei Ketten, die über Disulfidbrücken verbunden sind).

	6	7	8	9	10	11
Mensch	Cystein	Cystein	Threonin	Serin	Isoleucin	Cystein
Schaf	Cystein	Cystein	Alanin	Glycin	Valin	Cystein
Rind	Cystein	Cystein	Alanin	Serin	Valin	Cystein
Schwein	Cystein	Cystein	Threonin	Serin	Isoleucin	Cystein
Pferd	Cystein	Cystein	Threonin	Glycin	Isoleucin	Cystein
Wal	Cystein	Cystein	Threonin	Serin	Isoleucin	Cystein

Tab. 9: Unterschiede in der Aminosäuresequenz von Insulin bei verschiedenen Organismen.

a Benennen Sie die in der Abb. 64 mit –S–S– gekennzeichneten Stellen und beschreiben Sie deren Aufgabe.

b Erläutern Sie die DNA-Unterschiede, die dafür verantwortlich sind, dass an den Positionen 8 und 10 der kurzen Kette bei Schafen und Rindern eine andere Aminosäure vorkommt als bei den übrigen in der Tab. 9 angegebenen Insulinmolekülen. Verwenden Sie zur Lösung die Code-Sonne auf Seite 101 dieses Buches.

c Nennen Sie den Fachbegriff für den Vorgang, durch den die Unterschiede an den Positionen 8 und 10 zustande gekommen sind.

2 Die Proteinbiosynthese

Entsprechend der Basensequenz der DNA bildet die Zelle im Zuge der **Proteinbiosynthese** Ketten von Aminosäuren, aus denen dann funktionsfähige Proteine entstehen (siehe ER und Dictyosom, S. (1) 21 f.). Die Biosynthese der Proteine läuft in zwei Schritten ab:

- Im ersten Schritt, der **Transkription**, wird die Basensequenz eines DNA-Abschnitts in die Basensequenz einer RNA (mRNA) umgeschrieben.
- Im zweiten Schritt, der **Translation**, erfolgt die Übersetzung der Basensequenz der mRNA in die Aminosäuresequenz des Proteins.

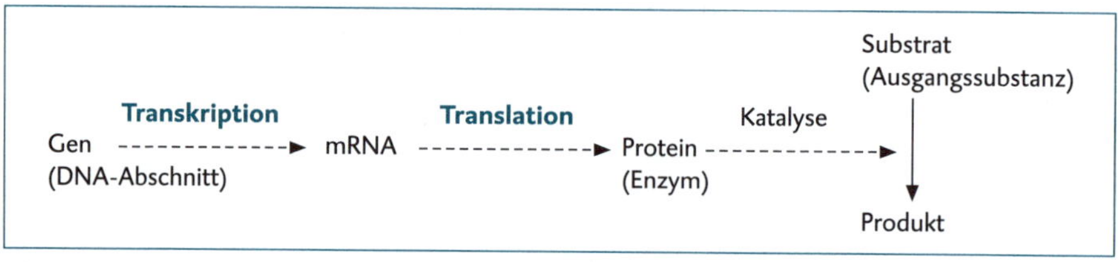

Abb. 65: Vorgänge bei der Umsetzung genetischer Informationen vom Gen zum Produkt.

2.1 Die Transkription

Bei eukaryotischen Zellen ist die genetische Information im **Zellkern** gespeichert (siehe Chromosomen, S. (1) 78). Die Orte der Proteinbiosynthese, die Ribosomen (siehe Zytologie, S. (1) 25), liegen aber im Zytoplasma. Daher muss die genetische Information zunächst **aus dem Zellkern** zu den Ribosomen gelangen. Dies geschicht im Laufe der Transkription.

Ablauf der Transkription

Zu Beginn der Transkription öffnet sich der DNA-Doppelstrang unter Verbrauch von Stoffwechselenergie an einer Stelle und freie RNA-Nukleotide lagern sich an die komplementären Basen eines der beiden DNA-Einzelstränge an. Er wird **codogener** Strang oder Matrize genannt, da nur dieser eine der beiden DNA-Einzelstränge die Information des Gens trägt. Die angelagerten RNA-Nukleotide verbinden sich unter Verbrauch von Stoffwechselenergie zu einem RNA-Strang, der als Boten- oder **messenger-RNA** (mRNA) bezeichnet wird. Die mRNA löst sich nach seiner Fertigstellung vom Matrizenstrang der DNA und verlässt den Zellkern durch die Kernporen (siehe S. (1) 17).
Die Verbindung der RNA-Nukleotide wird durch ein Enzym, die RNA-Polymerase katalysiert.

Die Wanderung der RNA durch die engen Poren wird dadurch erleichtert, dass sie nur einsträngig ist und daher dünner als DNA-Moleküle.
Nach Ende der Transkription ist die genetische Information eines Gens also auf einen RNA-Strang „umgeschrieben". Die Basenfolge der entstandenen mRNA ist **komplementär** zu der des entsprechenden Abschnitts des **codogenen** Strangs der DNA, nicht aber identisch mit diesem.

In der **Transkription** kopiert die Zelle ein Gen in Form einer komplementären Abschrift und transportiert diese durch die Kernporen zu den Ribosomen.

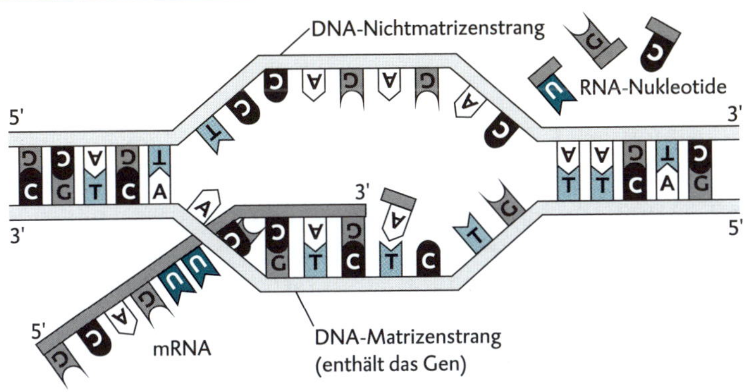

Abb. 66: Schematischer Ablauf der Transkription.

Charakteristika und Folgen der Transkription

Durch die Transkription können **zahlreiche Kopien** eines Gens entstehen, sodass an vielen Stellen im Zytoplasma, an den Ribosomen, die Synthese desselben Proteins **gleichzeitig** ablaufen kann. So kann eine große Menge eines Proteins in kurzer Zeit synthetisiert werden. Die Transkription erlaubt es der Zelle außerdem zu entscheiden, **welcher Teil** der genetischen Informationen zu einem bestimmten Zeitpunkt realisiert werden soll, welches der vielen möglichen Proteine gebildet werden soll (siehe Transkriptionskontrolle, Genexpression, S. (1) 128 ff.). Ohne vorherige Transkription müsste die **Proteinsynthese** im Zellkern ablaufen, sie könnte nicht **im Zytoplasma**, in der Nähe der Orte stattfinden, an denen die gebildeten Proteine benötigt werden. Gleichzeitig verbleiben die genetischen Informationen als DNA-„Original" **gut geschützt** im Zellkern. Jeder Transport der DNA aus dem Kern in das Zytoplasma wäre mit einer erhöhten Gefahr der Veränderung der genetischen Informationen verbunden.

Verschiedene Kopiervorgänge an der DNA

An der DNA können also zwei unterschiedliche Kopiervorgänge ablaufen, die jeweils verschiedenen Zwecken dienen:

- Die **Transkription** bildet einen komplementären RNA-Strang, z. B. **mRNA** oder **tRNA**, an einem bestimmten Bereich eines DNA-Einzelstrangs, einem **Gen**, um die genetischen Informationen zu realisieren. Von besonderer Bedeutung ist die Synthese von **Enzymen**, die den Stoffwechsel steuern und die Lebensprozesse aufrechterhalten.
- Im Zuge der **Replikation** wird anhand des vorliegenden DNA-Moleküls ein komplett neuer **DNA-Doppelstrang** synthetisiert, um die genetischen Informationen in der **Mitose** an neu entstehende Zellen bzw. in der **Meiose** an Nachkommen weitergeben zu können (siehe (1) 77 ff.).

Spleißen

Die Transkription bei Eukaryoten ist komplizierter als bei Prokaryoten. Die DNA und die daraus entstehende mRNA der Eukaryoten enthalten:

- **Exons:** Das sind Abschnitte, die Informationen über das zu bildende Protein enthalten (codierende Bereiche).
- **Introns:** Das sind Bereiche, die keine Informationen über Proteine tragen (nicht codierende Bereiche).

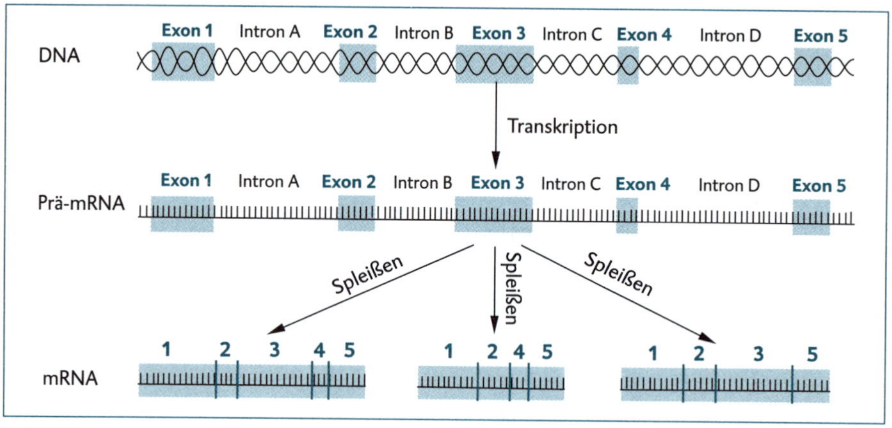

Abb. 67: Vorgang des alternativen Spleißens.

Zunächst entsteht während der Transkription an der DNA eine vollständige Kopie des jeweiligen DNA-Abschnitts in Form einer komplementären Abschrift, die Vorläufer-mRNA **(Prä-mRNA)**. Aus ihr werden noch im Zellkern in einem Vorgang, den man als **Spleißen** bezeichnet, die Introns herausgeschnitten und die verbleibenden Exons zur fertigen mRNA verbunden. Schneiden und Verbinden geschieht mithilfe bestimmter Enzyme. Prokaryoten haben keine Introns, sodass sich das Spleißen hier erübrigt. Die beim Spleißen herausgeschnittenen Exons können unterschiedlich zusammengefügt werden. Dadurch können mehrere verschiedene mRNA-Moleküle mit jeweils unterschiedlicher genetischer Information entstehen. Auf diese Weise ist es möglich, dass ein Gen, ein DNA-Abschnitt mit einer bestimmten Information, zur Bildung mehrerer verschiedener Proteine führt.

2.2 Die Translation

Während der **Translation** wird die Abfolge der Basentripletts der mRNA in eine **Abfolge von Aminosäuren** übersetzt. Erforderlich dafür sind, neben der mRNA, verschiedene Enzyme, die transfer-RNA, die Aminosäuren, Ribosomen sowie ATP oder ein ähnlicher Energieüberträger.

Bau der tRNA

Die **transfer-RNA** ist ein kleines RNA-Molekül. Es besteht aus einer kurzen Kette von nur wenigen RNA-Nukleotiden. Der RNA-Einzelstrang paart sich in Bereichen komplementärer Basen, sodass das Molekül bei zweidimensionaler Darstellung eine spezifische, **kleeblattähnliche** Form erhält. Die mittlere der drei Schleifen des tRNA-Moleküls enthält ein Basentriplett, das sich an ein komplementäres Triplett der mRNA binden kann. Es wird als **Anticodon** bezeichnet, da es sich mit dem komplementären **Codon** auf der mRNA paart. Am anderen Ende der tRNA kann **eine Aminosäure** binden. Welche das ist, hängt von der Art des Anticodons ab. Für diese Bindung sind ein Enzym und Stoffwechselenergie erforderlich. Insgesamt gibt es 61 unterschiedliche Codons, die für Aminosäuren codieren (siehe genetischer Code, S. (1) 100 f.). Zu diesen Codons der mRNA passen komplementär die Anticodons der verschiedenen Typen von tRNA-Molekülen.

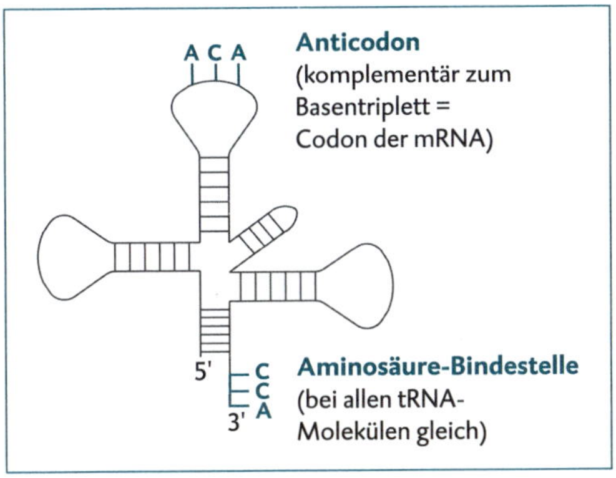

Abb. 68: Bau der tRNA.

Bau und Lage der Ribosomen

Ein Ribosom besteht aus Proteinen, darunter verschiedene Enzyme, und einer speziellen RNA, der sogenannten **ribosomalen RNA** (rRNA). Ribosomen können entweder frei im Zytoplasma vorliegen oder sie sind mit der Membran des rauen Endoplasmatischen Retikulums (siehe S. (1) 21) verbunden. Im elektronenmikroskopischen Bild können sie über das Zytoplasma verteilt oder in Reihen zu sogenannten **Polysomen** angeordnet sein.

Ablauf der Translation

Zu Beginn der Translation fügen sich am Start-Codon der mRNA zwei zunächst getrennt im Zytoplasma vorhandene Untereinheiten der Ribosomen zu einem funktionsfähigen Organell zusammen. Im Bereich des Ribosoms liegt ein Abschnitt von **zwei Basentripletts** der mRNA. An diesen beiden Codons lagern sich **zwei tRNA-Moleküle** mit ihren Anticodons an. Die an diese beiden tRNA-Moleküle gebundenen Aminosäuren werden durch die Bildung einer **Peptidbindung** zwischen der NH_2-Gruppe der ersten und der COOH-Gruppe der zweiten Aminosäure miteinander verknüpft (siehe S. (1) 56 f.). Dazu sind ein spezifisches Enzym und Stoffwechselenergie erforderlich. Die tRNA-Moleküle bringen also die Aminosäuren zum Ribosom, sie arbeiten als „Adapter“, die zwischen der mRNA und der Aminosäurekette vermitteln. Nach der Bildung der Peptidbindung rückt die mRNA um ein Triplett weiter, sie bewegt sich also in **Triplett-Schritten** durch das Ribosom.

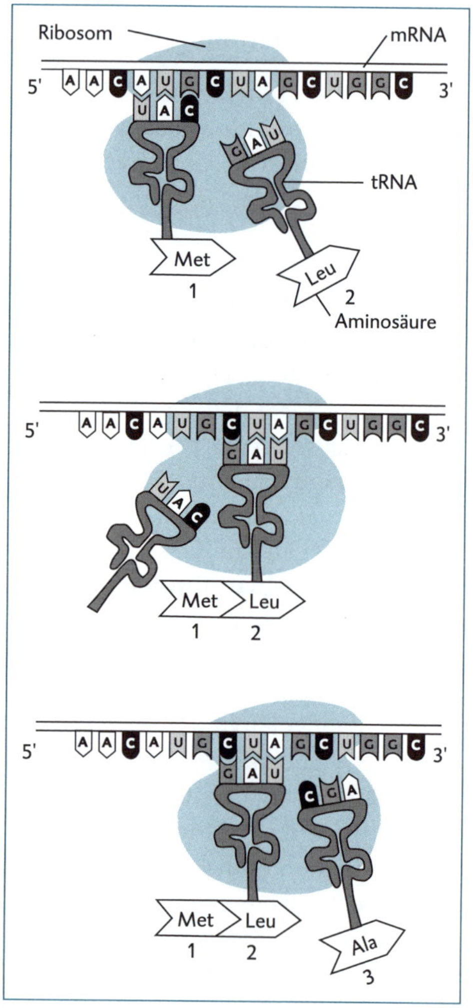

Abb. 69: Vorgänge bei der Translation.

Das erste tRNA-Molekül löst dabei seine Paarung mit der mRNA und die Bindung zur Aminosäure. Die gesamte bis dahin entstandene Polypeptidkette wird auf das nachrückende tRNA-Molekül übertragen, sodass dieses die um eine **Aminosäure verlängerte Kette** trägt. Die wachsende Polypeptidkette ist dabei nie direkt mit dem Ribosom oder mit der mRNA verbunden, sondern immer nur über das vermittelnde tRNA-Molekül. Das frei werdende tRNA-Molekül gelangt ins Zytoplasma und kann dort wieder eine Aminosäure binden. An das neu ins Ribosom gerückte Triplett der mRNA lagert sich erneut ein passendes tRNA-Molekül an. Diese Vorgänge an der mRNA wiederholen sich mehrmals, bis ein **Stopp-Codon** in das Ribosom rückt. Dann lagert sich kein weiteres tRNA-Molekül mehr an, das Ribosom zerfällt in seine beiden Untereinheiten und der Translationsvorgang ist beendet. Schon während seiner Entstehung am Ribosom nimmt die Polypeptidkette ihre durch die Primärstruktur festgelegte **Sekundär- und Tertiärstruktur** an (siehe S. (1) 57 ff.). Nach der Ablösung vom tRNA-Molekül kann die gebildete Polypeptidkette auf unterschiedliche Weise in der Zelle transportiert werden. Sie kann entweder frei ins Zytoplasma abgegeben oder in den Hohlräumen und Kanälen des Endoplasmatischen Retikulums transportiert werden. Dies geschieht z. B. mit Proteinen, die am rauen ER entstehen. Vom ER aus können sie in abgeschnürten Vesikeln in die Zisternen des Golgi-Apparats gelangen und dort weiter verarbeitet und/oder gespeichert werden (siehe Transport in Vesikeln, S. (1) 22 f.).

Polysomen

Ein **Polysom** bildet sich, wenn mehrere Ribosomen gleichzeitig am gleichen mRNA-Strang tätig sind. Dabei reihen sich die Ribosomen an der mRNA auf wie die Perlen einer Kette. Dasselbe mRNA-Molekül lässt sich dadurch mehrmals in kurzen Abständen nacheinander ablesen. Während im hinteren Bereich einer mRNA die Translation **noch** läuft, beginnt sie im vorderen **schon** wieder. Dadurch kann die Zelle ihre Proteinbiosyntheserate stark erhöhen.

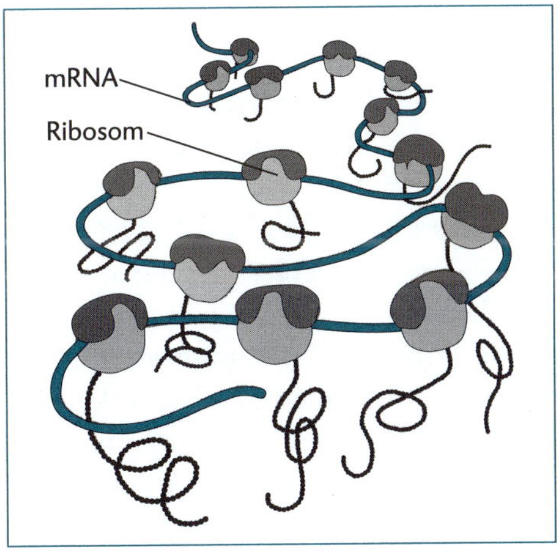

Abb. 70: Ein Polysom.

2.3 Vermehrung von Viren

Im einfachsten Fall bestehen Viren lediglich aus einer Proteinkapsel, die Nukleinsäuren (DNA oder RNA) umhüllt. Viren gelten nicht als Organismen, da sie **keinen eigenen Stoffwechsel** haben. Deshalb können sie sich nicht selbstständig vermehren. Für die Vorgänge, durch die neue Viren gebildet werden, nutzen sie den Proteinsyntheseapparat der befallenen Zellen. Zuweilen bezeichnet man daher Viren als „Parasiten auf Zellniveau". Zur Vermehrung schleust ein Virus zunächst seine Nukleinsäure in die **Wirtszelle** ein. Bestimmte Viren sind sogar in der Lage, ihre Erbinformation anschließend in die DNA der Wirtszelle zu **integrieren**. Mithilfe des Proteinsyntheseapparats der Wirtszelle können durch Transkription und Translation der genetischen Information des Virus neue Viren entstehen. Die Wirtszelle geht bei der Bildung und Freisetzung der neuen Viren meistens zugrunde.

Retroviren

Die genetische Information von Retroviren ist nicht als DNA gespeichert, sondern als RNA. Nach dem Einschleusen in die Wirtszelle muss die Erbinformation eines Retrovirus deshalb zunächst von RNA in DNA umgeschrieben werden, bevor sie in die DNA der Wirtszelle eingebaut werden kann. Ein Beispiel für ein Retrovirus ist das **HI-Virus** (**H**umanes **I**mmunschwäche **V**irus), das **AIDS** (Acquired Immune Deficiency Syndrome) hervorruft (siehe S. (1) 246 ff.).

Bau und Vermehrung des HI-Virus

Die Proteinkapseln der HI-Viren sind von einer Lipid-Doppelschicht umgeben (Hüllmembran), aus der nach außen Glykoproteine vorragen. Im Inneren der Proteinkapsel liegen eine einsträngige RNA und drei verschiedene Enzyme. Das Enzym **reverse Transkriptase** schreibt in der Wirtszelle die Viren-RNA in DNA um. Die beiden anderen Enzyme sind für den Einbau dieser DNA in die DNA der Wirtszelle bzw. für die spätere Reifung der gebildeten Virenproteine zuständig. Die HIV-DNA kann eingebettet in der DNA der Wirtszelle für viele Jahre inaktiv bleiben oder aber sofort transkribiert werden. Als Wirtszellen dienen dem HI-Virus vor allem die T-Helfer-Zellen des Immunsystems (siehe Störungen des Immunsystems S. (1) 246 ff.). Bei der reversen Transkription treten häufig Kopierfehler auf. Dadurch bilden sich Viren mit veränderten Glykoproteinen, sodass immer wieder neue, dem Immunsystem unbekannte Typen von HIV auftreten. Das schwächt die Immunabwehr zusätzlich und macht eine aktive Immunisierung durch eine vorbeugende Impfung unmöglich. Ohne Behandlung stirbt der Mensch an dieser außerordentlich starken, durch die Infektion mit HI-Viren erworbenen Schwächung des Immunsystems (AIDS).

Zusammenfassung

- Die Proteinbiosynthese beginnt mit der **Transkription**. Dabei bildet sich aus freien RNA-Nukleotiden an einem Abschnitt der DNA ein komplementärer **mRNA-Strang**.
- Beim Vorgang des **Spleißens** werden aus der zunächst vollständigen mRNA die **Introns entfernt**. Introns enthalten keine Information über den Bau von Proteinen (nicht codierende Bereiche).
- Im zweiten Abschnitt der Proteinbiosynthese, der **Translation**, werden Aminosäuren zu Polypeptiden verknüpft. Dazu wandert die mRNA aus dem Zellkern und lagert sich an ein Ribosom an. Dort wird mithilfe von **tRNA-Molekülen** die Basensequenz der mRNA in die Aminosäuresequenz eines **Proteins** umgesetzt.
- Ein **tRNA-Molekül** trägt an einer seiner Schleifen ein spezifisches Basentriplett, das **Anticodon**. Diese drei Basen legen fest, welche Aminosäure das tRNA-Molekül bindet.
- Im Bereich der **Ribosomen** binden die **Anticodons der tRNA** komplementär mit den **Codons der mRNA**. Durch **Peptidbindungen** zwischen den einzelnen an den tRNA-Molekülen hängenden Aminosäuren entsteht eine Polypeptidkette.
- Eine Steigerung der Proteinbiosyntheserate lässt sich sowohl durch die mehrfache Transkription am selben DNA-Abschnitt als auch durch die Bildung von **Polysomen** bei der Translation erreichen.
- **Viren** bestehen aus **Nukleinsäuren**, die in einer **Proteinhülle** liegen.
- Viren besitzen **keinen eigenen Stoffwechsel** und nutzen den Proteinsyntheseapparat von Wirtszellen, um sich zu vermehren.
- **Retroviren** wie z. B. das **HI-Virus** speichern ihre Erbinformation in Form von **RNA**. Sie enthalten das Enzym **reverse Transkriptase**, das RNA in DNA umschreibt.

fgaben

115 (Themenübergreifende Aufgabe)
Erklären Sie, ob die Proteinbiosynthese in einer Zelle ablaufen kann, die sich in der Metaphase befindet (Anordnung der Chromosomen in der Äquatorebene der Zelle).

116 Stellen Sie fest, welche der folgenden Aussagen richtig sind.
Bei der Transkription

a lagert sich mRNA an einen Abschnitt der DNA an.
b lagern sich RNA-Nukleotide an einen Abschnitt der DNA an.
c lagern sich tRNA-Moleküle an einen Abschnitt der DNA an.
d entsteht mRNA.
e öffnet sich der Doppelstrang der DNA in einem Abschnitt.
f bilden sich Proteine.
g wird Stoffwechselenergie benötigt.

117 Vergleichen Sie die Vorgänge bei der Replikation mit denen bei der Transkription.

118 Durch die Entdeckung eines bestimmten Vorgangs musste man die ursprünglich geschätzte Zahl von ca. 100 000 Genen des Menschen auf ca. 20 000 reduzieren. Die geschätzte Zahl der verschiedenen Proteine des Menschen blieb unverändert bei ca. 90 000.

a Nennen Sie den Vorgang, der diese Korrektur erforderlich machte.

b Erläutern Sie, wie es möglich ist, mit ca. 20 000 Genen die Information für ca. 90 000 Proteine zu speichern.

119 Die mRNA, die den Zellkern verlässt, ist in eukaryotischen Zellen sehr viel kürzer als der Abschnitt der DNA, an dem ihre Transkription ablief. Erklären Sie diesen Sachverhalt.

120 Beschreiben Sie die Nachteile, die auftreten würden, wenn die genetische Information nicht zunächst in Form von mRNA umgeschrieben, sondern die DNA direkt an den Ribosomen abgelesen würde.

121 Nennen Sie die korrekten Aussagen.

a Bei der Translation laufen Prozesse sowohl im Zellkern wie auch im Zytoplasma ab.

b An der Translation sind drei verschiedene Arten von RNA beteiligt.

c Zur Translation ist Stoffwechselenergie (ATP) erforderlich.

d Die Translation läuft nur kurz vor Beginn der Mitose ab.

e Durch die Translation entstehen Proteine.

f Die Translation kann an Polysomen ablaufen.

g In der Translation entsteht mRNA.

122 Beschreiben Sie, was geschieht, wenn während der Translation die mRNA (oder das Ribosom) um ein Triplett weiterrückt.

123 Rote Blutkörperchen des Menschen bilden sich im Knochenmark. In einem Experiment wurde mRNA aus dem Knochenmark eines Menschen in Eizellen des Krallenfrosches injiziert. Die Eizellen begannen daraufhin, menschliches Hämoglobin zu bilden. Erklären Sie dieses Phänomen.

124 Nennen Sie die Bestandteile, die ein zellfreies System haben muss, wenn die Proteinbiosynthese *in vitro* (im Reagenzglas) ablaufen soll.

125 Der Abschnitt eines DNA-Einzelstrangs hat die folgende Basensequenz: $^{3'}$CGGCGCTCAAAATCG$^{5'}$.

a Stellen Sie die Primärstruktur dar, die der Proteinabschnitt hat, der dieser Nukleotidsequenz entspricht. Verwenden Sie zur Lösung der Aufgabe die Code-Sonne auf Seite 101. Skizzieren Sie den Lösungsweg.

b (Themenübergreifende Aufgabe)
Ermitteln Sie die Änderung der Primärstruktur der Polypeptidkette für den Fall, dass sich in der DNA an der ersten Stelle im zweiten Basentriplett statt der Base Cytosin die Base Thymin befindet.
Geben Sie den Fachbegriff für diese Änderung an.

c Ermitteln Sie die Änderung der Primärstruktur der Polypeptidkette für den Fall, dass das Nukleotid an der ersten Stelle im zweiten Basentriplett durch Bestrahlung zerstört wird und ausfällt.
Geben Sie den Fachbegriff für diese Änderung an.

126 In verschiedenen Versuchsansätzen bietet man *E. coli*-Bakterien Aminosäuren an, die mit ^{14}C radioaktiv markiert sind.
Nennen Sie von den unten aufgeführten Zellbestandteilen und Molekülen die, die als erste und als letzte radioaktiv werden.

a tRNA-Moleküle

b Proteine

c Ribosomen

Begründen Sie Ihre Antwort in Stichworten.

127 Die mRNA einer Zelle hat nur eine begrenzte Lebensdauer, bisweilen nur einige Minuten. Beschreiben Sie den Vorteil, der damit verbunden ist.

128 Beschreiben Sie in Stichworten zwei Vorgänge, durch die die Zelle eine hohe Proteinbiosyntheserate erreichen kann.

129 AIDS lässt sich unter anderem durch die Wirkstoffgruppe der NNRTIs bekämpfen, die das Enzym reverse Transkriptase unwirksam machen.
Beschreiben Sie die Wirkung von NNRTIs.

130 Nachdem man das HI-Virus als Erreger von AIDS erkannt und die Einzelheiten der Infektion und Vermehrung aufgeklärt hatte, konnte man Überlegungen anstellen, wie der Erreger zu bekämpfen sei.
Schlagen Sie mindestens drei mögliche Eingriffe vor, mit denen die HI-Viren bekämpft werden könnten. Gehen Sie dabei nicht auf die Möglichkeiten einer Impfung (aktive oder passive Immunisierung) ein.

3 Biologische Syntheseketten

Viele Stoffwechselprozesse bestehen aus mehreren aufeinanderfolgenden Reaktionen, von denen jede einzelne durch ein spezifisches Enzym katalysiert wird. Jedem Enzym wiederum liegt ein entsprechender „Bauplan" in einem bestimmten Abschnitt der DNA zugrunde. Der „Ein-Gen-ein-Enzym-Hypothese" zufolge betrachtet man einen solchen DNA-Abschnitt als **Gen**. Da Gene auch für Polypeptide und Proteine codieren, die nicht als Enzyme arbeiten, wie z. B. Strukturproteine oder Rezeptorproteine, spricht man statt von der Ein-Gen-ein-Enzym-Hypothese treffender von der **„Ein-Gen-ein-Polypeptid-Hypothese"**. (Streng genommen gilt diese Hypothese bei Eukaryoten nicht mehr, weil durch das Spleißen der mRNA (S. (1) 106 f.) die Information eines DNA-Abschnitts zu mehreren verschiedenen Proteinen führen kann. Einige Fachleute definieren daher ein Gen so: Ein Gen ist ein DNA-Abschnitt, der für ein RNA-Molekül codiert. Viele Merkmale eines Organismus werden als Folge der Wirkung verschiedener, zusammenhängender Stoffwechselvorgänge ausgebildet, letztlich sind sie also das Resultat der Wirkung mehrerer Gene.

An der **Ausbildung der Merkmale** eines Lebewesens können **mehrere Gene** beteiligt sein.

3.1 Zusammenwirken mehrerer Gene in einer Genwirkkette

Alle Gene, die über die von ihnen gebildeten Enzyme eine Synthesekette steuern, bilden eine **Genwirkkette**.

Die Genwirkkette in der Abb. 71 besteht aus drei Genen. Nach diesem Schema läuft die **Arginin-Synthese** in den Leberzellen des Menschen ab, genauso wie auch in den Zellen eines Schimmelpilzes.

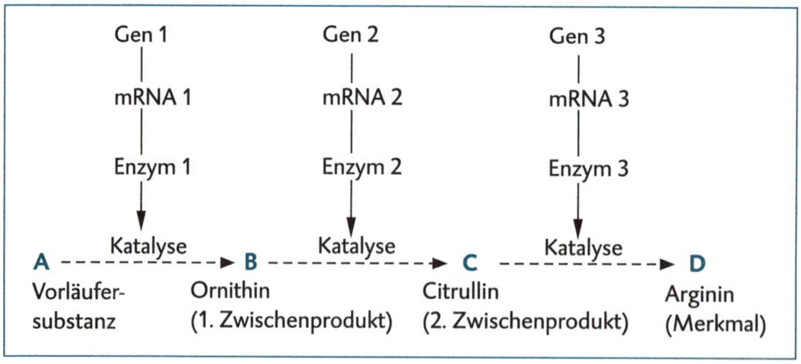

Abb. 71: Schema einer Genwirkkette.

Die Erforschung von Genwirkketten war durch Untersuchungen an **Mangelmutanten** eines Schimmelpilzes möglich.

Mangelmutanten sind Organismen, in denen einzelne Gene durch eine **Mutation** funktionsunfähig sind. Je nach mutiertem Gen fehlen **Enzyme** in Syntheseketten.

Da die Aminosäure Arginin eine für das Überleben des Schimmelpilzes notwendige Verbindung ist, können die verschiedenen Mangelmutanten im Experiment nur auf solchen **Nährböden** überleben, die genau das Substrat enthalten, das vom Pilz aufgrund des fehlenden Enzyms nicht synthetisiert werden kann:

- Bei der Mangelmutante, deren **Gen 1** mutiert ist, fällt das Enzym 1 aus. Der mutierte Pilz wächst nur auf einem Nährboden, der das **erste Zwischenprodukt**, das Ornithin, enthält.
- Wenn **Gen 2** mutiert ist, muss der Nährboden das **zweite** Zwischenprodukt, das Citrullin, enthalten.
- Mutanten, deren **Gen 3** funktionsuntüchtig ist, wachsen nur auf einem Nährboden, in dem bereits das Endprodukt Arginin vorhanden ist.

3.2 Genwirkketten im Phenylalanin-Stoffwechsel des Menschen

Der Körper des Menschen kann die Aminosäure **Phenylalanin** nicht selbst herstellen, er muss sie mit der Nahrung aufnehmen. Deshalb bezeichnet man sie als **essenzielle** Aminosäure. **Genwirkketten** steuern den Phenylalanin-Stoffwechsel (siehe Abb. 72). Sie bewirken den **Abbau** von Phenylalanin zu CO_2 und H_2O sowie den **Umbau** zu Thyroxin oder Melanin. Im ersten Schritt der Stoffwechselkette entsteht durch Umbau aus Phenylalanin die Aminosäure Tyrosin.

Ein Gen kann an der Ausbildung **mehrerer Merkmale** beteiligt sein, wenn es zu **mehreren Genwirkketten** gehört. Im Phenylalanin-Stoffwechsel trifft dies für das „Gen A" zu. Es ist sowohl an der Genwirkkette beteiligt, die zur Bildung von Thyroxin führt, wie auch an denen, die Melanin entstehen lassen bzw. Tyrosin zu CO_2 und H_2O abbauen.

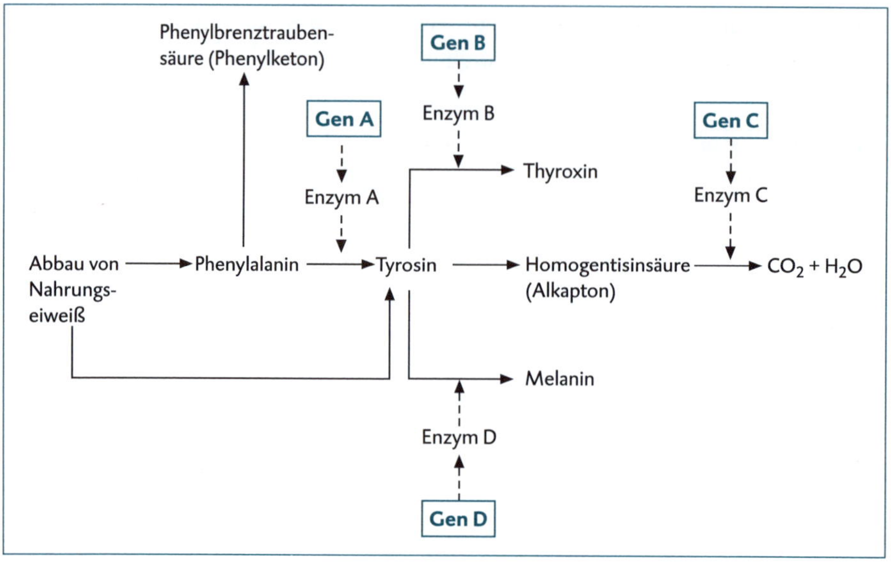

Abb. 72: Genwirkketten im Phenylalanin-Tyrosin-Stoffwechsel des Menschen.

Durch **Mutationen** (siehe S. (1) 119 ff.) können bestimmte Gene, die den Ab- und Umbau von Phenylalanin steuern, ausfallen. Die Folge sind **Erbkrankheiten** mit unterschiedlich schwerwiegenden Folgen, je nachdem, welches Gen von der Mutation betroffen ist.

- Bei einem **Ausfall des Gens A**, und damit auch des Enzyms A kann Phenylalanin nicht mehr abgebaut werden. In der Folge reichern sich Phenylalanin und die teilweise daraus entstehende Phenylbrenztraubensäure (Phenylketon) in den Zellen an. Die daraus resultierende Krankheit, die **Phenylketonurie**, äußert sich v. a. in einer starken **geistigen Behinderung** der Betroffenen. Ursache hierfür ist die durch die Phenylbrenztraubensäure gestörte Bildung von Myelinscheiden bei der Entwicklung der Nervenzellen des Gehirns (siehe Bau der Nervenzellen S. (1) 147 ff.). **Therapieren** lässt sich die Phenylketonurie durch eine phenylalaninarme, tyrosinreiche Diät während der Kindheit und frühen Jugend. Eine von Phenylalanin **freie** Kost ist nicht möglich, da eine gewisse Menge dieser Aminosäure zum Aufbau des körpereigenen Eiweißes beim Wachstum und bei der Neubildung von Zellen erforderlich ist. Tyrosinreiche Kost ist erforderlich, um den Mangel auszugleichen, der durch den nicht stattfindenden Umbau aus Phenylalanin entstehen würde.

- Bei Ausfall des **Gens B** kann Thyroxin nicht hergestellt werden. Geistige Behinderung **(„Kretinismus“)** und Zwergwuchs sind die Folge, da das Schilddrüsenhormon Thyroxin maßgeblich an der Regulation des Energiestoffwechsels und der Kindheits- und Jugendentwicklung beteiligt ist.
- Bei Ausfall des **Gens C** läuft die Stoffwechselkette nur bis zur Homogenitinsäure (Alkapton) ab. Homogenitinsäure (Alkapton) kann nicht abgebaut werden und wird mit dem Urin ausgeschieden. Man spricht von der **Alkaptonurie** oder „Schwarzharnen“, da Homogenitinsäure den Urin bei Kontakt mit dem Luftsauerstoff schwarz färbt. Eine Therapie ist nicht erforderlich, da es sich um eine sonst weitgehend harmlose Erscheinung handelt.
- Bei Ausfall von **Gen D** kann Melanin nicht hergestellt werden. Die Krankheit wird **Albinismus** genannt. Symptome sind die fehlende Färbung der Haut, Haare, Iris etc., da Melanin das Pigment ist, das diese Gewebe normalerweise dunkel färbt.

Zusammenfassung

- Nach der **„Ein-Gen-ein-Polypeptid-Hypothese“** ist ein Gen der DNA-Abschnitt, der die Information für ein Polypeptid, meistens für ein Enzym, enthält.
- Den meisten Merkmalen eines Organismus liegen **Genwirkketten** zugrunde. Sie enthalten Informationen für Enzyme, die in Syntheseketten angeordnete Reaktionen katalysieren.
- Eine **Mangelmutante** ist ein Organismus, dem infolge einer **Genmutation** ein bestimmtes **Enzym fehlt** und der daher die entsprechende Reaktion des Stoffwechsels nicht mehr durchführen kann.
- Mangelmutanten eignen sich wegen der mit ihnen verbundenen Ausfallerscheinungen für die **experimentelle Untersuchung von Genwirkketten**.
- Dem **Phenylalanin-Stoffwechsel** des Menschen, in dem u. a. das Schilddrüsenhormon Thyroxin und das Pigment Melanin entsteht, liegt eine **Genwirkkette** zugrunde.

gaben **131** (Themenübergreifende Aufgabe)

a Erläutern Sie so genau wie möglich, warum die Änderung einer einzigen Base der DNA zur Veränderung oder sogar zum Ausfall der Wirkung eines Enzyms führen kann.

b Beschreiben Sie, welche Folgen für eine Zelle auftreten, wenn ein Enzym unwirksam wird.

132 Der Rote Brotschimmel *Neurospora*, ein einfach gebauter Pilz, stellt die Aminosäure Tryptophan aus Vorstufen her. Tryptophan ist für seinen Stoffwechsel lebensnotwendig. Einige Schritte der Synthese sind in der folgenden Abb. 73 dargestellt.

Chorisminsäure --I--> Anthranilsäure --II--> Indol --III--> Tryptophan

Abb. 73: Tryptophan-Synthese bei Neurospora.

Durch Experimente konnte man feststellen, dass bei *Neurospora* unterschiedliche Mutationen auftreten, die die Tryptophan-Synthese betreffen.

- **Mutante A** wächst nur auf einem Nährboden, der Tryptophan enthält, nicht auf Nährböden mit Anthranilsäure und/oder Indol.
- **Mutante B** wächst auf Nährböden, die entweder Anthranilsäure oder Indol enthalten, Tryptophan ist nicht erforderlich.
- **Mutante C** wächst auf einem Nährboden, der nur Indol enthält, nicht aber auf einem, der nur Anthranilsäure enthält. Tryptophan ist nicht erforderlich.

Nennen Sie die korrekten Schlüsse, die man aus den dargestellten Experimenten ziehen kann.

a Der genetische Code ist degeneriert.
b Bei den Mutanten liegen zwar Veränderungen der genetischen Information vor, die aber zu keinen Enzymdefekten führen.
c Die Mutante B hat ein defektes Enzym für die Reaktion I.
d Bei der Mutante C ist das Enzym, das die Reaktion II katalysiert, defekt.
e Bei Mutante A ist das Enzym defekt, das die Reaktion III katalysiert.
f Der Code der DNA ist ein Triplett-Code.
g Für die Bildung eines Endprodukts kann mehr als ein Gen verantwortlich sein.
h Ein einziges Gen steuert die gesamte Synthesekette, die zum Tryptophan führt.
i Jede Mutante hat die Veränderung einer spezifischen Aminosäure zur Folge.

133 Erklären Sie, warum Phenylketonurie-Kranke eine ungewöhnlich blasse Haut und helle Haare haben.

134 Begründen Sie, warum die Diät, mit der die Phenylketonurie behandelt wird, nicht vollständig frei von Phenylalanin sein darf.

4 Mutationen

Die Gene jedes Organismus liegen in einer bestimmten Ausprägung **(Allel)** vor. **Verändert sich das Erbgut** durch **Mutationen**, so können neue Allele entstehen (siehe Evolution S. (2) 52). Auch das Genprodukt verändert sich häufig aufgrund einer Mutation oder es kann gar nicht mehr hergestellt werden. Die Folgen von Mutationen sind in den meisten Fällen für den Organismus ungünstig, zuweilen sogar tödlich (siehe Genwirkketten S. (1) 114 f.). In seltenen Fällen erweisen sich die Veränderungen des Erbguts durch Mutationen aber auch als vorteilhaft.

Mutationen sind **Veränderungen der genetischen Informationen.** Sie können zu veränderten, meistens ungünstigen Merkmalen führen oder sogar tödlich sein.

4.1 Formen und Folgen von Mutationen

Genommutationen

Bei der **Genommutation** ändert sich die **Anzahl der Chromosomen** entweder um ganze Chromosomensätze, wobei polyploide Zellen entstehen (siehe Züchtung, S. (2) 196), oder um einzelne Chromosomen.

spiele

- Polyploidie tritt fast nur bei Pflanzen auf. Man macht sie sich oft bei der Züchtung von Kulturpflanzen zunutze. Sie führt in der Regel zu einer erhöhten Leistungsfähigkeit, z. B. zu mehr und größeren Blüten, Samen oder Früchten.
- Beim Down-Syndrom (Trisomie 21) ist das Chromosom 21 in den Körperzellen des Menschen nicht zwei-, sondern dreifach vorhanden.

Chromosomenmutationen

Die im Lichtmikroskop sichtbare Veränderung der Chromosomen**struktur**, z. B. der Verlust oder die Verdoppelung eines Chromosomenstücks oder seine Übertragung auf ein anderes Chromosom nennt man **Chromosomenmutation**. Die Folgen sind häufig tödlich.

Genmutationen

Bei **Genmutationen**, der häufigsten Mutations-Art, liegen Veränderungen, Einschübe oder Verluste **einzelner** weniger **Basen** der DNA vor. Viele Erbkrankheiten wie Albinismus, Phenylketonurie usw. beruhen auf Genmutationen. In Körperzellen können sie Veränderungen hervorrufen, die Krebszellen entstehen lassen (siehe S. (1) 124). Wird eine Base eines Gens durch eine andere **ersetzt**, spricht man von einer **Punktmutation**. In der Folge kann an einer Stelle des Proteins eine falsche Aminosäure eingebaut werden.

Beispiel

Die **Sichelzellenanämie** beruht auf dem Austausch einer einzigen Base in einem Gen, das für ein Protein des Hämoglobins codiert. Diese Punktmutation führt zum Austausch einer Aminosäure im Hämoglobin. Die Primärstruktur des Proteins ändert sich (siehe S. (1) 57), wodurch sich Veränderungen in den Tertiär- und Quartärstrukturen des Proteins ergeben (siehe Quartärstruktur des Hämoglobins, S. (1) 59). Unter dem Lichtmikroskop lässt sich erkennen, dass die roten Blutkörperchen mit dem veränderten Hämoglobin bei O_2-Mangel eine **sichelförmige** Gestalt annehmen. Bei **homozygoten** Trägern des Sichelzellengens, wenn also zwei mutierte Allele vorliegen, werden die roten Blutkörperchen von Leukozyten angegriffen und vernichtet. Die Folge ist eine schwere Blutarmut (Anämie), die in der Regel zum Tode führt. Bei **heterozygoten** Trägern des Sichelzellengens, wenn also nur ein mutiertes Allel vorliegt, sind die Auswirkungen weniger bedrohlich. Die Leistungsfähigkeit des Körpers ist aber herabgesetzt. Heterozygote Träger des Sichelzellengens sind resistent gegen die **Malaria** (siehe Evolution, S. (2) 62 f.).

Wegen der Degeneration des genetischen Codes kommt es vor, dass der Austausch einer Base der DNA **keine Auswirkung** auf die Sequenz der Aminosäuren im Protein hat. Dies ist z. B. der Fall, wenn das neu entstehende, veränderte Triplett zufällig für die gleiche Aminosäure codiert wie das ursprüngliche. Wird durch eine Punktmutation tatsächlich an einer Stelle des Proteins eine andere Aminosäure eingebaut, muss das nicht zwingend Folgen für den Stoffwechsel der Zelle haben. Die ausgetauschte Aminosäure kann z. B. an einer wenig entscheidenden Stelle des Proteins liegen, sodass es zu einer für seine Funktion unwesentlichen Veränderung der Tertiärstruktur kommt.

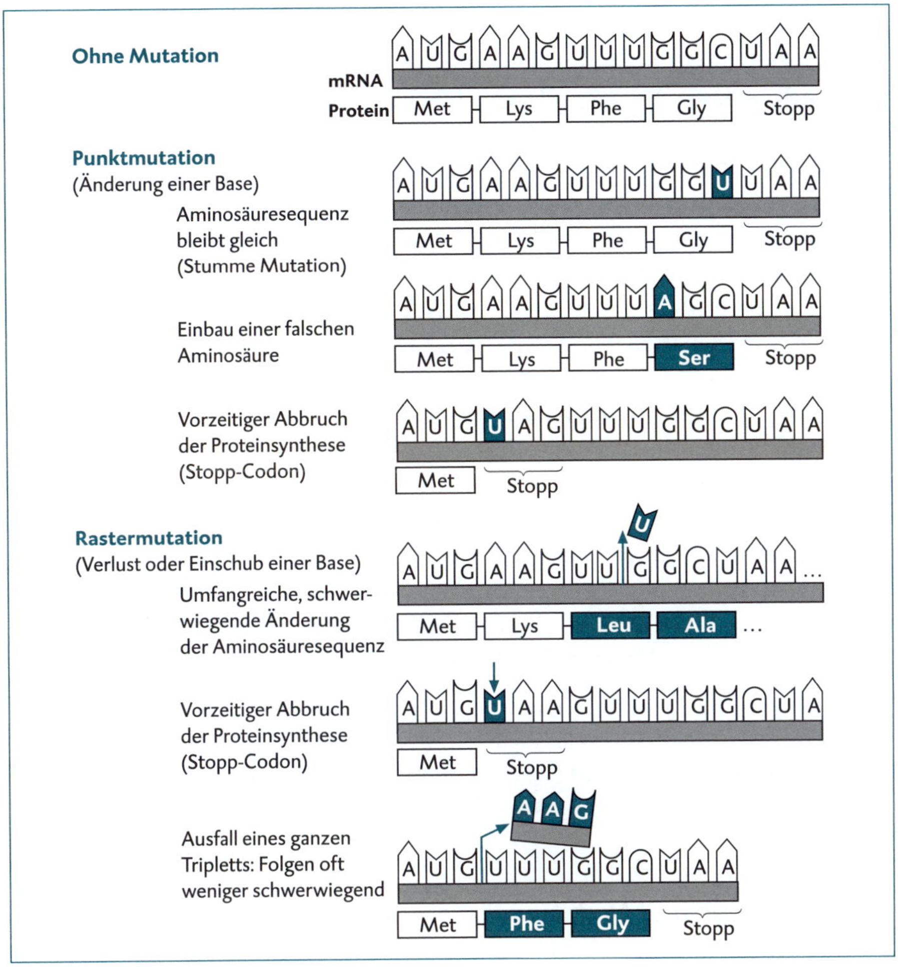

Abb. 74: Formen von Genmutationen und ihre Folgen.

Werden in ein Gen ein, zwei oder mehr Basen **zusätzlich eingefügt** bzw. daraus **entfernt**, so spricht man von **Rastermutationen**. Da der genetische Code keine „Pausenzeichen" kennt, verschiebt sich durch den Verlust bzw. durch den Einschub der Basen das **gesamte Triplett-Raster**, das auf die mutierte Stelle in der DNA folgt. Wenn die Mutation im Anfangsabschnitt eines Gens liegt, ändern sich im entstehenden Protein sehr viele Aminosäuren, bei Mutationen, die weiter hinten im Protein liegen, sind weniger Aminosäuren betroffen. Die **Lage** der Rastermutation im Gen entscheidet also darüber, wie schwerwiegend ihre Auswirkung ist.

Die Auswirkungen von **Punkt- und Rastermutationen** lassen sich mithilfe der Buchstabenschrift anschaulich zeigen:

Gesundes Gen:	E I N G E N I S T A U S D N A
ursprüngliche Information:	e i n/g e n/i s t/a u s/d n a
Punktmutation:	E I N G E N I S T A **B** S D N A
veränderte Information:	e i n/g e n/i s t/a **b** s/d n a
Verlust einer Base:	E I N G E N ... S T A U S D N A
veränderte Information:	e i n/g e n/**s t a/u s d/n a**
Einschub einer Base:	E I N G E N **E** I S T A U S D N A
veränderte Information:	e i n/g e n/**e i s/t a u/s d n** /a

Folgen von Mutationen in den Körper- und Keimzellen

Wenn Mutationen in **Körperzellen** auftreten – man spricht von somatischen Mutationen – werden sie durch Mitosen an die aus ihnen neu entstehenden Zellen weitergegeben. Somatische Mutationen in der Elterngeneration bleiben für die genetischen Informationen in den Zellen der Nachkommen ohne Auswirkung. Mutationen in **Keimzellen**, also in Ei- und Spermienzellen bzw. Pollenzellen gehen dagegen auf die nächste Generation über. Die Nachkommen tragen die Mutation dann in jeder Zelle ihres Körpers.

Wenn Mutationen in **Körperzellen** auftreten, bleiben sie auf die betroffenen Bereiche des jeweiligen Individuums beschränkt. Aus **mutierten Keimzellen** dagegen entstehen Nachkommen, die die jeweilige Mutation in allen Zellen tragen.

4.2 Mutagene und Mutationsrate

Mutagene

Mutationen können durch Chemikalien, sogenannte **mutagene Substanzen,** oder durch **energiereiche Strahlung** ausgelöst werden.

Beispiele

Zu den mutagenen Substanzen zählen einige aus dem Alltag bekannte Verbindungen:

- Teerstoffe im Tabakrauch. Pro Zigarette sind in den Zellen der Lunge etwa 30 000 (allerdings nicht dauerhafte) Veränderungen der DNA zu erwarten (siehe Reparatur der DNA, S. (1) 123).
- Nitrosamine, etwa in gepökeltem Fleisch.
- Mycotoxine, das sind von Schimmelpilzen gebildete Giftstoffe.
- Salpetrige Säure.

Mutagen wirkender Strahlung begegnet man ebenfalls im Alltag:

- Ultraviolette Strahlung (UV-Strahlung) der Sonne.
- Röntgenstrahlung.
- Radioaktive Strahlung. Sie ist besonders gefährlich, wenn die strahlenden Partikel mit der Nahrung oder der Atemluft in den Körper eindringen, wie z. B. radioaktives Iod oder Cäsium nach dem Reaktorunfall von Tschernobyl.
- Höhenstrahlung, ein Gemisch aus verschiedenen Strahlen in großen Höhen der Atmosphäre.

Die Mutationsrate

Bei eukaryotischen Lebewesen, also auch beim Menschen, rechnet man mit einer **Mutationsrate** von **10^{-5} bis 10^{-6}** Mutationen pro Gen und Generation. Wenn man annimmt, dass der Mensch etwa 20 000 ($2 \cdot 10^4$) Gene besitzt, muss man bei einer Rate von 10^{-5} mit 0,2 Mutationen pro Zelle, also mit **einer Mutation auf fünf Zellen**, rechnen. Bei einer Mutationsrate von 10^{-6} trägt nur jede fünfzigste Zelle eine Mutation. Die genaue Zahl der Gene des Menschen ist allerdings noch umstritten.

Die **Belastung** durch mutagene Substanzen und Strahlung ist mit der fortschreitenden Industrialisierung rapide angestiegen. Große Bereiche der Ozonschicht sind v. a. auf der Südhalbkugel durch FCKW und Abgase zerstört, etwa aus hoch fliegenden Flugzeugen, sodass die ultraviolette Strahlung der Sonne dort nur noch ungenügend abgeschirmt wird. Die Mutationsrate und damit auch das Risiko, an (Haut-)Krebs zu erkranken, sind dadurch in den letzten Jahren und Jahrzehnten stark gestiegen.

Reparatur der DNA

Zellen sind in der Lage, Veränderungen der DNA „aufzuspüren“ und zu **reparieren**. Dazu wandern spezielle Enzyme ständig an der DNA entlang, erkennen fehlerhafte Basenpaarungen und korrigieren sie. Allerdings ist die Leistungsfähigkeit dieses Reparaturmechanismus begrenzt. Er erfasst nicht alle Genmutationen und kann bei **sehr hohen** Mutationsraten, etwa nach einer starken Strahlenbelastung als Folge eines radioaktiven Unfalls, „überfordert“ sein.

Bestimmte Umwelteinflüsse **(Mutagene)** können Mutationen auslösen. Zellen besitzen die Fähigkeit, Mutationen rückgängig zu machen, allerdings erfasst dieser Reparaturmechanismus nicht alle auftretenden Mutationen.

4.3 Entstehung von Krebs

Viele Mutagene wirken **karzinogen**, d. h., sie lösen Mutationen aus, die Zellen zu **Krebszellen** umwandeln. Krebszellen entstehen, wenn Gene mutieren, die an der Steuerung der Zellteilung, v. a. an der **Unterdrückung der Mitose**, beteiligt sind. Eine Krebszelle teilt sich daher **häufig und ungehemmt**, da sie die Kontrolle über den Zeitpunkt der Mitose verloren hat. Bei diesen Mitosen werden in der Regel keine Zellen gebildet, die in Bau und Funktion den Zellen in ihrer Umgebung gleichen. Die Differenzierung (siehe S. (1) 140 ff.) geht verloren, und es entstehen weitgehend **undifferenzierte** Zellen, deren Oberflächenstruktur **verändert** ist (siehe Membranproteine, S. (1) 9 und 246). Dadurch werden sie von den Zellen des Immunsystems als **körperfremd** erkannt und können vernichtet werden (siehe Killer-T-Lymphozyten, S. (1) 240). Durch die ungehemmten Zellteilungen können z. B., wenn das Immunsystem überfordert ist, bösartige Tumore **(Karzinome)** entstehen. Sie wuchern in gesundes Gewebe ein, verdrängen dieses oder klemmen Blutgefäße ab, sodass Organe und Gewebe nicht mehr ausreichend mit Sauerstoff und Nährstoffen versorgt werden und absterben. Außerdem **konkurrieren** diese krankhaften Wucherungen mit gesundem Gewebe um Sauerstoff, Energie und Nährstoffe. Ursache dafür ist ihre hohe Stoffwechselrate, die u. a. erforderlich ist, um die großen Mengen an Zellsubstanz für die sich ständig neu bildenden Zellen bereitstellen zu können. Von Karzinomen können sich einzelne Zellen lösen, die mit dem Blut in andere Bereiche des Körpers gelangen und dort Tochtergeschwulste **(Metastasen)** bilden.

Krebszellen sind **undifferenzierte** Zellen mit einer sehr hohen Zellteilungsrate. Sie können durch **somatische** Mutationen entstehen. Ursache sind z. B. **mutagene** Substanzen und Strahlung.

Gutartige Tumore, z. B. Polypen oder Zysten in Schleimhäuten, wachsen im Gegensatz zu bösartigen Tumoren langsamer. Sie können keine Metastasen bilden und haben einen nur geringen Differenzierungsverlust, ähneln also den Zellen, aus denen sie entstanden sind. Meistens sind sie gegen das umgebende Gewebe deutlich abgegrenzt.

Zusammenfassung

- **Mutationen** sind **Veränderungen der genetischen Informationen** eines Organismus. Sie können zu neuen Allelen und zu veränderten Merkmalen führen, die meistens ungünstige Folgen für den Organismus haben.
- Durch Mutationen kann sich die Zahl oder die Form der Chromosomen oder die DNA-Basenfolge eines Gens verändern.
- Bei einer **Punktmutation** wird eine **einzelne Base** eines Gens ausgetauscht. Infolgedessen kann es bei der Proteinbiosynthese u. a. zum Einbau einer **anderen Aminosäure** im Polypeptidstrang kommen.
- **Rastermutationen** treten auf, wenn eine **Base** eines Gens **verloren** geht oder eine Base zusätzlich **eingefügt** wird. Dadurch **verschiebt** sich das **gesamte Leseraster**, sodass ein Polypeptid entsteht, das von der mutierten Stelle an eine veränderte Aminosäuresequenz hat.
- Mutationen in Keimzellen führen zu Nachkommen, die die jeweilige Mutation in allen Zellen tragen. Somatische Mutationen bleiben auf Körperzellen beschränkt, sie werden nicht auf die Nachkommen vererbt.
- Mutationen werden durch **mutagene Substanzen** oder **energiereiche Strahlung** ausgelöst. Durch die Industrialisierung ist die Belastung durch Mutagene stark gestiegen.
- Genmutationen lassen sich durch besondere Enzyme, die kontrollierend an der DNA entlang wandern, rückgängig machen **(„DNA-Reparatur“)**.
- **Bösartige Tumore** entstehen durch Mutationen, die die Differenzierung der Zellen aufheben und zu ungehemmten und häufigen Zellteilungen führen.

…ufgaben

135 Beschreiben Sie verschiedene Mutationen in Stichworten und geben Sie an, ob die Veränderungen im Lichtmikroskop sichtbar sind oder nicht.

136 (Themenübergreifende Aufgabe)
Nennen Sie je ein Beispiel für eine Auswirkung
a der verschiedenen Formen der Genommutation.
b einer Genmutation.
c einer Punktmutation.

137 (Themenübergreifende Aufgabe)
Wenn sich in der DNA durch Mutagene eine Base geändert hat, muss das nicht in jedem Fall die Änderung eines Proteins zur Folge haben. Wenn aber tatsächlich ein anderes Protein entsteht, muss das nicht zur Änderung eines Merkmals führen. Erklären Sie diese Phänomene.

138 Erläutern Sie für die folgenden beiden Fälle, welche Chancen bestehen, dass es nur zu geringen, unbedeutenden Auswirkungen für die Zelle und den Organismus kommt. Begründen Sie Ihre Antwort.
- a Verlust einer Base in einem Gen.
- b Verlust dreier aufeinanderfolgender Basen in einem Gen.

139 (Themenübergreifende Aufgabe)
Erläutern Sie, warum es möglich ist, dass durch die Mutation in verschiedenen Genen das gleiche Merkmal ausfallen oder sich verändern kann.

140 Vergleichen Sie die Folgen, die eine Mutation bei Tieren oder beim Menschen haben kann, wenn sie in den folgenden Zellen auftritt:
- a Körperzelle.
- b Keimzelle (Ei- oder Spermienzelle).
- c Zelle der Keimdrüsen (Eierstock oder Hoden), aus denen die Keimzellen entstehen.

141 Erklären Sie, warum somatische Mutationen bei Embryonen umso schwerwiegender sind, je früher sie in der Entwicklung auftreten.

142 (Themenübergreifende Aufgabe)
Salpetrige Säure löst Mutationen aus. Sie ersetzt in der DNA die Base Cytosin durch Uracil. Auch wenn davon nur der Bereich eines Polynukleotidstrangs betroffen ist, der selbst kein Gen enthält, der aber komplementär zu einem Gen ist, kann es zur Veränderung von Merkmalen kommen. Erklären Sie dieses Phänomen.

143
- a Erläutern Sie, warum die Abnahme der Ozonschicht in der Atmosphäre eine Zunahme der Hautkrebsfälle zur Folge hat.
- b Erläutern Sie, warum sich durch die Zerstörung der Ozonschicht auch in anderen Körperbereichen vermehrt Tumore bilden.

144 Einer der vielen Gründe für die steigende Mutationsrate beim Menschen könnte die Zunahme von Langstreckenflügen in großen Höhen sein. Erläutern Sie diese Vermutung. Zwei Erklärungen werden erwartet.

145 Stellen Sie eine Liste von Mutagenen zusammen, mit denen Sie bei einem normalen Lebenswandel regelmäßig oder häufiger in Kontakt kommen. Nennen Sie zwei weitere Mutagene.

146 Stellen Sie die Unterschiede zwischen einer Krebszelle und einer gesunden Körperzelle dar.

147 (Themenübergreifende Aufgabe)
Cisplatin ist ein Medikament, das zur Krebstherapie (Chemotherapie) eingesetzt werden kann. Es stabilisiert die Doppelhelix der DNA, sodass sie nicht mehr in die beiden Polynukleotidstränge trennbar ist.
Erläutern Sie, warum sich Cisplatin zur Krebstherapie eignet.

5 Regulation von Stoffwechselvorgängen durch die Kontrolle der Transkription

Bestimmte Enzyme und Strukturproteine müssen in allen Zellen **ständig** gebildet werden, z. B. die Enzyme für die Zellatmung zur Gewinnung von ATP oder Proteine für den Aufbau von Membranen. Andere Proteine dagegen sind nur in besonderen Situationen oder nur in bestimmten Zellen erforderlich, z. B. nur während der **Mitose**, nur wenn während der **Embryonalentwicklung** Nerven-, Leber- oder Muskelzellen entstehen sollen oder nur in Zellen der Bauchspeicheldrüse, wenn **Insulin** gebildet werden soll. Die Zelle muss daher die Fähigkeit besitzen, Gene zu aktivieren und zu inaktivieren, also „an- und abschalten". Sie muss bestimmen können, wann welche Gene exprimiert werden. Diese Aufgabe erfüllen Mechanismen, die die Transkription, den ersten Abschnitt der Proteinbiosynthese, kontrollieren.

5.1 Genregulation bei Bakterien

F. Jacob und J. Monod entwickelten aus den Ergebnissen ihrer Experimente das sogenannte Jacob-Monod-Modell. Es erklärt, wie bei **Bakterien** Gene an- oder abgeschaltet werden. Vereinfacht betrachtet sind an der Steuerung nach diesem Modell ein oder mehrere **Strukturgene** beteiligt, die Enzyme oder Strukturproteine bilden. Vor dem Strukturgen liegt auf dem DNA-Abschnitt eine Region mit einer Schaltsequenz **(Operator)** und einem wiederum davor liegenden **Promotor**. An diesen bindet die RNA-Polymerase, ein Enzym, das die Synthese der mRNA katalysiert (vgl. DNA-Polymerase S. (1) 77 und (2) 142, 153 ff.). Wird nun ausgehend vom vorgelagerten **Regulatorgen** ein **Repressor**-Protein gebildet, kann sich dieses in seiner aktiven Form an den Operator binden und dadurch die Transkription der Strukturgene des entsprechenden DNA-Bereichs blockieren (siehe Abb. 75).

Genregulation durch Induktion

Am Beispiel der Bildung von Lactose abbauenden Enzymen im Stoffwechsel des Bakteriums *Escherichia coli (E. coli)* soll die **Genregulation durch Induktion**, also durch einen auslösenden Faktor, gezeigt werden.

Beispiel

Lactose (Milchzucker) ist ein Zweifachzucker aus je einem Molekül Glucose und Galactose. An der Regulation des Lactoseabbaus sind Strukturgene beteiligt, die die Information für Lactose abbauende Enzyme enthalten. Ein Regulatorgen bildet ein Repressorprotein, das an der Operatorsequenz dieser Strukturgene bindet. Das Regulatorgen bildet also einen **aktiven Repressor**. Die Vorgänge bei An- bzw. Abwesenheit von Lactose lassen sich vereinfacht folgendermaßen verstehen: Wenn **keine Lactose** vorhanden ist, bindet der Repressor am Operator und verhindert so, dass die Transkription an den Strukturgenen stattfindet. In der Folge werden keine Lactose abbauenden Enzyme gebildet. Nach der **Zugabe von Lactose** binden die Lactosemoleküle, das Substrat, an den Repressor und verändern dadurch seine Tertiärstruktur. Dies ist möglich, weil der Repressor ein **allosterisches** Protein ist (siehe allosterische Enzyme, S. (1) 68). Der in seiner Tertiärstruktur veränderte Repressor kann nicht mehr am Operator der Strukturgene binden, er ist **inaktiviert**. Durch die Inaktivierung des Repressors wird die Blockade der Transkription der Strukturgene aufgehoben. Infolgedessen beginnt die Zelle, Lactose abbauende Enzyme zu synthetisieren, sodass die Konzentration der Lactose in der Zelle sinkt. Wenn keine Lactose mehr vorhanden ist, nimmt der Repressor wieder seine ursprüngliche Tertiärstruktur an. Er wird aktiviert und bindet an der Schaltsequenz, wodurch die Transkription der Strukturgene erneut blockiert wird. Bei fallendem Lactosegehalt bildet die Zelle daher auch weniger Lactose abbauende Enzyme. Man spricht von einer Substratinduktion, weil der Ausgangsstoff an der Regulation beteiligt ist.

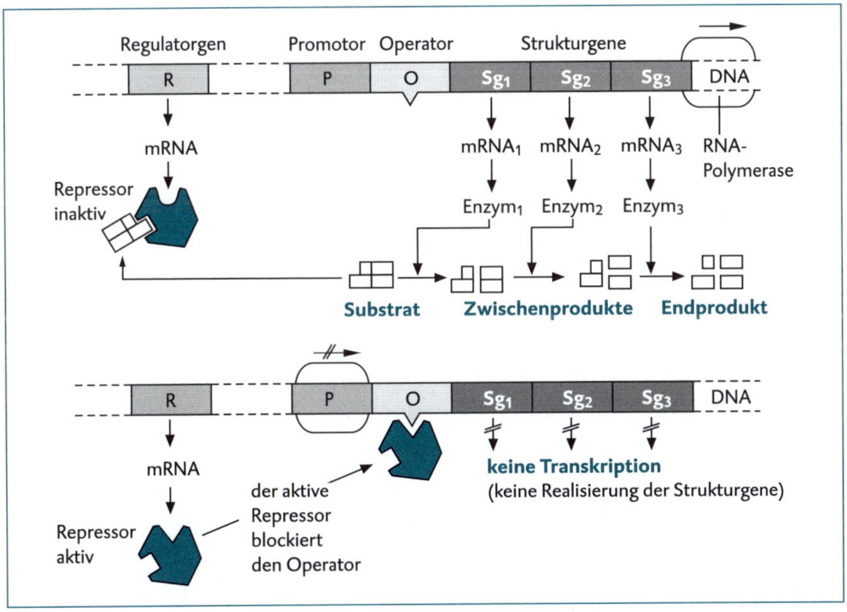

Abb. 75: Genregulation durch Induktion am Beispiel der Substratinduktion.

Lactosemoleküle **induzieren** also die Bildung der Enzyme, die für ihren Abbau erforderlich sind. Man findet diese Art der Genregulation v. a. bei der Steuerung von **abbauenden Stoffwechselprozessen**. Der **Vorteil** einer Genregulation durch Induktion ist der ökonomische Umgang der Zelle mit Material und Energie. Es entstehen nur dann Genprodukte, wenn die Zelle sie wirklich benötigt.

Genregulation durch Repression

Am Beispiel der Synthese der Aminosäure Tryptophan kann die Genregulation durch **Repression**, also durch einen unterdrückenden Faktor, veranschaulicht werden.

Beispiel

Die Informationen für die Tryptophan bildenden Enzyme sind in den Strukturgenen enthalten. Ein Regulatorgen bildet ein Repressorprotein mit einer Tertiärstruktur, mit der es **nicht** am Operator der Strukturgene binden kann, die für die Tryptophan-Synthese codieren. Der gebildete Repressor ist zunächst **inaktiv**. Bei An- bzw. Abwesenheit von Tryptophan laufen, vereinfacht betrachtet, folgende Prozesse ab: Wenn **kein Tryptophan** vorhanden ist, kann die Transkription der Strukturgene ungehindert stattfinden, Tryptophan aufbauende Enzyme werden gebildet. Die Tryptophan-Synthese kann ablaufen, Tryptophan reichert sich in der Zelle an. Das durch die Synthese gebildete Tryptophan **bindet an den Repressor**, wodurch sich die Tertiärstruktur des Repressors ändert. Mit der veränderten Tertiärstruktur ist der Repressor **aktiviert**. Er kann an der Operatorsequenz der Strukturgene binden. Damit wird die Transkription der Strukturgene verhindert, die Zelle bildet keine Tryptophan aufbauenden Enzyme mehr und die Synthese von Tryptophan kommt zum Erliegen. Tryptophan unterdrückt also die Bildung der Enzyme, die für seinen Aufbau erforderlich sind.

Die Genregulation durch **Repression** findet man v. a. bei der Steuerung von **aufbauenden** Stoffwechselprozessen. Häufig ist das **Endprodukt** einer Synthesekette in der Lage, das Repressormolekül zu aktivieren. Man spricht dann von der „Endprodukt-Repression“. Diese Art der Transkriptionshemmung ähnelt der negativen Rückkopplung bei der Endprodukthemmung von Enzymen (siehe S. (1) 68). Die Genregulation durch Repression führt dazu, dass nur so lange Genprodukte gebildet werden, wie die Zelle sie auch benötigt – ebenfalls ein Beispiel für den sparsamen Einsatz von Material und Energie.

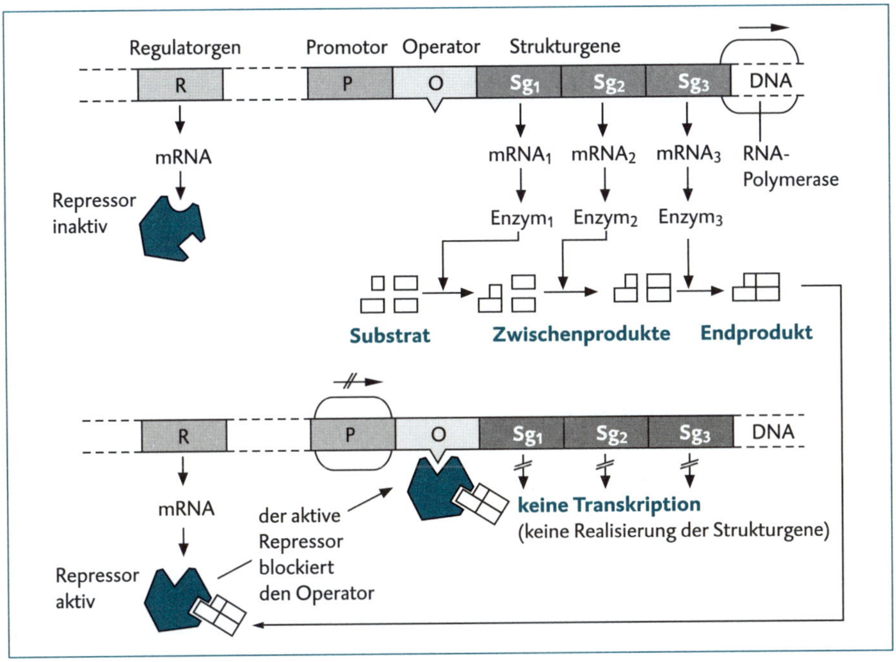

Abb. 76: Genregulation durch Repression am Beispiel der Endprodukt-Repression.

Die Genregulation bei Bakterien kann durch **Induktion** bzw. **Repression** erfolgen. Ein Repressor kann dabei **inaktiviert** bzw. **aktiviert** werden, was die Transkription der entsprechenden Strukturgene und damit die Bildung der Genprodukte **auslöst** bzw. **verhindert**. Die Inaktivierung kann durch Substratmoleküle, die Aktivierung durch Moleküle des Endprodukts erfolgen.

5.2 Differenzielle Genaktivierung bei Eukaryoten

Die Genregulation geschieht auch bei **eukaryotischen** Lebewesen meistens durch die **Kontrolle der Transkription**, allerdings hier nicht nach dem JACOB-MONOD-Modell wie bei den Prokaryoten. Als Auslöser für die Aktivierung oder für die Blockade von Genen dienen hier häufig Einflüsse, die von **außen** auf die Zelle einwirken, beim Wachstum eines Embryos z. B. Signale von benachbarten Zellen. Durch die Fähigkeit, Gene gezielt an- oder abzuschalten, kann die Zelle ihren Stoffwechsel an veränderte Bedingungen anpassen und spezielle Merkmale ausbilden, sie kann sich **differenzieren**. Man spricht daher von der **differenziellen Genaktivierung**.

Neuere Forschungen haben ergeben, dass vermutlich bei allen Tieren zu Beginn der Embryonalentwicklung die gleichen Vorgänge der differenziellen Genaktivierung ablaufen. Die gleichen Gene werden in der gleichen Reihenfolge aktiviert und steuern die frühen Entwicklungsvorgänge der Embryonen so unterschiedlicher Tiere wie der Insekten, der Amphibien und auch des Menschen. Wenn in einer Zelle immer **alle Gene** abgelesen und realisiert würden, wenn also **keine** differenzielle Genaktivierung möglich wäre, hätten alle Zellen eines Organismus den gleichen Bau und die gleiche Funktion. Sie könnten sich nicht auf veränderte Bedingungen einstellen und würden gleichzeitig solche Enzyme bilden, die sich gegenseitig in ihrer Wirkung stören. Der Stoffwechsel würde sehr uneffektiv arbeiten, da viele Substanzen gebildet würden, die unter den gerade herrschenden Bedingungen gar nicht erforderlich wären.

Differenzielle Genaktivierung bei der Verpuppung der Fruchtfliege

Während der Metamorphose wird bei *Drosophila* der Übergang vom letzten Larvenstadium zum Puppenstadium durch bestimmte Verpuppungs-**Hormone** ausgelöst. Diese Hormone schalten die Transkription derjenigen Gene an, die die Prozesse der Verpuppung steuern, und schalten andere larvenspezifische Gene ab. Im Lichtmikroskop ist dies an Veränderungen der **Riesenchromosomen** in den Speicheldrüsen der *Drosophila*-Larven zu erkennen. Riesenchromosomen sind Chromosomen in der Arbeitsform, die aus vielen Hunderten wie in einem Kabelbündel zusammengefassten Chromatiden bestehen (siehe Chromosomenbau S. (1) 80). Sie entstehen durch zahlreiche, nacheinander ablaufende Replikationen (siehe S. (1) 77 f.) der DNA, allerdings **ohne** anschließende Zellteilungen. An den Stellen, an denen die **Transkription** ablaufen soll, bilden sich sogenannte „Puffs“, kurze, aufgebläht erscheinende Chromosomenabschnitte. In den Puffs wölben sich DNA-Schleifen nach außen, um für die **Transkriptionsmaschinerie** aus Enzymen, RNA-Nukleotiden usw. besser zugänglich zu sein. Die Puffs sind also die Orte, an denen Gene liegen, die gerade aktiv sind.

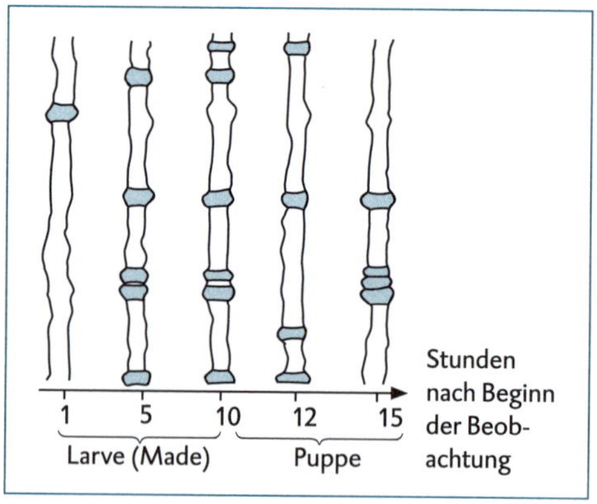

Abb. 77: Puffs im dritten Riesenchromosom von *Drosophila* kurz vor und nach der Verpuppung.

Je nachdem, welche Genprodukte gebildet werden, treten Puffs in verschiedenen Bereichen der Riesenchromosomen auf und verschwinden wieder. Eine ältere *Drosophila*-Larve, die kurz vor der Verpuppung steht, hat ein anderes Puffmuster als eine jüngere, da bei ihr andere Gene abgelesen werden. Das Puffmuster hängt also vom Entwicklungsstadium der Larve ab.

In **Versuchen** lässt sich die Auslösung der Transkription bei *Drosophila* durch Hormone experimentell zeigen:

- Die Transkription der Verpuppungsgene wird durch äußere Faktoren ausgelöst. Dies kann durch einen Versuch nachgewiesen werden, bei dem einer jungen, noch **nicht verpuppungsbereiten** *Drosophila*-Larve ein Verpuppungshormon gespritzt wird. Sie bildet daraufhin ein Puffmuster aus, wie es für eine ältere Larve **kurz vor der Verpuppung** typisch ist.
- Wenn man eine *Drosophila*-Larve im vorderen Bereich abschnürt, verpuppt sich der hintere Körperteil nicht. Die Verpuppungshormone werden im Vorderkörper der Larve gebildet. Sie können wegen der Abschnürung nicht in den hinteren Körperbereich gelangen. Daher werden dort in den Zellen die Verpuppungsgene nicht angeschaltet. Die Zellen können keine Enzyme herstellen, die die Stoffwechselprozesse der Puppenbildung auslösen.

Genregulation durch das Phytochromsystem bei Pflanzen

Pflanzen können auf Lichtreize reagieren. Als Schaltmechanismus für die Aktivierung verschiedener Gene kann das **Phytochromsystem** dienen, das der Pflanze mitteilt, ob Licht vorhanden ist oder nicht. Das Phytochrom besteht aus einem Protein, das ein lichtabsorbierendes **Pigment** enthält. Dieses kann je nach Belichtung **zwei verschiedene Zustände** annehmen, einen aktiven und einen inaktiven. Im **aktiven** Zustand schaltet das Phytochrom Gene an oder ab, löst also die Transkription aus oder blockiert sie.

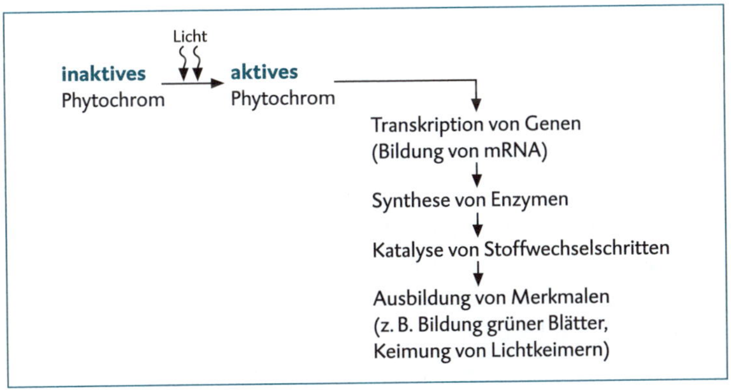

Abb. 78: Beispiel für eine Form der Transkriptionskontrolle durch das Phytochromsystem.

Für die Beteiligung des Phytochromsystems an der differenziellen Genaktivierung lassen sich bei Pflanzen einige Beispiele finden.

Beispiele

Das Phytochromsystem kann bei einigen Pflanzenarten im aktiven Zustand die **Samenkeimung** auslösen, bei anderen unterbinden. Die Samen vieler Pflanzenarten keimen nur im Licht. Zu den **Lichtkeimern** gehören z. B. Kopfsalat, Tabak, Fingerhut und Mohn. Andere Pflanzenarten haben Samen, die nur im Dunklen keimen, wie der Kürbis und das Stiefmütterchen. Für die Keimung ist Stoffwechselenergie in Form von ATP erforderlich. Sie wird in den meisten Fällen aus der im Samen **gespeicherten** Stärke gewonnen. Dazu muss die Stärke in ihre Glucosebausteine zerlegt werden. Zur Spaltung der Stärke ist das Enzym **Amylase** erforderlich (siehe Enzymversuche, S. (1) 72). Amylase ist also in diesem Fall ein für die Keimung erforderliches Enzym. Phytochrom kann bei manchen Pflanzenarten die **Transkription der Gene** auslösen oder blockieren, die für Amylase und andere Keimungsenzyme codieren.

Licht → aktives Phytochrom → Inaktivierung eines Repressors → Transkription der Keimungsgene → Bildung von Keimungsenzymen → Keimung

Abb. 79: Keimung unter Lichteinfluss beim Senfsamen.

Bei einigen Pflanzenarten entscheidet die **Länge der Tage** (Belichtungsdauer) darüber, ob sie Blüten bilden oder nicht. **Kurztagpflanzen** blühen nur, wenn zwischen den Phasen der Belichtung lange Dunkelperioden liegen. Häufig sind dies Pflanzen in den Tropen, da hier die Tage über das ganze Jahr relativ kurz sind, nämlich etwa genauso lang wie die Nächte. Solche Pflanzen sind z. B. Reis und Zuckerrohr. **Langtagpflanzen** bilden nur dann Blüten, wenn die Belichtungsphasen nur von kurzen Zeiten der Dunkelheit unterbrochen werden. Sie kommen v. a. in Gebieten in höheren Breitenlagen vor, z. B. in Mittel- und Nordeuropa. Hier sind die Tage im Sommer, in der Zeit des Wachstums und der Blüte, viel länger als die Nächte. Langtagpflanzen sind z. B. Schwertlilie, Grüner Salat, Weizen und Hafer. Die Transkription der Gene, die für die Bildung von Blüten verantwortlich sind, wird durch das **Phytochromsystem** in Gang gesetzt. Für die **Landwirtschaft** sind diese Kenntnisse sehr wichtig. Viele Nutzpflanzen müssen zum Blühen kommen, da Samen und Früchte sich aus den Fruchtknoten der Blüten bilden.

Versuche zur Auslösung der Blütenbildung bei Kurztag- und Langtagpflanzen

Mit **einfachen Versuchen** kann man nachweisen, dass nicht die Tageslänge, sondern die Länge einer **ununterbrochenen Dunkelphase** darüber entscheidet, ob Blüten gebildet werden oder nicht:

- Eine **Kurztagpflanze** blüht nicht, wenn eine an sich ausreichend lange Dunkelphase durch eine, wenn auch nur sehr **kurze Belichtung unterbrochen** wird.
- Eine **Langtagpflanze** kommt nicht zur Blüte, wenn die Dunkelphase eine bestimmte Dauer überschreitet. Wird aber eine an sich zu lange Dunkelphase durch eine auch nur sehr **kurzfristige Belichtung** unterbrochen, bildet sie Blüten.

Die Tab. 10 stellt diese Experimente und ihre Ergebnisse zusammen.

Belichtungsmuster		Kurztagpflanze	Langtagpflanze
kurze Nacht	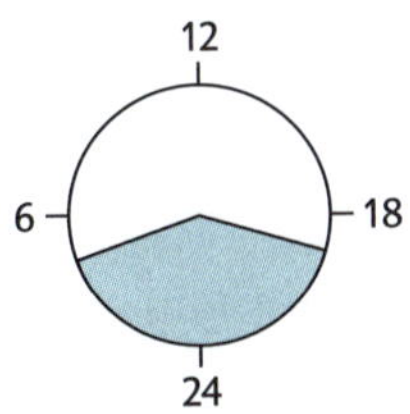	Pflanze bildet **keine** Blüten	Pflanze bildet Blüten
lange Nacht	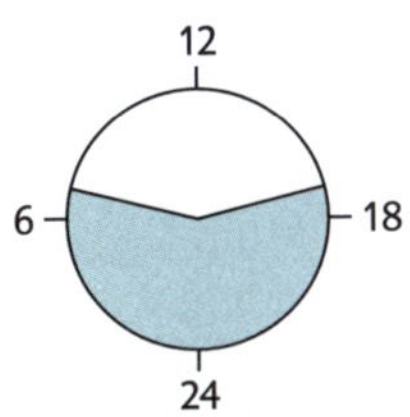	Pflanze bildet Blüten	Pflanze bildet **keine** Blüten
lange Nacht wird kurzfristig durch Beleuchtung unterbrochen	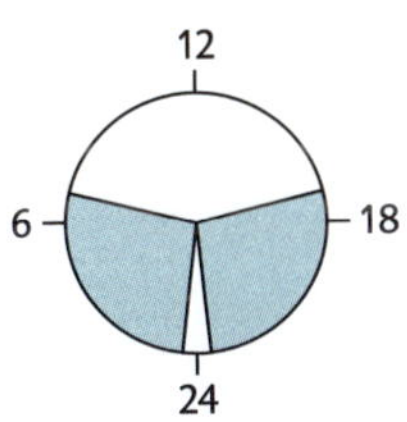	Pflanze bildet **keine** Blüten	Pflanze bildet Blüten

Tab. 10: Steuerung der Blütenbildung bei Lang- und Kurztagpflanzen.

Zusammenfassung

- Zellen können **Gene gezielt aktivieren und inaktivieren**. Diese Fähigkeit zu bestimmen, wann welche Gene transkribiert werden sollen, ermöglicht es einer Zelle, sich auf aktuelle Bedingungen und Anforderungen **einzustellen**.
- Bei **prokaryotischen** Organismen kann die Steuerung der Genaktivität mithilfe von **Repressor**molekülen erfolgen, die die Transkription von Strukturgenen auslösen oder verhindern.
- Bei der Genregulation durch **Induktion** beginnt die Transkription eines Strukturgens, wenn der zugehörige **Repressor** durch eine bestimmte Substanz **inaktiviert** wird. Häufig ist diese Substanz das **Substrat**, auf das die Enzyme wirken, die von eben diesen Strukturgenen gebildet werden.
- Die Genregulation durch **Repression** lässt die Transkription der jeweiligen Strukturgene so lange laufen, bis der entsprechende **Repressor** durch eine bestimmte Substanz **aktiviert** wird und sie stoppt. Als aktivierende Substanz dient häufig das **Endprodukt** der Reaktionen, die durch die Strukturgene gesteuert werden.
- Die **differenzielle Genaktivierung** ist die Voraussetzung für die Bildung von vielzelligen Organismen mit mehreren **Zelltypen**, die auf jeweils **unterschiedliche Aufgaben** spezialisiert sind.
- Die Veränderungen der „**Puffs**" in Riesenchromosomen von Fliegen- und Mückenlarven ermöglicht die Beobachtung der **differenziellen Genaktivierung**.
- **Lichtreize** können bei Pflanzen mithilfe des **Phytochrom**-Systems Gene aktivieren bzw. inaktivieren. Diese Art der Genregulation liegt dem Phänomen der **Licht- und Dunkelkeimer** einerseits und der **Lang- und Kurztagpflanzen** andererseits zugrunde.

Aufgaben

148 (Themenübergreifende Aufgabe)
Beschreiben Sie durch die Nennung entsprechender Fachbegriffe, wie die DNA folgende Anforderungen erfüllt:
a Speicherung der genetischen Information
b Weitergabe der genetischen Information an neu entstehende Zellen
c Realisierung der genetischen Information
d Auswahl der Gene, die zu einem bestimmten Zeitpunkt realisiert werden sollen

149 In einem Experiment werden *E.-coli*-Bakterien aus einem Nährmedium, das Glucose enthält, in eines umgesetzt, das nur Lactose als Nährstoff bietet. Die Bakterien beginnen nach kurzer Zeit, die Lactose zu spalten.

- **a** Erläutern Sie die molekulargenetischen Vorgänge, durch die die Bildung des Lactose spaltenden Enzyms ausgelöst wird.
- **b** Nennen Sie den Fachbegriff für diese Steuerung der Genaktivität.

150 Angenommen, ein Stamm von *E.-coli*-Bakterien kann ein bestimmtes Enzym nicht synthetisieren. Durch die Analyse der Basensequenz des Gens, auf dem die Information für die Aminosäuresequenz dieses Enzyms liegt, stellt man fest, dass keine Mutation vorliegt. Beschreiben Sie mögliche molekulargenetische Veränderungen, die zum Ausfall des Enzyms geführt haben könnten.

151
- **a** Nennen Sie den Vorgang, der bei der Genregulation nach dem Modell von JACOB und MONOD bei Bakterien ausgelöst bzw. blockiert wird.
- **b** Vergleichen Sie tabellarisch die Genregulation durch Induktion bzw. Repression.
- **c** Stellen Sie die Vorteile dar, die diese Form der Genregulation bringt.

152 Beschreiben Sie die Folgen für eine Zelle, wenn sie keine Möglichkeit hätte, Gene an- und abzuschalten.

153 Nennen Sie die korrekten Aussagen.
Die differenzielle Genaktivierung

- **a** geschieht nur in der Mitose.
- **b** kann beim Menschen unter Beteiligung von Hormonen geschehen.
- **c** ist durch Repressoren möglich, die die Translation auslösen oder verhindern.
- **d** geschieht in der Regel durch Kontrolle der Transkription.
- **e** ist nur beim ausgewachsenen Organismus möglich.
- **f** sorgt u. a. dafür, dass in der Embryonalentwicklung verschiedenartige Zellen entstehen.
- **g** sorgt dafür, dass die Art und/oder die Konzentration von Enzymen in den verschiedenen Zellen eines Organismus nicht gleich sind.
- **h** hat zur Folge, dass die Art und/oder die Konzentration der Enzyme in einer Zelle nicht zu jeder Zeit gleich sind.
- **i** geschieht durch Verlust von Genen bei der Mitose.
- **k** ist bei Krebszellen gestört.
- **l** ermöglicht es der Zelle, auf Veränderung der Bedingungen, z. B. in ihrer Umgebung, gezielt zu reagieren.

154 Nennen Sie die korrekten Aussagen.
Riesenchromosomen
- a kommen in den Keimzellen des Menschen vor.
- b kommen bei Fliegen und Mücken vor.
- c entstehen durch vielfache Replikation der DNA ohne anschließende Mitosen.
- d tragen ein unveränderbares, spezifisches Muster an „Puffs“.
- e ermöglichen die Analyse der differenziellen Genaktivierung unter dem Lichtmikroskop.
- f führen zur Entstehung besonders großer Fliegen und Mücken.
- g sind Chromosomen in Transportform.
- h lassen die Stellen, an denen Transkription stattfindet, unter dem Lichtmikroskop leicht erkennen.

155 Entwerfen Sie einen Versuch, durch den Sie mithilfe radioaktiv markierter Nukleotide Hinweise auf die Funktion von Puffs in Riesenchromosomen finden können.
Stellen Sie dazu Verlauf, Ergebnis und Erklärung des Experiments dar.

156 Einige Insekten pflanzen sich zweimal im Jahr fort:
- Die Sommergeneration macht eine ganz normale Entwicklung vom Ei über die Larve und die Puppe zum Vollinsekt durch.
- Bei der Herbstgeneration wird die Umwandlung (Metamorphose) im Puppenstadium gestoppt. Die Puppe überwintert, und erst im Frühling oder Frühsommer entsteht aus ihr das Vollinsekt.

Verantwortlich für die unterschiedliche Metamorphose der Sommer- und Herbstgeneration ist der Einfluss von Licht.
- a Stellen Sie eine Vermutung darüber auf, über welche molekulargenetischen Vorgänge das Licht die Metamorphose steuern könnte.
- b Nennen Sie zwei Vorgänge bei Pflanzen, die auf ähnliche Weise durch Licht gesteuert werden.

157 Nennen Sie die richtigen Aussagen.
Das Phytochromsystem der Pflanzen
- **a** ermöglicht die Fotosynthese.
- **b** kann keinen Einfluss auf den Ablauf der Transkription ausüben.
- **c** ist ein System, das differenzielle Genaktivierung ermöglicht.
- **d** arbeitet bei allen Pflanzenarten in der gleichen Weise und mit den gleichen Auswirkungen.
- **e** enthält ein Pigment.
- **f** kann die Aktivierung und Inaktivierung von Genen auslösen.
- **g** kommt nur bei Lichtkeimern vor, nicht bei Dunkelkeimern.
- **h** arbeitet bei Kurztagpflanzen in gleicher Weise und mit den gleichen Auswirkungen wie bei Langtagpflanzen.

158 Der Weihnachtsstern, eine beliebte Zimmerpflanze, stammt aus äquatornahen Gebieten Süd- und Mittelamerikas. Er blüht bei uns nicht im Sommer, obwohl die Temperatur ausreichend hoch wäre. Erst in der Zeit vor Weihnachten bildet er Blüten.
Erklären Sie dieses Phänomen. Berücksichtigen Sie dabei auch molekulargenetische Vorgänge der Genregulation.

159
- **a** Nennen Sie von den beiden Faktoren, Länge der Belichtung und Länge der Dunkelheit, denjenigen, der bei Kurz- bzw. Langtagpflanzen die Bildung von Blüten auslöst oder verhindert.
- **b** Beschreiben Sie Versuche, durch die man den in der Antwort zur Frage a genannten Sachverhalt erschließen konnte.
- **c** Begründen Sie, warum in den erwähnten Experimenten eine einfache Ausdehnung der Licht- oder Dunkelphase keine schlüssigen Ergebnisse ermöglicht.
- **d** Entwerfen Sie Kontrollexperimente, die die bei Frage a beschriebenen Versuchsergebnisse bestätigen können.

160 (Themenübergreifende Aufgabe)
Die Transkription einiger Gene kann durch Hormone ausgelöst werden. Dabei können lipophile (fettlösliche) Hormone, z. B. Sexualhormone direkt im Zellkern wirken. Bei lipophoben Hormonen ist das nur indirekt über andere Signalstoffe möglich.
Erläutern Sie die unterschiedliche Art der Transkriptionskontrolle von lipophilen und lipophoben Hormonen.

6 Zelldifferenzierung, Bildung von Geweben und Organen

Bei **vielzelligen** Organismen sind die meisten Zellen durch einen besonderen Bau auf bestimmte Aufgaben spezialisiert, sie haben sich **differenziert**. Die Differenzierung einer Zelle geschieht durch die stärkere Ausbildung bestimmter Strukturen als in anderen Zellen. Möglich wird das durch differenzielle Genaktivierung (siehe S. (1) 131 f.).

Beispiele

Im Körper des Menschen haben z. B. **Drüsenzellen** eine hohe Zahl von Dictyosomen und **Muskelzellen** haben viele langgestreckte Proteinfäden, die sich gegeneinander bewegen und die Zelle kontrahieren können. Außerdem ist eine hohe Zahl der ATP liefernden Mitochondrien vorhanden. **Plasmazellen** besitzen ein sehr stark ausgebildetes Endoplasmatisches Retikulum mit zahlreichen Ribosomen, sodass eine hohe Proteinsyntheserate möglich wird (siehe Bildung von Antikörpern S. (1) 239).

6.1 Dauergewebe und Bildungsgewebe

Dauergewebe

Ein **Gewebe** besteht aus Zellen mit gleicher Gestalt und Leistung, z. B. Muskelgewebe oder Nervengewebe des Gehirns. Ein **Organ** setzt sich aus verschiedenartigen Geweben zusammen, die sich bei der Erfüllung einer Aufgabe ergänzen, z. B. Laubblätter und Wurzeln bei Pflanzen oder Sinnesorgane, Atmungsorgane, Leber, Muskeln inklusive Blutgefäßen und Sehnen bei Tieren. Für die Funktion eines Organs sind Dauergewebe verantwortlich.

Ein **Dauergewebe** besteht aus vollständig **ausdifferenzierten** Zellen, die nicht mehr in der Lage sind, sich zu teilen.

Bildungsgewebe

Bei Pflanzen liegt das **Bildungsgewebe** in besonderen Bereichen des Pflanzenkörpers, z. B. an der Spitze von Spross und Wurzel. Bei höheren Tieren wird es von **Stammzellen** in verschiedenen Bereichen des Körpers gebildet.

Bildungsgewebe und **Stammzellen** bestehen aus teilungsfähigen Zellen, die für das Wachstum und die Erneuerung der differenzierten Zellen des Organismus sorgen.

Bildungsgewebe und Stammzellen können bis zu einem gewissen Grad den Verlust von Zellen ersetzen, z. B. nach einer Verletzung. Stammzellen können durch **Mitose** entweder neue Stammzellen bilden oder sich **differenzieren** und gealterte, funktionsunfähige Zellen in Geweben ersetzen.
In der Regel differenzieren sich die Stammzellen des Menschen nur zu einem ganz bestimmten Zelltyp (bei ihrer differenziellen Genaktivierung werden nur ganz bestimmte Gene an- oder abgeschaltet). Stammzellen der oberen Hautschicht z. B. bilden nur Abschlusszellen der Haut, Stammzellen der Leber nur Leberzellen. Im Knochenmark liegen Stammzellen, die sich teilen und zu Immunzellen differenzieren können. Eine Ausnahme bilden die Stammzellen in Embryonen. Sie sind **totipotent** (siehe Reproduktionsbiologie S. (2) 180). Die Stammzellen eines erwachsenen oder heranwachsenden Organismus werden als **adulte Stammzellen** bezeichnet. Sie sind **nie** totipotent.
Die Gewebe des Menschen **erneuern sich** im Laufe seines Lebens mithilfe der Stammzellen **mehrmals**. Die meisten Zellen eines erwachsenen Menschen sind daher jünger, als sein Lebensalter vermuten lässt. Eine Ausnahme bildet ein Teil der **Nervenzellen**, darunter die des Gehirns. Diese Zellen können nur in sehr geringem Umfang erneuert werden.

Dauergewebe bestehen aus differenzierten, teilungsunfähigen Zellen mit einer spezifischen Funktion. **Bildungsgewebe und Stammzellen** können sich teilen und differenzieren und damit Dauergewebe aufbauen oder erneuern.

6.2 Überblick über verschiedene Zelltypen

Zelltypen von Pflanzen

Durch die differenzielle Genaktivierung können in pflanzlichen Organismen Zellen mit einem stark unterschiedlichen Bau und mit verschiedenartigen Funktionen entstehen. Die Tab. 11 gibt einige Beispiele dazu an.

Gewebetyp	Bau der Zellen	Funktion
Abschlussgewebe (Epidermis)	• verdickte Wände • zentrale Vakuole • meistens auf der Außenseite mit einer wasserabstoßenden Schicht (Kutikula); z. T. mit Haaren, Schuppen o. Ä.	Schutz vor: • Verdunstung • Verletzung • Sonneneinstrahlung • Schädlings- und Parasitenbefall
Absorptionsgewebe (z. B. Wurzelhaare)	• dünne Zellwand • ohne Kutikula (s. o.) • Außenbereich haarartig ausgezogen	Aufnahme von Wasser (mit den darin gelösten Nährsalzen)
Grundgewebe (Parenchym)	• vieleckig • wenig differenziert	je nach Lage
Speicherparenchym	• zahlreiche Leukoplasten	• Speicherung von Stärke/Eiweiß
Assimilationsparenchym	• zahlreiche Chloroplasten	• Fotosynthese: Bildung von Glucose (v. a. in Laubblättern)
Schwammparenchym	• große Zwischenräume zwischen Zellen	• Durchlüftung und Gasaustausch (z. B. in Laubblättern)
Stütz- und Festigungsgewebe	• stark verdickte Zellwand (Steinzellen mit extrem starker Zellwand)	vor allem in Wurzel und Spross • erhöht die Biege-, Zug- und Druckfestigkeit • Steinzellen bilden u. a. harte Schalen (z. B. bei Nüssen)
Leitungsgewebe (bei höheren Pflanzen häufig als **Leitbündel** im Spross angeordnet)	• sehr langgestreckt • einige Typen ohne Zytoplasma (tote Zellen) • häufig mit besonderen, der Zellwand aufgelagerten Leisten	• Leitung und Verteilung von Wasser aus der Wurzel bis zu den Laubblättern • Leitung und Verteilung von im Wasser gelösten Fotosyntheseprodukten (v. a. Glucose) von den Laubblättern in alle Pflanzenteile, auch in die Wurzel

Tab. 11: Beispiele für Dauergewebe bei Pflanzen

Organe und Organsysteme von Pflanzen

Ein **Laubblatt** besteht aus Abschlussgewebe (Epidermis), Assimilationsgewebe, Schwammparenchym und Leitungsgewebe. Es dient v.a. der Aufgabe, durch Fotosynthese Glucose zu bilden.

Eine **Blüte** stellt ein **Organsystem** dar, das aus folgenden Organen besteht:

- **Kelchblätter** dienen zum Schutz der Blüte; zuweilen sind sie auch Teil des Schauapparats.
- **Kronblätter** schützen die weiter innen liegenden Blütenteile. Bei Pflanzen, die von Insekten bestäubt werden, sind sie meistens groß und farbig, sodass sie als auffälliger Schauapparat dienen können.
- **Staubblätter** bilden Pollen (die die männlichen Keimzellen enthalten).
- **Fruchtblätter** sind für die Bildung der Eizellen und Samenanlagen verantwortlich. Bei höheren Pflanzen verwachsen sie in vielen Fällen zu einem „Stempel“, der aus Fruchtknoten, Griffel und Narbe besteht.

Ausgewählte Zelltypen höherer Tiere

Der Körper höher entwickelter Tiere besteht aus einer größeren Anzahl verschiedener Zelltypen als der der Pflanzen. Die tierische Zelle enthält aber weniger Organellen als die pflanzliche, z. B. keine Chloroplasten, keine Zellwand, keine zentrale Vakuole. Wichtige Zelltypen von Tier und Mensch sind:

- Zellen von **Abschlussgeweben** wie Epithelzellen der Haut, der Innenwände von Darm, Blutgefäßen, Herz.
- **Drüsenzellen** in Speicheldrüsen, Verdauungsdrüsen, Hormondrüsen u. a.
- **Sinneszellen** wie Riech- und Geschmackszellen in der Schleimhaut des Nasen- und Mundraums, Druck- und Temperatursinneszellen der Haut, Lichtsinneszellen in der Netzhaut (siehe Auge, S. (1) 209).
- **Nervenzellen** im Gehirn und im peripheren Nervensystem (siehe Bau der Nervenzelle, S. (1) 146 f.).
- **Bindegewebszellen**, die Hohlräume füllen, Organe miteinander verbinden und sich zu Sehnen und Bändern verfestigen können.
- **Knorpel- und Knochenzellen**, die den Körper stützen und Ansatzflächen für die Skelettmuskulatur bilden.
- **Muskelzellen** der glatten Muskulatur, die für die Kontraktion der Darmwand, der Harnblase usw. sorgen, und die der quergestreiften Muskulatur, die für die Bewegungen des Skeletts verantwortlich sind.
- **Blutzellen** wie die roten Blutkörperchen, die den O_2-Transport leisten, oder wie die weißen Blutkörperchen des Immunsystems.
- **Keimzellen:** Ei- und Spermazellen.

Zusammenfassung

- **Differenzierte Zellen** zeichnen sich durch die Ausbildung von **Strukturen** aus, die der Erfüllung **spezieller Aufgaben** dienen. Sie bilden in der Regel große Zellverbände, die als **Gewebe** bezeichnet werden. Organe bestehen aus verschiedenen Geweben.
- Vollständig **ausdifferenzierte Zellen** können sich nicht teilen. Sie bilden in der Regel die **Dauergewebe** eines Organismus.
- **Bildungsgewebe und Stammzellen** bestehen aus **teilungsfähigen Zellen**. Sie dienen v. a. dem **Wachstum** und der ständigen **Erneuerung** des Organismus. Aus Stammzellen des Knochenmarks entstehen Zellen des Immunsystems.
- Alle Bereiche des menschlichen Körpers werden im Laufe des Lebens durch Stammzellen **mehrmals erneuert**; Nervenzellen können nur in einem geringen Umfang erneuert werden.
- Der Körper des Menschen und der Tiere besteht aus einer größeren Zahl verschiedener Zelltypen als der der Pflanzen.

Aufgaben

161 Vergleichen Sie das Dauergewebe und die Stammzellen des Menschen tabellarisch miteinander hinsichtlich
- ihrer allgemeinen Aufgabe,
- des Grads ihrer Differenzierung,
- ihrer Teilungsfähigkeit.

162 (Themenübergreifende Aufgabe)
Nennen Sie mindestens fünf verschieden differenzierte Zellen der höheren Pflanzen und jeweils ein charakteristisches Baumerkmal, durch das ihre spezielle Funktion möglich wird.

163 (Themenübergreifende Aufgabe)
Nennen Sie mindestens acht verschiedene Zelltypen des Menschen und für vier davon je ein Merkmal, das ihre spezifische Funktion ermöglicht.

Informationsverarbeitung im Nervensystem

Der Gewöhnliche Tintenfisch *(Sepia officinalis)* gehört zur Klasse der Kopffüßer. Obwohl die Nervenaxone dieser Art von keiner Myelinscheide umwickelt sind, ist ihre Leitungsgeschwindigkeit, verglichen mit der bei anderen Weichtieren wie Schnecken oder Muscheln, extrem hoch. Der besonders große Durchmesser der sogenannten Riesenaxone der Tintenfische bewirkt eine Minimierung des elektrischen Widerstands bei der Erregungsleitung und erlaubt den Tieren eine blitzartige Reaktion auf Umweltreize.

1 Bau und Funktion der Nervenzelle

Der Körper des Menschen informiert sich mithilfe der Sinnesorgane und des Nervensystems über seine Umwelt. **Sinneszellen** können aus der Umgebung eintreffende **Reize** in elektrische **Erregungen** umwandeln, Nervenzellen leiten diese elektrischen Signale weiter. An den Kontakten zwischen den Nervenzellen kann es zur Verarbeitung der aufgenommenen Information kommen. In besonders starkem Maße geschieht dies im **Zentralnervensystem** (ZNS). Es besteht beim Menschen aus Gehirn und Rückenmark. Als mögliche Folge der Informationsverarbeitung können Erregungen über die Nervenzellen zu den Organen des Körpers laufen und dort Reaktionen auslösen, z. B. an den Muskeln oder Drüsen.

1.1 Bau der Nervenzelle und der Nerven

Bau der Nervenzelle

Eine typische Nervenzelle (Neuron) lässt sich in die folgenden Abschnitte untergliedern:

- Der **Zellkörper (Soma)** enthält den Zellkern und die meisten übrigen Organellen der Zelle. Es fehlen aber Zentralkörperchen (Centriolen), die mitverantwortlich für die Ausbildung des Spindelapparates während der Mitose sind (siehe Zytologie, S. (1) 25 f.). Nervenzellen können sich daher in der Regel im Gegensatz zu den meisten anderen Zellen nach der Embryonalentwicklung **nicht mehr teilen**.
- Das **Axon (Neurit)** ist ein häufig sehr langer Fortsatz der Nervenzelle, beim Menschen kann er eine Länge von 1 m erreichen. Es entspringt dem Zellkörper mit einem manchmal leicht verdickten Anfangsbereich, dem **Axonhügel**. Es behält aber dann auf der ganzen Länge einen gleichbleibenden, geringen Durchmesser. Bevor das Axon in einer leichten Verdickung, dem **Endknöpfchen** endet, verzweigt es sich in der Regel nur schwach oder gar nicht.
- Die **Dendriten** sind kurze, sich nach außen hin verjüngende und stark verzweigende Zellfortsätze, die die Erregung aufnehmen und in Richtung des Zellkörpers leiten. Dendriten können an die Endknöpfchen von Axonen anderer Neuronen grenzen.

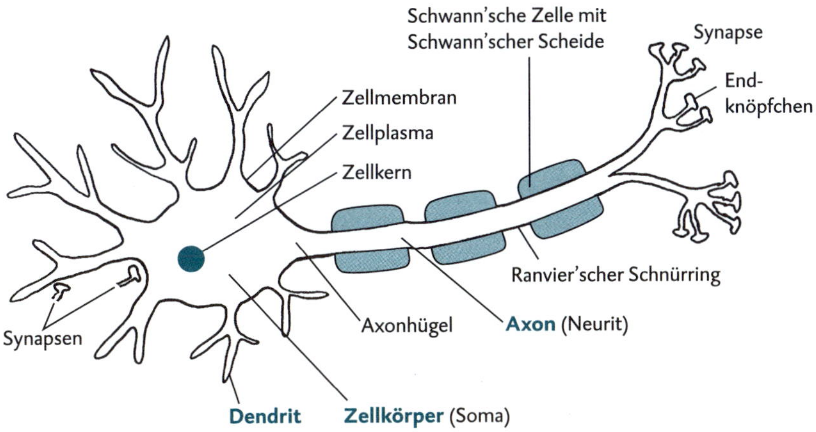

Abb. 80: Bau einer typischen Nervenzelle der Wirbeltiere.

Im menschlichen Körper übertragen die Axone Informationen sowohl vom Zentralnervensystem zu den Muskeln und Drüsen als auch in der Gegenrichtung von den Sinnesorganen zum ZNS und zwischen den Zellen des Nervensystems. Die Endknöpfchen eines Neurons können daher an die Dendriten oder an den Zellkörper anderer Nervenzellen sowie an Muskel- oder Drüsenzellen grenzen. Die **Richtung** der Informationsübertragung in den Axonen ist **streng festgelegt**. Die Erregung kann nur vom Zellkörper zu den Endknöpfchen weitergeleitet werden, nie umgekehrt (siehe Refraktärzeit, S. (1) 162 und Synapse, S. (1) 167).

Bau der Nervenfasern

Nervenzellen sind in der Regel von **Gliazellen** umgeben. Sie schützen und stützen die Nervenzellen, vermitteln ihre Versorgung mit Nährstoffen und Sauerstoff und isolieren die Nervenzellen voneinander. Besonders ausgebildete Gliazellen sind die **Schwann'schen Zellen**. Wie ein Schlauch umgeben sie die Axone. Axon und Schwann'sche Zelle werden zusammen als **Nervenfaser** bezeichnet. Besonders lange, gut ausgebildete Nervenfasern finden sich im **peripheren** Nervensystem, den Nervenzellen außerhalb des ZNS.

Zwei Typen von Nervenfasern lassen sich unterscheiden:

- Bei den **markhaltigen (myelinisierten)** Nervenfasern bilden die Zellmembranen der Schwann'schen Zellen einen flächigen Fortsatz, der sich in einer Vielzahl von Windungen um das Axon wickelt (siehe Abb. 81). So erhält das Axon eine Hülle aus vielen Lagen von Membranen, zwischen denen nur sehr wenig Zytoplasma vorhanden ist. Man bezeichnet diese Hülle als **Markscheide** (Myelinscheide, Schwann'sche Scheide). Die Markscheide besteht fast nur aus Membranmaterial, also aus Proteinen (Eiweißen) und Lipiden (Fetten). Das Material der Markscheide wird als **Myelin** bezeichnet. Es erscheint im Lichtmikroskop aufgrund seines Lipidanteils weiß, im transmissionselektronenmikroskopischen Bild sind die **konzentrisch** angeordneten Membranstapel zu erkennen. Die Markscheide kann das Axon sehr wirkungsvoll isolieren, weil Lipide eine sehr geringe elektrische Leitfähigkeit besitzen. Die Markscheide isoliert das Axon ähnlich wie die Plastikhülle ein Kupferkabel. Ein myelinisiertes Axon wird mit Ausnahme kleiner Bereiche am Anfang und am Ende sowie an den Schnürringen (siehe unten) auf seiner ganzen Länge von Schwann'schen Zellen eingehüllt. Die Axonmembran liegt nur an den Stellen **frei**, an denen zwei Schwann'sche Zellen aufeinanderfolgen. In diesen sehr schmalen Bereichen, den **Ranvier'schen Schnürringen**, ist das Axon daher **nicht** elektrisch **isoliert**. Strukturen, die den Ranvier'schen Schnürringen ähneln, kann man im Modell herstellen, indem man die Plastikhülle eines kupfernen Stromkabels in regelmäßigen Abständen ringförmig einschneidet.
- Bei **marklosen (nichtmyelinisierten) Nervenfasern** können die Axone ebenfalls von Schwann'schen Zellen umgeben sein, die allerdings keine Markscheide ausbilden, deren Membranen sich also nicht mehrfach um das Axon winden. Solche Fasern haben keine Ranvier'schen Schnürringe.

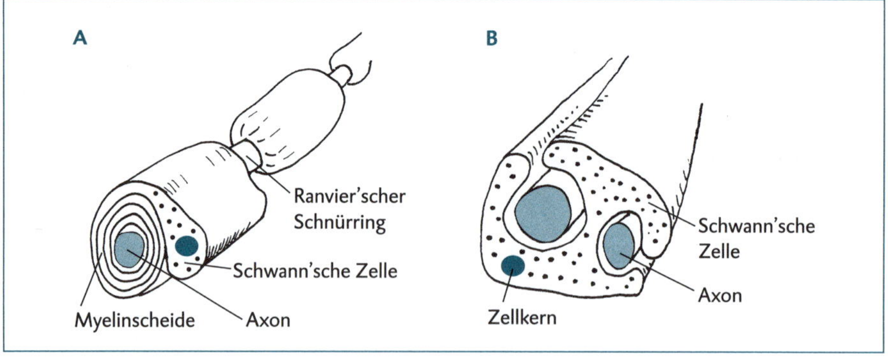

Abb. 81: Schema des Baus einer markhaltigen (A) und einer marklosen Nervenfaser (B).

Der größte Teil des Nervensystems der **Wirbeltiere** besteht aus markhaltigen Nervenfasern. Marklose Nervenfasern findet man im Nervensystem der **wirbellosen** Tiere und in Teilen des vegetativen Nervensystems der Wirbeltiere.

Markhaltige Nervenfasern besitzen eine aus Myelin bestehende **Markscheide**, die das Axon weitgehend isoliert. **Marklosen** Nervenfasern fehlt diese isolierende Hülle.

Bau der Nerven

Nerven bestehen aus mehreren Bündeln von Nervenfasern, also Axonen und Schwann'schen Zellen. Die Nerven sind von einer Hülle aus **Bindegewebe** umgeben und von **Blutgefäßen** durchzogen.

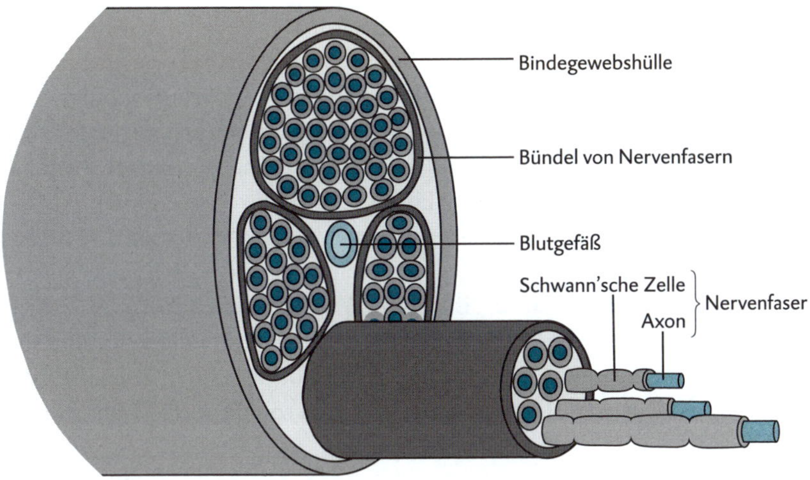

Abb. 82: Aufbau eines Nervs.

1.2 Entstehung des Ruhepotenzials

Wie in allen Informationssystemen müssen auch im Nervensystem Signale weitergegeben und verarbeitet werden. Um ein Signal zu bilden, muss sich ein bestehender Zustand des Systems ändern. Für die Funktion des Nervensystems stellen **elektrische** Vorgänge an den Nervenzellen die Grundlage dafür dar. Solange die Nervenzelle lebt, hält sie ständig einen bestimmten Zustand, die **Ruhespannung (Ruhepotenzial)**, aufrecht. Signale entstehen, wenn sich das Ruhepotenzial ändert. Eine Signalform ist das **Aktionspotenzial.**

Entstehung des Ruhepotenzials durch Diffusion von Ionen

Das Außen- und Innenmedium der Nervenzelle ist eine wässrige Lösung, die positive (Kationen) oder negative Ladungen (Anionen) enthält. Das Ruhepotenzial entsteht durch die **Differenz** zwischen der Ladung an der Außen- und der Innenseite der Membran. Die exakte und vollständige Bezeichnung lautet daher **Ruhepotenzial-Differenz**. Diese Ladungsdifferenz beträgt etwa −80 bis −90 mV, wobei das Innere der Nervenzelle negativ geladen ist.

Die Entstehung des Ruhepotenzials beruht auf zwei Voraussetzungen:

- Im Inneren der Nervenzelle, auf der **Innenseite** der Membran, herrscht eine höhere Konzentration an **Kaliumionen** (K^+) und negativ geladenen **organischen Ionen** (A^-) als im Außenraum der Zelle. Viele der organischen Anionen im Innenraum der Nervenzelle sind Proteine oder Aminosäuren. Im **Außenbereich** der Nervenzelle sind mehr **Natrium-** (Na^+) und **Chloridionen** (Cl^-) vorhanden als im Innenraum der Zelle.
- Die Membran der Nervenzelle ist **selektiv permeabel**. Sie ist für Kaliumionen sehr leicht passierbar. Für Chloridionen ist sie etwas weniger gut, für Natriumionen schlecht und für organische Anionen gar nicht durchlässig. Verantwortlich für die selektive Permeabilität sind besondere Proteine der Membran. Diese bilden **Poren** (Poren-, Tunnelproteine, Ionenkanäle), die nur für bestimmte Ionen passierbar sind (siehe Zytologie, S. (1) 10). Entscheidend dafür, ob ein Teilchen die Membran über die Kanäle der Porenproteine durchqueren kann, sind seine **Größe und Ladung**. Außer im Bereich der Porenproteine können die Ionen nicht auf die jeweils andere Seite der Membran gelangen, da die ungeladene Doppelschicht aus Lipiden nicht zulässt, dass Ionen in sie eindringen (siehe Zytologie, S. (1) 6 f.).

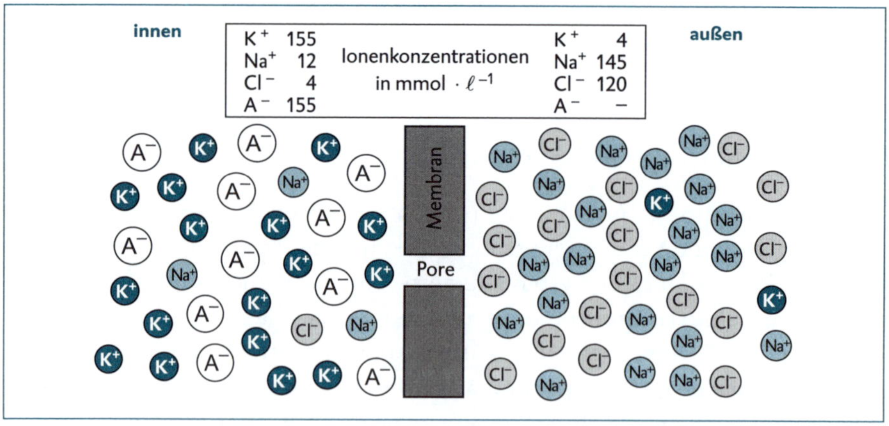

Abb. 83: Ionenverteilung an der Membran des Axons während des Ruhepotenzials.

Für die Entstehung der Ladungsdifferenz zwischen dem Innen- und Außenraum ist die **Wanderung** bestimmter Ionen durch die Membran verantwortlich. Ohne diese Ionenbewegungen würden sich die Summen aus positiver und negativer Ladung zwischen dem Innen- und dem Außenraum entsprechen, die Spannung wäre gleich null. Moleküle oder Ionen haben aber das Bestreben, sich gleichmäßig im Raum zu verteilen (siehe Diffusion, S. (1) 10 f.). Die Ursache dafür ist die **thermische Eigenbewegung** der Teilchen, die zu Zusammenstößen zwischen ihnen führt und sie so in Bewegung setzt. Dies geschieht umso häufiger, je höher die Konzentration der Teilchen ist. In der Bilanz der Bewegungsrichtungen wandern die Teilchen vom Ort der höheren Konzentration zum Ort der geringeren Konzentration, bis ein **Ausgleich der Konzentrationen** erreicht ist.

> Die Wanderung von Teilchen entlang ihres Konzentrationsgefälles nennt man **Diffusion**.

Die Diffusion ist ein **passiver** Vorgang, d. h., sie benötigt keine Energie. Neben der Diffusion im Bereich der Porenproteine findet aber auch ein **aktiver** Transport von Ionen durch die Membran statt (siehe Natrium-Kalium-Pumpe, S. (1) 153). An der Membran von Nervenzellen diffundieren Kaliumionen wegen ihres Konzentrationsgefälles durch die Proteinporen von innen nach außen. Dadurch wird der Außenraum stärker elektrisch positiv, da jedes Kaliumion eine positive Ladung trägt. Der Innenraum verarmt an positiven Ladungsträgern (Kationen) und hat einen Überschuss an negativen Ladungen (Anionen). Es kommt also zu einer **ungleichen Verteilung** von positiven und negativen Ladungsträgern, wodurch eine **elektrische Spannung** (Ladungsdifferenz, Potenzialdifferenz) zwischen dem Innen- und dem Außenraum auftritt. Chloridionen erhöhen zusätzlich die Ladungsdifferenz, weil sie infolge ihres Konzentrationsgradienten von außen nach innen diffundieren und den Innenraum stärker elektrisch negativ machen, während der Außenraum an negativen Ladungen verarmt. Insgesamt bewirken diese Diffusionsvorgänge einen leichten **Überschuss an positiver Ladung im Außenmedium** der Nervenzelle.

Um auf beiden Seiten der Membran die **Elektroneutralität** zu erhalten, müsste nach physikalischen Gesetzen jedem K^+ ein A^- folgen, für jedes hinaus diffundierte Molekül K^+ müsste ein Na^+ hinein diffundieren. Da die Membran aber **selektiv permeabel** ist und Na^+ kaum, A^- gar nicht hindurchlässt, geschieht dies nicht.

Ginge die Diffusion von K^+ störungsfrei weiter, käme es zu einem Konzentrationsausgleich, bei dem gleich viele K^+ im Innen- wie im Außenraum der Zelle vorlägen. Dies kann an der Membran einer Nervenzelle aber nicht geschehen, weil das Bestreben der Ionen nach einem **Ladungsausgleich** ihrem Bestreben nach einem **Konzentrationsausgleich** entgegengesetzt ist: Die Kaliumionen wandern zwar ihrem Konzentrationsgefälle entsprechend nach außen, es kommt aber nicht zum Ausgleich der Konzentrationen, da die Kaliumionen vom immer negativer werdenden Ladungsüberschuss im Zellinnenraum immer stärker zurückgehalten werden. Je mehr Kaliumionen nach außen wandern, desto größer wird der negative Ladungsüberschuss des Zellinnenraums und desto schwerer fällt es ihnen, nach außen zu diffundieren. Dem „Druck" durch das Konzentrationsgefälle wirkt ein „Zug" durch die Anziehung entgegengesetzt geladener Ionen (K^+ und A^-) entgegen. Gleichzeitig stößt der immer größer werdende positive Ladungsüberschuss des Zellaußenraums die Kaliumionen ab. Auch dadurch wird ihr Ausstrom immer schwächer. Wenn beide Kräfte, das Bestreben nach Konzentrationsausgleich und das nach Ladungsausgleich, gleich groß sind, wandern pro Zeiteinheit genauso viele K^+ von innen nach außen wie umgekehrt. Es herrscht ein **Fließgleichgewicht**, das die K^+-Konzentrationen im Innen- und im Außenraum etwa konstant auf ihren unterschiedlichen Niveaus hält (siehe Abb. 83, S. (1) 150), der Zellinnenraum bleibt gegenüber dem Zellaußenraum elektrisch negativ geladen.
Auch die Chloridionen können nicht bis zu ihrem Konzentrationsausgleich diffundieren, da auch sie durch das Bestreben nach Ladungsausgleich in ihrer Wanderung eingeschränkt werden. Der durch die Natriumionen und die nach außen diffundierenden Kaliumionen aufrechterhaltene positive Ladungsüberschuss auf der Außenseite der Membran (bzw. der negative Ladungsüberschuss auf der Innenseite) begrenzt die Wanderung der Chloridionen in Richtung Innenraum.

Jede Nervenzelle zeigt in Ruhe eine bestimmte elektrische Spannung an ihrer Zellmembran, das **Ruhepotenzial** oder die Ruhespannung. Diese beruht auf der **selektiven Permeabilität** der Zellmembran und den **unterschiedlichen Konzentrationen** der Ionen im Innen- und Außenmedium der Zelle. Die Ladungsdifferenz zwischen dem Innen- und dem Außenraum der Zelle begrenzt die Diffusion von Kalium- und Chloridionen.

Die Natrium-Kalium-Pumpe

Unter den geschilderten Bedingungen könnte das Ruhepotenzial beliebig lange bestehen. Da die Membran jedoch in geringem Maße auch für Na^+ permeabel ist, dringen ständig geringe Mengen von Na^+ aus dem Außenraum in die Nervenzelle ein. Man bezeichnet dieses Phänomen als **Na^+-Leckstrom**. Mit jedem Na^+, das in die Zelle gelangt, wird es einem K^+ möglich, nach außen zu wandern, da das eindringende Na^+ das „Kräftegleichgewicht" zwischen dem Bestreben nach einem Ladungs- und einem Konzentrationsausgleich verändert. Die negative Ladung der A^- kann nur eine bestimmte Menge K^+ elektrostatisch „binden". Ein neu hinzu kommendes, positiv geladenes Teilchen wie Na^+ macht es einem K^+ möglich, seinem Konzentrationsgefälle folgend aus dem Anziehungsbereich der Anionen nach außen zu wandern. Bei ständig in die Zelle einsickerndem Na^+ würde der Konzentrationsunterschied von K^+ zwischen Innen- und Außenraum also immer geringer, bis es zu einem vollständigen Ausgleich käme. Bei einem weiteren Eindringen von Na^+ würde damit auch die Ruhepotenzial**differenz** zwischen Innen- und Außenraum immer geringer, da die Ladung im Außenraum weniger positiv, die im Innenraum weniger negativ würde. Nervenzellen können diesem Vorgang durch eine Ionenpumpe in ihrer Zellmembran entgegenwirken. Die **Natrium-Kalium-Pumpe** besteht aus Proteinmolekülen, die eingedrungene Na^+ wieder nach außen transportieren. Gleichzeitig bringt die Pumpe bei diesem Vorgang K^+, die infolge des Na^+-Einstroms nach außen gewandert sind, zurück in den Zellinnenraum.

Die **Natrium-Kalium-Pumpe** transportiert die Ionen **entgegen** ihrem Konzentrationsgefälle. Dieser **aktive** Transportvorgang läuft unter Verbrauch von ATP ab.

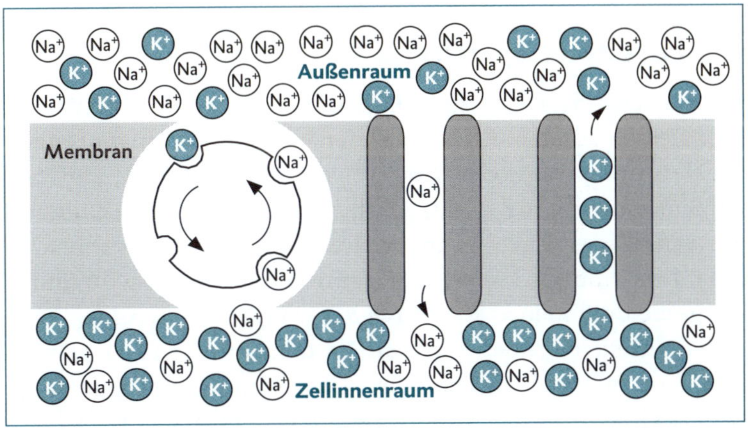

Abb. 84: Längsschnitt durch die Axonmembran mit Na^+- und K^+-Poren sowie der Natrium-Kalium-Pumpe.

Messung des Ruhepotenzials

Da nur sehr wenige Ionen durch die Membran der Nervenzelle diffundieren, ist die Ladungsdifferenz sehr gering. Mit dem folgenden Versuchsaufbau lässt sie sich messen. Als Versuchsobjekte dienen Nervenzellen mit sehr dicken Axonen, z. B. die **Riesenaxone** des Tintenfisches, des Flusskrebses oder des Regenwurmes, die experimentell leicht zu handhaben sind. Die Nervenzellen werden in eine Salzlösung gebracht, die die gleichen Ionenkonzentrationen aufweist wie die **extrazelluläre Flüssigkeit**, von der die Zelle im Organismus umgeben ist. Auf diese Weise wird verhindert, dass es zu Diffusionsvorgängen kommt, die die natürliche Ionenverteilung im Axon verändern. Die Ladung wird durch **Elektroden** aus sehr feinen, mit einer Salzlösung gefüllten **Glaskapillaren** abgeleitet, verstärkt und mit einem Spannungsmessgerät angezeigt. Eine Elektrode wird dazu in die Nervenzelle eingestochen, eine weitere Elektrode, die als Bezugselektrode dient, taucht in die umgebende Flüssigkeit ein, die dem Zellaußenraum entspricht. Diese Versuchsanordnung wird kurz als **intrazelluläre Ableitung** bezeichnet. Die Elektroden messen zwischen dem Zellinnen- und dem außenraum eine **Potenzialdifferenz** (Spannung), die im Bereich zwischen –50 bis –100 mV liegt, meistens bei –80 bis –90 mV. Innen sind mehr Anionen vorhanden als außen, v. a. A^--Ionen.

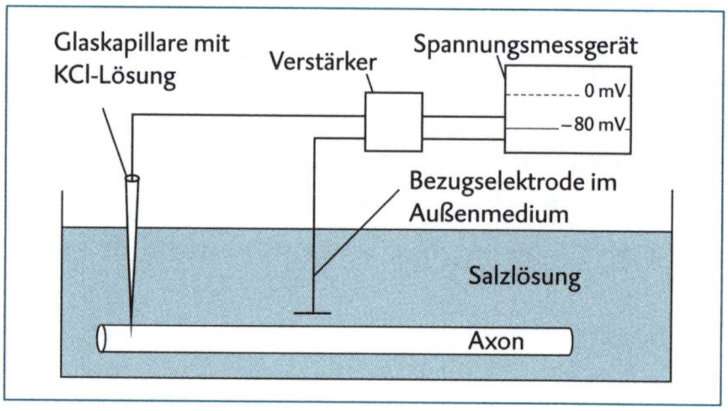

Abb. 85: Versuchsanordnung zur Messung des Ruhepotenzials.

1.3 Entstehung des Aktionspotenzials

Axone sind die Bereiche der Nervenzellen, an denen Erregungen über weite Strecken geleitet werden können. Als Signale dienen dafür **Aktionspotenziale** (APs), auch „Nervenimpulse" oder „Spikes" genannt. **Reize** sind Einflüsse der Umwelt auf Sinnesorgane, z. B. Licht, Schall, Temperatur, Druck, Duftstoffe u. Ä. Eine Nervenzelle leitet nie „Reize" weiter. Sie müsste sonst bei Lichtreizen heller oder bei Temperaturreizen wärmer werden. Geleitet wird immer nur die Erregung, die durch einen Reiz ausgelöst wurde. Die Erregung kann dann über die Nervenzellen wandern, z. B. am Axon in Form von APs. Der Begriff „Reizleitung" ist daher falsch, richtig ist stattdessen „Erregungsleitung". Als **Erregung** bezeichnet man die **Änderung des Potenzials** einer Nerven-

oder Sinneszelle. Am Axon tritt Erregung als Aktionspotenzial auf. An den Dendriten und am Zellkörper wird die Erregung auf andere Weise weitergeleitet (siehe S. (1) 184 ff.).

Bedingungen für die Auslösung von Aktionspotenzialen

Um ein Aktionspotenzial ausbilden zu können, muss das Membranpotenzial des Axons an einer Stelle der Membran **positiver** werden, die Potenzialdifferenz zwischen dem Innen- und dem Außenraum muss sinken. Unter natürlichen Bedingungen geschieht das durch elektrische Einflüsse aus der nächsten Umgebung dieses Membranbereichs.
Die Möglichkeit, einen Abschnitt eines Axons aus seiner Umgebung heraus zu beeinflussen, geht auf ein **Generatorpotenzial** zurück – ein erstes, ein AP auslösendes Potenzial, das z. B. durch die physikalische oder chemische Reizung von Sinneszellen entsteht oder von einer Nervenzelle auf eine andere übergeht. Das Generatorpotenzial sorgt dafür, dass am Beginn des Axons, am **Axonhügel**, ein erstes AP entsteht. Im Experiment lässt sich die Bildung eines APs durch die künstliche Erzeugung eines Generatorpotenzials auslösen. Dies kann nicht nur am Axonhügel, sondern an jedem Ort des Axons geschehen.

Experimentelle Auslösung von Aktionspotenzialen

Ein künstliches Generatorpotenzial lässt sich mit einer Versuchsanordnung auslösen, die jener zur Ableitung des Ruhepotenzials ähnelt (siehe Abb. 85, S. (1) 154). Allerdings wird hierzu kein Spannungsmessgerät, sondern eine Spannungs**quelle** an die Elektroden angeschlossen. Eine Glaselektrode wird in das Innere des Axons eingeführt, eine weitere Elektrode (Bezugselektrode) liegt in der umgebenden Flüssigkeit im Außenmedium des Axons. Die Elektrode im Axon wird mit dem Pluspol, die Bezugselektrode mit dem Minuspol der Spannungsquelle verbunden. Bei Stromzufuhr wird die Ladungsdifferenz zwischen dem Innen- und dem Außenraum des Axons geringer, das Membranpotenzial wird **positiver**. Es kommt zu einer **Depolarisation**. Je stärker der zugeführte Strom ist, desto stärker ist die Verringerung des Potenzials und desto positiver wird also das Potenzial an dieser Stelle. Wenn das Membranpotenzial der betreffenden Region einen bestimmten Schwellenwert, der häufig bei –60 bis –70 mV liegt, überschreitet, **ändern** sich die **Eigenschaften** der Membranstelle **schlagartig** und ein Aktionspotenzial wird ausgelöst. Da diese Veränderungen außerordentlich **schnell**, innerhalb von Millisekunden (ms) ablaufen, ist ein **Oszilloskop** als Messinstrument erforderlich. Durch die Ablenkung eines schnell laufenden, horizontalen Elektronenstrahls ergibt sich eine charakteristische Bildschirmdarstellung eines APs (siehe Abb. 86, S. (1) 156).

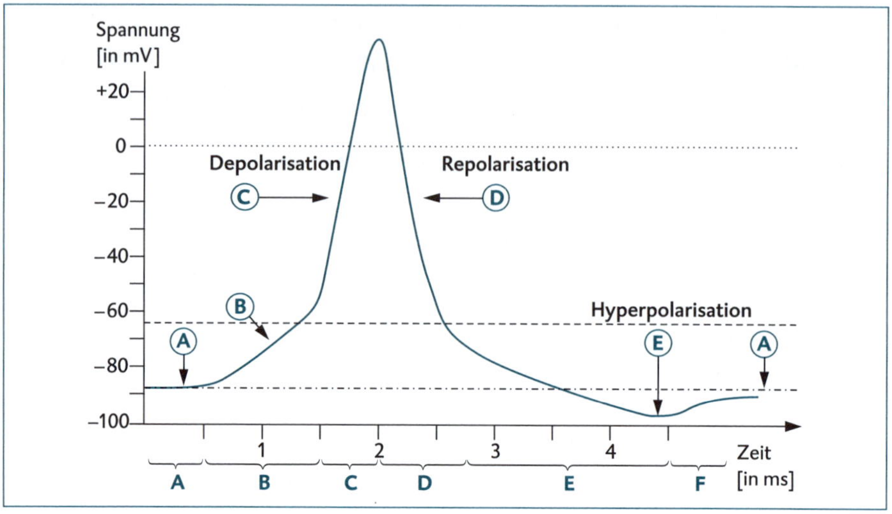

Abb. 86: Verlauf eines Aktionspotenzials. Schema der Darstellung auf dem Bildschirm eines Oszilloskops bei intrazellulärer Ableitung.

Ablauf eines Aktionspotenzials

In der Tab. 12 wird der Verlauf der Spannungsänderungen während eines Aktionspotenzials beschrieben und erklärt. Die Kennbuchstaben der Abb. 86 entsprechen denen in der tabellarischen Erläuterung. In der Tab. 12 sind K^+-Poren dargestellt, die sich öffnen und schließen können. Sie entsprechen nicht den K^+-Poren in der Abb. 84.

Abschnitt der Kurve	Erklärung
A **Ruhepotenzial** (siehe S. (1) 149 ff.)	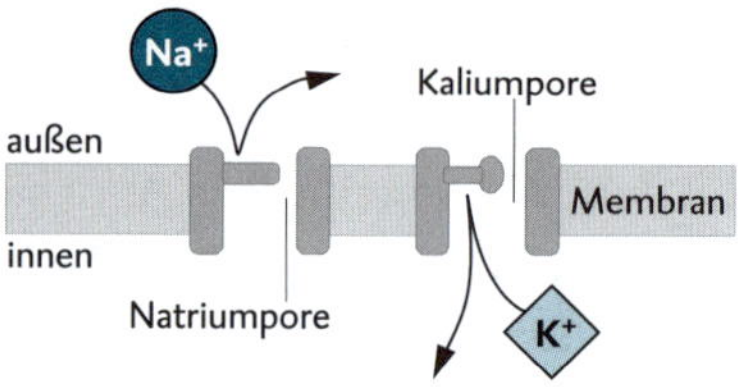
B **Depolarisation bis zum Schwellenwert** Das Membranpotenzial wird positiver, die Potenzialdifferenz wird geringer.	Chemische oder physikalische (z. B. elektrische) Beeinflussung der Membranstelle

C **Depolarisation bis zur Potenzialumkehr** Nach Erreichen eines Schwellenwertes von etwa –60 bis –70 mV wird der Zellinnenraum gegenüber dem Zellaußenraum sehr rasch elektrisch positiver.	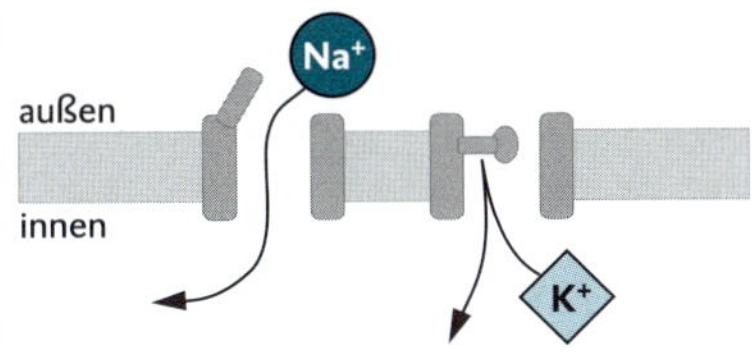 Na^+-Poren öffnen sich, Na^+ diffundiert verstärkt in den Zellinnenraum des Axons.
D **Repolarisation** Der Zellinnenraum wird gegenüber dem Zellaußenraum wieder elektrisch negativ, die Potenzialdifferenz wird größer.	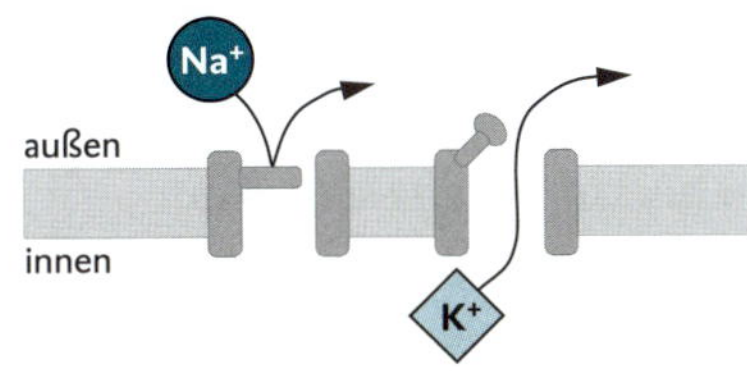 Die Na^+-Poren beginnen sich zu schließen, die Durchlässigkeit für Na^+ sinkt. Gleichzeitig steigt die Permeabilität für K^+ durch die Öffnung zusätzlicher K^+-Poren, bis alle K^+-Poren geöffnet sind. Dadurch diffundiert verstärkt K^+ aus dem Inneren des Axons in den Außenraum. Der Ausstrom von K^+ wird zusätzlich erleichtert, weil das in die Zelle eingeströmte Na^+ zu einem positiven Ladungsüberschuss im Zellinneren führt. Jedes eingewanderte Na^+ ermöglicht es einem K^+, nach außen zu diffundieren.
E **Hyperpolarisation** Der Zellinnenraum ist gegenüber dem Zellaußenraum für kurze Zeit negativer geladen als während des Ruhepotenzials.	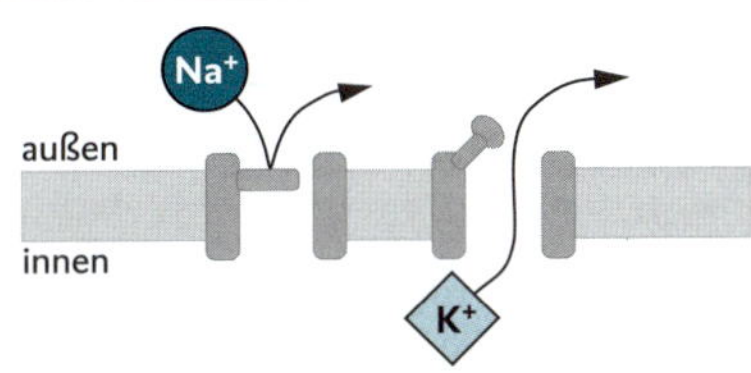 Die zusätzlich geöffneten K^+-Poren schließen sich wieder. Allerdings geschieht das nur langsam, sodass K^+ weiterhin aus der Zelle ausströmen kann, obwohl das Ruhepotenzial schon wieder erreicht ist.
A **Ruhepotenzial** An der betroffenen Membranstelle sind die ursprünglichen Ladungsunterschiede wiederhergestellt.	Durch die Arbeit der Natrium-Kalium-Pumpe stellt sich die ursprüngliche Ionenverteilung des Ruhepotenzials wieder ein.

Tab. 12: Verlauf eines Aktionspotenzials.

Die Na^+- und die K^+-Poren öffnen sich für sehr kurze Zeit, sodass das eigentliche **Aktionspotenzial** innerhalb von nur **einer Millisekunde** abläuft.

Während eines Aktionspotenzials kommt es durch die Öffnung der Na^+-Poren zu einer so starken **Depolarisation**, dass der Innenraum gegenüber dem Außenraum elektrisch positiv wird. Die Membran kehrt während der **Repolarisation** zu den ursprünglichen Ladungsverhältnissen zurück. Dies geschieht durch die verzögerte Öffnung zusätzlicher K^+-Poren und dadurch, dass sich die Na^+-Poren wieder schließen. Die Natrium-Kalium-Pumpe ist ebenfalls an den Vorgängen beteiligt.

Depolarisation bis zur Potenzialumkehr

Die Na^+-Poren bestehen wie die K^+-Poren aus **Proteinen**. Die Form dieser Proteine wird, wie bei vielen hochmolekularen Eiweißen, durch die Wechselwirkungen zwischen unterschiedlich geladenen Bereichen, z. B. den **polaren Gruppen** der Aminosäureketten, bestimmt. Durch eine von außen angelegte elektrische Spannung können sich die räumliche Struktur des Proteins und damit seine Eigenschaften verändern (siehe Moleküle des Lebens, S. (1) 58 f.). An der Axonmembran kann die elektrische Beeinflussung, etwa durch ein Generatorpotenzial, zur Öffnung der Na^+-Porenproteine und – mit einer gewissen Verzögerung – der K^+-Porenproteine führen. Man spricht von **spannungsabhängigen Ionenkanälen**. (Dabei handelt es sich um andere Ionenkanäle als die in der Abb. 84 dargestellten). Wenn der Schwellenwert für die Öffnung der Na^+-Poren überschritten wird, können Natriumionen verstärkt in die Zelle diffundieren. Diese Diffusion von Natriumionen nimmt durch einen **positiven Rückkopplungsmechanismus** explosionsartig zu. Sobald sich die ersten Na^+-Kanäle öffnen, strömt Na^+ in die Zelle ein. Dadurch verstärkt sich die Depolarisation und die Potenzialdifferenz sinkt. Infolgedessen ändern noch mehr Na^+-Porenproteine ihre Konformation und werden für Na^+ durchlässig. Die dadurch weiter verstärkte Diffusion von Na^+ depolarisiert die Membran noch stärker, weitere Na^+-Poren öffnen sich usw.

Refraktärzeit

In den Phasen der **Re- und Hyperpolarisierung** (Abschnitte D und E in Abb. 86, S. (1) 142) kehren die Na^+-Kanäle langsam in ihren ursprünglichen Zustand zurück. Durch die Änderung der Ladung an der Membran nehmen die Proteinmoleküle ihre alte Form wieder an. Erst danach können sie durch eine erneute Depolarisation wieder geöffnet werden.

Die Zeit, in der in einem Bereich der Axonmembran wegen der **inaktivierten** oder nur schwer zu öffnenden Na^+-Kanäle kein neues Aktionspotenzial ausgelöst werden kann, nennt man **Refraktärzeit**.

Zu Beginn dieses Zeitabschnitts, in der **absoluten Refraktärzeit**, ist die Bildung eines Aktionspotenzials an der Membran unmöglich. Später, in der **relativen Refraktärzeit**, können sich die Na^+-Poren vorzeitig öffnen, wenn die Depolarisation sehr stark ist. Bei einer starken Erregung ist daher die Refraktärzeit **kürzer**. Die entsprechende Membranstelle ist dann nach einem Aktionspotenzial schneller wieder in der Lage ein Aktionspotenzial auszubilden. So kann das Phänomen erklärt werden, dass ein starkes Generatorpotenzial, das z. B. durch die **starke Reizung** einer Sinneszelle erzeugt wurde, eine **hohe Frequenz von APs** auf dem ableitenden Axon zur Folge hat, während bei einem schwachen Generatorpotenzial nur wenige APs aufgebaut werden können.

Während der **Refraktärzeit** kann ein Abschnitt der Axonmembran nicht oder nur schwer zur Bildung eines Aktionspotenzials angeregt werden.

Aktionspotenzial als „Alles-oder-nichts"-Ereignis

Ob überhaupt ein AP an der Membran ausgelöst werden kann, hängt davon ab, ob die Depolarisation an der betreffenden Stelle des Axons den Schwellenwert überschreitet oder nicht. Wenn eine Membranstelle durch elektrische Einflüsse aus dem benachbarten Bereich bis über den Schwellenwert hinaus depolarisiert wurde, antwortet sie in immer gleicher Weise, nämlich mit einer raschen Öffnung der Natrium- und einer verzögerten Öffnung der K^+-Poren. **Unabhängig von der Stärke** der auslösenden elektrischen Einflüsse entsteht auf diese Weise immer ein **gleichartiges AP**. Ein AP wird entweder vollständig ausgelöst oder gar nicht, es ist ein **„Alles-oder-nichts"-Ereignis**. Ob eine Sinneszelle stark oder nur schwach gereizt wird, hat deshalb keinen Einfluss auf die **Form** der Aktionspotenziale, die durch diese Reizung auf dem ableitenden Axon entstehen (siehe Reizcodierung, S. (1) 181 ff.).

Ein Aktionspotenzial hat, unabhängig von der Stärke des auslösenden Reizes, **immer** die **gleiche Form**.

Für den Aufbau eines APs ist keine Stoffwechselenergie erforderlich. Die Natrium- und die K^+-Poren öffnen sich allein durch elektrische Einflüsse. Allerdings benötigt eine Membranstelle, an der gerade ein AP ablief, Stoffwechselenergie in Form von ATP für den Betrieb der Natrium-Kalium-Pumpe, die die Natrium- und Kaliumionen gegen ihr Konzentrationsgefälle durch die Membran befördert, um die Ionenverteilung des Ruhepotenzials wiederherzustellen und aufrechtzuerhalten.

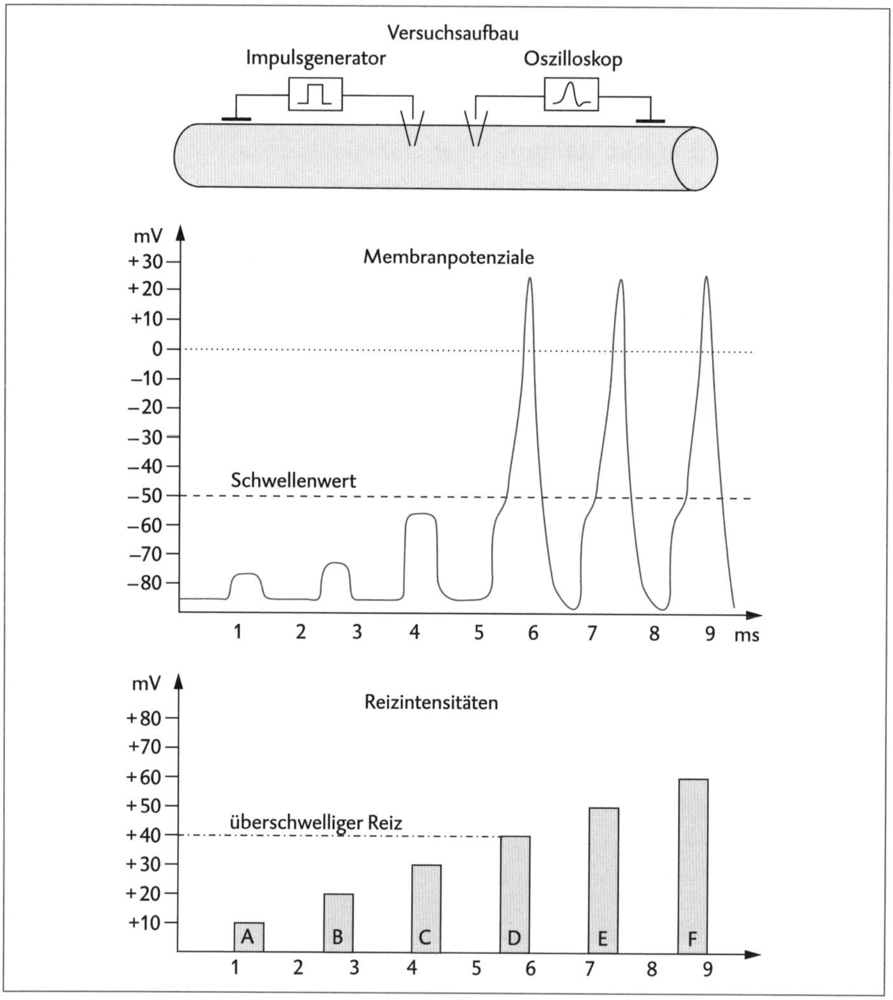

Abb. 87: Reizung eines Axons durch Rechteckimpulse und dadurch ausgelöste Änderungen des Membranpotenzials. Das Ruhepotenzial liegt bei dem untersuchten Axon bei etwa –85 mV, der Schwellenwert liegt bei etwa –50 mV.

1.4 Weiterleitung von Aktionspotenzialen

Die Spannungsänderung eines APs führt zum Aufbau eines **elektrischen Feldes**, das benachbarte Bereiche der Membran beeinflusst. Zwischen dem erregten Membranbereich und der sich **axonabwärts** anschließenden, unerregten Zone kommt es zur Wanderung von Ionen, um die Ladungsunterschiede auszugleichen. Diese Ionenflüsse führen zur Bildung von **(Ausgleichs-)Kreisströmchen**. Die Proteine der Membran mit ihren polaren Gruppen reagieren empfindlich auf **elektrische Felder**. Daher verändern sich unter dem Einfluss der Ausgleichsströme auch die Membranporen, die ebenfalls aus Proteinen bestehen. Sobald das Membranpotenzial der Nachbarregion durch Kreisströme bis über den Schwellenwert depolarisiert wurde, öffnen sich auch hier die Na^+-Poren, in der Folge läuft ein AP ab. Da alle entstehenden APs dem „Alles-oder-nichts-Prinzip" folgen und **gleich stark** sind (siehe S. (1) 159), schwächt sich die Erregung während der Weiterleitung über das Axon nicht ab. Man spricht daher von einer Weiterleitung mit **ständiger Wiederverstärkung**.

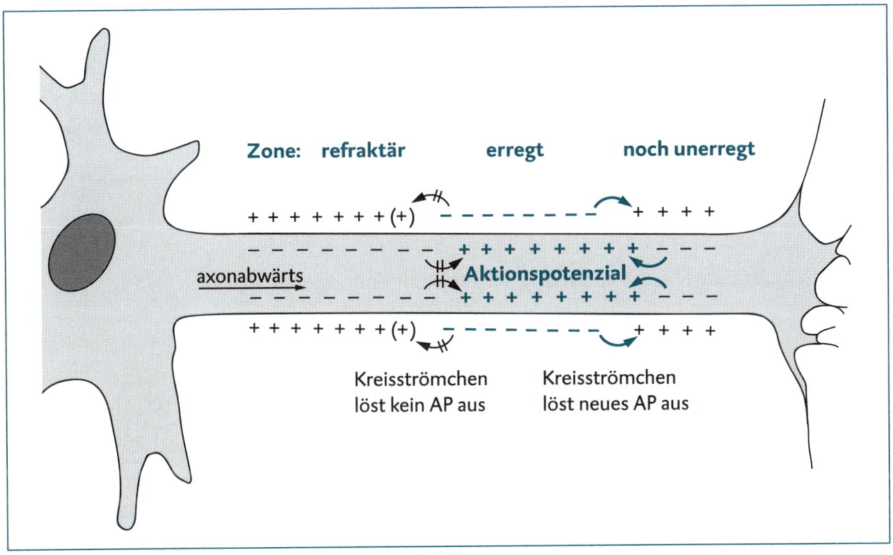

Abb. 88: Gerichtete Informationsweiterleitung: Die Kreisströmchen lösen axonabwärts neue Aktionspotenziale aus.

Festlegung der Wanderungsrichtung durch die Refraktärphase

Ein AP kann immer nur den **axonabwärts** liegenden Bereich der Membran zur Bildung eines neuen APs anregen, da sich der **axonaufwärtige** Membranabschnitt in der Refraktärphase befindet. Aktionspotenziale können daher nicht „zurücklaufen“. Ein einmal ausgelöstes AP sorgt dafür, dass sich fortlaufend **nur in einer Richtung** weitere APs bilden, ähnlich wie bei einer Reihe hintereinandergestellter Dominosteine der erste umgestoßene Stein dazu führt, dass alle anderen nach einer Richtung hin umfallen.

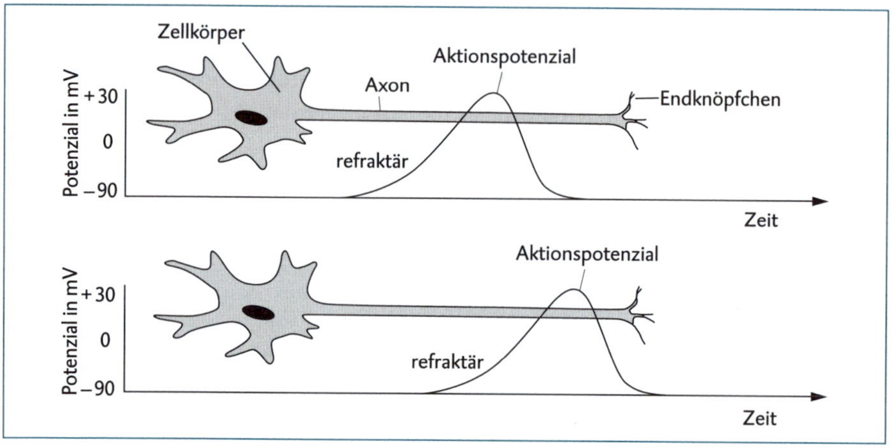

Abb. 89: Bedeutung der Refraktärzeit für die Wanderungsrichtung von Aktionspotenzialen.

> Die Refraktärphase legt die **Richtung** der Erregungsleitung fest.

Saltatorische Erregungsleitung an myelinisierten Nervenfasern

Die Informationsübertragung an der Membran des Axons ist durch das Prinzip der Wiederverstärkung zwar sicher, weil kein Signal durch Abschwächung verloren geht, sie ist aber, verglichen mit metallischen Leitern, sehr **langsam**. Eine Möglichkeit, die Leitungsgeschwindigkeit zu erhöhen, findet man bei den **myelinisierten** (markhaltigen) Fasern der Wirbeltiere. In markhaltigen Fasern kann nur an den **Ranvier'schen Schnürringen** ein AP entstehen. Die Zahl der APs ist daher hier **erheblich geringer** als bei den nichtmyelinisierten Fasern wirbelloser Tiere. Im Bereich zwischen den Ranvier'schen Schnürringen verhindert die Myelinschicht, dass Ionen durch die Membran der Zelle wandern. Ohne diese Diffusion kann aber kein AP entstehen. Die APs überspringen daher an der myelinisierten Nervenfaser die Bereiche zwischen den Schnürringen, sie **springen** von einem Ranvier'schen Schnürring zum nächsten. Man bezeichnet diese Form der Informationsübertragung als **saltatorische Erregungsleitung**. Ein AP löst nicht in unmittelbarer Nachbarschaft das nächste AP aus, sondern erst am nächsten Ranvier'schen Schnürring, also in einer beträchtlichen Entfernung.

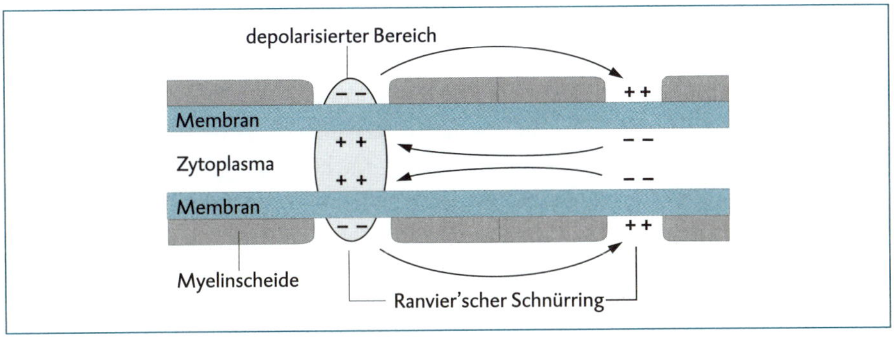

Abb. 90: Schematische Darstellung des Aufbaus von APs bei der saltatorischen Erregungsleitung.

An **myelinisierten** Nervenfasern können APs nur an den Ranvier'schen Schnürringen entstehen. Dadurch wird die Erregungsleitung **deutlich beschleunigt**.

Kontinuierliche Erregungsleitung an nichtmyelinisierten Nervenfasern

An der nichtmyelinisierten (marklosen) Nervenfaser muss jeder Bereich der Membran bei der Fortleitung der Erregung zur Bildung eines APs angeregt werden. Diese **kontinuierliche Erregungsleitung** lässt sich nur dadurch beschleunigen, dass ein AP seine Nachbarbereiche schneller zum Aufbau eines neuen APs anregt. Dies ist durch die **Erhöhung des Durchmessers** des Axons möglich. Die Depolarisation, die von einem AP ausgeht, erreicht in einem dickeren Axon weiter entfernte Bereiche als in einem dünnen. Axone von zum Teil erstaunlicher Dicke, die **Riesenaxone**, findet man bei einigen wirbellosen Tieren, z. B. bei Tintenfischen, Krebsen oder Regenwürmern. Allerdings bringt dieser Vorteil einen **hohen Materialaufwand** mit sich.

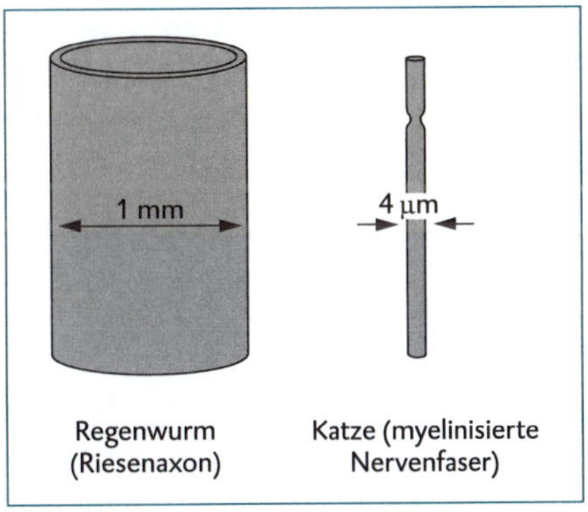

Abb. 91: Nervenfasern des Regenwurms und der Katze mit etwa gleicher Erregungsleitungs-Geschwindigkeit.

Dabei ist der Vorteil im Vergleich zur saltatorischen Leitung eher bescheiden. Auch in sehr dicken Axonen ist die Leitungsgeschwindigkeit **erheblich langsamer** als bei myelinisierten Fasern.

Außerdem ist der Energiebedarf eines Riesenaxons sehr hoch, weil die Zelle mehr Zytoplasma enthält und dadurch einen hohen Bedarf an Energie für ihre Stoffwechselprozesse hat. Zudem haben Riesenaxone eine große Membranoberfläche und damit auch eine hohe Zahl von Membranporen mit entsprechend vielen Natrium-Kalium-Pumpen, die die hohe Zahl der diffundierten Ionen wieder zurücktransportieren. Die Funktion der Natrium-Kalium-Pumpe ist energieabhängig und daher benötigt ein Riesenaxon **sehr viel Stoffwechselenergie** in Form von ATP. Bei der saltatorischen Erregungsleitung entstehen APs nur an den Ranvier'schen Schnürringen. Nur dort diffundieren Ionen durch die Membran, sodass auch nur dort Natrium-Kalium-Pumpen laufen müssen. Der Energiebedarf ist daher erheblich geringer als bei der kontinuierlichen Erregungsleitung am nicht myelinisierten Axon.

Der hohe Materialaufwand, der damit verbundene hohe Platzbedarf sowie der hohe Energieverbrauch erklären, warum Riesenaxone nur in den Bereichen des Nervensystems vorkommen, bei denen die **Erhöhung** der Leitungsgeschwindigkeit besonders große Vorteile bietet. Dies ist bei Nervenfasern der Fall, die Muskeln innervieren, die zur Flucht benötigt werden wie z. B. die des Schwanzschlages bei Krebsen oder die Muskeln des Regenwurms, die den Körper schnell zurückziehen können. Für das Tier bringt es mehr Vorteile, nur in einem Teil des Nervensystems Riesenaxone auszubilden, statt mit einem großen Aufwand an Material und Energie das gesamte Nervensystem damit auszustatten.

In der Forschung sind Riesenaxone, die einen Querschnitt von bis zu 1 mm erreichen können, für **neurophysiologische Experimente** sehr beliebt. Wegen ihrer Größe lassen sich Elektroden leicht einstechen. Die meisten grundlegenden Erkenntnisse der Neurophysiologie wurden an Riesenaxonen gewonnen.

1.5 Erregungsleitung an der Synapse

Die Erregung eines einzelnen Axons kann sich im Nervensystem nur fortpflanzen und eine Wirkung erreichen, wenn sie an seinem Ende, dem Endknöpfchen, auf eine weitere Zelle übertragen wird. Den Kontaktbereich zwischen dem Axonende und einer weiteren Zelle bezeichnet man als **Synapse**. Ein Axon kann mit einer Synapse an die Dendriten oder den Zellkörper einer anderen **Nervenzelle** sowie an eine **Drüsenzelle** oder eine **Muskelfaser** grenzen. Eine besonders große Synapse ist die **motorische Endplatte**, an der ein speziell gestaltetes, großes Endknöpfchen Kontakt mit einer **Muskelfaser** aufnimmt. An motorischen Endplatten wird die Erregung des Axons auf die Muskelzelle übertragen. Dadurch werden Prozesse ausgelöst, die zur Kontraktion der Muskelzelle führen.

Bau einer Synapse

Die beiden in einer Synapse aneinandergrenzenden Zellen sind durch einen schmalen **Spalt** mit einer Breite von 10–50 nm voneinander getrennt. Die **präsynaptische Seite** wird vom Endknöpfchen gebildet. In der Regel ist es mit **Vesikeln**, den **synaptischen Bläschen**, gefüllt. Außerdem findet man hier eine erhöhte Zahl von Mitochondrien, ein Umstand, der auf einen großen ATP-Bedarf und damit auf eine hohe Stoffwechselaktivität schließen lässt. In der Zellmembran auf der anderen Seite des **synaptischen Spalts**, der **postsynaptischen** Seite, liegen zahlreiche Proteinmoleküle, die als **Rezeptormoleküle** (Wirkstellen) fungieren. Sie sind in der Lage, die Permeabilität der Membran für Ionen zu verändern, sodass sich Potenzialänderungen ergeben.

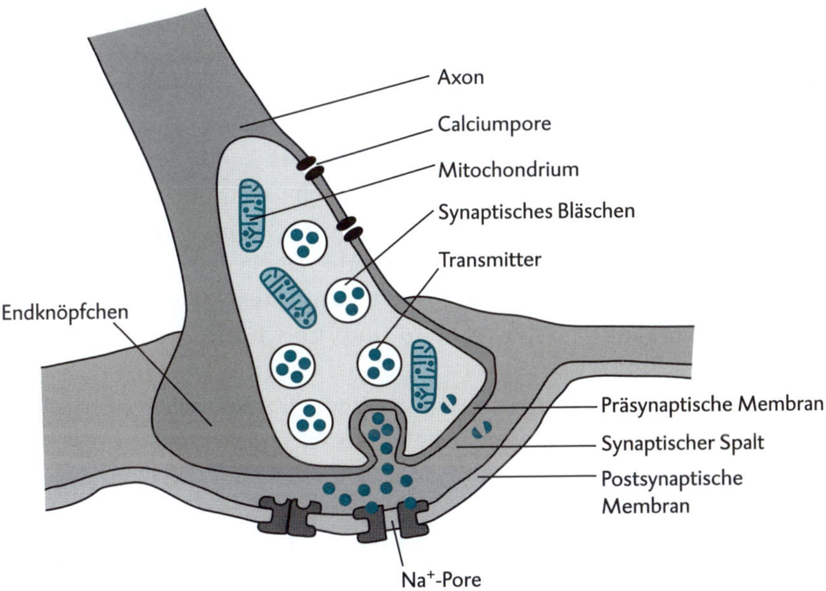

Abb. 92: Schnitt durch eine Synapse.

Vorgänge bei der Weiterleitung der Erregung an einer Synapse

Die Erregungsübertragung an Synapsen erfolgt auf **chemischem** Wege. Elektrische Impulse (APs) werden in chemische Signalstoffe, die **Transmitter** umgesetzt. Je höher die Frequenz der Aktionspotenziale, also je größer die Erregung des Axons ist, desto mehr Transmittermoleküle werden ausgeschüttet. Die **Konzentration** des Transmitters im synaptischen Spalt ist demnach proportional zur **Frequenz** der APs (siehe Codierung, S. 181 ff.).

Im Folgenden sind die **einzelnen Schritte der Erregungsübertragung** am Beispiel der motorischen Endplatte erläutert:

- Ein am Endknöpfchen eintreffendes AP verändert bestimmte spannungsgesteuerte **Porenproteine** in der Membran so, dass kurzfristig Calciumionen (Ca^{2+}) in die Zelle einströmen können.
- Die in das Endknöpfchen eindiffundierten Ca^{2+} regen einen Teil der synaptischen Bläschen dazu an, mit der präsynaptischen Membran zu verschmelzen. Dadurch wird ihr Inhalt, der **Transmitter**, in den synaptischen Spalt entlassen (siehe Exocytose, S. (1) 16). Im Fall der motorischen Endplatte ist dieser Transmitter das **Acetylcholin** (ACh).
- Die ACh-Moleküle diffundieren über den synaptischen Spalt hinweg zur postsynaptischen Membran der Muskelzelle und binden dort an **spezifische Rezeptormoleküle**. Dadurch öffnen sich Na^{+}-Poren in der postsynaptischen Membran, Na^{+} strömt ein. Dies führt zur Depolarisation des Membranpotenzials. Ist die Depolarisation stark genug, kann sie die Kontraktion der Muskelfaser hervorrufen. Durch Diffusion können nur sehr kurze Distanzen schnell überwunden werden (siehe Diffusion, S. (1) 10). So lässt sich die **geringe** Breite des synaptischen Spalts erklären.
- Die ACh-Moleküle werden vom Enzym **Cholinesterase** in ihre Bestandteile, die **Essigsäure** (Acetat-Ionen) und das **Cholin** gespalten. Dadurch wird der Transmitter als chemisches Signal **unwirksam**. Ohne diese Spaltung würden einmal ausgeschüttete Acetylcholinmoleküle zu einer **Dauererregung** der postsynaptischen Zelle führen. Eine einmal in die motorischen Endplatten eingelaufene Erregung hätte eine Dauerkontraktion des betreffenden Muskels zur Folge.
- Die Spaltprodukte Cholin und Essigsäure werden wieder in das Endknöpfchen aufgenommen und dort unter ATP-Verbrauch zu ACh verbunden. Der hohe Bedarf an ATP für die Synthese des ACh erklärt die Vielzahl der Mitochondrien in den Endknöpfchen. Am Ende des Synthesevorgangs liegen die Transmittermoleküle von einer Membran umgeben als **synaptische Bläschen** im Plasma des Endknöpfchens vor und können bei einem

erneuten Eintreffen eines APs in den synaptischen Spalt ausgeschüttet werden. Durch diesen „Recycling-Vorgang" kommt die Zelle mit **sehr wenig** Transmittersubstanz aus. Außerdem ist die Synthese des Transmitters aus seinen Spaltprodukten viel **effizienter** und **schneller** als die in vielen Syntheseschritten erfolgende Neusynthese aus einfacheren Ausgangsstoffen.

- Bei einer durchschnittlich starken Erregung kommen in kurzer Zeit viele APs in einem Endknöpfchen an. In den synaptischen Bläschen ist in der Regel so viel Transmitter gespeichert, dass auch dann genügend ausgeschüttet werden kann, wenn **sehr viele APs** einlaufen. Gäbe es diesen Vorrat nicht, würde nach dem Eintreffen eines APs viel Zeit verstreichen, bis das nächste übertragen werden könnte, weil die erforderliche Menge an Transmittern erst durch die Synthese aus Cholin und Essigsäure bereitgestellt werden müsste.

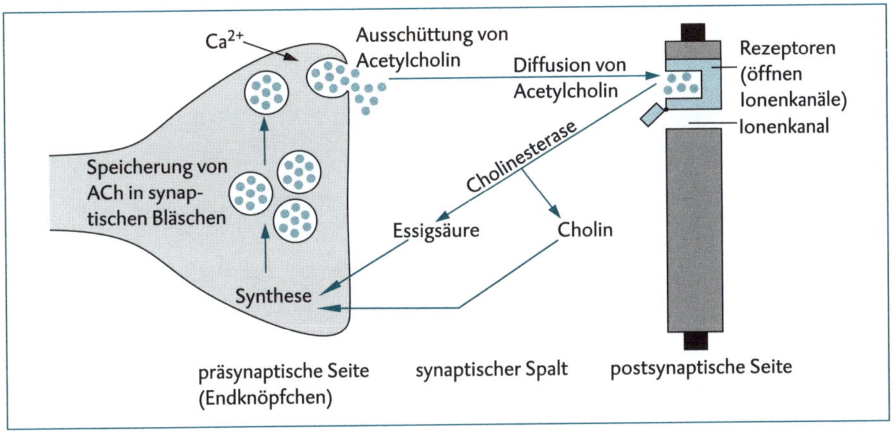

Abb. 93: Übersicht über die an einer motorischen Endplatte ablaufenden Vorgänge.

Synapsen wirken wie **Ventile**, sie lassen die Übertragung von Erregung nur in eine Richtung zu, da die Rezeptoren immer in der Membran der **postsynaptischen** Zelle liegen und der Transmitter immer nur von der **präsynaptischen** Zelle abgegeben wird.

Erregende und hemmende Synapsen

Im Nervensystem gibt es mehrere Typen von Synapsen, die unterschiedliche Transmitter freisetzen oder unterschiedlich wirkende Rezeptoren in der postsynaptischen Membran haben:

- **Erregende Synapsen** machen das elektrische Potenzial der postsynaptischen Zelle stärker positiv, sie erzeugen ein erregendes postsynaptisches Membranpotenzial **(EPSP)**.
- **Hemmende Synapsen** machen das elektrische Potenzial der postsynaptischen Zelle stärker negativ und bewirken ein hemmendes (inhibitorisches) postsynaptisches Membranpotenzial **(IPSP)**.

Erregende Synapsen **depolarisieren** das Membranpotenzial, **hemmende** Synapsen **hyperpolarisieren** das Membranpotenzial.

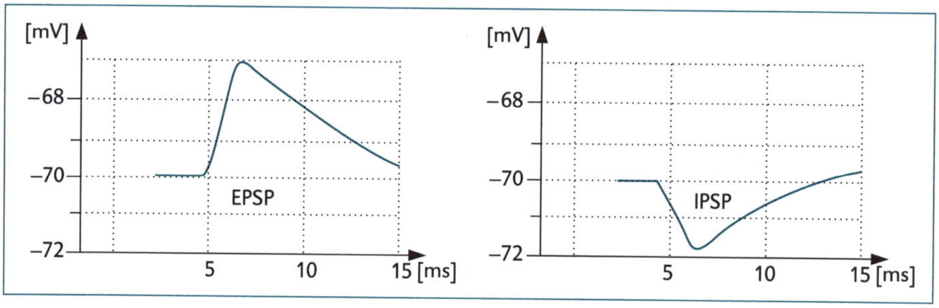

Abb. 94: Erregendes und hemmendes postsynaptisches Membranpotenzial im Vergleich.

Die **Hyperpolarisation** kann dadurch entstehen, dass nicht die Na^+-Poren geöffnet werden, sondern Poren, die die Kaliumionen aus dem Zellinnenraum nach außen diffundieren lassen (siehe Ruhepotenzial, S. (1) 151 f.). In einer durch eine **hemmende** Synapse hyperpolarisierten Nervenzelle ist die Weiterleitung der Erregung erschwert. Die erregenden Synapsen müssen nun ein umso **stärkeres EPSP** auslösen, damit in der postsynaptischen Zelle ein AP ausgelöst werden kann. Sie müssen zunächst die Hyperpolarisation ausgleichen, also das Niveau des Ruhepotenzials wiederherstellen, und dann die Zelle so weit depolarisieren, dass das Membranpotenzial am Axonhügel den Schwellenwert erreicht. Einige Synapsen sind so angelegt, dass erst ab einer bestimmten **Frequenz** der APs genügend Transmitter freigesetzt werden, um im postsynaptischen Axon APs aufbauen zu können. Diese Synapsen dämpfen die Erregung (siehe zeitliche Summation, S. (1) 185 ff. und 191 f.).

Beeinflussung der Funktion durch Synapsengifte

Die Erregungsübertragung an Synapsen lässt sich durch chemische Substanzen, sogenannte **Synapsengifte**, stören. Dies nutzt man in der biologischen Forschung, aber auch in der Medizin. **Narkotisierende** Stoffe blockieren bestimmte Synapsen und schalten so z. B. das Schmerzempfinden aus. Auf den entsprechenden Nervenbahnen läuft dann keine Erregung zum Gehirn. Durch Medikamente, die bestimmte Synapsen fördern oder hemmen, lassen sich psychische Prozesse beeinflussen. Die meisten **Psychopharmaka** greifen an Synapsen an. Im Folgenden sind die Möglichkeiten, wie sich die Synapsenfunktion stören lässt, am Beispiel einer motorischen Endplatte zusammengestellt:

- Ein Synapsengift kann verhindern, dass der Transmitter (Acetylcholin) in den synaptischen Spalt **abgegeben** wird. **Botulin**, das Gift der Botulinus-Bakterien in verdorbenem Fleisch oder Fisch, hat diese Wirkung. In der Folge ändert sich das Membranpotenzial der postsynaptischen Muskelfaser nicht, die Erregung kann nicht übertragen werden und die Muskulatur lässt sich nicht zur Kontraktion anregen. Es kommt zu einer **schlaffen Lähmung**, die zum Tod führen kann, wenn die Atemmuskulatur betroffen ist.
- Das Schädlingsbekämpfungsmittel **E 605** verhindert durch die Hemmung des Enzyms Cholinesterase, dass ACh in seine unwirksamen Bestandteile Cholin und Essigsäure gespalten wird. Der ACh-Spiegel im synaptischen Spalt steigt an. Dies führt zur **Dauererregung** der postsynaptischen Zelle, etwa einer Muskelfaser, und in Folge zur Verkrampfung der Muskulatur. Ist die Atemmuskulatur betroffen, so erstickt man an einer **starren Lähmung**.
- Synapsengifte können mit dem Transmitter an den Rezeptoren in der postsynaptischen Membran **konkurrieren**. Wegen ihres ähnlichen Baus binden sich solche Gifte statt ACh an die Rezeptoren, jedoch ohne die entsprechende Permeabilitätsänderung der Membran auslösen zu können. An den besetzten und damit blockierten Rezeptoren kann ACh nicht mehr wirken. Das südamerikanische Pfeilgift **Curare** zeigt diese Wirkung. Die postsynaptische Seite wird, je nachdem wie viele Rezeptoren von den Molekülen des Synapsengifts besetzt sind, weniger stark oder gar nicht mehr depolarisiert. Die Erregung kann nur noch stark abgeschwächt oder gar nicht mehr übertragen werden. Eine **schlaffe Lähmung** oder eine nur noch kraftlose Kontraktion der Muskulatur sind die Folge. Die Lähmung der Atemmuskulatur kann tödlich sein. Da die Cholinesterase das blockierende Synapsengift nicht abbauen kann, hält die Wirkung lange an.
- **Nikotin** wirkt ähnlich wie ACh, kann aber von der Cholinesterase ebenfalls nicht abgebaut werden. Eine übermäßige Erregung der Muskulatur ist die Folge, da zur Wirkung des ACh zusätzlich die des Nikotins hinzukommt.

Die Muskelfaser wird nicht nur in dem Maße erregt, wie es der Frequenz der präsynaptisch einlaufenden APs entspricht, sondern zusätzlich noch durch die Wirkung des Nikotins. Zu starke und nicht richtig aufeinander abgestimmte Kontraktionen, die sich durch **Muskelzittern** bemerkbar machen, sind das Resultat. In hoher Dosierung, wenn Nikotin z. B. über die Verdauungsorgane in die Blutbahn gerät, kann die Wirkung tödlich sein.

Zusammenfassung

- Nervenzellen bestehen aus den **Dendriten**, dem **Zellkörper** und einem **Axon**. Dendriten leiten Erregung zum Zellkörper hin, Axone vom Zellkörper weg.
- Axone können von einer Schicht aus Membranen umgeben sein **(Myelinscheide)**. Dadurch werden sie gut elektrisch isoliert. Die Myelinscheide ist in regelmäßigen Abständen durch **Ranvier'sche Schnürringe** unterbrochen.
- An der Axonmembran besteht ein **Konzentrationsgefälle** zwischen den Ionen des Innen- und des Außenraums. Da es wegen der selektiven Permeabilität der Membran nur teilweise durch Diffusion ausgeglichen werden kann, kommt es zu einer **ungleichen Verteilung** der Anionen und Kationen und damit zu **Ladungsunterschieden** (Potenzialdifferenz).
- Die Ungleichverteilung der Ionen an der Membran bleibt durch das **Bestreben nach Ladungsausgleich** stabil. So entsteht eine gleichbleibende Ladungsdifferenz (Potenzialdifferenz) von häufig etwa 80–90 mV, die als **Ruhepotenzial** bezeichnet wird.
- Durch die Axonmembran in die Zelle einsickernde Natriumionen werden durch die **Natrium-Kalium-Pumpe** zurück in den Außenraum befördert, um zu verhindern, dass sich das Ruhepotenzial verringert.
- Die Bildung eines **Aktionspotenzials** (AP) ist eine Eigenleistung der Axonmembran. Ein AP entsteht, wenn das Potenzial der Membran unter einen bestimmten **Schwellenwert** gesenkt wird.
- Ein AP ist ein **„Alles-oder-nichts"-Ereignis**.
- Die Veränderungen der Ladungsverhältnisse während eines APs kommen durch die **zeitlich versetzte Öffnung** von Na^+- und K^+-Poren zustande.
- Zur Wiederherstellung der Ionenverteilung des Ruhepotenzials nach einem AP ist die verstärkte Aktivität der Natrium-Kalium-Pumpe erforderlich. Dabei wird Stoffwechselenergie (ATP) verbraucht.
- Während des Ablaufs eines APs ist die betroffene Membranstelle nicht oder nur schwer erregbar **(Refraktärzeit)**.
- Die **Weiterleitung** von Aktionspotenzialen geschieht durch eine ständige **Wiederverstärkung**. Die Refraktärzeit verhindert, dass APs am Axon zurücklaufen.

- Die Weiterleitung der Information am Axon ist durch die ständige Wiederverstärkung zwar sicher, verglichen mit metallischen Leitern aber langsam.
- Zur **Erhöhung der Leitungsgeschwindigkeit** dienen die **Vergrößerung des Querschnitts** bei Riesenaxonen und die Verringerung der Zahl der APs durch Myelinscheide und Ranvier'sche Schnürringe **(saltatorische Erregungsleitung)**.
- An einer Synapse grenzt das Axon einer Nervenzelle an eine weitere Zelle. **Motorische Endplatten** sind sehr große **Synapsen** zwischen einem Axon und einer Muskelzelle (Muskelfaser).
- An **Synapsen** wird die Erregung chemisch durch einen Überträgerstoff **(Transmitter)** übertragen.
- Bei einer ruhenden Synapse ist in der Regel ein **Vorrat an Transmittern** in den synaptischen Bläschen gespeichert.
- Synapsen haben eine **Ventilwirkung**. Sie lassen die Übertragung der Erregung nur **in eine Richtung** zu.
- **Erregende Synapsen depolarisieren** das postsynaptische Membranpotenzial **(EPSP)**, **hemmende Synapsen hyperpolarisieren** das Membranpotenzial der postsynaptischen Zelle **(IPSP)**.

'gaben

164 Beschreiben Sie den Aufbau einer Nervenzelle aus einem Nerv, der zu einem Muskel des Menschen zieht. Benutzen Sie dabei die Begriffe „Axon" und „Nervenfaser".

165 Nennen Sie die Bestandteile eines Nervs aus dem Teil des menschlichen Nervensystems, der Sinnesorgane und Muskeln versorgt, und erläutern Sie in Stichworten ihre Funktion.

166 Geben Sie die Richtung der Erregungsübertragung an den verschiedenen Teilen einer Nervenzelle an.

167 Benennen Sie die Zellstruktur, aus der die Myelinhülle aufgebaut ist, und beschreiben Sie die Eigenschaft dieser Struktur, die eine wichtige Bedeutung für die Funktion der Nervenzellen hat.

168 Unter dem Transmissions-Elektronenmikroskop lässt sich der Querschnitt durch eine markhaltige Nervenfaser leicht von dem durch eine marklose Nervenfaser unterscheiden. Beschreiben Sie den im TEM erkennbaren charakteristischen Unterschied.

169 Im elektronenmikroskopischen Längsschnitt durch eine Nervenfaser sieht man in regelmäßigen Abständen Unterbrechungen der Markscheide. Nennen Sie den Fachbegriff für diese Unterbrechungen. Beschreiben Sie die an diesen Stellen fehlenden Eigenschaften der Nervenfaser.

170 Nennen Sie die systematischen Gruppen und die Teile Ihres Nervensystems, in denen markhaltige bzw. marklose Nervenfasern zu finden sind.

171 Beschreiben Sie Schäden der Nervenfasern, die auftreten können, wenn Schwangere oder Säuglinge extrem wenig Eiweiß erhalten.

172 Im menschlichen Gehirn geht Tag für Tag eine große Zahl von Nervenzellen zugrunde. Begründen Sie, warum der Körper diesen Verlust kaum ausgleichen kann.

173 (Themenübergreifende Aufgabe)
Die Myelinscheide besteht fast nur aus Membranen. Beschreiben Sie den Aufbau der Zellmembran.

174 Beschreiben Sie die Ionenverteilung an der Membran einer ruhenden Nervenzelle, die für den Ladungsunterschied von besonderer Bedeutung ist.

175 Durch die Membran einer ruhenden Nervenzelle diffundieren ständig Ionen. Erklären Sie, warum sich kein Konzentrationsausgleich einstellt.

176 (Themenübergreifende Aufgabe)
Membranen besitzen die Eigenschaft der „selektiven Permeabilität“.

a Erläutern Sie, was darunter zu verstehen ist.

b Erklären Sie, durch welche Strukturen und Merkmale die Zellmembran ihre selektive Permeabilität erhält.

177 Nennen Sie drei verschiedene Funktionen von Proteinen bei der Entstehung und Aufrechterhaltung des Ruhepotenzials.

178 Auch eine ruhende Nervenzelle verbraucht ständig ATP. Erklären Sie dieses Phänomen.

179 Nennen Sie die zutreffenden Aussagen zum Ruhepotenzial des Axons.

a Organische Anionen verhindern, dass die Kaliumionen so lange diffundieren, bis der Konzentrationsausgleich erreicht ist.

b Die Konzentration von Natriumionen ist im Innenraum der Zelle höher als im Außenraum.

c Die Natrium-Kalium-Pumpe arbeitet während des Ruhepotenzials nicht.

d Die Diffusion organischer Anionen durch die Membran eines Axons ist nicht möglich.

e Die unterschiedliche Permeabilität der Membran für die verschiedenen Ionen ist eine wesentliche Bedingung für die Entstehung eines Ruhepotenzials.

f Während des Ruhepotenzials lässt sich kein Unterschied der Ladung zwischen dem Innen- und Außenraum eines Axons messen.

180 Beschreiben Sie einen Versuchsaufbau, der zur Messung des Membranpotenzials einer ruhenden Nervenfaser geeignet ist und das Ergebnis, das man bei einer solchen Messung erhält.

181 Erklären Sie so genau wie möglich, welchen Einfluss es auf das Ruhepotenzial hat, wenn

a die Konzentration von NaCl im Außenraum vermindert wird.

b die Natriumionen im Außenraum durch Kaliumionen ersetzt werden.

182 Die Vorgänge bei der Entstehung eines Ruhepotenzials beruhen im Wesentlichen auf physikalischen Vorgängen wie Diffusion und dem Bestreben nach Ladungsausgleich. Das sind Prozesse, die auch in der unbelebten Natur ablaufen. Dennoch bricht das Ruhepotenzial nach dem Tod eines Tieres zusammen, noch bevor die Verwesung einsetzt. Erklären Sie dieses Phänomen.

183 (Themenübergreifende Aufgabe)
Die Zellatmung lässt sich durch bestimmte Gifte wie Kaliumcyanid blockieren. Erklären Sie so genau wie möglich die Folgen einer solchen Vergiftung für das Ruhepotenzial.

184 Der „Aufstrich“ eines Aktionspotenzials gibt an, dass das Membranpotenzial immer positiver wird.

- **a** Nennen Sie den Abschnitt des „Aufstrichs“, in dem die Potenzialänderung nicht die Folge einer Änderung der Permeabilität ist.
- **b** Beschreiben Sie die Veränderung des Ladungsunterschieds (Potenzialdifferenz) während des Aufstrichs.

185 Der Ablauf eines Aktionspotenzials lässt sich in Abschnitte gliedern. Nennen Sie diese Abschnitte und beschreiben Sie kurz die jeweilige Änderung des Membranpotenzials.

186 Beschreiben Sie die Permeabilitätsänderungen, die Diffusion der Ionen und die Änderungen des Membranpotenzials während eines Aktionspotenzials.

187 Bei einer Untersuchung eines unerregten Riesenaxons des Tintenfisches wurden einige Ionenarten innerhalb und außerhalb der Axonmembran quantitativ bestimmt. Die Ergebnisse sind aus der Tab. 13 zu entnehmen. Die darin angegebene Anzahl der Ionen bezieht sich auf ein außerordentlich kleines Volumen.

	A	B
Na^+ (Natriumionen)	108 000	10 000
K^+ (Kaliumionen)	2 000	100 000
Cl^- (Chloridionen)	110 000	2 200
A^- (Eiweiß-Anionen)	–	107 800

Tab. 13: Ionenverteilung an einem unerregten Tintenfisch-Axon.

- **a** Ordnen Sie die Spalten A und B dem Axon-Innenraum bzw. dem -Außenraum zu. Begründen Sie Ihre Antwort.
- **b** Erklären Sie die Veränderungen, die auftreten, wenn die Axonstelle über längere Zeit hinweg starke Erregung leitet. Betrachten Sie dabei nur die Natrium- und die Kaliumionen.
- **c** Vergleichen Sie den Bedarf dieser Axonstelle an ATP im unerregten Zustand mit dem ATP-Bedarf während einer Zeit, in der sie starke Erregung leitet.

188 In der Abb. 95 ist mit einer schwarzen Linie die Spannungsänderung an der Membran eines Axons dargestellt, die während eines Aktionspotenzials auftritt. Die beiden farbigen Kurven geben die Veränderungen der Permeabilität der Axonmembran an.

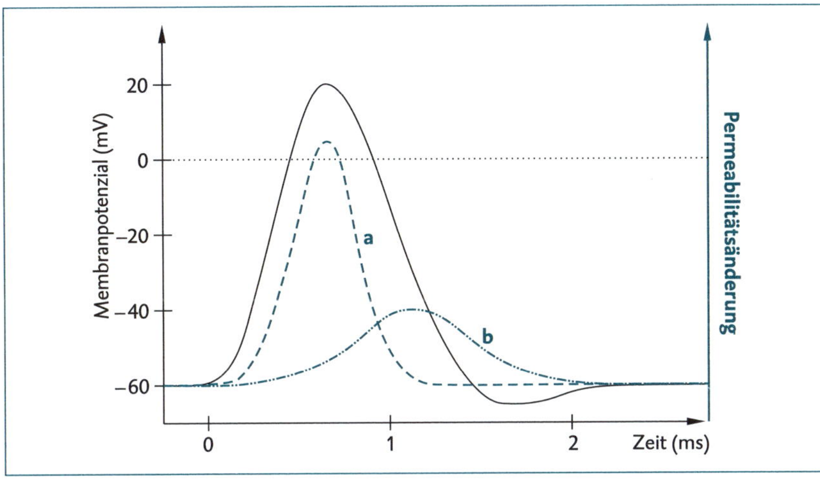

Abb. 95: Änderung des Membranpotenzials und der Permeabilität am Axon.

Erläutern Sie die durch die Kurven a und b dargestellten Permeabilitätsänderungen.

189 Bestimmte Proteine der Axonmembran sind spannungsgesteuert. Erläutern Sie, welche Bedeutung dies für ihre Fähigkeit hat, Aktionspotenziale aufzubauen.

190 Aktionspotenziale haben den Charakter von „Alles-oder-nichts"-Ereignissen. Erläutern Sie, warum diese Bezeichnung zutrifft.

191 Entwerfen Sie eine Versuchsanordnung, durch die an einem Axon Aktionspotenziale ausgelöst und abgeleitet (gemessen) werden können.

192 Beschreiben Sie die Prozesse, die dafür verantwortlich sind, dass das Membranpotenzial nach dem Überschreiten des Schwellenwertes so außerordentlich schnell positiver wird.

193 Während der Zeit, in der ein Aktionspotenzial abklingt, kann die entsprechende Stelle des Axons nicht oder nur schwer dazu gebracht werden, erneut ein Aktionspotenzial aufzubauen. Erläutern Sie die Ursachen für dieses Phänomen.

194 Erklären Sie, welche Folgen es für ein Aktionspotenzial hat, wenn man die Na^+-Konzentration im Außenraum des Axons verringert.

195 Eine Molchart aus Kalifornien bildet ein Gift, das die Na^+-Poren in der Membran von Nervenzellen blockiert. Erläutern Sie, wie sich dieses Gift auf die Erregbarkeit der Axonmembran auswirkt.

196 Beschreiben Sie die Ursachen dafür, dass der Energiebedarf eines ruhenden Axons geringer ist als der eines aktiven.

197 Nach dem Tod eines Tieres können noch APs an seinen Axonen ausgelöst werden. Nach mehrfacher Reizung erlischt diese Fähigkeit der Nervenzellen allerdings. Erklären Sie die Ursachen für diese Phänomene.

198 Zur Messung von Aktionspotenzialen sind Spannungsmessgeräte, die als Zeigergeräte (normale Voltmeter) arbeiten, nicht zu gebrauchen. Um Aktionspotenziale in ihrem Verlauf darzustellen, verwendet man Oszilloskope (Oszillographen).

- **a** Nennen Sie das Merkmal von Aktionspotenzialen, das den Einsatz von Oszilloskopen erforderlich macht. Begründen Sie, warum Zeigergeräte für die Messung von APs nicht geeignet sind.
- **b** Beschreiben Sie in vereinfachter Form, wie mithilfe von Oszilloskopen Aktionspotenziale sichtbar gemacht werden können.

199 Beschreiben Sie die natürliche „Stromquelle“, die beim Fortleiten eines Aktionspotenzials am Axon eine noch nicht erregte Stelle bis zum Schwellenwert depolarisiert.

200 Die Informationsübertragung (Erregungsleitung) an Axonen wurde v. a. durch Untersuchungen an wirbellosen Tieren erforscht.
Erläutern Sie, warum bestimmte Nervenzellen der Wirbellosen für die Erforschung der elektrochemischen Vorgänge besser geeignet sind als Zellen aus dem Nervensystem der Wirbeltiere.

201 Einige Axone des Regenwurms sind viel dicker als die des Menschen.

- **a** Vergleichen Sie die Leistungen dieser dicken Axone mit den übrigen Axonen des Regenwurms und mit denen des Menschen. Stellen Sie dabei auch Überlegungen in der Art einer „Kosten-Nutzen-Analyse“ an.
- **b** Begründen Sie, warum nur ein Teil des Nervensystems eines Regenwurms mit solchen dicken Axonen ausgestattet sein kann.

202 Erklären Sie, warum Aktionspotenziale bei der Fortleitung immer nur in eine Richtung laufen.

203 Experimentell kann man Aktionspotenziale auslösen, die am Axon aufeinander zulaufen. Erklären Sie die Folgen, die auftreten, wenn die beiden Aktionspotenziale aufeinandertreffen.

204 Je nach Bau der Nervenfaser ist die Art der Weiterleitung der Aktionspotenziale am Axon verschieden.

a Nennen Sie die Fachbegriffe für die beiden Arten der Erregungsleitung am Axon.

b Erläutern Sie die Baumerkmale der Nervenfasern, die für die beiden Arten der Erregungsleitung verantwortlich sind.

c Vergleichen Sie die beiden Arten der Erregungsleitung miteinander.

d Nennen Sie die Tiergruppe, bei der die am schnellsten leitenden Nervenfasern zu finden sind.

205 Erklären Sie, welche Folgen es hätte, wenn die Membran des Axons keine Refraktärzeit hätte.

206 Bei der extrazellulären Ableitung von Aktionspotenzialen werden keine Elektroden in das Axon eingestochen, sondern nur im Außenraum ganz nah an die Membran gelegt. Dadurch werden Störungen durch Verletzungen der Membran vermieden. In der Abb. 96 ist die Versuchsanordnung zu sehen. Außerdem ist schematisch ein Ausschnitt des Bildes dargestellt, das bei einer solchen Ableitung auf dem Oszilloskop erscheint. Erläutern Sie, wie es zu diesem Bild auf dem Oszilloskop kommt.

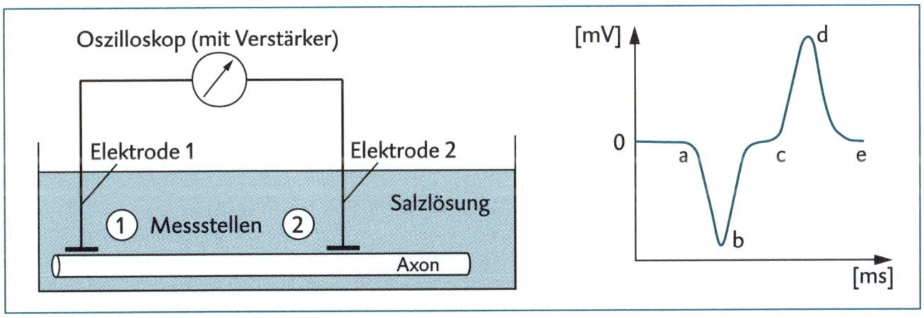

Abb. 96: Extrazelluläre Ableitung von Aktionspotenzialen.

207 Entwerfen Sie eine möglichst einfache Versuchsanordnung, mit der die Leitungsgeschwindigkeit der Aktionspotenziale auf einem Axon gemessen werden kann (Skizze und/oder Beschreibung).

208 In der Abb. 97 ist dargestellt, wann und durch welche Generatorpotenziale eine Axonstelle erneut erregt werden kann, nachdem dort ein AP ablief. Dazu wurde die Axonmembran nach der 1. bis zur 4. ms mithilfe eines Impulsgenerators depolarisiert.

a Nennen Sie die Fachbegriffe für die mit „A“ und „B“ gekennzeichneten Zeiträume.

b Beschreiben Sie die Erregbarkeit der Membran im Zeitraum A und erläutern Sie die Ursache.

c Erklären Sie, warum der Schwellenwert nach der zweiten Millisekunde sinkt und der im Zeitraum B herrschende Zustand erreicht wird.

d Erklären Sie, warum die Aktionspotenziale im Zeitraum B eine geringere Amplitude als normal haben.

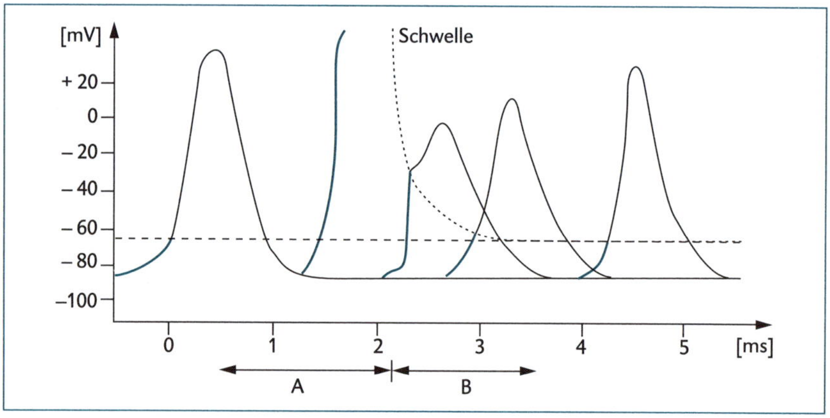

Abb. 97: Erneute Erregung einer Axonstelle in der Zeit nach Ablauf eines APs.
(Farbige Linien: Depolarisation durch den Impulsgenerator; schwarze Linien: Änderung des Membranpotenzials als Antwort des Axons auf eine Depolarisation; gestrichelte Linie: Schwellenwert, den die Depolarisation erreichen muss, um ein AP auslösen zu können).

209 Ein Aktionspotenzial dauert im Durchschnitt etwa 3 ms, gerechnet vom Erreichen des Schwellenwerts an (siehe (1) S. 156 f.). Demnach müsste die maximale Impulsfrequenz bei etwa 330 Aktionspotenzialen pro Sekunde liegen. In der Natur kommen aber auch höhere Frequenzen vor. Erklären Sie diese Beobachtung.

210 Einige Umweltgifte zersetzen Myelin. Erläutern Sie die Folgen davon
- a für die Leistungsfähigkeit der Nervenzellen.
- b für die Fähigkeit eines Tieres, sich zu bewegen.

211 (Themenübergreifende Aufgabe)
Winterschläfer, wie Igel oder Fledermaus, setzen im Winter ihre Körpertemperatur sehr stark bis auf wenige Grad über dem Gefrierpunkt herab. Erläutern Sie, wie sich die geringen Temperaturen auf das Ruhepotenzial und auf den Aufbau und die Weiterleitung von Aktionspotenzialen auswirken.

212 Ende des 19. Jahrhunderts waren Physiker der Meinung, Nerven hätten keine passive Leitungsfunktion. Ihr Leitungswiderstand sei zu hoch und daher seien sie für die Leitung elektrischer Ströme nicht geeignet. Vergleichen Sie diese Ansicht mit dem heutigen Wissensstand über die Art der Informationsübertragung im Nervensystem. Berücksichtigen Sie dabei nur die Verhältnisse an den Axonen.

213 Erklären Sie den Zusammenhang zwischen der hohen Zahl an Mitochondrien in den Endknöpfchen und den Vorgängen in den Synapsen.

214 Erklären Sie, wie an den Synapsen vermieden wird, dass ein einmal freigesetzter Transmitter die Na^{+}-Poren an der postsynaptischen Membran dauerhaft öffnet.

215 Begründen Sie, warum es erforderlich ist, einen großen Vorrat an Transmittern in den Endknöpfchen zu speichern.

216 Vergleichen Sie das postsynaptische Membranpotenzial, das an einer erregenden Synapse ausgelöst wird, mit dem an einer hemmenden Synapse.

217 Erläutern Sie die Folgen, die ein sehr starker Calciummangel auf die Funktion des Nervensystems haben kann.

218 Erklären Sie, wie die Ventilwirkung der Synapsen zustande kommt.

219 Experimentell kann man Aktionspotenziale auslösen, die in Richtung Zellkörper weitergeleitet werden. In der Natur kommt das nie vor.
- a Beschreiben Sie kurz eine Versuchsanordnung, durch die man Aktionspotenziale auf den Zellkörper zulaufen lassen kann.
- b Erläutern Sie die Ursache dafür, dass unter natürlichen Bedingungen die Erregungsleitung am Axon nur in eine bestimmte Richtung erfolgen kann.

220 Im Folgenden sind einige Gifte beschrieben, die die Vorgänge an Synapsen stören können:

a Tabun und Sarin sind chemische Kampfstoffe. Sie hemmen das Enzym Cholinesterase.

b Das Gift des Schierlings wurde im antiken Griechenland als Mittel zur Hinrichtung benutzt. Der Philosoph SOKRATES z. B. wurde gezwungen, Schierlingsextrakt zu trinken und sich damit zu töten. Schierlingsgift besetzt die Rezeptoren für Acetylcholin, kann aber die Na^+-Poren nicht öffnen.

c Das Gift des Fliegenpilzes wirkt wie Acetylcholin, wird aber von der Cholinesterase nicht abgebaut.

Erklären Sie jeweils die Folgen der Giftwirkung für die Funktion der motorischen Endplatte und geben Sie ein Beispiel für eine Körperfunktion an, die beeinträchtigt wird.

221 Bei längerer sehr starker Impulsfrequenz an den Axonen kann es passieren, dass die Erregung der postsynaptischen Zellen an den Synapsen z. B. der Muskelzellen immer schwächer wird. Erklären Sie diese Beobachtung.

222 An Synapsen wird die Information durch chemische Signale übertragen. Daher ist es von großer Bedeutung, dass der synaptische Spalt außerordentlich schmal ist. Ursache dafür sind Bedingungen, die die Diffusion stellt.

Erläutern Sie den Zusammenhang zwischen den physikalischen Gesetzmäßigkeiten der Diffusion und dem Zwang, den Spalt eng zu halten. Beschreiben Sie, welche Folgen es für die Funktion des Nervensystems und des Körpers hätte, wenn der synaptische Spalt breiter wäre.

2 Codierung und Verarbeitung der Informationen an Nervenzellen

In allen Informationssystemen werden Nachrichten **codiert**. In der Buchstabenschrift z. B. setzt man gesprochene Laute in Schriftzeichen um, also Schallwellen in Linien, in der Morsetechnik Buchstaben in lange oder kurze Stromstöße, geschrieben als Punkte oder Striche. Auch im Nervensystem müssen die Informationen codiert werden. Die Information über einen Lichtreiz z. B. kann nicht dadurch übertragen werden, dass die Nervenzelle heller wird, ein Schallreiz läuft nicht als Ton im Hörnerv und bei salzigem Geschmack auf der Zunge steigt die Salzkonzentration der Sinnes- und Nervenzellen nicht an. Im Folgenden wird zunächst die Codierung der Information am Axon besprochen. Die Codierung im Bereich der Dendriten und des Zellkörpers folgt im nächsten Kapitel (siehe S. (1) 184 ff.).

2.1 Codierung der Information an Axonen

Zur Codierung der Information stehen nur **Aktionspotenziale** zur Verfügung. Mit diesem Signal muss der Organismus sowohl die **Qualität** als auch die **Quantität** einer Information codieren. Mithilfe von APs muss dem Gehirn z. B. mitgeteilt werden, ob gerade Licht, Schall, Temperaturveränderungen oder Duftstoffe die entsprechenden Sinnesorgane gereizt haben, um welche Qualität des Reizes es sich also handelt. Zusätzlich muss das Gehirn aber auch erfahren, **wie stark** der auf den Körper einwirkende Reiz ist. Neben den Meldungen der Sinneszellen zum Zentralnervensystem (Gehirn und Rückenmark) auf den **afferenten (sensorischen)** Nervenfasern muss der Körper auch eine Erregung aus dem ZNS zu den Erfolgsorganen, v. a. zu den Muskeln und Drüsen, leiten. Auch auf diesen **efferenten (motorischen)** Nervenfasern müssen Informationen über Qualität und Quantität übermittelt werden.

Codierung der Reizstärke bei der Erregungsleitung an Axonen

APs sind „Alles-oder-nichts"-Ereignisse. Deshalb kann die Intensität eines Reizes keinen Einfluss auf die APs haben, die von ihm ausgelöst werden. Das Ausmaß der Potenzialumkehr ist nicht abhängig von der Stärke der Depolarisation (siehe Entstehung eines APs, S. (1) 159 f.). Entscheidend ist nur, ob der Schwellenwert erreicht wird oder nicht. Da die Amplitude eines APs also durch die unterschiedliche Stärke der Depolarisation nicht verändert wird, ist es nicht möglich, bei der Erregungsleitung am Axon die Stärke eines Reizes durch **verschiedene Amplituden** der APs zu codieren.

Versuche haben gezeigt, dass die Reizstärke mittels der **Frequenz der APs** am Axon codiert wird. **Starke** Reize führen zu einer **hohen** Frequenz der APs, schwache Reize zu einer geringen. Diese Art der Codierung bezeichnet man als **Frequenzmodulation**. Entsprechend verhält es sich bei der Erregungsleitung auf den efferenten, motorischen Axonen. Eine hohe Frequenz von APs bedeutet auch hier eine starke Erregung.

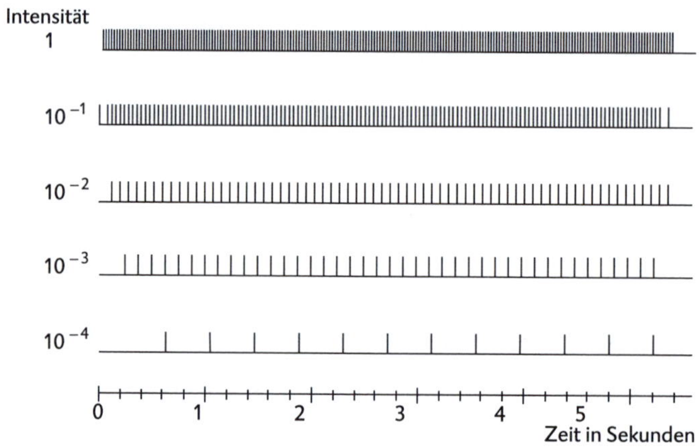

Abb. 98: Aktionspotenziale des Sehnervs eines wirbellosen Tieres (*Limulus*) nach Reizung des Auges durch Licht unterschiedlicher Stärke. Jeder senkrechte Strich steht für ein Aktionspotenzial.

Die Codierung durch **Frequenzmodulation** ist sehr verlässlich. Ob eine Information übertragen werden kann, hängt nur davon ab, ob die Signale ankommen oder nicht. Veränderungen in der Form der Signale ändern die Information nicht. Wenn APs auf dem Übertragungsweg durch Störungen verändert werden, ihre Amplitude z. B. verringert wird, hat das für den Informationsgehalt keine Bedeutung. Vergleichbar ist das mit der hohen Sicherheit, die die Informationsübertragung durch **Morsen** bietet. Der Empfänger entnimmt die Informationen aus einem Muster von kurzen und langen Tönen. Veränderungen der Tonhöhe oder der Lautstärke, die im Funkverkehr leicht auftreten, haben keinen Einfluss auf den Informationsgehalt. Beim Sprechfunk dagegen wird die Information sowohl amplituden- als auch frequenzmoduliert verschlüsselt. Hier führen Störungen leicht zur Veränderung der Information, sodass der Empfänger die Nachricht nicht mehr vollständig entschlüsseln kann.

Die **Stärke** eines Reizes wird im Nervensystem über die **Frequenz** der APs codiert. Es handelt sich um einen **frequenzmodulierten** Code.

Aus weiteren Versuchen weiß man, dass diese Form der Codierung, die Frequenzmodulation, für **alle Axone und alle Organismen** gilt. Die Intensität des Schalls z. B. wird auf den Axonen des Hörnervs in gleicher Weise als Frequenz der APs codiert wie die Stärke des Lichts im Sehnerv eines Menschen, einer Maus, einer Fliege oder eines Tintenfisches. Aus dem Bild, das sich bei der Ableitung von APs auf dem Oszilloskop ergibt, ist nur die **Stärke** der Erregung ablesbar, nicht jedoch, von welcher Sinneszelle die Erregung ausging oder ob sie von einem afferenten oder efferenten Axon abgeleitet wurde.

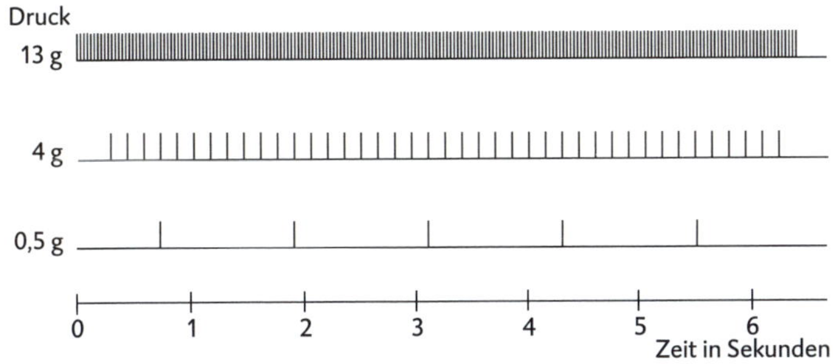

Abb. 99: Erregung einer auf Druck reagierenden Sinneszelle der menschlichen Haut.

Codierung der Reizqualität im Nervensystem

Die Art der Erregungsbildung und -leitung im Nervensystem bietet keine Möglichkeit, Reize unterschiedlicher **Qualität** auf demselben Axon zu übertragen. Das ZNS entnimmt die Information über die **Art der Reize** aus der **Art der Nervenbahn**, über die die Erregung einläuft. Der Vielzahl von Meldungen entspricht eine Vielzahl von verschiedenen Nervenbahnen. Jede Sinneszelle oder jede Gruppe von Sinneszellen hat im ZNS ihre entsprechenden **Zielfelder**. Ob eine einlaufende Erregung dadurch ausgelöst wird, dass das Auge einen Lichtreiz erhält oder dass Schallwellen auf das Ohr treffen, unterscheidet das Gehirn nur daran, auf **welchen Axonen** die Erregung eintrifft. Erregung auf den Axonen des Hörnervs werden im Großhirn als Schall, Erregung auf den Axonen des Sehnervs als Licht gedeutet (siehe sensorische Großhirnfelder, S. (1) 219). Für das Gehirn ist entscheidend, **über welche Bahn** die Erregung eintrifft. Entsprechende Verhältnisse liegen auch in den **motorischen** Nervenbahnen vor. Zu jedem Muskel ziehen getrennte Nervenbahnen.

Die Information über die **Qualität** eines Reizes entnimmt das Gehirn aus der **Nervenbahn**, über die die Erregung eintrifft.

Beispiel

So lassen sich auch jene Sinneseindrücke erklären, die entstehen, ohne dass ein adäquater Reiz auftrifft. Zum Beispiel kann man bei einem Schlag aufs Auge „Sternchen“ sehen. Der Schlag reizt die Sinneszellen im Auge, diese antworten mit einer Erregung, ohne dass sie belichtet wurden. Die Erregung gelangt als eine Folge von APs über den Sehnerv ins Großhirn, das aus dem Muster der eintreffenden APs die Information entnimmt, es müsse sich um Sterne handeln. Auf ähnliche Weise entstehen farbige Bilder, wenn man vorsichtigen Druck auf die geschlossenen Augen ausübt.

Um Meldungen über die Qualität eines Reizes zu ermöglichen, ist also eine **Vielzahl von Nervenzellen** erforderlich. In technischen Informationssystemen ist das mit weniger Aufwand an Material möglich als im Nervensystem. Telefonleitungen z. B. können sowohl Töne für das Telefon als auch digitale Datenpakete für den Computer liefern.
Die nur **frequenzmodulierte** Codierung macht die Informationsübertragung am Axon sicher, fordert aber einen hohen Aufwand an Material. Eine Vielzahl von Nervenzellen ist erforderlich, um auch die **Qualität** der Information übermitteln zu können. Weil der Stoffwechsel dieser vielen Nervenzellen unterhalten werden muss, ist auch der Aufwand an Stoffwechselenergie hoch.

2.2 Verschaltung von Nervenzellen und Verrechnung der Erregung

Im Organismus läuft die Erregung in der Regel über mehr als eine Nervenzelle hinweg. Sie überwindet Synapsen und läuft über Dendriten, Zellkörper und Axone. Im Verlauf der Erregungsleitung wird die Information mehrfach umcodiert. Dabei geht es immer nur um die Codierung der Erregungs**stärke**. Am Axon wird das Ausmaß der Erregung als **Frequenz der APs** codiert, an der Synapse als **Konzentration des Transmitters** im synaptischen Spalt.

Amplitudenmodulierte Codierung am Zellkörper und den Dendriten

An den Dendriten und am Zellkörper wird die Erregung zwar elektrisch durch die Veränderung des Membranpotenzials geleitet, im Gegensatz zu den Vorgängen am Axon geschieht dies aber **ohne Wiederverstärkung**, da hier keine APs entstehen können. Die Amplitude des postsynaptischen Membranpotenzials wird daher bei der Weiterleitung über einen Dendriten und den Zellkörper immer geringer. Verantwortlich für die Abschwächung der Membranpotenziale ist der **elektrische Widerstand**, der mit steigender Länge des Lei-Ă swegs zunimmt. Die Quantität der Information wird also an den Dendriten und am Zellkörper nicht durch die Frequenz von Signalen codiert, sondern über die Stärke der Änderung des Membranpotenzials – man spricht daher von **amplitudenmodulierter Codierung**. Ein EPSP, das an einer weit vom Axonhügel entfernt liegenden Synapse entsteht, kann auf dem Weg so schwach werden, dass es die Membran des Axonhügels nicht mehr depolarisieren und damit kein AP mehr auslösen kann. Ein gleich starkes EPSP einer näher am Axonhügel liegenden Synapse legt einen kürzeren Weg zurück und wird daher weniger abgeschwächt. Je näher eine Synapse am Zellkörper liegt, desto wahrscheinlicher ist es, dass ein AP weitergeleitet wird. In den meisten Fällen ist ein **einzelnes** in die Synapse einlaufendes AP jedoch nicht in der Lage, postsynaptisch am Axonhügel ein weiteres AP auszulösen. Wenn die APs, die präsynaptisch in eine Synapse einlaufen, postsynaptisch nicht weitergeleitet werden, geht Information verloren. Das kann man als eine **einfache Form** der Informationsverarbeitung betrachten.

Zeitliche Summation

In der Regel bleibt ein Transmitter, der nach dem Eintreffen eines APs ausgeschüttet wird, länger im synaptischen Spalt als das AP dauert. EPSP und IPSP bestehen also **länger als ein AP**. Daher ist es möglich, durch schnell aufeinanderfolgende APs, die Konzentration des Transmitters im synaptischen Spalt zu erhöhen und dadurch die **Änderung** des postsynaptischen Membranpotenzials zu verstärken, bei erregenden Synapsen das EPSP also positiver, bei hemmenden Synapsen das IPSP negativer zu machen. Die Wirkung mehrerer aufeinanderfolgender APs lässt sich also **addieren** – ein Vorgang, der **zeitliche Summation** (zeitliche Bahnung) genannt wird. Je höher die Impulsfrequenz, desto stärker ist das entstehende EPSP bzw. IPSP (siehe Codierung an Synapsen, S. (1) 184).

Räumliche Summation

Auch gleichzeitig an verschiedenen Synapsen einer Nervenzelle einlaufende APs können sich in ihrer Wirkung addieren. Dieses Phänomen bezeichnet man als **räumliche Summation** (räumliche Bahnung). Je mehr APs gleichzeitig an den Dendriten und/oder dem Zellkörper eintreffen, desto stärker ist die Änderung des postsynaptischen Membranpotenzials. Wenn alle gleichzeitig aktiven Synapsen erregend sind, wird das EPSP positiver. Gleichzeitig aktive, hemmende Synapsen vermindern in einer Art Substraktionsvorgang die Wirkung der erregenden Synapsen. Ein AP kann auf dem postsynaptischen Axon nur entstehen, wenn die erregenden Potenziale (EPSP) nach Abzug der hemmenden

(IPSP) noch ausreichen, um die Membran des Axonhügels bis zum Schwellenwert zu depolarisieren. Die an der Nervenzellmembran entstehenden EPSPs und IPSPs werden miteinander **verrechnet**.

Um ein Aktionspotenzial auszulösen, muss die **Verrechnung von EPSPs und IPSPs** durch **räumliche und zeitliche Summation** ein Membranpotenzial ergeben, das die Membran des Axonhügels über den Schwellenwert depolarisiert.

Je stärker das EPSP ist, desto mehr APs lassen sich an der postsynaptischen Zelle auslösen. Nachdem ein AP am Axonhügel entstanden ist, lässt sich ein zweites wegen der Refraktärzeit nur schwer auslösen. Ein starkes EPSP kann in der relativen Refraktärzeit die Membran des Axonhügels eher bis zum Schwellenwert depolarisieren als ein schwaches (siehe S. (1) 159). Ein zweites AP kann also schneller auf das erste folgen. Daher ist bei einem starken EPSP die postsynaptische Frequenz der APs höher als bei einem schwachen.
Eine präsynaptisch auf einem Axon laufende Erregung kann **umso leichter** am postsynaptischen Axon weitergeleitet werden,

- je positiver das Membranpotenzial des Zellkörpers bzw. des Dendriten der postsynaptischen Zelle ist.
- je näher die betreffende erregende Synapse am Axonhügel liegt.
- je stärker die präsynaptische Erregung ist (je höher die Impulsfrequenz ist), je stärker also die zeitliche Summation der EPSPs ist.
- je mehr erregende Synapsen zeitgleich arbeiten, je stärker also die räumliche Summation gleichzeitig an verschiedenen Synapsen entstehender EPSPs ist.
- je weniger hemmende Synapsen gleichzeitig mit den erregenden aktiv sind.

Eine durchschnittliche Nervenzelle des ZNS trägt eine sehr hohe Zahl von Synapsen an ihrem Zellkörper und den Dendriten (ca. 10 000 bis max. 10^5). Daher können hier sehr viele verschiedene Muster von einlaufenden Erregungen auftreten, abhängig z. B. davon, welche Synapsen jeweils aktiv sind, ob es sich um erregende oder hemmende Synapsen handelt und wie nah sie am Axonhügel liegen. Je nach Muster der einlaufenden Erregung ist auch die Änderung des postsynaptischen Membranpotenzials verschieden. So ergeben sich vielfache Möglichkeiten, die Information zu **beeinflussen**, also zu **steuern**, wie viele APs postsynaptisch ausgelöst und damit weitergeleitet werden sollen.

Die **Verrechnung** von Erregung erfolgt an den **Synapsen** der Dendriten und/oder des Zellkörpers.

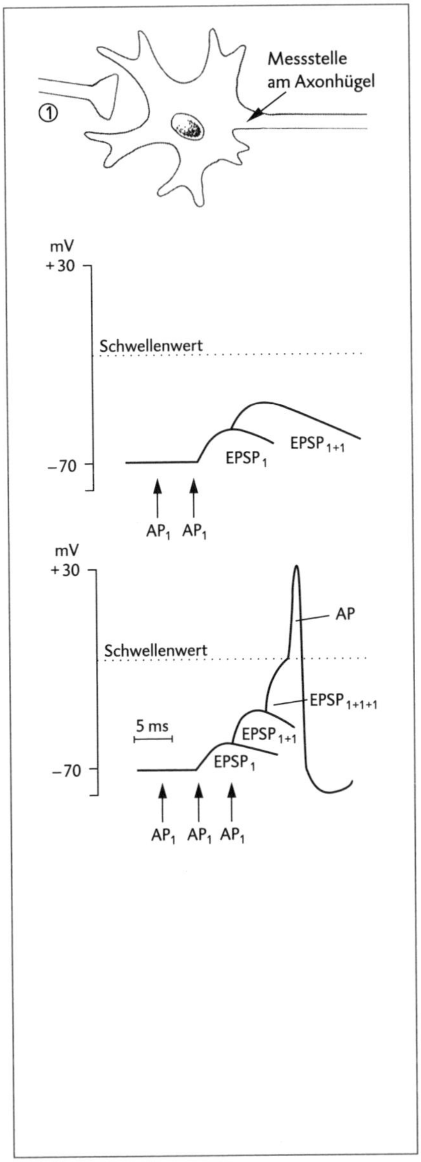

Abb. 100: Zeitliche Summation von EPSPs und Depolarisation am Axonhügel nach Eintreffen von APs in schneller Folge. Erst nach Eintreffen von drei APs in schneller Folge über das Axon (1) ist durch zeitliche Summation der EPSPs die Depolarisation der Membran des Axonhügels ausreichend, um ein neues AP aufzubauen.

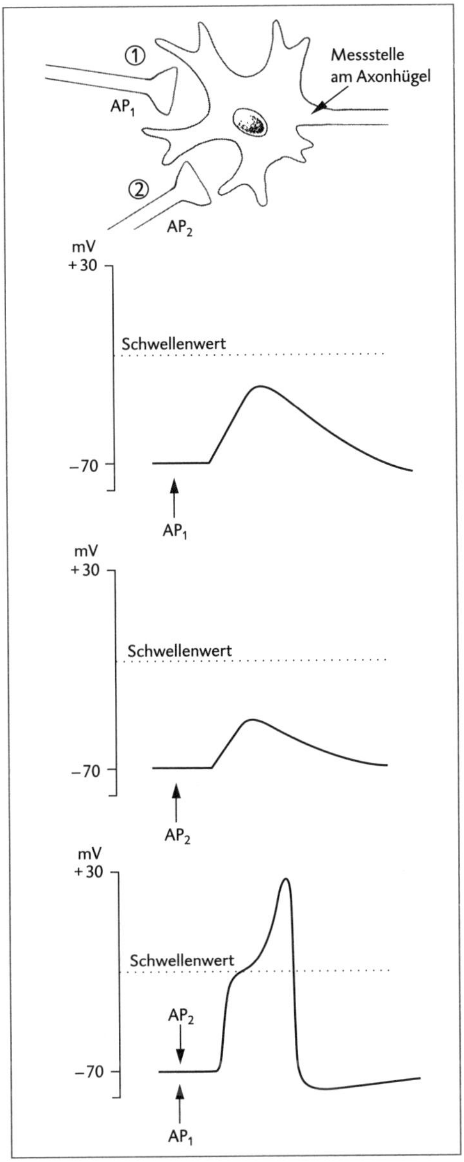

Abb. 101: Räumliche Summation bei erregenden Synapsen. Summation der EPSPs und Depolarisation am Axonhügel nach gleichzeitigem Eintreffen von je einem AP an einer Synapse. Bei gleichzeitigem Eintreffen von einem AP auf Axon (1) und einem AP auf Axon (2) ist durch räumliche Summation der EPSPs die Depolarisation der Membran des Axonhügels ausreichend, um ein neues AP aufzubauen.

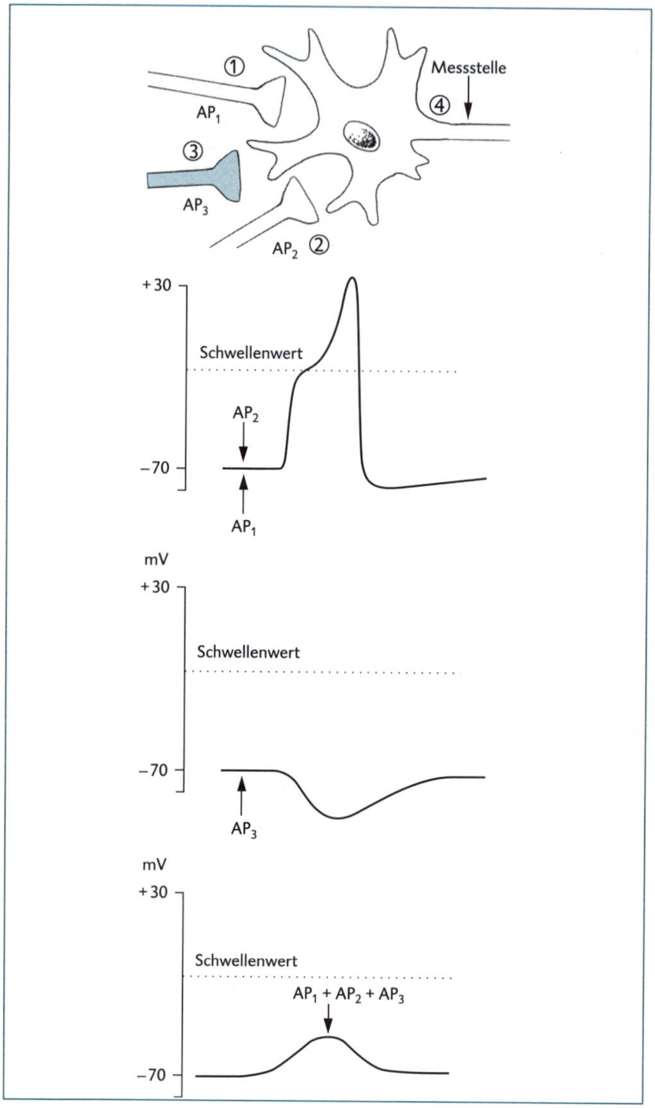

Abb. 102: Räumliche Summation von EPSPs und IPSPs. Die Axone (1) und (2) bilden mit dem Zellkörper erregende Synapsen, das Axon (3) eine hemmende. Bei gleichzeitigem Eintreffen von einem AP auf dem Axon (1), einem AP auf dem Axon (2) und einem AP auf dem Axon (3) ist durch räumliche Summation der EPSPs und des IPSPs die Depolarisation der Membran des Axonhügels (4) nicht ausreichend, um ein neues AP aufzubauen.

Veränderung von Informationen durch unterschiedliche Verschaltungsmuster

Neben der großen Zahl der Synapsen an einer Nervenzelle ist auch die Art der „**Verschaltung**" der Nervenzellen von Bedeutung für die Beeinflussung der Informationen.

Zwei Varianten der Verschaltung lassen sich unterscheiden:

- **Verzweigen** sich Axone und nehmen in Synapsen Kontakt mit **mehreren** Nervenzellen auf, spricht man von einer Verschaltung nach dem **Divergenzprinzip** (Abb. 103b). Die Weiterleitung der APs durch ständige Wiederverstärkung führt dazu, dass die Frequenz auf den Ästen eines Axons gleich hoch ist wie auf den davor liegenden, unverzweigten Axonbereichen. Ein AP des Axonbereichs unmittelbar vor der Zweigstelle (Abb. 103a, Bereich 1) regt benachbarte Axonbereiche auf **beiden Zweigen** des Axons mit seinem elektrischen Feld an. Damit kann sich auf jedem der beiden Zweige je ein weiteres AP aufbauen (Abb. 103a, Bereiche 2 und 3). Durch eine Verzweigung kann daher die auf einem Axon laufende Erregung in gleicher Stärke mehrere nachgeschaltete Zellen erreichen. Wenn beide Zweige eines Axons **zur gleichen Zelle** ziehen, wird die Wirkung der Erregung verdoppelt, das EPSP oder IPSP wird durch räumliche Summation stärker, da zwei Synapsen gleichzeitig mit derselben Impulsfrequenz versorgt werden.
- Bei Verschaltungen von Nervenzellen nach dem **Konvergenzprinzip** bilden die Endknöpfchen von Axonen mehrerer Nervenzellen Synapsen mit den Dendriten oder dem Zellkörper **einer einzigen** postsynaptischen Zelle. Die Stärke eines EPSPs oder IPSPs an der postsynaptischen Zelle ist abhängig davon, wie viele präsynaptische Zellen erregt sind, wie stark diese Erregung ist und ob ihre Synapsen hemmend oder erregend sind.

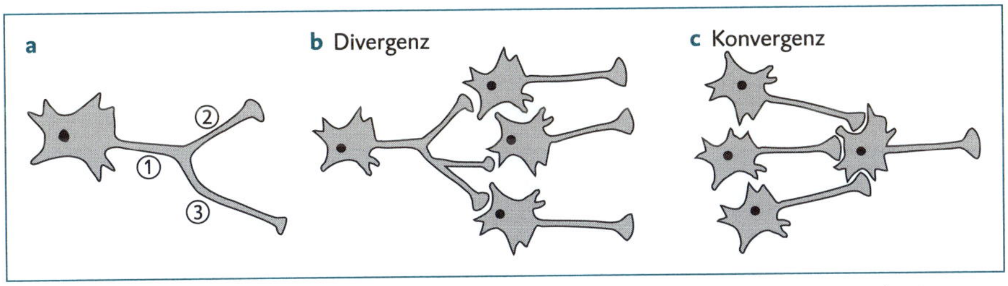

Abb. 103: Verschaltung von Nervenzellen a) Erhaltung der Impulsfrequenz bei Verzweigung des Axons b) Divergenzprinzip c) Konvergenzprinzip.

Durch die Verzweigung der Axone, durch die Verschaltung nach dem Divergenz- und dem Konvergenzprinzip und durch das Vorhandensein sowohl hemmender als auch erregender Synapsen ergibt sich eine außerordentlich große Zahl **verschiedener Erregungsmuster** im Zentralnervensystem. Wegen der dort sehr hohen Zelldichte gilt dies ganz besonders für das **Gehirn**.

Die Wirkung unterschiedlicher Schaltungen

Wenn, wie in der Abb. 104 (S. (1) 191) (Fall A) dargestellt, allein auf der linken Faser APs laufen, dann werden drei Nervenzellen überschwellig und fünf Nervenzellen unterschwellig erregt. Wenn allein auf der rechten Faser eine Erregung läuft (Fall B), werden zwei Nervenzellen überschwellig und sechs Nervenzellen unterschwellig erregt. Wenn aber **auf beiden Fasern gleichzeitig** APs laufen, wenn also eine räumliche Summation an den Zellkörpern und Dendriten auftritt, werden nicht, wie man erwarten könnte, fünf Nervenzellen (3 + 2) überschwellig erregt, sondern **acht** Nervenzellen (Fall C).
Wie lässt sich dieses Phänomen erklären? Unterschwellig erregte Zellkörper haben die gleiche Wirkung wie nicht erregte, sie können keine APs weiterleiten. Wenn aber beide Fasern **gleichzeitig** erregt sind, wie im Fall C, wenn also eine räumliche Summation auftritt, können die in den Fällen A und B unterschwellig erregten Zellen leichter zu überschwellig erregten werden als gar nicht erregte. Bei unterschwellig erregten Nervenzellen ist das Membranpotenzial schon ein wenig positiver geworden, die Depolarisation reicht aber noch nicht aus, um am Axonhügel den Schwellenwert zu erreichen. Wenn aber die Erregung der zweiten Faser hinzukommt, kann durch eine räumliche Summation das zusätzliche EPSP ausreichen, um die Zellen überschwellig zu erregen. In den Fällen A und B ist die Summe der überschwellig erregten Zellen bei einer getrennten Erregung beider Axone daher geringer als bei einer gleichzeitig auf beiden Fasern einlaufenden Erregung.

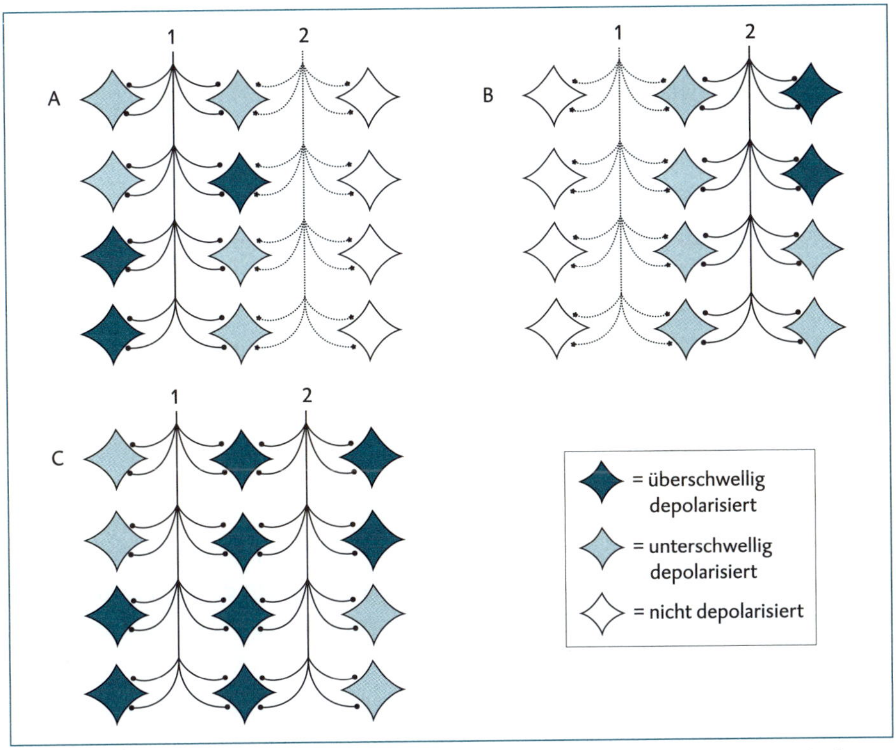

Abb. 104: Überschwellig erregte Nervenzellen bei der Erregung auf einzelnen Axonen und bei gleichzeitig einlaufenden Erregungen auf zwei Axonen (räumliche Summation).

Bei einem anderen Verschaltungsmuster, der **Renshaw-Hemmung**, lassen sich folgende Phänomene beobachten:
Die Nervenzelle 2 (**Zwischennervenzelle** = Interneuron) in der Abb. 105 (S. (1) 192) wird erst bei einer starken Impulsfrequenz durch zeitliche Summation überschwellig erregt. Nur wenn auf dem Axon II viele APs pro Zeiteinheit laufen, können auch auf dem Axon III APs ausgelöst werden. Wenn die Impulsfrequenz des Axons I gering ist, laufen auch auf dem Axon II nur wenige APs, sodass die Zelle 2 nicht überschwellig erregt wird. Auf dem Axon III können daher keine APs entstehen und in der Synapse c wird kein Transmitter ausgeschüttet. An der Zelle 1 entsteht dann kein hemmendes Membranpotenzial (IPSP). Die Weiterleitung einer schwachen Erregung auf die Zelle 3 kann also durch die Zwischennervenzelle 2 mit ihrer hemmenden Synapse c nicht beeinträchtigt werden.

Wenn aber auf dem Axon I und damit auch auf Axon II eine hohe Impulsfrequenz läuft, wird die Zelle 2 überschwellig erregt. Auf dem Axon III entstehen dann APs, die in die hemmende Synapse c einlaufen. Durch das an der Synapse c entstehende IPSP wird das Membranpotenzial der Zelle 1 negativer und somit wird die Zelle schwerer erregbar. Ein Teil der in die Synapse a einlaufenden Erregung muss dafür verwendet werden, das durch die hemmende Synapse abgesenkte Membranpotenzial auf das normale Maß zurückzubringen. Mithilfe von Verschaltungen nach dem Prinzip der Renshaw-Hemmung kann eine starke in die Synapse a einlaufende Erregung **nur abgeschwächt** an die nächste Nervenzelle (3) weitergeleitet werden. Trotz der Abschwächung gilt: Je stärker die in die Synapse a einlaufende Erregung ist, desto stärker ist sie auch auf dem Axon II und desto stärker ist auch die Erregung der Zwischennervenzelle 2. Folglich ist auch die durch die Synapse c bewirkte Hemmung größer. Eine Erhöhung der Impulsfrequenz auf dem Axon I zieht also eine stärkere Hemmung nach sich – ein Effekt, der als **negative Rückkopplung** bezeichnet wird. Eine Verschaltung von Nervenzellen wie bei der Renshaw-Hemmung sorgt dafür, dass eine starke präsynaptische Erregung **abgedämpft** und postsynaptisch vermindert weitergeleitet wird. Je stärker die präsynaptische Erregung ist, desto stärker erfolgt die Dämpfung.

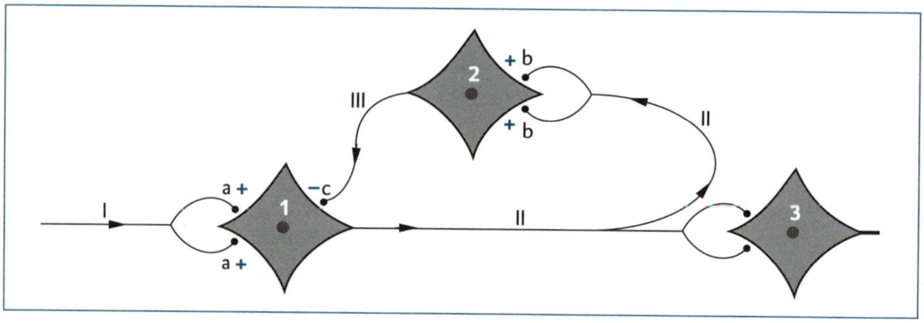

Abb. 105: Verschaltung nach dem Prinzip der Renshaw-Hemmung. Synapse c wirkt hemmend, alle anderen Synapsen wirken erregend. Zelle 2 wird erst bei starker Impulsfrequenz überschwellig erregt.

2.3 Verschaltung von Nervenzellen im Rückenmark

Bau des Rückenmarks

Im Rückenmark der Wirbeltiere sind Bereiche, die Zellkörper und Dendriten enthalten **(graue Substanz)**, deutlich von solchen getrennt, in denen Nervenfasern mit ihren von einer Myelinscheide umgebenen Axonen liegen **(weiße Substanz)** (siehe Abb. 106). Die graue Substanz liegt im Inneren des Rückenmarks, die weiße in den äußeren Bereichen. Die Leitung von Erregung geschieht in der weißen Substanz, die Verschaltung und Verrechnung in der grauen, da nur hier Synapsen liegen. In der weißen Substanz liegen die Axone, die Informationen aus den Sinneszellen an das Gehirn melden (sensorische = **afferente** Fasern), und solche, die Erregungen aus dem Gehirn zu den Erfolgsorganen, z. B. aus den Muskeln leiten (motorische = **efferente** Fasern). Die Nervenfasern, die vom Rückenmark ausgehen, und die, die ins Rückenmark führen, sind in den **Spinalnerven** gebündelt. Die Zellkörper der sensorischen Fasern liegen außerhalb des Rückenmarks. Sie sind in einer Anschwellung des Spinalnervs, dem Spinalganglion, zusammengefasst. Als **Ganglion** bezeichnet man allgemein eine Ansammlung von Zellkörpern außerhalb des ZNS. Die Zellkörper der motorischen Fasern liegen in der grauen Substanz.

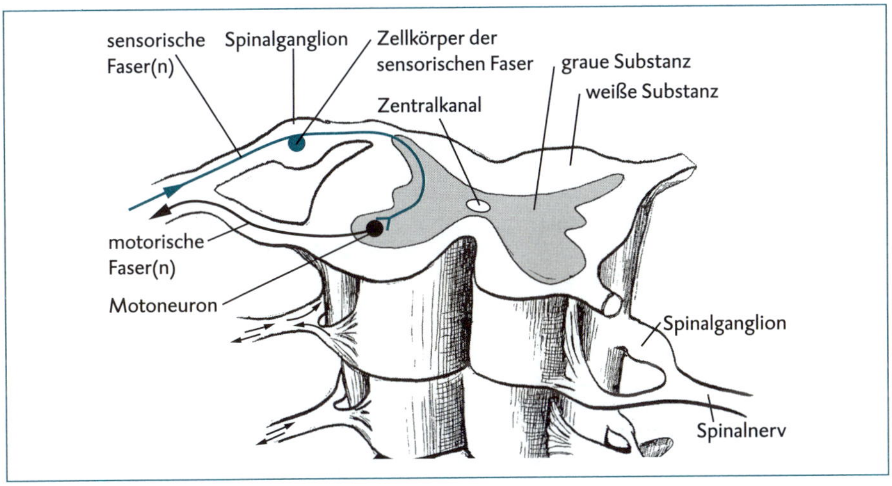

Abb. 106: Querschnitt durch das Rückenmark.

Der Kniesehnenreflex

Bei der Demonstration des **Kniesehnenreflexes** sitzt eine Versuchsperson so, dass ihr Oberschenkel auf der Sitzfläche aufliegt und der Unterschenkel frei beweglich hängt. Bei einem Schlag vor die Kniesehne an der in der Abb. 107 mit einem Pfeil markierten Stelle kontrahiert der Streckermuskel, sodass sich der Unterschenkel hebt. Die dabei ablaufenden **nervösen Vorgänge** lassen sich wie folgt erklären: Der Schlag vor die Kniesehne dehnt den Streckermuskel, wodurch auch die in ihm liegenden Muskelspindeln gedehnt werden. **Muskelspindeln** sind kleine Dehnungssinnesorgane, die den Kontraktionszustand des Muskels messen. Je stärker sie gedehnt werden, desto höher ist die Impulsfrequenz auf den Axonen, die von ihnen ausgehen und zum Rückenmark ziehen. Die Zellkörper dieser sensorischen Axone liegen im Spinalganglion. Erregung, die infolge der Dehnung einer Muskelspindel des Streckermuskels über das Axon b ins Rückenmark einläuft, wird an Synapsen auf eine Nervenzelle im vorderen Bereich der grauen Substanz übertragen. Diese **motorische Vorderhornzelle** (1) wird dadurch erregt und lässt auf dem abgehenden, motorischen Axon c APs laufen. Ein solches Axon endet in einer motorischen Endplatte und die daran einlaufende Erregung bringt, wenn sie stark genug ist, den Streckermuskel zur Kontraktion, der Unterschenkel schwingt ein wenig nach vorne. An der Steuerung des Kniesehnenreflexes sind mehr als nur eine sensorische und eine motorische Nervenzelle beteiligt. Der Streckermuskel enthält viele Muskelspindeln, die alle ihre Erregung über Axone an das Rückenmark melden, der Muskel wird außerdem von vielen motorischen Axonen versorgt. Vereinfachend ist aber nur von der Verschaltung einzelner Zellen die Rede.

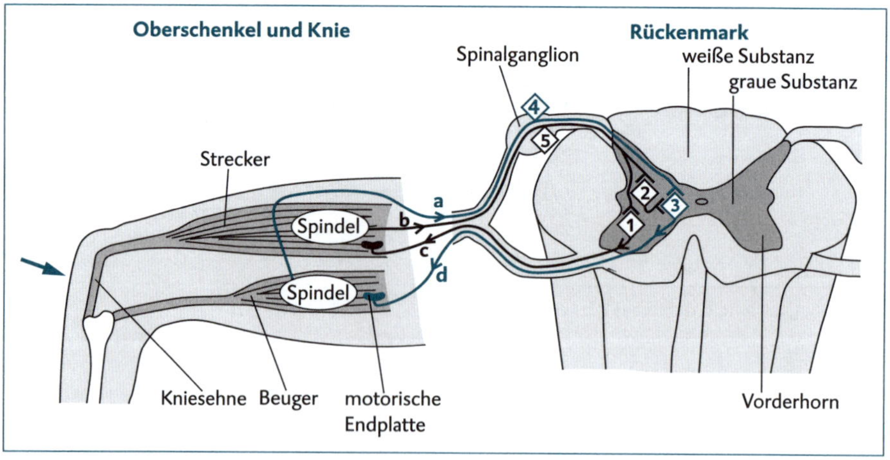

Abb. 107: Verschaltungen des Kniesehnenreflexes.

Durch die Kontraktion des Streckermuskels werden sein **Antagonist**, also der entgegengesetzt wirkende Muskel (Unterschenkelbeuger), und die darin liegenden Muskelspindeln gedehnt. Die daraufhin über das Axon der Muskelspindel (a) des Beugermuskels ins Rückenmark einlaufende Erregung würde die motorische Zelle (Motoneuron 3) des Beugers normalerweise erregen und ihn zur Kontraktion bringen. Bei der Kontraktion des Beugers würde sich dann aber auch wieder der Strecker dehnen und die Muskelspindeln des Streckers würden erneut erregt. Infolgedessen würden die antagonistischen Muskeln, Beuger und Strecker, ständig im Wechsel erregt. Nach einem einmaligen Schlag unterhalb der Kniescheibe würde der Unterschenkel ständig hin- und herwippen. Dies wird durch eine Verschaltung mit einer **Zwischennervenzelle**, einem Interneuron (2), in der grauen Substanz des Rückenmarks verhindert. Die bei einer Dehnung des Unterschenkelstreckers auf dem sensorischen Axon b laufenden APs erregen nicht nur das Motoneuron des Streckers (1), sondern auch die Zwischennervenzelle (2). Ihr Axonende bildet am Motoneuron des Beugers (3) eine **hemmende** Synapse. Wenn also nach der Kontraktion des Beugers am Motoneuron des Streckers ein erregendes postsynaptisches Potenzial (EPSP) entsteht, bildet sich gleichzeitig am Motoneuron des Beugers ein **hemmendes** Membranpotenzial (IPSP). Das Membranpotenzial des Motoneurons des Beugers wird negativer und daher kann eine Erregung, die von der Muskelspindel des Beugers über das Axon a einläuft, dessen Motoneuron (3) nicht überschwellig erregen. Der Beuger erhält also keine APs und kann deshalb nicht zur Kontraktion gebracht werden. Durch eine ähnliche Verschaltung mit einer weiteren Zwischennervenzelle kann auch das Motoneuron des Streckers (1) gehemmt werden, wenn eine Erregung von der Muskelspindel des Beugers einläuft. Aus Gründen der Übersichtlichkeit wurde diese Zwischennervenzelle in der Abb. 107 nicht berücksichtigt.

Reflex und Reflexbogen

Die stets gleiche Reaktion auf einen bestimmten Reiz hin, etwa eine Bewegung oder eine Drüsentätigkeit, bezeichnet man als **Reflex**, die zugrunde liegende Schaltung als **Reflexbogen**. Der Kniesehnenreflex ist ein Beispiel für einen besonders einfachen Reflexbogen. Die meisten Reflexbögen sind durch Verzweigungen der Axone und durch die Verschaltung mit mehreren Nervenzellen im Rückenmark viel komplizierter **(polysynaptische Reflexbögen)**. Beispiele für Bewegungen, die durch polysynaptische Reflexbögen gesteuert werden, sind Husten, Niesen, die Körperhaltung im aufrechten Stand und die Saugreflexe beim Säugling.

Die Zellen vieler Reflexbögen liegen im Rückenmark. Dadurch wird das Gehirn von der Steuerung „stereotyper“ Bewegungen **entlastet**. Außerdem können die Schaltwege kurz gehalten werden. Das ermöglicht eine schnelle Reaktion und spart Material und Energie (kurze Axone, geringe Zahl von Natrium-Kalium-Pumpen usw.). Häufig sind die Zellen von Reflexbögen auch an der Steuerung von **Willkürbewegungen** beteiligt. So ziehen Axone vom Gehirn ausgehend durch die weiße Substanz des Rückenmarks zu den motorischen Vorderhornzellen und bilden dort Synapsen. Damit lassen sich die Motoneurone etwa des Unterschenkelstreckers oder -beugers auch willentlich vom Gehirn aus zur Kontraktion bringen.

Mithilfe von Nervenzellen der grauen Substanz des Rückenmarks und der Spinalganglien, die zu Reflexbögen verschaltet sind, lassen sich Bewegungen auch **ohne Beteiligung des Gehirns** steuern.

Zusammenfassung

- **Aktionspotenziale** stellen die Signale des Codes für die **Informationsübertragung** an Axonen dar. Die Stärke der APs ist ohne Bedeutung für den Informationsgehalt, der Code ist **nicht amplitudenmoduliert**.
- Die Codierung der **Reizstärke** geschieht am **Axon** durch die AP-Frequenz **(frequenzmodulierter Code)**, an der **Synapse** durch die **Konzentration des Transmitters** und an den **Dendriten bzw. am Zellkörper** durch die **Amplitude** des EPSPs oder IPSPs.
- Derselbe Code gilt für die Axone aller Organismen und sowohl für die Informationsübertragung an motorischen wie auch an sensorischen Axonen.
- Die Information über die **Qualität eines Reizes** liegt im **Anfangs- und Endpunkt der Nervenbahn**, über die die entsprechende Erregung eintrifft. Jedes Sinnesorgan hat im ZNS sein entsprechendes Zielfeld.
- Durch die Verzweigung von Axonen kann sich die Wirkung eines APs vergrößern.
- Durch **zeitliche Summation** kann sich bei **hoher Impulsfrequenz** die Wirkung der in die Synapse einlaufenden APs **addieren** und eine **stärkere Änderung** des postsynaptischen Membranpotenzials hervorrufen als es bei einer geringen Frequenz der APs der Fall wäre.
- Durch **räumliche Summation** können **gleichzeitig an mehreren Synapsen** entstehende Änderungen des postsynaptischen Membranpotenzials **miteinander verrechnet** werden.
- Die Möglichkeit, postsynaptisch ein AP auszulösen, ist abhängig von der **Länge des Weges**, über die ein EPSP läuft, und von der **Stärke** des EPSPs.

- Bei Verschaltungen nach dem **Divergenzprinzip** werden mehrere Nervenzellen von einem sich verzweigenden Axon versorgt. Bei Verschaltung nach dem **Konvergenzprinzip** enden die Axone mehrerer Nervenzellen an den Dendriten und/oder dem Zellkörper einer einzigen Nervenzelle.
- Durch divergente und konvergente Schaltungen und durch räumliche und zeitliche Summation kann eine außerordentlich große Zahl verschiedener Erregungsmuster im ZNS entstehen.
- Durch Verschaltungen der Nervenzellen mit **hemmenden Synapsen** ist eine **negative Rückkopplung** möglich.
- Im Rückenmark liegen Dendriten und Zellkörper von Nervenzellen im inneren Bereich **(graue Substanz)**, die Axone im äußeren Bereich **(weiße Substanz)**.
- Verschaltungen von Nervenzellen, die Reflexe steuern, werden als **Reflexbögen** bezeichnet; daran sind auch hemmende Synapsen beteiligt.
- **Muskelspindeln** sind Sinneszellen, die den Kontraktionszustand eines Muskels messen.
- Die Kontraktion eines Muskels hat die Dehnung seines Antagonisten zur Folge. Um eine ständige **gegenseitige Erregung** der Antagonisten zu **vermeiden**, enthalten die zugehörigen **Reflexbögen hemmende Synapsen**, die mit ihren IPSPs die Erregung der Motoneuronen des Antagonisten verhindern.
- Motoneuronen in Reflexbögen sind häufig auch willkürlich vom Gehirn aus erregbar.
- Reflexbögen des Rückenmarks **entlasten das Gehirn**, sie ermöglichen wegen der kurzen Schaltwege **schnelle Reaktionen** und **sparen Material und Energie**.

fgaben

223 Erläutern Sie Gründe, die es erforderlich machen, dass die Information bei der Übertragung an Axonen codiert wird.

224 Erregungen in afferenten Nerven enthalten Informationen über Reize aus der Umwelt, die dem ZNS zugeführt werden.

a Beschreiben Sie die Informationen über einen Umweltreiz, die durch die elektrische Erregung eines Axons übertragen werden können.

b Nennen Sie die Information über einen Umweltreiz, der in der Erregung eines Axons nicht enthalten ist.

c Erläutern Sie, wie der Organismus dennoch zu der in Teilfrage b als fehlend angesprochenen wichtigen Information gelangt.

225 Erläutern Sie, welche Vorteile es bietet, wenn die Stärke eines Reizes durch die Frequenz der Aktionspotenziale codiert wird und nicht durch seine Amplitude.

226 Nennen Sie die richtigen Aussagen.
- a Die Qualität eines Reizes wird an den Axonen durch Amplitudenmodulation codiert.
- b Durch die Frequenzmodulation ist die maximale Zahl der synaptischen Bläschen festgelegt.
- c Wie stark eine Muskelfaser kontrahieren soll, ergibt sich aus der Impulsfrequenz auf dem Axon, das an ihrer motorischen Endplatte endet.
- d Die Art der Codierung der Information ist auf einem motorischen, einen Muskel versorgenden Axon identisch mit der auf einem Axon, das von einer Sinneszelle zum ZNS zieht.
- e Die Frequenzmodulation gilt nur für die saltatorische Erregungsleitung. An marklosen Fasern mit ihrer kontinuierlichen Erregungsleitung wird die Information in einer anderen Weise codiert.

227 Erläutern Sie, welche Folgen es für den Inhalt der Information hätte, wenn durch leichte Störungen des Nervensystems an den Axonen Aktionspotenziale aufgebaut würden, die nur noch bis zu +10 mV umpolarisiert werden und nicht mehr bis zu dem normalen Wert von +30 mV.

228 Erläutern Sie die Nachteile für den Organismus, die damit verbunden sind, dass die Information am Axon frequenzmoduliert codiert wird.

229 Plötzliche starke Reize aus der Umwelt können ein Tier erschrecken. Unter natürlichen Bedingungen ist es für das Tier vorteilhaft, nicht nach der Quelle der Störung suchen zu müssen, sondern mit der Meldung über den Reiz auch Informationen über dessen Ursprung und Art zu erhalten.
- a Ein Tier erschrickt meist nur, wenn es sich bei der Störung um einen heftigen Reiz handelt. Beschreiben Sie, aufgrund welcher neurophysiologischen Abläufe das Tier die Heftigkeit des Reizes wahrnimmt.
- b Erläutern Sie, woran das Tier erkennt, ob es sich bei dem starken Reiz z. B. um ein lautes Geräusch oder einen heftigen Schlag handelte.

230 Körperteile, die z. B. durch einen Unfall verloren gegangen sind, können weiterhin Schmerzen verursachen. Man nennt solche Empfindungen „Phantomschmerzen". So kann ein Mensch über Schmerzen in einem Bein klagen, das amputiert wurde. Stellen Sie eine Vermutung darüber auf, wie es zum Auftreten von Phantomschmerzen kommen kann.

231 Erklären Sie, ob es möglich wäre, die Axone eines Tieres, z. B. die eines Schweines, eines Meerschweinchens oder eines Schimpansen, als Ersatz für beschädigte Nerven einem Menschen zu transplantieren. Berücksichtigen Sie bei Ihrer Antwort nicht die Schwierigkeiten, die sich aus der Operationstechnik oder der immunologischen Abwehr ergeben.

232 (Themenübergreifende Aufgabe)
In den Nerven der Wirbeltiere sind in der Regel Axone der verschiedensten Art zusammengefasst. Man macht folgendes Experiment: Man präpariert ein Axon aus dem Nerv eines betäubten Tieres ein Stück weit frei, das Axon bleibt dabei in seinem Nerv. Es liegt nur auf einer gewissen Strecke seines Verlaufs frei, sodass Elektroden angelegt werden können, erfüllt aber seine normalen Aufgaben der Informationsübertragung. Der Betrachter kann nicht feststellen, woher das Axon kommt und wohin es zieht. Er hat nur die Möglichkeit durch eine Ableitung festzustellen, ob und in welcher Weise Aktionspotenziale auf dem Axon laufen.
Erklären Sie, ob man aus der Art des Bildes auf dem Monitor des Oszilloskops erkennen kann, ob es sich um einen motorischen oder einen sensorischen Nerv handelt. Wenn ja, erklären Sie, ob man erkennen kann, von welchen Sinneszellen die Aktionspotenziale ausgelöst wurden oder welche Muskeln durch die Aktionspotenziale zur Kontraktion gebracht werden.

233 Geben Sie an, welche der folgenden Änderungen von Membranpotenzialen als „Alles-oder-nichts"-Ereignis erfolgen.
a EPSP
b IPSP
c Hyperpolarisation
d Aktionspotenzial
e Depolarisation bis zum Schwellenwert

234 Beschreiben Sie die verschiedenen Codierungsarten der Information bei der Leitung einer Erregung über zwei Nervenzellen hinweg.

235 (Themenübergreifende Aufgabe)
Zeitliche Summation ist nur dadurch möglich, dass in der Regel die Dauer der Refraktärzeit des Aktionspotenzials kürzer ist als die Dauer eines EPSPs oder IPSPs. Erklären Sie diesen Zusammenhang.

236 Beschreiben Sie die Vorteile, die das Schaltprinzip der Divergenz und das Schaltprinzip der Konvergenz bieten.

237 In der Abb. 108 ist die Weiterleitung der Information an zwei Nervenzellen schematisch dargestellt. Die Impulsfrequenz ist an der Stelle A gleich stark wie an der Stelle B. Das Ruhepotenzial der Zellkörper 3 und 4 ist ebenfalls gleich hoch. In beiden Fällen wird postsynaptisch eine Erregung weitergeleitet. Vergleichen Sie die Erregung an den Stellen C und D miteinander. Begründen Sie Ihre Antwort.

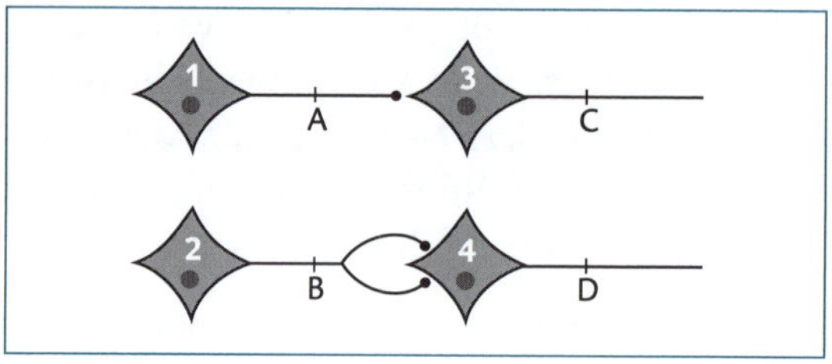

Abb. 108: Informationsweiterleitung an zwei Nervenzellen.

238 Stellen Sie die Bedeutung der Lage einer Synapse für die Fähigkeit der postsynaptischen Zelle dar, am Axonhügel ein Aktionspotenzial aufzubauen.

239 Die Möglichkeit, präsynaptisch an einer Nervenzelle ankommende Aktionspotenziale am postsynaptischen Axon weiterzuleiten, hängt von vielen Faktoren ab. Stellen Sie eine kommentierte Liste dieser Faktoren zusammen.

240 Erläutern Sie das Prinzip der negativen Rückkopplung am Beispiel einer Verschaltung im Nervensystem.

241 In der Abb. 109 sind drei Fallbeispiele für die Weiterleitung von Erregung bei verschiedenen einfachen Verschaltungen von Nervenzellen dargestellt. Dabei ist die Verrechnung sehr stark vereinfacht. Erklären Sie die Verrechnungsvorgänge der Nervenzellen für die Fälle A bis C.

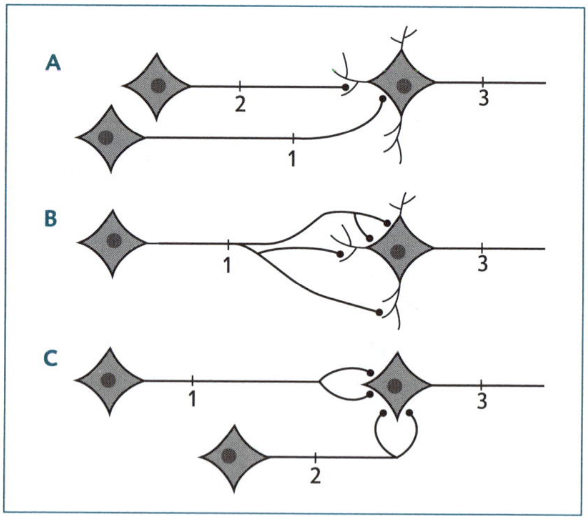

Abb. 109: Einfache Verschaltungen von Nervenzellen.

a (Abb. 109, A) Wenn an der Stelle 1 eine Impulsfrequenz von 200 APs/s läuft, tritt an der Stelle 3 eine Impulsfrequenz von 100 APs/s auf. Wenn an der Stelle 2 eine Impulsfrequenz von 200 APs/s läuft, tritt an der Stelle 3 eine Impulsfrequenz von 50 APs auf.
Wenn an der Stelle 1 und 2 gleichzeitig Aktionspotenziale laufen und zwar an 1 mit einer Frequenz von 200 APs/s und an der Stelle 2 ebenfalls mit einer Frequenz von 200 APs/s, so tritt an der Stelle 3 eine Impulsfrequenz von 150 APs/s auf.

b (Abb. 109, B) Alle Synapsen des Schemas sind erregend. Wenn an der Stelle 1 eine Impulsfrequenz von 200 APs/s läuft, tritt an der Stelle 3 eine Impulsfrequenz von 300 APs/s auf.

c (Abb. 109, C) Wenn an der Stelle 1 eine Impulsfrequenz von 300 APs/s läuft, entsteht an der Stelle 3 eine Impulsfrequenz von 200 APs/s.
Wenn an der Stelle 1 eine Impulsfrequenz von 300 APs/s läuft und gleichzeitig an der Stelle 2 eine von 100 APs/s, läuft an Stelle 3 eine Impulsfrequenz von 100 APs/s.

242 (Themenübergreifende Aufgabe)
Obwohl es nur 2 % des Körpervolumens ausmacht, verbraucht das Gehirn des Menschen rund 20 % der gesamten Stoffwechselenergie.
Erklären Sie den hohen Energiebedarf des Gehirns. Berücksichtigen Sie dabei auch Prozesse auf molekularer Ebene.

243 (Themenübergreifende Aufgabe)
Der Gehalt an Kohlenstoffdioxid in einem Klassenzimmer ist bei gleichen Bedingungen nach einer Stunde, in der eine Klassenarbeit geschrieben wurde, höher als nach einer normalen Unterrichtsstunde. Erklären Sie diese Beobachtung. Berücksichtigen Sie bei Ihrer Antwort vorwiegend Vorgänge, die im Nervensystem ablaufen.

244 Beschreiben Sie den Querschnitt durch das Rückenmark des Menschen mit den abgehenden Nerven.
Erklären Sie, wie es zu der unterschiedlichen Färbung der verschiedenen Bereiche kommt.

245 In den Abb. 110 A–D sind die Abläufe von Membranpotenzialen dargestellt, wie sie auf einem Oszilloskop zu sehen sind, wenn man an der Stelle A der abgebildeten Axone ableitet. Die zugrunde liegenden Schaltungen sind über den Oszillographenbildern angegeben. Die Ziffern unter den Oszillographenbildern geben an, auf welchem Axon die Aktionspotenziale laufen.
Erklären Sie, wie die Verläufe der verschiedenen Membranpotenziale zustande kommen.

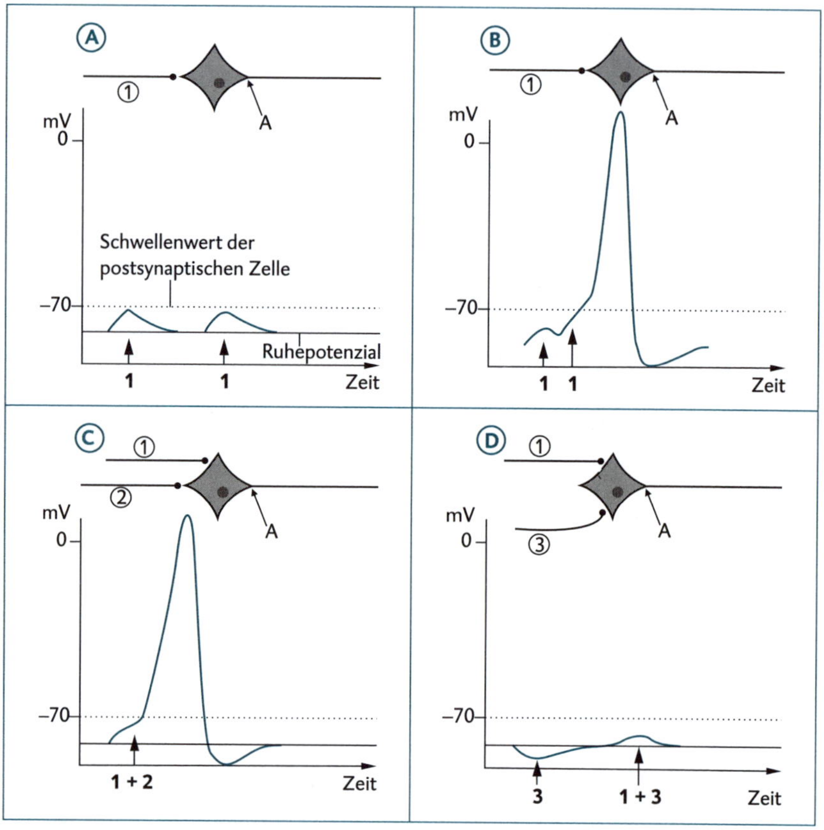

Abb. 110: Abläufe von Membranpotenzialen.

246 Das Rückenmark hat Schalt- und Leitungsfunktion. Erläutern Sie diese Aussage näher. Nennen Sie die Teile des Rückenmarks, die für die Leitung bzw. für die Schaltung zuständig sind.

247 Erläutern Sie die Vorteile, die damit verbunden sind, dass einige Bewegungen durch Reflexbögen gesteuert werden.

248 Beschreiben Sie die Aufgaben, die die Muskelspindeln erfüllen.

249 Beim Kniesehnenreflex wird der Streckermuskel, der den Unterschenkel nach vorn bewegt, kontrahiert. Dadurch wird sein Antagonist, der Beugermuskel, gedehnt.

- a Beschreiben Sie, welche Vorgänge die Dehnung des Beugermuskels im Nervensystem auslöst.
- b Begründen Sie, ob man in einem ähnlichen Versuch auch den Beugermuskel des Unterschenkels zur Kontraktion bringen könnte.

250 Wenn durch eine Verletzung oder durch eine Krankheit Spinalganglien zerstört werden, verliert der Körper in dem entsprechenden Bereich die Fähigkeit reflektorisch zu reagieren. Erklären Sie dies am Beispiel des Kniesehnenreflexes.

251 Durch einen Unfall wurde bei einem Menschen das Rückenmark vollständig durchtrennt. Seither ist er vom unteren Brustbereich an querschnittgelähmt.

- a Erläutern Sie, warum der Patient nicht mehr gehen kann.
- b Erläutern Sie, ob der Patient noch Empfindungen im Bereich der Beine wahrnehmen kann.

252 Polioviren, die Erreger der Kinderlähmung, zerstören die motorischen Vorderhornzellen. Nennen Sie von den folgenden Fähigkeiten die, die dadurch in den betroffenen Bereichen verloren gehen, und begründen Sie.

- a reflektorische Bewegungen
- b willkürliche Bewegungen
- c Schmerzempfindung
- d Empfindung von Druck und Temperatur

253 Jemand verbrennt sich die Finger an einer heißen Herdplatte. Er zieht daraufhin die Hand sofort zurück. Dieser Vorgang kann so schnell erfolgen, dass die Person den Schmerz erst bemerkt, nachdem sie die Hand schon zurückgezogen hat.
Erläutern Sie, woran es liegt, dass man die Hand zurückziehen kann, bevor sich der Schmerz bemerkbar macht.

254 In der Abb. 111 ist die Wirkung von Strychnin, dem Gift der Brechnuss, auf die Armmuskulatur dargestellt. Strychnin blockiert die mit einem Balken markierte Synapse.
Beschreiben Sie die Folgen einer Strychninvergiftung auf die Bewegungsmöglichkeit des Arms.

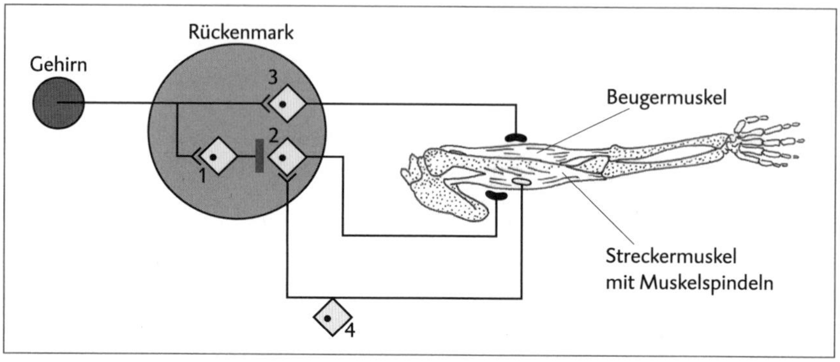

Abb. 111: Wirkung von Strychnin auf die Armmuskulatur.

3 Informationsverarbeitung im Gehirn

3.1 Aufbau und Leistungen des menschlichen Gehirns

Übergeordnete Funktionen des Gehirns

Das menschliche Gehirn lässt sich in mehrere Abschnitte unterteilen. Die auffälligsten und größten Bereiche sind das Großhirn und das Kleinhirn. Beide bestehen aus zwei Hälften, den Hemisphären, deren Oberflächen durch zahlreiche tiefe Einfaltungen (Furchen) vergrößert sind. Die beiden Hemisphären des Großhirns sind miteinander durch den Balken verbunden, in dem eine außerordentlich hohe Zahl von Nervenfasern verläuft.

Unter dem Groß- und Kleinhirn liegen das Zwischenhirn und das Stammhirn (Hirnstamm). Das Zwischenhirn besteht aus dem paarigen Thalamus und dem darunter liegenden Hypothalamus. Der Hirnstamm lässt sich in Mittelhirn, Brücke und Nachhirn (verlängertes Mark), das in das Rückenmark übergeht, gliedern. (Einige Wissenschaftler zählen auch das Zwischenhirn zum Hirnstamm.)

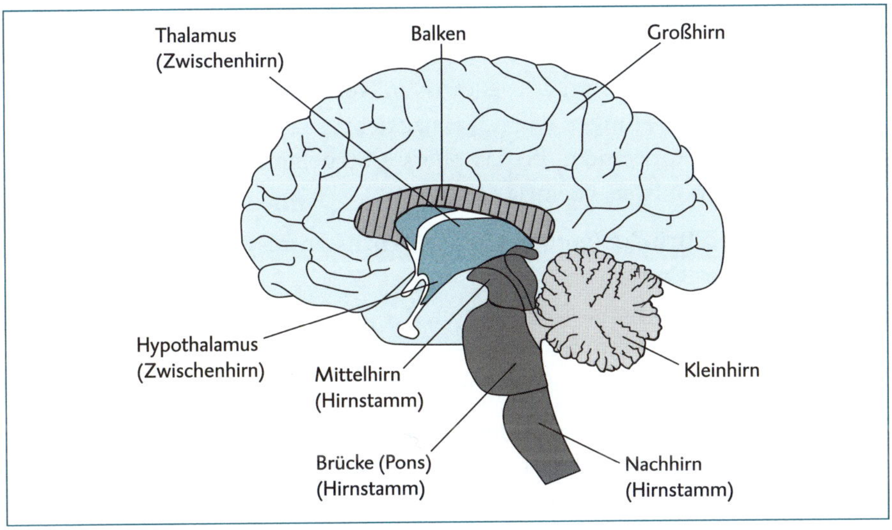

Abb. 112: Längsschnitt durch das menschliche Gehirn.

Das Gehirn ist als zentrales Organ an den meisten nervös oder hormonell gesteuerten Prozessen beteiligt. In den Abschnitten des Gehirns werden gesteuert und geregelt:

Großhirn

- Verarbeitung der Erregung, die von den Sinnesorganen einläuft;
- Komplizierte Bewegungen (in Zusammenarbeit mit dem Kleinhirn);
- Lernen, Planen, Gedächtnis, ethisch-moralische Vorstellungen usw.

Kleinhirn

- Körperhaltung und Bewegungskoordination
  (in Zusammenarbeit mit dem Großhirn).

Thalamus (obere Teile des Zwischenhirns)

- Umschalten von Nervenbahnen, die von den Sinnesorganen kommen (sensorische Nervenfasern) auf die entsprechenden Bahnen des Großhirns;
- Umschalten von Bahnen, die vom Großhirn ausgehen, auf die Bahnen, die zu den Muskeln ziehen (motorische Nervenfasern).

Hypothalamus (unterer Bereich des Zwischenhirns)

- Regelung wichtiger, grundlegender innerer Bedingungen des Körpers, z. B. Körpertemperatur, Wasserhaushalt, Ionenkonzentration u. Ä.
  (Oberstes Steuerzentrum des vegetativen Nervensystems);
- Gefühle wie z. B. Hunger, Durst, Sexualtrieb;
- Bildung von Hormonen, die das oberste Steuerzentrum des Hormonsystems, die Hypophyse, beeinflussen.

Mittelhirn und Brücke (vorderer Teil des Hirnstamms)

- Schlaf-Wach-Rhythmus;
- Aufmerksamkeit (Bewusstseinslage);
- Affektive (gefühlsbetonte) Färbung der aus den Sinnesorganen einlaufenden Erregung.

Nachhirn (= verlängertes Mark; hinterer Teil des Hirnstamms)

- Lebenswichtige, reflektorisch ablaufende Vorgänge, u. a. der Atmung und des Blutkreislaufs;
- Reflexe, z. B.: Schlucken, Husten, Erbrechen, Niesen, Tränenfluss u. Ä.

Groß- und Kleinhirn sind für den Kontakt des Körpers mit seiner Umwelt zuständig. Sie verarbeiten die von außen kommenden Erregungen der Sinnesorgane und **steuern die Aktivitäten des Körpers**, vor allem die Bewegungen. Das **Zwischenhirn** und der **Hirnstamm** sorgen dafür, dass die **grundlegenden Lebensprozesse** geordnet ablaufen.

3.2 Aufbau und Leistungen des menschlichen Großhirns

Die Leistungen des Großhirns beruhen v. a. auf Vorgängen in der **Großhirnrinde.** Hier liegen die Zellkörper und Dendriten von Nervenzellen, an deren Synapsen die Verrechnungsprozesse ablaufen. Wegen der dunklen Farbe der Großhirnrinde spricht man auch von der **grauen Substanz**. Unter der Großhirnrinde liegen v. a. Axone und Gliazellen (siehe Bau der Nervenzelle, S. (1) 146 ff.), die die **weiße Substanz** des Großhirns bilden.

Motorische und sensorische Felder des Großhirns

In der Großhirnrinde lassen sich Bereiche **unterschiedlicher Funktionen** voneinander abgrenzen: **Sensorische Felder** verarbeiten die von den Sinneszellen einlaufende Erregung. **Motorische Felder** steuern v. a. Bewegungen. Sie bilden Erregungsmuster, die auf efferenten Nervenbahnen zu den Erfolgsorganen wie den Muskeln laufen. Nervenbahnen im Gehirn sorgen dafür, dass die Felder untereinander Informationen austauschen können. Die Verrechnungsprozesse in und zwischen diesen Großhirnbereichen ermöglichen die erstaunlichen Leistungen des menschlichen Gehirns.

Beschränkung der Wahrnehmung der Umwelt

Sinneszellen sind in der Lage, Reize der Umwelt in Änderungen des Membranpotenzials umzuwandeln. Auf diese Weise erhält das ZNS Informationen über die Umwelt. Dabei können nur diejenigen Umweltreize wahrgenommen werden, für die auch die **entsprechenden Sinneszellen** vorhanden sind. Der Mensch hat z. B. keine Sinneszellen, die auf radioaktive Strahlung oder magnetische Felder ansprechen, und seine Lichtsinneszellen können nur elektromagnetische Strahlung in einem bestimmten Bereich mit Wellenlängen von etwa **400 nm** bis etwa **750 nm** in Erregung umwandeln und damit für uns wahrnehmbar machen. Ultraviolette und infrarote Strahlen kann der Mensch nicht sehen. Durch die **beschränkten Leistungen** der Sinnesorgane nimmt der Mensch, wie alle Organismen, nur einen bestimmten **Ausschnitt seiner Umwelt** wahr. Ein Hund erlebt seine Umwelt durch seine Sinnesorgane anders als ein Mensch, er nimmt sie v. a. als ein „Geruchsbild“ wahr, eine Fledermaus v. a. als „Hörbild“ usw.

3.3 Verarbeitung visueller Informationen

Informationsverarbeitung im Auge

Der Weg vom Reiz bis zur Wahrnehmung und Erkennung lässt sich für das menschliche Sehvermögen in folgende Schritte gliedern:

1 Ein Lichtreiz trifft auf das Auge.
2 Reizleitung im Auge.
3 Erregungsbildung in den Lichtsinneszellen.
4 Erregungsleitung im Sehnerv.
5 Wahrnehmung im Gehirn.
6 Erkennung in besonderen Hirnbereichen.

Während der Reizleitung im Auge werden die Lichtreize, die von einem Bild ausgehen, verändert. So werden die Lichtstrahlen beim Durchtritt durch die Hornhaut und die Linse gebrochen. Dadurch entsteht ein Bild des jeweiligen Umweltausschnitts auf der **Netzhaut** (Retina). Die Brechkraft der Linse lässt sich verändern, wodurch der Strahlengang im Auge in einem bestimmten Bereich so beeinflusst werden kann, dass auch unterschiedlich weit entfernte Gegenstände scharf auf der Netzhaut abgebildet werden. Die Fähigkeit des Auges, sich auf unterschiedliche Entfernungen einzustellen, wird als **Akkommodation** bezeichnet. Die in der Netzhaut liegenden Lichtsinneszellen wandeln das Reizmuster des Bildes in ein Muster von Potenzialänderungen um. In der Netzhaut sind die Lichtsinneszellen nicht gleichmäßig verteilt. Die Zone des schärfsten Sehens bildet der **gelbe Fleck** (Fovea), ein kleiner Netzhautbereich, in dem die Lichtsinneszellen so dicht stehen und so verschaltet sind, dass sie ein besonders **feines Raster** von Bildpunkten erzeugen können. Die außen ansetzenden Augenmuskeln können den Augapfel bewegen und dadurch die Ausrichtung der Augenachse verstellen. Auf diese Weise kann das Auge bestimmen, welcher Bereich der Umwelt auf dem gelben Fleck abgebildet wird.

Um einen Bereich der Umwelt **scharf** zu sehen, muss das Auge bestimmte Einstellungen vornehmen: Durch **Akkommodation** muss es für eine scharfe Abbildung auf der Netzhaut sorgen und die Augenachse so ausrichten, dass das scharfe Bild auf den **gelben Fleck** fällt.

Umwandlung der Lichtreize in Erregung – Bau der Lichtsinneszellen

Der Zellkörper einer Lichtsinneszelle bildet zu einer Seite hin das Außensegment. Hier liegen die Bereiche, die **Discs**, in denen das auftreffende Licht in Erregung umgewandelt wird. Discs sind geldrollenartig gestapelte Membranen. Sie entstehen durch Einstülpungen der Zellgrenzmembran. Zur anderen Seite hin erstreckt sich ein kurzer Fortsatz, der in einer Art Endknöpfchen als Synapse an eine weiterleitende Zelle grenzt. Dieser Fortsatz ist kein Axon. Daher kann die in den Discs entstandene Erregung **nicht als AP** zur Synapse geleitet werden. Die Leitung geschieht hier, wie in den übrigen Bereichen der Lichtsinneszelle, ohne Wiederverstärkung.

Die Informationen werden in den Lichtsinneszellen nicht durch Frequenzmodulation codiert, sondern durch unterschiedliche Amplituden **(Amplitudenmodulation).**

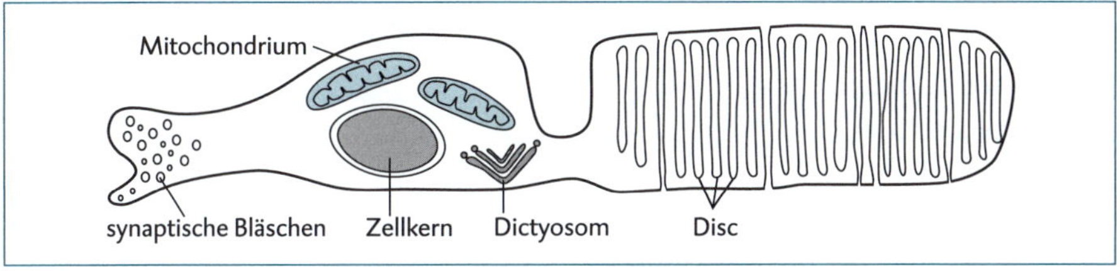

Abb. 113: Schematischer Bau eines Stäbchens aus der Netzhaut des Menschen.

Erregungsbildung an den Stäbchen

Licht kann nur in Erregung umgewandelt werden, wenn es absorbiert wird. Die **Absorption** von Lichtquanten (Photonen) geschieht durch **Sehpigmente**, die in der Membran der Discs liegen. Sie bestehen aus einem Eiweißbereich, dem **Opsin**, und einem Abkömmling des Vitamin A, dem **Retinal**. Opsin und Retinal bilden zusammen den **Sehfarbstoff Rhodopsin**. Durch die zahlreichen Einstülpungen der Zellgrenzmembran, die sich zu den Discs anordnen, vergrößert sich die Membranfläche sehr stark, sodass dort eine große Zahl von Rhodopsinmolekülen Platz findet. Je mehr Sehfarbstoff eine Lichtsinneszelle enthält, desto **lichtempfindlicher** ist sie.

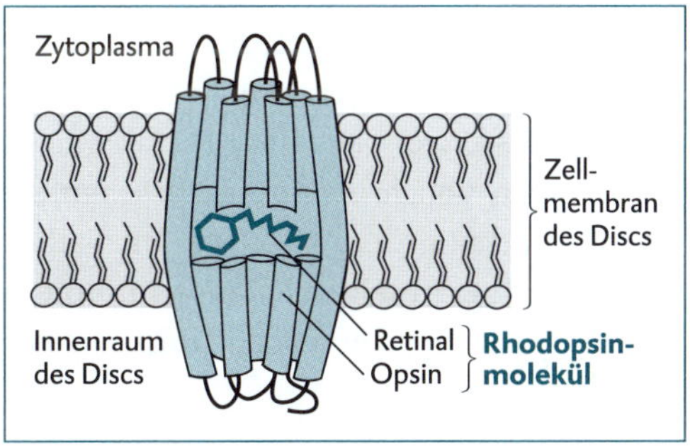

Abb. 114: Rhodopsinmolekül in der Membran der Discs.

Wenn Rhodopsin Licht absorbiert, verändern die auftreffenden **Photonen** die **Struktur** des Retinals. Die 11-cis-Form des Retinals wird in die all-trans-Form umgewandelt. Das „gekrümmte“ 11-cis-Retinal „schnappt“ wie eine Feder um in die gestreckte Form des all-trans-Retinals, das nicht mehr an Opsin gebunden werden kann und sich ablöst. Das Opsin-Molekül ändert dadurch seine **Konfiguration**.

Bei der Resynthese verändert sich das all-trans-Retinal wieder zu 11-cis-Retinal, die „Feder“ im Molekül wird gleichsam wieder „gespannt“. In dieser Form kann das Retinal wieder an das Opsin binden. Für die Resynthese des Rhodopsins ist Stoffwechselenergie in Form von ATP erforderlich.

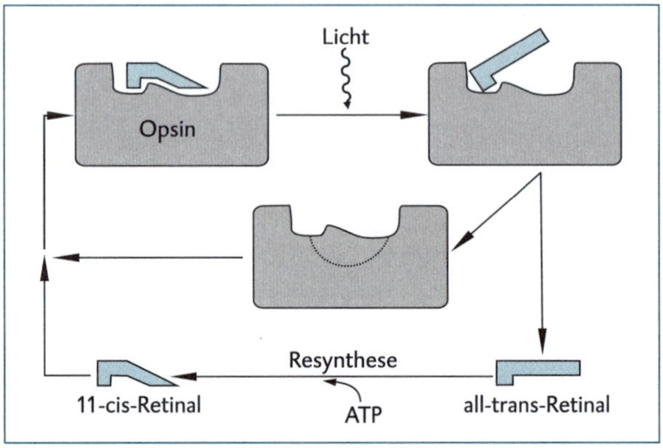

Abb. 115: Der Rhodopsinzyklus: Zerfall durch Absorption von Licht und Resynthese.

Sehkaskade und second messenger

Durch den Prozess der Rhodopsinspaltung werden mehrere außerordentlich schnell nacheinander ablaufende chemische Reaktionen in einer speziellen Signalkette, der sogenannten **Sehkaskade** ausgelöst, an deren Ende die Spaltung von cyclischem Guanosin-Monophosphat (cGMP) steht. cGMP ist ein Nukleotid (siehe Molekulargenetik, S. (1) 73), das als **second messenger** arbeitet. Second messenger kommen in der Zelle häufig vor, meistens bestehen sie nicht aus cGMP, sondern aus cyclischem Adenosin-Monophosphat (cAMP). Sie sorgen dafür, dass die Veränderungen an den Rezeptoren der **Außenseite** einer Zellmembran im **Zellinnenraum** zu entsprechenden Reaktionen führen. Im Fall der Lichtsinneszellen löst der an der Innenseite der Membran liegende second messenger nach dem Zerfall eines Rhodopsinmoleküls (Rezeptor) Veränderungen von Ionenporen aus. Signalketten und second messenger führen zur Verstärkung der Wirkung. Im Falle der Lichtsinneszelle wird durch die Spaltung eines einzigen Rhodopsinmoleküls nicht nur ein einziger Ionenkanal verändert, die Spaltung von cGMP-Molekülen hat Auswirkungen auf sehr viele Membranporen.

Rhodopsin dient als Rezeptor. Wenn Photonen auftreffen, verändert es seine Gestalt, was zu Permeabilitätsänderungen der Membran führt. Infolgedessen ändert sich das **Membranpotenzial** der Lichtsinneszelle. Auf diese Weise löst der Lichtreiz die Bildung einer Erregung aus.

Das in der Netzhaut entstandene Erregungsmuster wird über die Axone des **Sehnervs** zum Gehirn geleitet. Dabei werden die Informationen über die Intensität der Erregungen weitergegeben (siehe Frequenzmodulation, S. (1) 181 ff.). Die für das Sehen zuständigen Hirnbereiche verarbeiten die einlaufende Erregung und rufen so den Eindruck der Wahrnehmung eines Bildes hervor.

Bei der Wahrnehmung eines Bildes werden die aus der Umwelt eintreffenden **Lichtreize** im Auge verarbeitet und die von den Lichtsinneszellen erzeugte **Erregung** an den Synapsen im Sehzentrum des **Großhirns** verrechnet.

Verlauf der Sehbahnen

Die Axone des Sehnervs ziehen in den **Thalamus**, einen Bereich des **Zwischenhirns**. Von dort aus läuft die Erregung nach Umschaltung auf Nervenzellen des Gehirns weiter in den hinteren **Großhirnbereich**. Unmittelbar vor dem Eintritt ins Zwischenhirn **überkreuzt** ein Teil der Axone des linken Sehnervs mit denen des rechten (Kreuzung der Sehbahnen, **Chiasma opticum**). Auf diese Weise gelangen die Axone, die mit den Lichtsinneszellen der jeweils rechten Netzhauthälfte beider Augen verschaltet sind, in die rechte Großhirnhälfte (Hemisphäre) und umgekehrt. Durch die Kreuzung des Sehnervs gelangen also alle

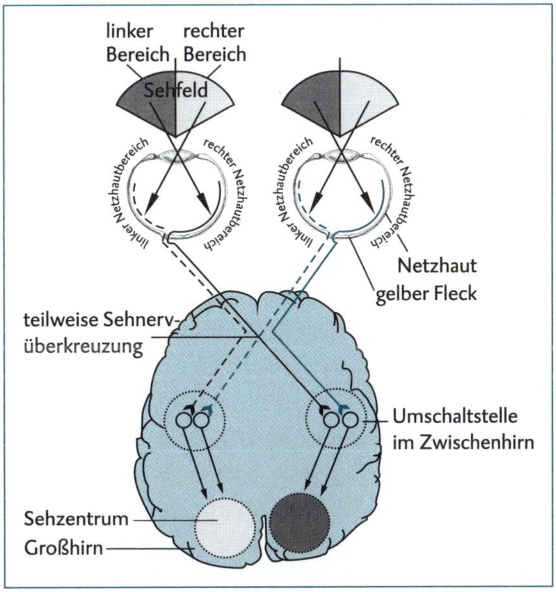

Abb. 116: Verlauf der Sehbahn im Gehirn.

Informationen aus der jeweils rechten Hälfte des Sehfeldes beider Augen in die linke Großhirnhälfte, die aus der jeweils linken Hälfte des Sehfeldes in die rechte Großhirnhälfte. Die von den Lichtsinneszellen ausgehende Erregung wird bereits in der Netzhaut verrechnet. Viel bedeutsamer aber ist die Verarbeitung der visuellen Information im Sehzentrum der Großhirnrinde. Es liegt im hinteren Bereich jeder Großhirnhälfte. Die Verarbeitung der visuellen Information soll anhand des **räumlichen Sehens** und **optischer Täuschungen** dargestellt werden.

Räumliches Sehen

Räumliches Sehen bedeutet, dass der Betrachter abschätzen kann, wie weit verschiedene Punkte eines Gegenstands voneinander und von ihm entfernt sind. Ein Würfel z. B. erscheint als dreidimensionaler Körper, wenn man erkennt, dass die Bildpunkte der vorderen Kanten und Flächen näher liegen als die der hinteren Würfelbereiche. Dabei ist keine **absolute** Entfernungsmessung erforderlich, sondern es muss nur die **relative Lage** der Bildbereiche zueinander bestimmt werden. Wichtig ist lediglich die Feststellung, ob ein bestimmter Bereich vor oder hinter einem anderen liegt. Die genaueste Messung der Entfernung, das „beste" räumliche Sehen also, ist möglich, wenn beide Augen Informationen ins Gehirn melden. Insgesamt kann der Mensch einen Bereich von etwa 180° überschauen, ohne den Kopf zu bewegen. Dabei überblickt er im sogenannten **Gesichtsfeld** einen Ausschnitt von etwa 150° mit beiden Augen (siehe Abb. 117).

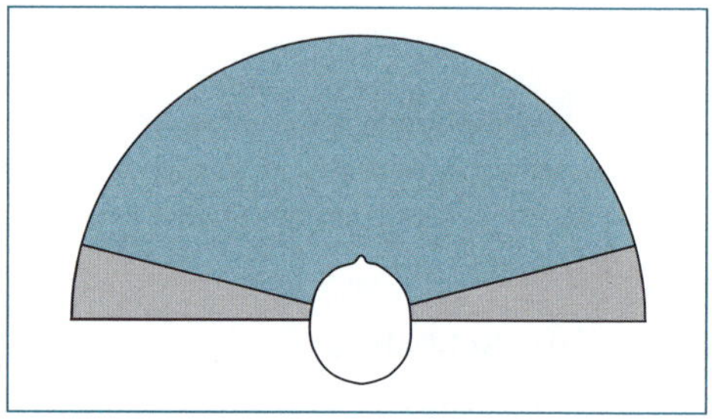

Abb. 117: Gesichtsfeld des Menschen. Im farbigen Bereich sehen beide Augen, wenn sie geradeaus schauen.

Wenn man einen Gegenstand **fixiert**, d. h. die Augen so einstellt, dass er als scharfes Bild auf dem gelben Fleck erscheint, sieht man mit dem linken Auge ein etwas anderes Bild als mit dem rechten. Dennoch verrechnet das Gehirn dies zu einem einzigen, **einheitlichen Bild**. Der Eindruck eines einzelnen Bildes kann nur zustande

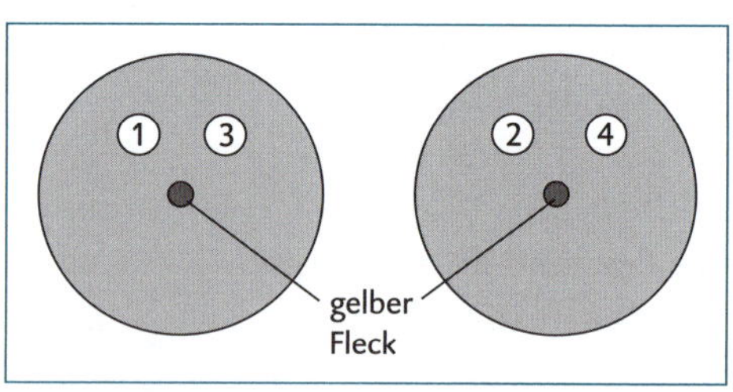

Abb. 118: Korrespondierende und disparate Netzhautbereiche. Korrespondierend sind die Bereiche des gelben Flecks, die Bereiche 1 und 2 sowie 3 und 4. Disparat sind die Bereiche 1 und 4 sowie 2 und 3.

kommen, wenn die Augen so eingestellt sind, dass die Lichtstrahlen der Bilder in den beiden Augen auf entsprechende **(korrespondierende)** Netzhautbereiche fallen. Korrespondierende Bereiche sind der gelbe Fleck der beiden Augen und andere Netzhautstellen, die in gleicher Richtung und Entfernung vom gelben Fleck liegen (siehe Abb. 118). Bilder aus nicht korrespondierenden **(disparaten)** Netzhautbereichen nehmen wir als **Doppelbilder** wahr. Dies lässt sich in **zwei** einfachen **Versuchen** leicht nachweisen:

- Eine Versuchsperson hält einen Zeigefinger in einem Abstand von etwa 30 cm vom Auge entfernt, den anderen direkt dahinter in ca. 50 cm Entfernung. Die Versuchsperson fixiert nun den vorderen Finger und sieht ihn als einzelnes Bild, den hinteren Finger nimmt sie als Doppelbild wahr. Es entsteht der Eindruck, dass zwei hintere Zeigefinger vorhanden wären. Weil die Versuchsperson den vorderen Finger fixiert, fällt sein Bild in beiden Augen auf den gelben Fleck, also auf korrespondierende Netzhautbereiche. Dadurch kann im Großhirn der Bildeindruck eines einzelnen Fingers entstehen. Der hintere Finger wird auf disparate, nicht korrespondierende Netzhautbereiche abgebildet. Daher ist das Gehirn nicht in der Lage, ein einheitliches Bild wahrzunehmen.
- Eine Versuchsperson fixiert mit beiden Augen den Zeigefinger einer Hand, den sie etwa 30 cm entfernt vor ihr Gesicht hält. Mit dem Daumen der anderen Hand drückt sie einen Augapfel vorsichtig ein wenig in Richtung der Nase. Zu Beginn des Versuchs sieht die Person einen einzelnen Zeigefinger. Wenn die Lage des Augapfels durch den Daumendruck verändert wird, entsteht der Eindruck eines Doppelbildes, da die Bilder des Zeigefingers nicht mehr auf korrespondierende Netzhautbereiche fallen. Aus den dann von disparaten Netzhautbereichen einlaufenden Erregungsmustern kann im Großhirn nicht länger der Bildeindruck eines einzelnen Bildes entstehen.

Räumliches Sehen mithilfe korrespondierender Netzhautbereiche

Ein Auge meldet immer ein leicht anderes Bild des fixierten Bereichs der Umwelt an das Großhirn als das andere Auge. Das linke Auge liefert ein stärker von links gesehenes Bild, das rechte ein stärker von rechts gesehenes. Je weiter ein Gegenstand vom Auge entfernt ist, desto **weniger** unterscheiden sich die Bilder auf dem gelben Fleck der beiden Augen. Das Gehirn kann aus der **Größe der Abweichung** zwischen den Bildern die **Entfernung** der Bildpunkte errechnen. Stark verschiedene Meldungen aus dem rechten und linken Auge ergeben im Großhirn den Eindruck einer geringen Entfernung. Aus Meldungen beider Augen, die sich nur wenig unterscheiden, entnimmt das Gehirn die Information einer großen Entfernung.

Da sich Bilder von Gegenständen, die in weiter Entfernung liegen, nur **wenig** unterscheiden, ist die Wahrnehmung der Entfernungs**unterschiede** im Fernbereich viel ungenauer als im Nahbereich des Gesichtsfeldes (siehe Tab. 14).

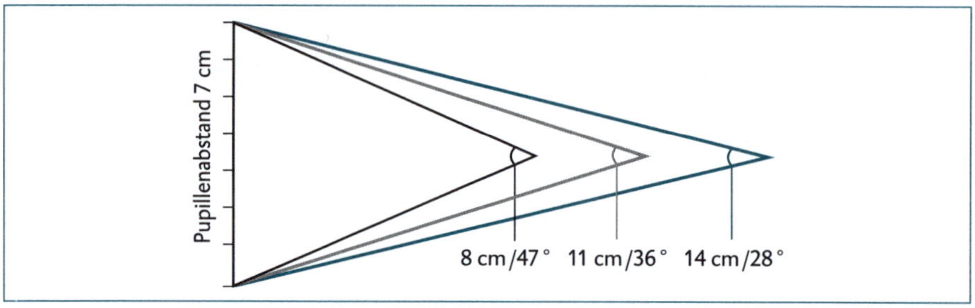

Abb. 119: Winkel zwischen den Augenachsen bei Fixierung unterschiedlich weit entfernter Punkte.

Entfernung vom Auge [m]	Noch wahrnehmbarer Tiefenunterschied [m]	Wahrnehmbarer Tiefenunterschied [% der Entfernung]
0,2	0,00002	0,01
0,5	0,0001	0,02
1,0	0,0004	0,04
10,0	0,04	0,4
100,0	3,5	3,5
1 000,0	275,0	27,5

Tab. 14: Wahrnehmbarer Tiefenunterschied bei unterschiedlicher Entfernung vom Auge.

Räumliches Sehen durch gekreuzte und ungekreuzte Doppelbilder

Bei der zuvor dargestellten Art des räumlichen Sehens müssen die Augen mehrere Bildpunkte nacheinander fixieren und das Großhirn muss aus diesen Informationen die Entfernung zwischen den fixierten Bereichen errechnen. Versuche haben gezeigt, dass es auch möglich ist, räumliche Bilder wahrzunehmen, wenn die Augen nur **einen einzigen Bildpunkt** fixieren, etwa wenn ein Umweltausschnitt nur durch einen Lichtblitz erkennbar ist, sodass die Zeit nicht ausreicht, um mehrere Punkte in verschiedener Entfernung nacheinander zu fixieren. Entscheidend für diese Fähigkeit sind wiederum unterschiedliche Meldungen aus der Netzhaut beider Augen. Als Messdaten werden in diesem Fall aber Erregungen auf **disparaten** Netzhautbereichen verwendet. Neben den Bildern, die auf den gelben Fleck fallen, und als einheitliche Bildeindrücke wahrgenommen werden, erhält das Großhirn auch stets Informationen über Doppelbilder aus dem nicht fixierten Bereich.

Doppelbilder aus dem Bereich **hinter** dem fixierten Punkt werden anders wahrgenommen als jene aus dem Raum **vor** dem fixierten Punkt. Das lässt sich in einem weiteren einfachen Versuch zeigen:
Eine Versuchsperson hält den Zeigefinger der einen Hand im Abstand von etwa 30 cm vor die Augen, den anderen in einer Entfernung von etwa 50 cm.

1 Der vordere Finger wird mit beiden Augen fixiert. Ergebnis: Der hintere Finger erscheint als Doppelbild.
2 Der vordere Finger wird nur mit dem linken Auge fixiert. Ergebnis: Das linke Doppelbild des hinteren Fingers wird wahrgenommen.
3 Der hintere Finger wird mit beiden Augen fixiert. Ergebnis: Der vordere Finger erscheint als Doppelbild.
4 Der hintere Finger wird wiederum nur mit dem linken Auge fixiert. Ergebnis: Jetzt wird nicht, wie im Versuchsschritt 2, das linke, sondern das rechte Doppelbild des vorderen Fingers wahrgenommen.

Beim Fixieren mit dem linken Auge wird also aus dem Raum hinter dem fixierten Punkt das linke Doppelbild wahrgenommen, während von den Doppelbildern aus dem Raum vor dem fixierten Punkt das rechte Doppelbild wahrgenommen wird. Ähnliche Ergebnisse liefern Versuche, in denen nur mit dem rechten Auge fixiert wird. Diese Unterschiede werden als das Phänomen der **gekreuzten und ungekreuzten Doppelbilder** bezeichnet. Das Gehirn errechnet aus den Meldungen über gekreuzte und ungekreuzte Doppelbilder, welche Bildpunkte vor und welche hinter dem fixierten Bereich liegen (siehe Abb. 120).

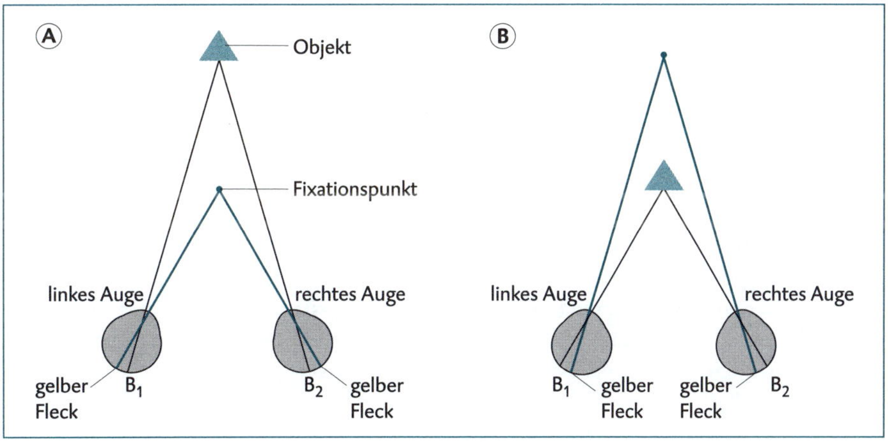

Abb. 120: Doppelbilder auf nicht korrespondierenden Netzhautbereichen von einem Objekt, das hinter dem fixierten Punkt liegt (A) und von einem Objekt, das vor dem fixierten Punkt liegt (B).

Räumliches Sehen mit einem Auge

Auch mit nur **einem Auge** kann der Mensch räumlich sehen, allerdings nicht so gut wie mit zwei Augen. Das Großhirn kann die Entfernung von Gegenständen z. B. durch die **Messung der Linsenkrümmung** feststellen. Das geschieht durch Meldungen aus Muskelspindeln des Muskels, der die Krümmung der Linse verändert. Dies ist aber nur im Nahbereich möglich, weil der Muskel nur bei der **Nahakkommodation** kontrahiert wird. Eine weitere Möglichkeit liefert der **Vergleich** der im Gehirn entstehenden Bildeindrücke mit Erfahrungen aus schon einmal wahrgenommenen Bildern (siehe Gehirn: Projektions- und Assoziationsfelder des Sehens, S. (1) 219). Auf diese Weise kann die Entfernung abgeschätzt werden, z. B. durch

- den **Größenvergleich** der Gegenstände. Entfernter liegende Gegenstände erscheinen kleiner als näher liegende. Voraussetzung ist, dass die Größe der Gegenstände bekannt ist.
- den Grad der **Trübung** des Bildes durch die Luft (Luftperspektive). Entfernter liegende Bereiche erscheinen durch die Lufttrübung weniger scharf als näher liegende. Bei sehr klarer Luft, z. B. nach längerem Regen oder bei Föhnwetterlage, kann es zu optischen Täuschungen kommen.
- die **Überschneidung** von Gegenständen. Gegenstände, die andere teilweise verdecken, werden als näher liegend empfunden als solche, die verdeckt sind.

Dem Gehirn stehen viele verschiedene Daten zur Verfügung, die miteinander verrechnet werden müssen, um daraus Entfernungen abzuschätzen und räumliches Sehen zu ermöglichen. Bei der Verrechnung werden berücksichtigt:

- Die Unterschiede der Bilder auf korrespondierenden Netzhautbereichen.
- Die Unterschiede der Bilder auf disparaten Netzhautbereichen.
- Die Kontraktion des Muskels, der die Krümmung der Linse verändert.
- Im Gehirn gespeicherte Erfahrungen über die Größe von Gegenständen, den Grad der Lufttrübung von Bildern, die Flächenüberschneidung usw.

> Die **räumliche** Wahrnehmung ist in dem Teil des Gesichtsfeldes, den beide Augen überblicken, besonders gut. Da die auf der Netzhaut der beiden Augen entstehenden Bilder nicht gleich sind, laufen **unterschiedliche Erregungsmuster** von beiden Augen zum Großhirn. Der räumliche Eindruck entsteht durch die **Verrechnung** dieser unterschiedlichen Erregungsmuster an den Synapsen des Sehzentrums.

Manchmal kann es zu nicht verrechenbaren Datenkonstellationen oder zu **Fehlern** in der Verrechnung kommen (siehe unmögliche Objekte, S. (1) 218 f.).

Optische Täuschungen

Die Verarbeitungsprozesse im Großhirn verlaufen **unbewusst**. Wenn aber Störungen und Fehler in der Verrechnung auftreten, können sie sich bemerkbar machen. **Optische Täuschungen** und ähnliche fehlerhafte Empfindungen verdeutlichen, dass das Großhirn neue Eindrücke immer mit bereits gespeicherten Erfahrungen abgleicht. Der Vergleich der aktuell wahrgenommenen Bilder mit den durch Erfahrung gewonnenen und im Großhirn gespeicherten führt zu irreführenden oder falschen Ergebnissen des Verarbeitungsprozesses. So erscheinen, wie in Abb. 121 gezeigt, gerade Linien gebogen (A), zwei gleich lange Linien unterschiedlich lang (B) oder zwei gleich große Flächen verschieden groß (C) usw.

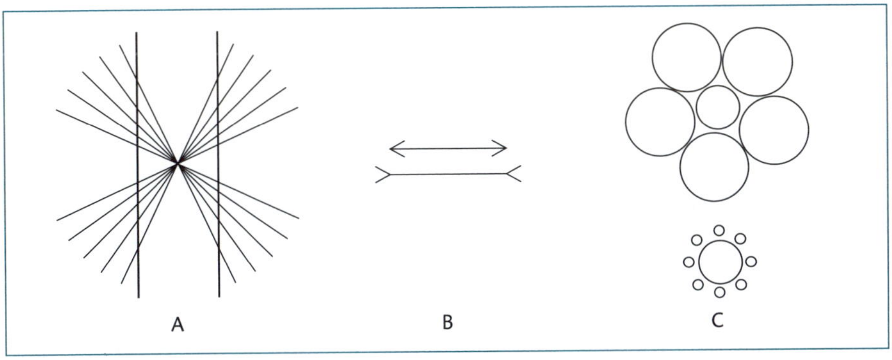

Abb. 121: Optische Täuschungen.

Eine weitere aus dem Alltag bekannte Erscheinung ist die **Entfernungstäuschung**. Bei sehr klarem Wetter erscheinen weit entfernt liegende Landschaftsbereiche ungewohnt nah. Das Gehirn vergleicht die Erfahrung, dass Dinge in weiter Entfernung getrübt erscheinen, mit dem Bild, das von den Augen geliefert wird. An solchen Tagen staunen wir über den Eindruck der ungewohnten Nähe von Landschaften, die wir aus der Erfahrung als weit entfernt kennen.

Klappbilder

Zuweilen ist das Gehirn nicht in der Lage, ein endgültiges und eindeutiges Ergebnis der Verrechnungsprozesse zu liefern. Das ist bei den sogenannten „Klappbildern" (Umspringbilder) der Fall (siehe Abb. 122). Die Abb. A kann als ein nach links schauender Entenkopf gesehen werden, kann aber auch die Silhouette eines nach rechts schauenden Hasen darstellen. Das Gehirn ist in diesem Fall unfähig, durch einen Vergleich mit den gespeicherten Bildern von

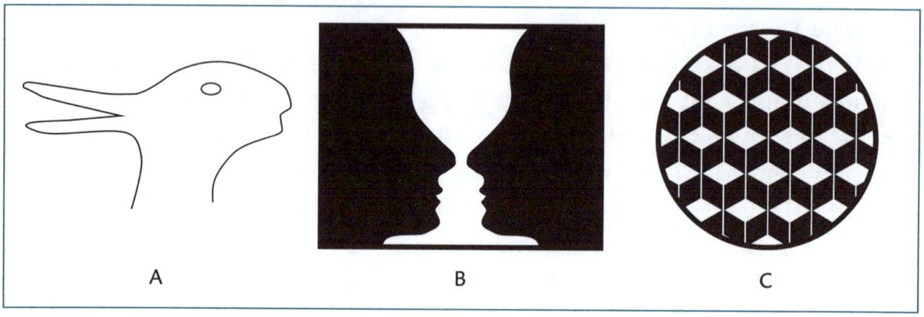

Abb. 122: Beispiele für Klappbilder.

Enten und Hasen ein eindeutiges Ergebnis des interpretierenden Verrechnungsprozesses zu liefern. Der Vergleich bringt zwei Ergebnisse. Die Unfähigkeit des Großhirns, eine klare Entscheidung zu fällen, äußert sich darin, dass die Bilder bei längerer Betrachtung „umspringen". Gleiches gilt für die Abb. B. Die helle Fläche erscheint als Kelch. Das Bild kann aber umspringen und den Eindruck von zwei sich anschauenden Gesichtern erwecken, die sich aus den schwarzen Flächen ergeben. In Abb. C deutet das Gehirn die hellen Flächen entweder als Böden von hängenden oder als Deckel von stehenden Würfeln. Die Verrechnung erbringt in diesem Fall kein eindeutiges Ergebnis über die genaue räumliche Struktur. Der Prozess des Vergleichs mit gespeicherten Erfahrungen aus räumlichen Wahrnehmungen lässt sich **nicht unterdrücken**. Wir „müssen" das Bild der Rauten perspektivisch interpretieren. Das Gehirn kann wegen des zwangsläufig erfolgenden Vergleichs mit gespeicherten räumlichen Eindrücken das Bild nicht als reine Fläche interpretieren.

Unmögliche Objekte

Unlösbare Widersprüche können sich ergeben, wenn Bilder durch die Art der Linienführung das Gehirn zur perspektivischen Deutung anregen, obwohl die Linien sich mit den Erfahrungen aus räumlich wahrgenommenen Bildern nicht zur Deckung bringen lassen. In solchen Fällen ergibt sich der Eindruck von unmöglichen, paradoxen Objekten. Ein Großhirnfeld erzeugt den räumlichen Eindruck, während das andere aufgrund der Erfahrung entscheidet, dass eine solche Anordnung von Linien in räumlichen Bildern nicht möglich ist.

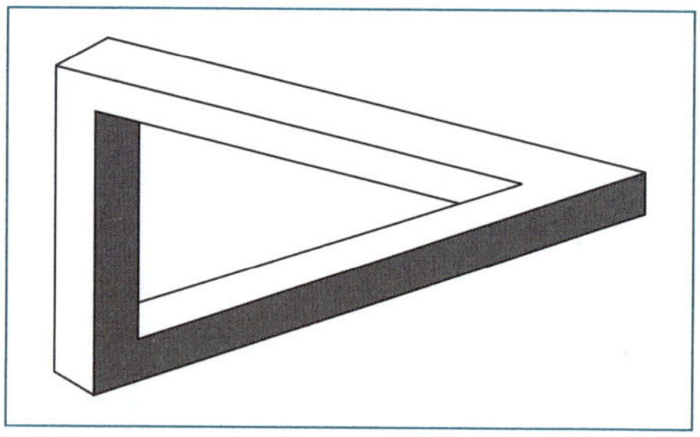

Abb. 123: Ein unmögliches Objekt.

Sensorische Projektions- und Assoziationsfelder

Durch die Analyse des Verlaufs von Nervenfasern im Gehirn und durch die Untersuchung von Ausfallerscheinungen nach Verletzungen ist bekannt, dass **die Wahrnehmung und die Erkennung** von Bildern in getrennten Bereichen der Großhirnrinde erfolgen (siehe Abb. 124). Beim Vorgang des Sehens nimmt in jeder Großhirnhälfte das **Projektionsfeld des Sehens** die Bilder wahr. Der Mensch kann das Bild aber erst erkennen, wenn es sein Großhirn mit bereits vorher gesehenen Bildern vergleicht. Diese Bilder sind in einem anderen Bereich der Großhirnrinde, im **Assoziationsfeld des Sehens**, gespeichert. Der Vorgang des Erkennens ist also eigentlich ein Prozess des „Wiedererkennens“. Die Eindrücke von optischen Täuschungen, Klappbildern und paradoxen Bildern treten auf, wenn sich beim Vergleich der im Projektionsfeld des Sehens wahrgenommenen Bilder **Differenzen** mit jenen ergeben, die im Assoziationsfeld des Sehens gespeichert sind. Allerdings reicht diese Erklärung nicht aus. Die Verarbeitungsprozesse des Großhirns sind sehr komplex. Außer dem Projektions- und dem Assoziationsfeld des Sehens sind an den Täuschungen weitere Bereiche des Großhirns beteiligt. Eine Zerstörung des Projektionsfeldes des Sehens führt zur vollständigen Blindheit **(Rindenblindheit)**. Die in der Netzhaut entstehende Erregung wird zwar über den Sehnerv zum Gehirn geleitet, kann aber dort nicht zur Wahrnehmung des Bildes führen. Eine Person, deren Projektionsfeld dagegen normal arbeitet, deren Assoziationsfeld jedoch funktionsunfähig ist, kann Bilder zwar wahrnehmen, aber nicht erkennen, sie ist **seelenblind**. Ein seelenblinder Patient kann z. B. einem Stuhl, der ihm im Weg steht, ausweichen. Er kann aber nicht sagen, welches Hindernis ihm den Weg versperrt.

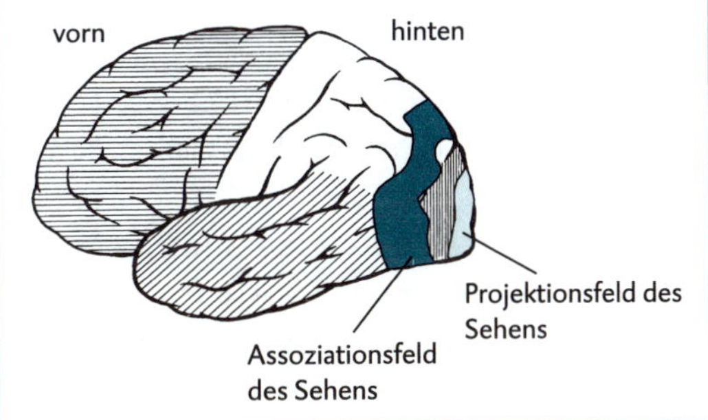

Abb. 124: Lage des Projektions- und Assoziationsfeldes des Sehens in der Großhirnrinde.

Die **Wahrnehmung** geschieht in sensorischen Projektionsfeldern des Großhirns, die **Erkennung** in sensorischen Assoziationsfeldern.

Was am Beispiel des Sehens erläutert wurde, gilt auch für andere Sinneseindrücke. So liegen in der Großhirnrinde Projektions- und Assoziationsfelder des **Hörens**. Entsprechend gibt es die Ausfallerscheinungen der Rinden- und Seelentaubheit.

3.4 Sprachsteuerung durch Felder des Großhirns

Neben den sensorischen Feldern enthält die Großhirnrinde auch Bereiche, die Bewegungen steuern, die **motorischen Felder**. Ein großes motorisches Feld ist im Großhirn für die **Bewegungen des Körpers** zuständig. In seiner Nähe liegt die motorische Sprachregion, die die Sprachmuskulatur steuert.

Broca-Zentrum

Mehrere Felder der linken Großhirnhälfte, die untereinander Informationen austauschen können, ermöglichen es uns zu sprechen und die Sprache sinnvoll einzusetzen. Die geordnete Kontraktion der Muskeln, die an der Bildung von Sprache beteiligt sind, wie die Lippen-, Zungen-, Gaumen-, Kehlkopf- und Atemmuskulatur, wird vom **Broca-Zentrum**, dem motorischen Sprachzentrum, gesteuert. Es bildet Erregungsmuster, die die koordinierte Kontraktion der Sprechmuskulatur ermöglichen. Erforderlich ist dabei auch die Zusammenarbeit mit dem Großhirnfeld, das die Körperbewegung steuert.

Wernicke-Zentrum

Ein weiteres Feld, das **Wernicke-Zentrum**, ist dem Broca-Zentrum übergeordnet. Es enthält Informationen über den „richtigen Gebrauch“ von Sprache, also über Vokabeln, Grammatik u. Ä. Damit kann es Wörter und Sätze prüfen, die gehört wurden oder die gesprochen werden sollen, und deren Sinn erkennen. Aus der Zusammenarbeit von Broca-Zentrum und Wernicke-Zentrum ergibt sich die Fähigkeit, sinnvoll und in grammatikalisch richtiger Form verständlich zu sprechen. Das Wernicke-Zentrum entscheidet, was gesagt werden soll, mit welchen Vokabeln und in welcher grammatikalischen Anordnung der Wörter. Es bestimmt den **Sinn der sprachlichen In-**

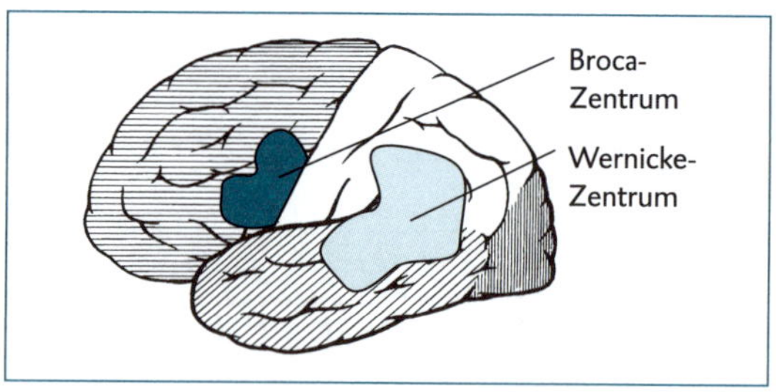

Abb. 125: Linke Großhirnhälfte mit Lage des Broca-Zentrums und des Wernicke-Zentrums.

formation. Entsprechend der aus dem Wernicke-Zentrum einlaufenden Information bildet das Broca-Zentrum ein Erregungsmuster, das die Sprachmuskulatur in der richtigen Weise zur Kontraktion bringt. Bei Ausfall des Wernicke-Zentrums spricht der betroffene Mensch in Wortreihen, die in der Wahl und der Anordnung der Wörter **keinen Sinn** ergeben. Wenn das Broca-Zentrum gestört ist, kann die Person zwar sinnvoll, allerdings nur **mühsam und stockend** sprechen.

Das Broca-Zentrum steuert die **Sprachmuskulatur**, das Wernicke-Zentrum kontrolliert den **Sinngehalt** der Sprache. Bei einem Ausfall des Broca-Zentrums ist das Sprachverständnis nicht gestört.

Verbindungen zwischen dem Sprachzentrum und anderen Großhirnfeldern

Am sinnvollen und grammatikalisch richtigen Sprechen sind außer den Sprachzentren in der Regel weitere Großhirnbereiche beteiligt. Dies soll am Beispiel einer Person, die einem ihr im Weg stehenden Stuhl ausweicht, erläutert werden. Eine gesunde Person kann das Hindernis nicht nur umgehen, sondern es auch korrekt benennen. Um das Wort „Stuhl" zu finden und es auszusprechen, müssen Informationen aus dem Assoziationszentrum des Sehens in das Sprachzentrum, also in das Broca- und das Wernicke-Zentrum, gelangen. Das Projektionsfeld des Sehens nimmt das Bild des Stuhls wahr, durch den Vergleich mit schon einmal wahrgenommenen Bildern erkennt das Assoziationszentrum des Sehens, dass es sich um einen Stuhl handelt. Aus den Meldungen des Assoziationszentrums an das Sprachzentrum „entwerfen" das Wernicke- und das Broca-Zentrum ein Erregungsmuster, das die Sprachmuskulatur zur Bildung des Wortes „Stuhl" anregt. Dabei prüft das Wernicke Zentrum, ob das Wort „Stuhl" als Bezeichnung für den erkannten Gegenstand sinnvoll ist.

Erregung der Lichtsinneszellen auf der Netzhaut → sensorisches Projektionsfeld des Sehens → sensorisches Assoziationsfeld des Sehens → Broca- und Wernicke-Zentrum → Muskulatur der Zunge, des Gaumens, der Lippen usw.

Abb. 126: Steuerungsvorgänge im Großhirn bei der Benennung eines gesehenen Objekts.

Eine **seelenblinde** Person ist nicht in der Lage, auf die Frage nach dem Hindernis, dem sie ausgewichen ist, zu antworten. Das Assoziationszentrum des Sehens arbeitet nicht, daher kann das Broca-Zentrum keine Meldungen erhalten. Wenn man einer seelenblinden Person allerdings gestattet, den Gegenstand **abzutasten**, kann sie die richtige Antwort geben. Der im **Projektionsfeld des Tastens** wahrgenommene spezifische Eindruck wird im Assoziationsfeld des Tastens als Stuhl erkannt. Statt des ausgefallenen Assoziationsfelds des Sehens kann nun das Assoziationsfeld des Tastens Meldungen an die Sprachzentren senden.

Komplexe Leistungen des Gehirns

Die Leistungsfähigkeit des Gehirns lässt sich nicht allein durch die Leistungen erklären, die die einzelnen Nervenzellen erbringen. Sie entsteht erst durch die Zusammenfassung vieler Nervenzellen zu einem Nervengewebe, das zusammen mit anderen Gewebetypen das Organ (das Gehirn) bildet.

Beispiele

Durch die Zusammenarbeit der Nervenzellen im Projektionsfeld des Sehens z. B. kann der Mensch Bilder wahrnehmen. Erst durch die Kooperation verschiedener Bereiche des Organs, hier des Nervengewebes im Projektions- und Assoziationsfeld des Sehens, ist der Mensch in der Lage, die wahrgenommenen Bilder auch zu erkennen.

Ähnlich verhält es sich mit der Fähigkeit zu sprechen. Für die volle Sprachfähigkeit müssen verschiedene Bereiche des Gehirns zusammenarbeiten; das Nervengewebe des Broca-Zentrums, des Wernicke-Zentrums und der motorischen Felder, die für die Sprachmuskulatur zuständig sind.

Wenn man einzelne Nervenzellen oder Gewebebereiche aus den Seh- oder Sprachfeldern isoliert untersuchen würde, könnte man die Leistung des Gehirns nicht erkennen. Man könnte keine Hinweise finden auf die Fähigkeit, Bilder zu erkennen oder einen verständlichen, grammatikalisch richtigen Satz flüssig zu sprechen.

Im Nervensystem werden also mit zunehmender Organisationsstufe, von der Zelle über das Gewebe bis zum Organ, immer komplexere Leistungen möglich. Die Leistungsfähigkeit einer einzelnen Nervenzelle verändert sich nicht, nur im Verbund von Nervenzellen kommen höhere Leistungen zustande.

Zusammenfassung

- Das menschliche Gehirn lässt sich in die Abschnitte **Groß-** und **Kleinhirn** sowie **Zwischen-** und **Stammhirn** gliedern. Das Großhirn verarbeitet die aus den Sinnesorganen einlaufende Erregung und steuert zusammen mit dem Kleinhirn die Bewegungen des Körpers. Zwischen- und Stammhirn regeln grundlegende Lebensprozesse des Organismus.
- Der äußere Bereich des Großhirns, die **Großhirnrinde** (graue Substanz), besteht v. a. aus **Zellkörpern und Dendriten** von Nervenzellen. Die **Nervenfasern** verlaufen in der darunter liegenden **weißen Substanz**.
- An den Synapsen der Zellkörper und Dendriten in der grauen Substanz laufen die Verrechnungsprozesse des Großhirns ab.
- Der Mensch nimmt nur den **Teil seiner Umwelt** wahr, den ihm seine Sinnesorgane vermitteln.
- Sinneszellen wandeln Reize in Erregung um. In **Lichtsinneszellen** löst Licht die **Änderung des Membranpotenzials** aus.
- Die Qualität des Bildes, das auf der Netzhaut entsteht, ist von den Leistungen des lichtbrechenden Apparates des Auges abhängig.
- Die **Umwandlung von Licht in Erregung** geschieht in den **Discs** der Lichtsinneszellen. Als Rezeptor dient Rhodopsin.
- Durch den Zerfall von **Rhodopsin** in seine Bestandteile **Opsin und Retinal** verändert sich die Permeabilität der Membran und in der Folge auch das **Membranpotenzial**.
- Die Wirkung des Rhodopsinzerfalls wird durch eine **Signalkette** und einen **second messenger** verstärkt.
- Das **Ausmaß der Potenzialänderung** an der Membran der Lichtsinneszelle ist von der Stärke des Lichtreizes abhängig **(amplitudenmodulierter Code)**.
- In den **Nervenzellen der Netzhaut**, auf die die Lichtsinneszellen ihre Erregung übertragen, entsteht ein Muster von Aktionspotenzialen, die auf den **Axonen des Sehnervs** ins Gehirn einlaufen.
- Der **Sehnerv** zieht über eine Umschaltstelle im Zwischenhirn zum **Sehzentrum** im hinteren Teil der Rinde jeder Großhirnhälfte. Teile des Sehnervs des linken und des rechten Auges **kreuzen** sich in ihrem Verlauf.
- Bilder, die auf **korrespondierende Netzhautbereiche** der beiden Augen fallen, werden als **einheitliches, einzelnes Bild** wahrgenommen.
- Das **Gehirn verrechnet die Unterschiede zwischen den Erregungsmustern**, die von beiden Augen einlaufen, und erzeugt daraus den **Eindruck eines räumlichen Bildes**.
- Bei der **Entfernungsmessung** mit nur **einem Auge** dienen v. a. **Erfahrungen** als vergleichende Messwerte.

- **Optische Täuschungen, Klappbilder** u. Ä. entstehen, wenn **im Großhirn** beim Vergleich des gerade wahrgenommenen Bildes mit den gespeicherten Erfahrungen **Störungen und Widersprüche** auftreten.
- In der Großhirnrinde lassen sich **motorische und sensorische Felder** anhand ihrer Funktion abgrenzen.
- Die **Wahrnehmung** von Sinneseindrücken ist eine Leistung der Großhirnrinde. Dies geschieht in **sensorischen Projektionsfeldern**. Die **Erkennung** der wahrgenommenen Eindrücke erfolgt in **sensorischen Assoziationsfeldern** durch den Vergleich mit dort gespeicherten, schon einmal wahrgenommenen Sinneseindrücken.
- Der Ausfall des Projektionsfelds des Sehens hat eine vollständige Blindheit zur Folge **(Rindenblindheit)**.
- Wenn das Assoziationsfeld des Sehens nicht arbeitet, das Projektionsfeld aber funktionsfähig ist, kann der betroffene Mensch seine Umwelt wahrnehmen, sie aber nicht erkennen **(Seelenblindheit)**.
- Die **Steuerung von Bewegungen** geht von **motorischen Feldern** der Großhirnrinde aus.
- Die **Sprachzentren** liegen in der linken Großhirnrinde. Bei der Steuerung der Sprachmuskulatur und des sinnvollen Einsatzes von Sprache arbeiten das **Broca-** und das **Wernicke-Zentrum** zusammen.
- Das **Broca-Zentrum** bildet Erregungsmuster, die eine **geordnete Kontraktion** der Sprachmuskulatur ermöglichen.
- Das **Wernicke-Zentrum** kontrolliert den **Sinn** der Wörter, sorgt für die richtige Grammatik und ermöglicht so eine sinnvolle Sprache.
- Um **sinnvoll sprechen** zu können, müssen die Sprachzentren **Erregungsmuster aus anderen Großhirnbereichen** erhalten.

gaben

255 **a** Nennen Sie die Fachbegriffe für die Abschnitte des menschlichen Gehirns.

b Ordnen Sie die aufgeführten Funktionen und Fähigkeiten den verschiedenen Gehirnabschnitten zu.

- **A** Erinnerung an den Inhalt eines Buches
- **B** Erhöhung der Körpertemperatur bei Fieber
- **C** Umschalten von Nervenbahnen, die vom Gehirn in Richtung der Muskulatur ziehen
- **D** Bewegungskoordination, die erforderlich ist, um in aufrechter Körperhaltung zu stehen
- **E** Umschalten der von den Augen kommenden Erregung
- **F** Schlucken beim Trinken von Wasser
- **G** Koordination der Atembewegungen des Brustkorbs
- **H** Regelung des Blutdrucks
- **I** Steuerung der Bewegungsabläufe beim Fahrradfahren
- **K** Gefühl, Durst zu haben
- **L** Fähigkeit, sich vollständig der Lösung einer Aufgabe zu widmen
- **M** Aushusten eines Fremdkörpers, der in die Luftröhre gelangt ist
- **N** Am späten Abend aufkommendes Gefühl der Müdigkeit
- **O** Vorstellung, dass Mitmenschen respektiert werden sollten

256 Die Gehirne eines Leguans (großes eidechsenartiges Reptil) und einer Krähe sind in etwa gleich schwer. Erläutern Sie, wie die Gehirne dieser beiden Tiere anhand der Größe ihres Kleinhirns zu unterscheiden sind.

257 **a** Als Koma bezeichnet man in der Medizin einen Zustand, in dem ein Mensch über längere Zeit auch durch starke äußere Reize nicht geweckt werden kann. Häufig fallen Patienten ins Koma, wenn ein bestimmter Gehirnabschnitt geschädigt wurde, z. B. durch einen Schlaganfall. Nennen Sie den Bereich des Gehirns, der bei einem Koma sehr wahrscheinlich gestört ist, und begründen Sie kurz Ihre Antwort.

b Zur Aufklärung der Gehirnfunktionen machte man in der Mitte des vergangenen Jahrhunderts folgenden Versuch: Man ließ Ziegen ausreichend Wasser trinken, um ihren Durst vollständig zu löschen. Danach injizierte man eine Salzlösung in einen bestimmten Bereich des Gehirns. Ein bis zwei Minuten nach der Injektion begannen die Tiere, ungeheure Wassermengen zu trinken. Wenn ihnen nichts anderes geboten wurde, tranken sie sogar Salzwasser und bittere Lösungen.
Nennen Sie den Gehirnteil, in den man die Salzlösung injiziert hatte, und begründen Sie kurz Ihre Antwort.

258 Beschreiben Sie die Aufgaben, die die sensorischen und motorischen Felder des Großhirns erfüllen.

259 Beschreiben Sie das Baumerkmal der Lichtsinneszellen, das dafür sorgt, dass das Licht eine sehr hohe Zahl von Sehfarbstoffmolekülen treffen kann.

260 (Themenübergreifende Aufgabe)
Erläutern Sie, in welchen Zellen der Netzhaut die Information amplitudenmoduliert codiert wird und welche einen frequenzmodulierten Code verwenden.

261 Nennen Sie die korrekten Aussagen.

- **a** Rhodopsin besteht aus zwei Molekülen, die beide Proteine sind.
- **b** Starker Mangel an Vitamin A kann ein vermindertes Sehvermögen zur Folge haben.
- **c** Beim Auftreffen von Photonen ändert sich die 11-cis-Form des Retinals in die all-trans-Form.
- **d** Das Auftreffen von Photonen verändert ein Retinalmolekül so, dass es an Opsin binden kann, um damit ein vollständiges Rhodopsinmolekül zu bilden.
- **e** Um die Permeabilität der Membran einer Lichtsinneszelle durch Photonen zu ändern, muss Retinal von der 11-cis-Form in die all-trans-Form übergehen.
- **f** Der Sehfarbstoff ist für die Farbe der Iris verantwortlich.
- **g** Durch den Verlust des Retinals nimmt das Opsin eine andere Form an, infolgedessen ändert sich die Permeabilität für bestimmte Ionen und damit auch das Membranpotenzial der Lichtsinneszelle.
- **h** Durch second messenger wird in der Regel eine Übererregung der Lichtsinneszelle, die eine Blendung zur Folge haben könnte, verhindert.
- **i** All-trans-Retinal lässt sich nur unter Aufwand von Stoffwechselenergie in 11-cis-Retinal umwandeln.
- **k** Der Zerfall eines Rhodopsinmoleküls kann die Veränderung mehrerer Ionenporen auslösen.

262 (Themenübergreifende Aufgabe)
Im Jahre 1994 erhielten zwei US-amerikanische Forscher den Nobelpreis für die Entdeckung von Vorgängen der Signalübertragung an der Zellgrenzmembran. Diese Vorgänge können unter anderem auch erklären, wie ein Reiz an der Membran bestimmter Sinneszellen zu einer Erregung führt. In der Abb. 127 sind diese Vorgänge am Beispiel einer Riechsinneszelle vereinfacht dargestellt.

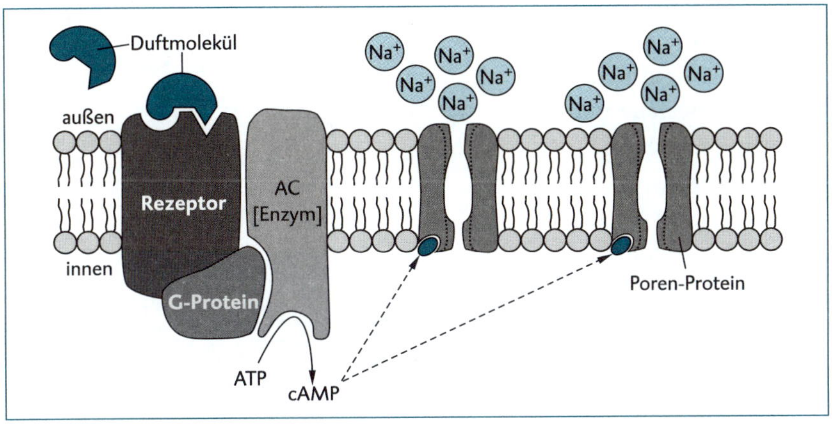

Abb. 127: Erregungsbildung über das Second-messenger-System an einer Riechsinneszelle.

a Beschreiben Sie in Stichworten die in der Abb. 127 dargestellten Vorgänge.
b Nennen Sie den Fachbegriff für diese Art der Signalübertragung an der Zellgrenzmembran.
c Erläutern Sie, worin der Vorteil dieser Art der Erregungsbildung liegt.

263 Jedes Auge leitet die Erregung seiner Lichtsinneszellen auf einem eigenen Sehnerv ins Gehirn. Beschreiben Sie, wodurch gewährleistet ist, dass der rechte bzw. der linke Teil des Blickfelds jedes Auges nur in einer Großhirnhälfte wahrgenommen wird.

264 Die Fähigkeit des räumlichen Sehens wird in der frühen Kindheit durch Erfahrung verbessert. Erklären Sie dieses Phänomen.

265 Beschreiben Sie, welche Informationen, die dem Gehirn als Erregung aus der Netzhaut jeden Auges gemeldet werden, dazu benutzt werden können, Entfernungen festzustellen und so räumlich zu sehen.

266 In der Abb. 128 sind Strahlengänge vereinfacht dargestellt, die verdeutlichen, unter welchen Bedingungen die Erregungsmuster, die aus beiden Augen in das Gehirn einlaufen, den Eindruck eines einheitlichen Bildes hervorrufen, und wie es zum Eindruck von Doppelbildern kommt.

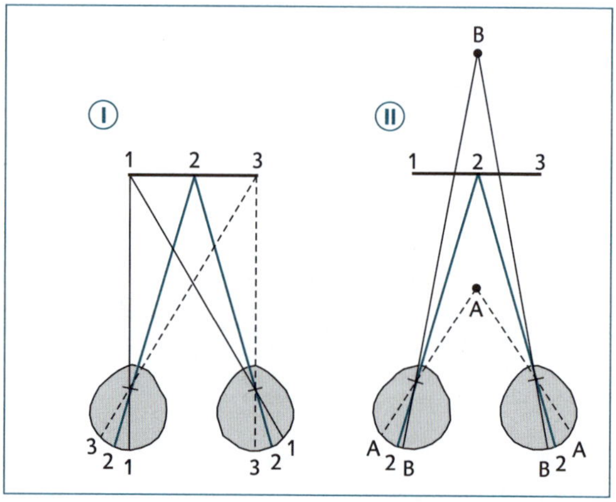

Abb. 128: Entstehung von einheitlichen Bildern und Doppelbildern.

Erläutern Sie anhand der Abb. 128, wie es zu einem einheitlichen Bildeindruck bzw. zu Doppelbildern kommt.

267 Beim Betrachten der Abb. 129 kommt es zu „verwirrenden" Eindrücken. Beschreiben Sie allgemein, welche Vorgänge im Gehirn an der Verwirrung mit beteiligt sind.

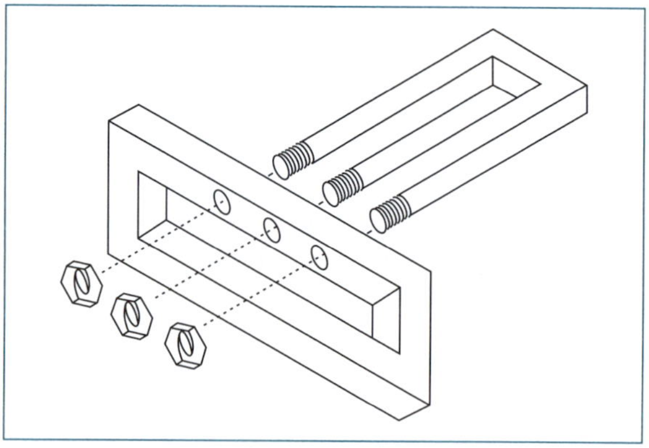

Abb. 129: Eine verwirrende Darstellung.

268 Abb. 130 zeigt Bilder, die beim Betrachter zwei verschiedene Interpretationen auslösen, die ständig wechseln. Das Umspringen der Deutung eines Bildes lässt sich willentlich nicht verhindern. Geben Sie eine allgemein gehaltene Erklärung der Vorgänge im Gehirn, die an der Entstehung dieses Phänomens beteiligt sind.

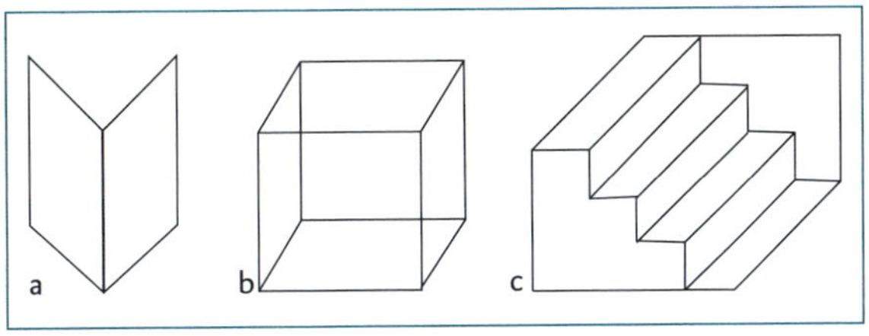

Abb. 130: Verschieden interpretierbare Objekte.

269 Der Rinden- und Seelenblindheit entsprechend können beim Menschen auch Rinden- und Seelentaubheit auftreten. Beschreiben Sie Fähigkeiten, die bei diesen Krankheiten verloren gehen. Begründen Sie Ihre Antwort.

270 Ein Patient leidet nach einem Schlaganfall, der eine bestimmte Gehirnregion geschädigt hat, unter schweren Sprachstörungen. Sein Sprachverständnis ist aber nicht in Mitleidenschaft gezogen. Daher versteht er die Aufforderung des Arztes zu schildern, wie er den Schlaganfall erlebt habe. Sein Bericht fällt stockend, nach Worten suchend so aus: „Nacht, Arm, nicht, heben, Frau, Arzt, Krankenhaus." Er konnte also in der Nacht den Arm nicht mehr heben, seine Frau benachrichtigte einen Arzt, der dafür sorgte, dass er ins Krankenhaus gebracht wurde.

a Nennen Sie den Gehirnbereich, der durch den Schlaganfall in Mitleidenschaft gezogen wurde und seine Lage in Gehirn.

b Nennen Sie die an der Steuerung von Sprache beteiligte Gehirnregion, die verschont blieb.

Begründen Sie Ihre Antworten.

271 Eine Person leidet nach Verletzung des Großhirns unter starken Sprachstörungen. Bei einem Test beschreibt sie z. B. ein Bild, auf dem ein Junge und ein Mädchen Indianer spielen, so: „Der Junge beurteilt den Topf". Sie spricht die Worte des Satzes flüssig und in deutlicher und richtiger Formulierung.

a Nennen Sie den Bereich des Gehirns, der gestört ist.

b Nennen Sie den an der Steuerung des Sprechens beteiligten Gehirnbereich, der unverletzt blieb.

c Erklären Sie, ob der Patient in der Lage wäre, einen gehörten Satz korrekt zu wiederholen. Begründen Sie Ihre Antworten.

Kommunikation im Immunsystem – Immunreaktionen

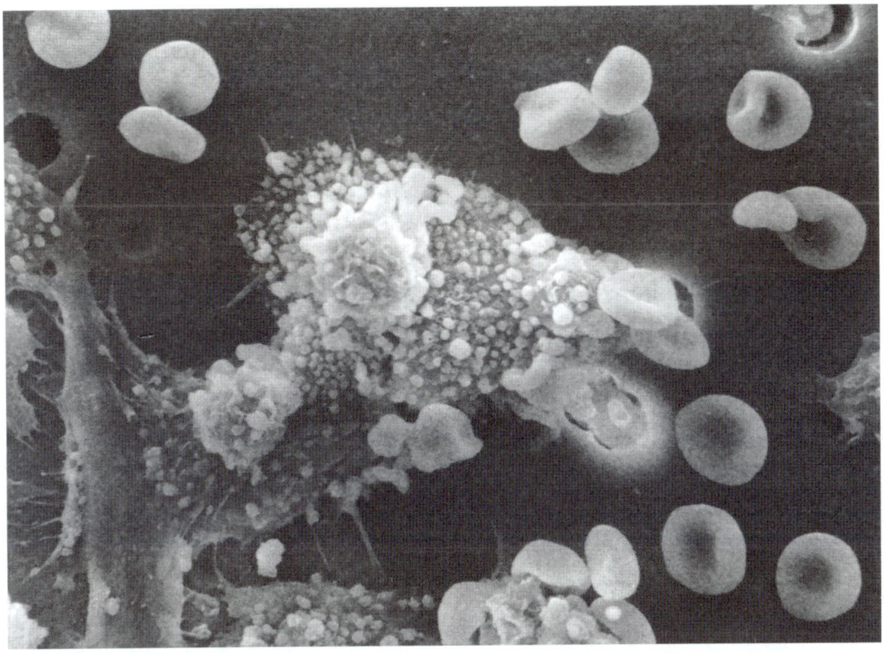

Makrophagen erkennen im Rahmen der Immunabwehr Erreger oder entartete Zellen, verschmelzen mit diesen und injizieren Toxine, durch die die Fremdkörper unschädlich gemacht werden. Die obige rasterelektronenmikroskopische Aufnahme zeigt eine Gruppe Makrophagen, die gerade eine Krebszelle bekämpft. Als runde, mittig eingedellte Strukturen sind in der näheren Umgebung rote Blutkörperchen erkennbar.

1 Unspezifische Immunreaktionen

Der Mensch und alle anderen Lebewesen sind ständig von **Krankheitserregern und giftigen Fremdstoffen** bedroht. Zu den Krankheitserregern zählen v. a. Bakterien und Viren, aber auch Einzeller (Protozoen), Pilze und kleine Vielzeller, z. B. parasitische Würmer. Im Laufe der Evolution haben die Lebewesen verschiedene Abwehrmechanismen, das sogenannte **Immunsystem** entwickelt, das einen wirkungsvollen, aber nicht vollständigen Schutz bietet. Die **erste Barriere** gegen die über die Atemluft oder Nahrung eindringenden Erreger oder Fremdstoffe bilden die **Haut und die Schleimhäute**. Erreger und Fremdstoffe, die diese erste Barriere überwinden konnten, stoßen im Inneren des Körpers auf weitere Abwehrmechanismen: Spezielle **Leukozyten**, d. h. weiße Blutkörperchen wie die Makrophagen und Granulozyten, phagozytieren die ins Gewebe eingedrungenen Erreger und zersetzen sie in ihrem Zytoplasma (siehe Lysosomen, S. (1) 22 f.). Ein besonderer Typ von Leukozyten, die natürlichen **Killer-Zellen**, lagern sich an größere Erreger wie z. B. parasitische Würmer an und machen sie durch ausgeschiedene Enzyme unschädlich. **Viren** werden bekämpft, indem die natürlichen Killer-Zellen die gesamte befallene Zelle zerstören. Außerdem können diese Killer-Zellen **Krebszellen** erkennen und abtöten.

Die **unspezifische Immunreaktion** richtet sich unterschiedslos gegen alle Erreger und Fremdstoffe. Sie ist **nicht** in der Lage, sich gezielt an die Bedrohung durch einen bestimmten Erreger oder Giftstoff **anzupassen**.

Erregertypen	Krankheiten
Viren	Pocken, Grippe, Windpocken, Mumps, AIDS, Röteln, Masern, Tollwut, Kinderlähmung, Gelbsucht (Hepatitis)
Bakterien	Tetanus (Wundstarrkrampf), Cholera, Pest, Tuberkulose, Salmonellen-Erkrankungen (Lebensmittelvergiftung), Typhus, Hirnhautentzündung, Keuchhusten, Scharlach, Diphtherie, Syphilis (Geschlechtskrankheit), Tripper (Geschlechtskrankheit)
Einzeller	Malaria, Schlafkrankheit, Amöbenruhr
Würmer	Bilharziose (Erkrankungen der Lunge, Leber, Niere und Harnblase), Flussblindheit (tropische Augenkrankheit)
Pilze	Fußpilz, Pilzerkrankungen der Schleimhäute (v. a. Mund, Scheide)

Tab. 15: Erreger von Infektionskrankheiten.

2 Spezifische Immunreaktionen

Die Fähigkeit zur **spezifischen** Immunreaktion entwickelt sich beim Menschen erst nach der Geburt. Von einem bestimmten Alter an läuft sie jedes Mal dann ab, wenn der Körper in Kontakt mit infektiösen Partikeln kommt, und sie richtet sich dabei sehr spezifisch nur gegen diesen einen Erreger. Da diese Vorgänge eine gewisse Zeit benötigen, wird eine spezifische Immunabwehr immer erst **einige Tage nach der erfolgten Infektion** wirksam. Einige der zuvor besprochenen Zelltypen der unspezifischen Immunreaktionen sind auch an den Prozessen der spezifischen Reaktionen beteiligt.

2.1 Spezifische Erkennung körperfremder Substanzen

Diejenigen **Merkmale eines Erregers**, an denen das Immunsystem diesen als körperfremd und potenziell bedrohlich erkennt und die spezifische Immunreaktion einleitet, nennt man **Antigene**. Als Antigene können verschiedene Verbindungen wirken:

- Proteine oder Polysaccharide auf der Oberfläche von Krankheitserregern, aber auch auf **Pollen** und anderen Fremdpartikeln.
- Bestimmte Molekülbereiche von chemischen Substanzen wie **Insekten-** oder **Schlangengifte** oder Fremdeiweiße.
- Bestimmte Proteine auf der Oberfläche von körperfremden Zellen, die **MHC-Proteine** (engl. *major histocompatibility complex* „Haupt-Histokompatibilitäts-Komplex“). Dem Körper unbekannte MHC-Proteine finden sich auch auf **Krebszellen** und auf den Zellen von **transplantiertem Gewebe**.

Antigene rufen spezifische Abwehrreaktionen des Körpers gegen die sie tragenden Partikel hervor. Dabei kommt es auch zur Bildung von spezifischen **Antikörpern**.

2.2 Antikörper

Die zuvor besprochenen Antigene regen bestimmte Zellen des Immunsystems, die **B-Lymphozyten** (siehe S. (1) 237 ff.) an, spezifische, nur gegen das entsprechende Antigen wirksame **Antikörper** zu bilden (Antigen = **Anti**körper **gen**erierend).

Bau eines Antikörpers

Ein Antikörper vom Immunglobulin G-Typ (IgG) ist ein **globuläres Protein** (siehe S. (1) 59). Er hat etwa **Y-förmige** Gestalt und besteht aus zwei längeren „schweren" Ketten (H-Ketten; engl. *heavy*), die durch Disulfidbrücken mit je einer kurzen „leichten" Kette (L-Kette; engl. *light*) verbunden sind (siehe Abb. 131). An den Enden der beiden Y-Äste liegen **Bindungsstellen für bestimmte Antigene**. Die verschiedenen Antikörpertypen eines Lebewesens unterscheiden sich nur in der Aminosäuresequenz der oberen, **variablen Region** der Y-Äste, die auch die Antigenbindungsstellen enthalten. Der Rest der Eiweißketten ist bei allen Antikörpern eines Organismus gleich gebaut und wird als **konstante** Region bezeichnet. Die Antikörper **verschiedener Tierarten** unterscheiden sich auch im chemischen Bau der konstanten Regionen. Neben Immunglobulin G bildet das Immunsystem weitere Antikörper mit anderen Formen und Funktionen (siehe Allergie, S. (1) 249 f.).

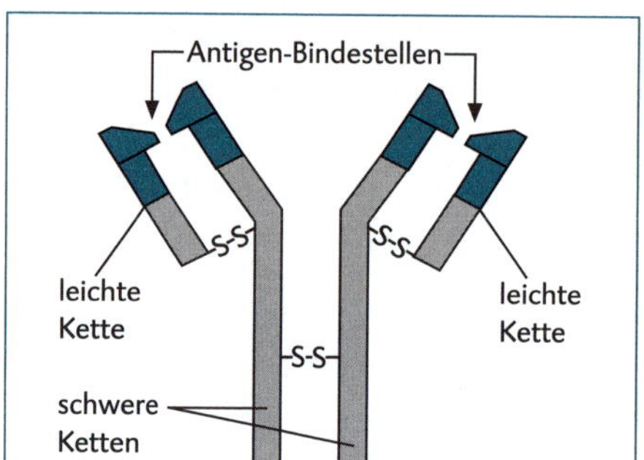

Abb. 131: Bau eines Antikörpers.

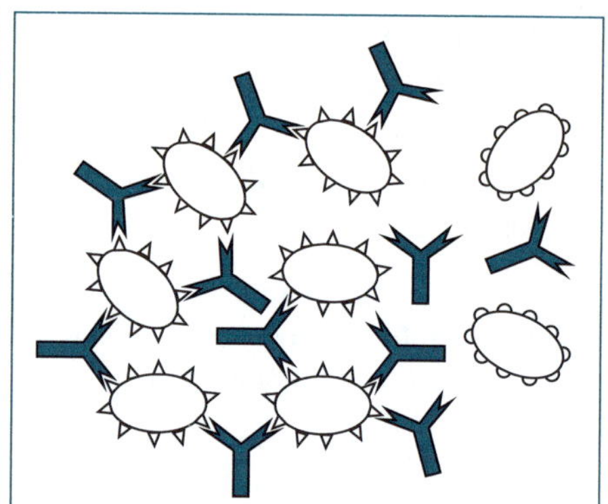

Abb. 132: Agglutination von Erregern durch spezifische Antikörper.

Wirkung der Antikörper vom Immunglobulin G-Typ

Antikörper können an Antigene binden und nach dem Schlüssel-Schloss-Prinzip einen **Antigen-Antikörper-Komplex** bilden. Das geschieht durch schwache Bindungen wie Wasserstoffbrücken und Van-der-Waals-Kräfte, aber auch durch Ionenbindungen in ähnlicher Weise wie die kurzzeitige Verbindung zwischen einem Enzymmolekül und seinem Substrat (siehe Enzym-Substrat-Komplex, S. (1) 63). Dadurch können bestimmte Stellen des Antigens **blockiert** werden, etwa die Bereiche, mit denen ein **Virus** an eine Wirtszelle andockt, um ins Zytoplasma eindringen zu können. Mehrere Erreger können durch die Bildung eines Antigen-Antikörper-Komplexes miteinander verbunden werden, sodass größere Komplexe entstehen. Diesen Vorgang nennt man **Agglutination** (siehe Abb. 132, S. (1) 234). Die größeren Gebilde können anschließend von **Fresszellen** wie den Makrophagen in einem einzigen Phagozytose-Vorgang aufgenommen und verdaut werden. Schließlich können auch gelöste Antigen-tragende Moleküle miteinander verbunden werden, sodass sie aus der Lösung ausfallen. Nach dieser **Präzipitation** werden die Molekülklumpen von Fresszellen phagozytiert.

Vielfalt und Spezifität der Antikörper

Antikörper werden von einem besonderen **Lymphozyten-Typ** gebildet. Wenn ein Erreger in den Körper gelangt, muss das Immunsystem dessen Antigene sicher als fremdartig erkennen und dafür sorgen können, dass die Lymphozyten möglichst schnell eine große Zahl von Antikörpern bilden, die spezifisch gegen die betreffenden Antigene wirken. Entsprechend der sehr großen Zahl verschiedener Antigene gibt es auch eine Vielzahl unterschiedlicher Typen von Lymphozyten. Der Körper enthält außerordentlich **viele verschiedene Typen** von B-Lymphozyten, die jeweils die Bildung **nur eines bestimmten Antikörpers** – mit spezifischer Abfolge der Aminosäuren in der variablen Region seiner Eiweißketten – auslösen können. Die **Anzahl** der B-Lymphozyten eines bestimmten Typs ist dagegen gering. Die vielen verschiedenen B-Lymphozyten-Typen unterscheiden sich in ihren Antigen-Rezeptoren.

Als Bestandteil ihrer Hüllmembran tragen Lymphozyten an ihrer Oberfläche Moleküle, die als **Antigen-Rezeptoren** wirken und für je ein bestimmtes Antigen spezifisch sind.

Die **Bildung der Antikörper** läuft in folgenden Schritten ab:

1 Ein Antigen, das sich an einen Antigen-Rezeptor gebunden hat, regt die B-Lymphozyten dazu an, sich mehrmals zu **teilen**.

2 Die zur Teilung angeregten B-Lymphozyten wandeln sich in **Plasmazellen** um, die spezifische, gegen das Antigen wirkende Antikörper bilden, sowie in **Gedächtniszellen**, die die Grundlage des immunologischen Erinnerungsvermögens sind (siehe S. (1) 242).

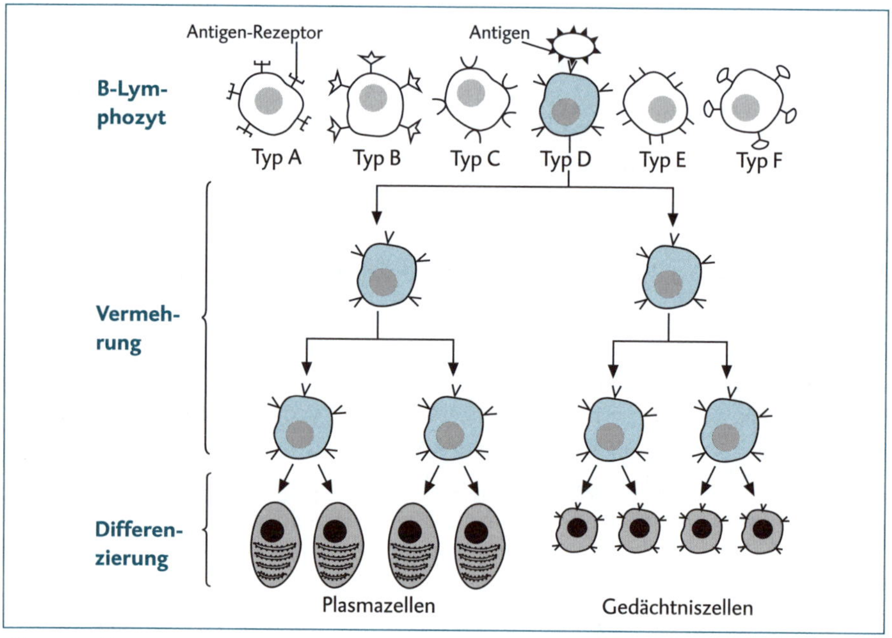

Abb. 133: Bildung von Antigen-spezifischen Plasma- und Gedächtniszellen.

Aus der extrem hohen Zahl der verschiedenen Lymphozyten-Typen vermehren sich nur diejenigen, die die Bildung der zur Bekämpfung der eingedrungenen Erreger geeigneten, spezifischen Antikörper auslösen. So wird eine **gezielte** Immunantwort möglich, ohne ständig für alle Erregertypen die jeweils passenden Antikörper vorrätig halten zu müssen. Allerdings benötigen die spezifischen Abwehrreaktionen **mehr Zeit** als unspezifische Immunantworten.

Die **spezifische** Immunabwehr arbeitet sehr **sparsam**, unter geringem Einsatz von Material und Energie, und dennoch sehr **effektiv**.

2.3 Ablauf der spezifischen Immunreaktion

Herkunft und Reifung der Zellen des Immunsystems

Alle Lymphozyten bilden sich aus **Stammzellen** des Knochenmarks. Nachdem sie aus diesen undifferenzierten Zellen entstanden sind, bleiben sie entweder im Knochenmark und reifen dort zu **B-Lymphozyten** heran (engl. *bone*), oder sie wandern in die Thymusdrüse und differenzieren sich dort zu **T-Lymphozyten** (T für Thymus). Die Thymusdrüse liegt unter dem Brustbein und ist nur in der Jugend aktiv. Am Ende der Differenzierung enthält der Körper eine außerordentlich hohe Zahl verschiedener Typen von B- und T-Lymphozyten, die sich in der Gestalt der **Antigen-Bindungsstellen** ihrer Membran unterscheiden. Die reifen B- und T-Lymphozyten wandern in die lymphatischen Organe, v. a. in die **Lymphknoten** und die **Milz**, z. T. auch in die Rachenmandeln und in den Wurmfortsatz (Blinddarm). Sie bewegen sich aber auch frei in der Lymphe und im Blut, sodass sie für einen eventuellen Kontakt mit dem passenden Antigen bereitstehen. Die Reifung des Immunsystems, v. a. die Differenzierung der B- und T-Lymphozyten, ist erst einige Tage und Wochen nach der Geburt abgeschlossen. Im Organismus des Embryos und des Neugeborenen kann daher eine körperfremde Substanz noch keine spezifische Immunreaktion auslösen.

Der **Verlauf** der spezifischen Immunreaktion, sowohl der humoralen wie auch der zellvermittelten (siehe S. (1) 240), lässt sich in **vier Abschnitte** unterteilen: Erkennungs-, Differenzierungs-, Wirkungs- und Abschaltphase.

Erkennungsphase

Zur Erkennung bindet ein Antigen an den passenden Antigen-Rezeptor einer der vielen Typen von **B-Lymphozyten** (siehe Abb. 133, S. (1) 236). Der Kontakt der **T-Lymphozyten** mit ihrem Antigen kommt nicht direkt zustande, sondern wird **durch Zellen vermittelt**, die auch an der unspezifischen Immunreaktion beteiligt sind: Die **Makrophagen** nehmen das Antigen-tragende Teilchen durch Phagozytose auf, zersetzen es in ihrem Zytoplasma und bauen dessen Antigene in ihre eigene Membran ein. Auf diese Weise **präsentieren** die Makrophagen den T-Lymphozyten die Antigene fremder Substanzen. Bei Zell-Zell-Kontakt binden die Antigen-Rezeptoren der **T-Lymphozyten** an die Antigene auf der Membran der Makrophagen. Die Präsentation von Antigenen durch die Makrophagen stellt eine erste Kontrollinstanz dar.

Die **T-Lymphozyten** der spezifischen Immunreaktion können nur mit solchen Antigenen Kontakt aufnehmen, die zuvor bereits von Zellen der unspezifischen Immunreaktion, den **Makrophagen,** als körperfremd erkannt wurden.

Differenzierungsphase

Wenn ein **T-Lymphozyt** Kontakt zum passenden Antigen bekommen hat, wird er zur Teilung angeregt. Er vermehrt und differenziert sich zu:

- **T-Helfer**-Zellen (T-Helfer-Lymphozyten)
- **T-Unterdrücker**-Zellen (T-Suppressor-Lymphozyten)
- **T-Killer**-Zellen (T-Killer-Lymphozyten; zytotoxische T-Zellen)

Um einen **B-Lymphozyten** zur Differenzierung anzuregen, müssen zwei verschiedene Vorgänge ablaufen: Erstens muss der B-Lymphozyt mit dem **Antigen**, das zu seinen Antigen-Rezeptoren passt, Kontakt gehabt haben (siehe Erkennungsphase), zweitens muss ein T-Helfer-Zell-Typ durch das gleiche Antigen aktiviert werden und spezifische **Botenstoffe**, die Zytokine, abgeben. Diese Aktivierung der T-Helfer-Zellen und die Ausschüttung der Botenstoffe geschehen durch folgende Vorgänge:

1 **T-Helfer-Zellen** werden durch Kontakt mit den Antigenen auf der Membran der Makrophagen aktiviert. Dadurch erhalten sie die Fähigkeit, ihrerseits Kontakt mit dem Antigen in der Membran eines B-Lymphozyten aufzunehmen (siehe Abb. 134).

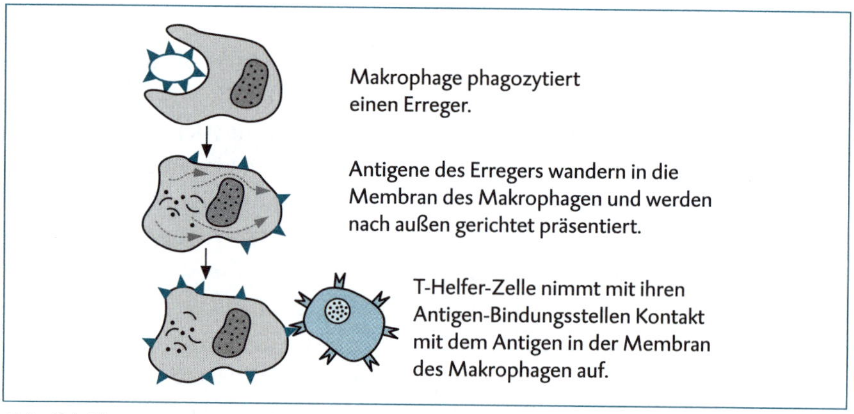

Abb. 134: Aktivierung von T-Helfer-Zellen durch Zell-Zell-Kontakt mit einem Makrophagen.

2 Die aktivierten T-Helfer-Zellen nehmen Zell-Zell-Kontakte mit **B-Lymphozyten** auf. Dazu sind aber nur die B-Lymphozyten fähig, die bereits vorher das betreffende Antigen aufgenommen und in ihre Membran eingebaut haben (siehe Abb. 135). Erst wenn ein so veränderter B-Lymphozyt mit einer passenden, aktivierten T-Helfer-Zelle Kontakt aufgenommen hat, können die Botenstoffe (Zytokine) der T-Helfer-Zelle den B-Lymphozyten dazu anregen, sich zu teilen und zu Plasmazellen zu differenzieren.

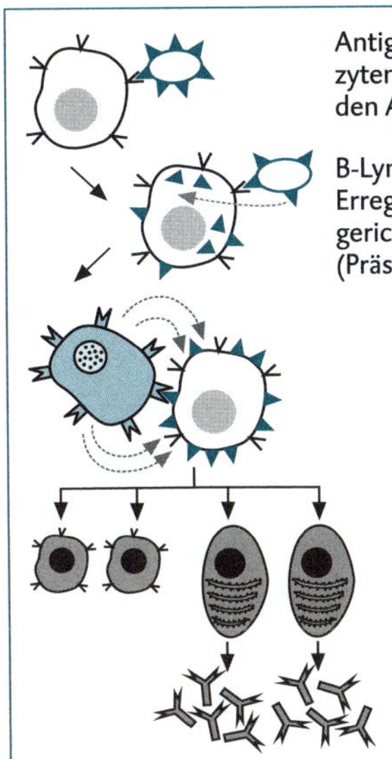

Abb. 135: Aktivierung von B-Lymphozyten.

Erst unter dem Einfluss der spezifischen **Botenstoffe** der **T-Helfer-Zellen** kann sich ein **B-Lymphozyt** teilen und differenzieren.

Die spezifische Immunreaktion hat also an dieser Stelle einen **doppelten Kontrollmechanismus**, der sicherstellt, dass nur Antikörper gegen körperfremde Stoffe entstehen. Nur wenn sowohl B- wie auch T-Lymphozyten mit ihren Antigen-Rezeptoren ein passendes Antigen gebunden haben, werden Antikörper gebildet. Durch die Differenzierung entstehen aus den B-Lymphozyten v. a. **Plasmazellen**, die sofort damit beginnen, spezifische Antikörper gegen das betreffende Antigen zu produzieren. Die Plasmazellen enthalten eine hohe Zahl von Ribosomen und ein stark ausgeprägtes Endoplasmatisches Retikulum, also typische Merkmale von Zellen mit **hoher Proteinsynthese-rate** (siehe Zytologie, S. (1) 21). Da alle Plasmazellen durch Mitosen aus einem bestimmten Typ von B-Lymphozyten entstehen, bilden sie einen **Klon** (siehe Abb. 133, S. (1) 236). Alle Plasmazellen eines Klons produzieren **denselben** Antikörper, eben gegen jenes Antigen, das ihre Bildung ausgelöst hat.

Wirkungsphase

Die humorale und die zellvermittelte Immunreaktion wirken unterschiedlich:

- Bei der **humoralen Immunreaktion** (lat. *humor* = „Flüssigkeit") bekämpfen B-Lymphozyten Erreger und Fremdstoffe im Gewebe und in den **Körperflüssigkeiten**. Ihre Antikörper sind als **lösliche** Proteine Bestandteile des Blutplasmas und der Lymphflüssigkeit. Sie machen infektiöse Partikel unschädlich oder bereiten sie für die Vernichtung durch die zellvermittelte oder die unspezifische Immunreaktion vor, z. B. für die Phagozytose durch Fresszellen (siehe Antikörper, S. (1) 234 f.).
- Die **T-Killer-Zellen** sind gegen Erreger, v. a. gegen Viren, gerichtet, die sich bereits im Inneren der Zellen befinden. Im Rahmen der **zellvermittelten Immunreaktion** erkennen sie **infizierte Zellen** oder Krebszellen an Veränderungen ihrer MHC-Proteine und zerstören die gesamte Zelle mitsamt den enthaltenen Erregern. Die spezifischen Rezeptoren der T-Killer-Zellen binden zunächst an entsprechende Antigene auf der Membran der betroffenen Zellen und schütten dann Substanzen aus – v. a. **Enzyme** – die zur Zerstörung der infizierten Zelle führen. T-Killer-Zellen bekämpfen aber auch Pilze, Einzeller (Protozoen), kleine Vielzeller wie parasitische Würmer und entartete, **mutierte Zellen** des Körpers, die sehr häufig **Krebszellen** sind.

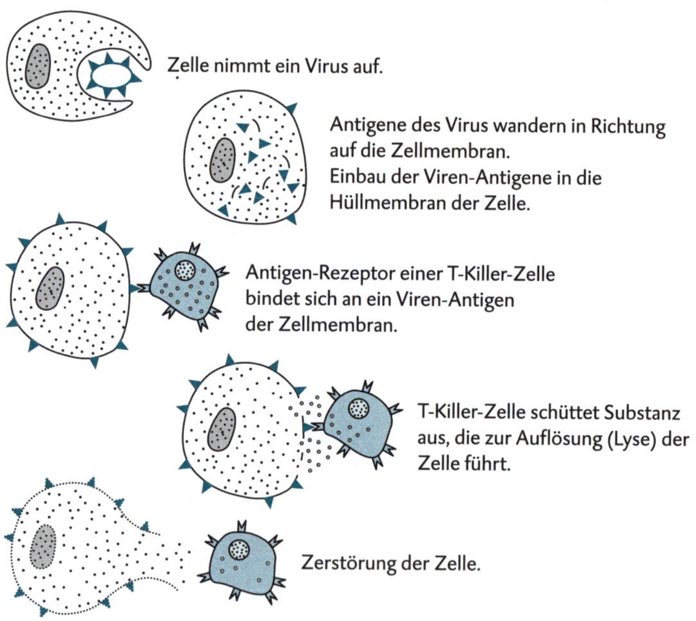

Abb. 136: Zerstörung einer von Viren befallenen Zelle durch T-Killer-Zellen.

An der **humoralen**, d. h. in den Körperflüssigkeiten ablaufenden Immunreaktion sind v. a. die **B-Lymphozyten** beteiligt, an der **zellvermittelten** die **T-Lymphozyten**.

Abschaltphase

In der Abschaltphase schließlich erzeugen **T-Unterdrücker-Zellen** Stoffe, die hemmend auf andere T-Lymphozyten-Arten und auf B-Lymphozyten wirken, sodass sowohl die humorale als auch die zellvermittelte Immunreaktion nach einiger Zeit, etwa nach der Überwindung einer Infektion, eingestellt wird (siehe Allergien, S. (1) 249 f.).

Die Abb. 137 zeigt vereinfacht den Ablauf der humoralen und der zellvermittelten Immunreaktion.

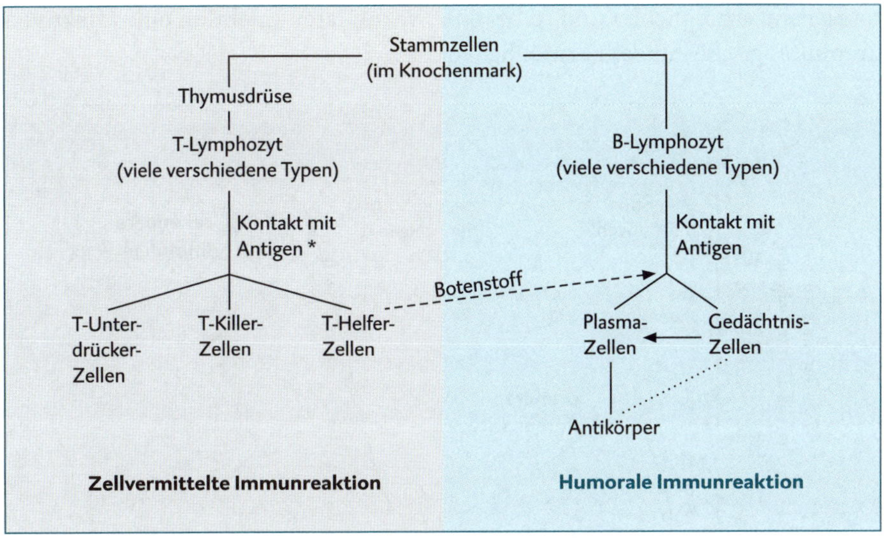

Abb. 137: Verlauf von humoraler und zellvermittelter Immunreaktion.
(Nicht berücksichtigt: T-Gedächtniszellen; Funktion der T-Unterdrücker-Zellen.
* = Präsentiert durch Makrophagen, die Antigene phagozytiert und danach in ihrer Hüllmembran nach außen gerichtet eingebaut haben.)

Das immunologische Gedächtnis

Bei der Differenzierung von B-Lymphozyten entsteht neben der großen Zahl von Plasmazellen auch eine geringere Zahl von **Gedächtniszellen**. Diese bleiben sehr lange Zeit im Körper erhalten und können sich bei einer **zweiten Infektion** mit dem **gleichen Antigen**, das einmal ihre Bildung hervorgerufen hat, sehr schnell vermehren und zu Plasmazellen umwandeln, die in kurzer Zeit große Mengen an Antikörpern bilden. Die zeitraubende Bildung von Plasmazellen auf dem Weg über die Teilung und Differenzierung von B-Lymphozyten ist bei dieser **sekundären Immunantwort** nicht mehr erforderlich. Auf diese Weise können Erreger und Fremdstoffe bei einer Zweitinfektion sehr viel schneller und effektiver bekämpft werden.

Auch bei der **zellvermittelten** Immunreaktion entstehen Gedächtniszellen, die **T-Gedächtniszellen**, die ebenfalls eine schnelle Vermehrung und Differenzierung ermöglichen und so bei einer sekundären Infektion eine effektivere immunologische Abwehr ermöglichen.

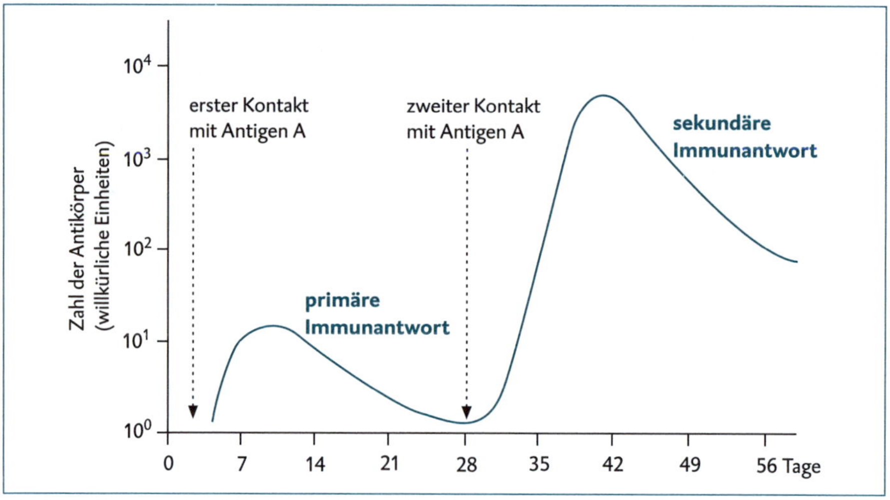

Abb. 138: Zahl der Antikörper nach dem ersten und dem zweiten Kontakt mit dem gleichen Antigen.

2.4 Aktive und passive Immunisierung

Aktive Immunisierung

Eine einmal überstandene Infektionskrankheit verleiht wegen der dabei gebildeten Gedächtniszellen einen lang andauernden Schutz vor einer zweiten Erkrankung, man spricht daher von einer natürlichen, **aktiven** Immunisierung.
Die Fähigkeit zur „immunologischen Erinnerung" lässt sich für vorbeugende Impfungen **(Schutzimpfungen)** gegen Infektionskrankheiten nutzen.
Die Vorgänge bei einer Schutzimpfung im Einzelnen:

- **Abgeschwächte Erreger**, die keine Krankheit mehr auslösen können oder nur die Antigene der Erreger bzw. nur die entscheidenden, die Immunreaktion auslösenden Teile des Antigenmoleküls werden geimpft.
- Das Immunsystem des Körpers reagiert mit einer spezifischen Immunantwort auf die eingedrungenen Antigene, in deren Verlauf auch **Gedächtniszellen** gebildet werden.
- Bei einer eventuellen späteren Infektion mit krankheitsauslösenden Erregern wandeln sich die Gedächtniszellen in Plasmazellen um, die in kurzer Zeit sehr große Mengen an **Antikörpern** bereitstellen. Auf diese Weise können die Erreger fast in allen Fällen so wirkungsvoll bekämpft werden, dass die Infektionskrankheit nicht ausbricht. Da Gedächtniszellen aber in der Regel nicht lebenslänglich erhalten bleiben, müssen viele Schutzimpfungen in bestimmten Abständen wiederholt werden.

Passive Immunisierung

Ist eine Infektionskrankheit bereits ausgebrochen, kann eine aktive Immunisierung nicht mehr helfen. Injiziert man allerdings **antigenspezifische Antikörper**, die gegen den entsprechenden Erreger gerichtet sind, so laufen einige Prozesse der spezifischen Immunreaktion ab, z. B. die Agglutination, die Präzipitation und die Blockade von Wirkstellen, die auf der Oberfläche der Erreger liegen. Die von außen zugeführten Antikörper unterstützen die im Organismus bereits anlaufende humorale Immunreaktion. Gedächtniszellen bilden sich bei der **passiven Immunisierung** allerdings nicht, sodass kein Impfschutz wie bei der aktiven Immunisierung auftritt. Antigenspezifische Antikörper lassen sich folgendermaßen gewinnen:

- Einem **Tier**, z. B. einem Rind, werden die entsprechenden Erreger injiziert.
- Das Tier bildet **Antikörper** gegen die Antigene des Erregers.
- Die Antikörper werden aus dem **Blutserum** des Tieres isoliert und stehen dann für die Injektion beim Menschen zur Verfügung.

Bei der **aktiven** Immunisierung verabreicht man **Antigene**, bei der **passiven** Immunisierung injiziert man dem Patienten **Antikörper**. Eine **aktive** Immunisierung dient zum vorbeugenden Schutz **(Prophylaxe)**. Mit der **passiven** Immunisierung lassen sich bereits ausgebrochene Infektionskrankheiten, Vergiftungen u. Ä. behandeln **(Therapie)**.

Die Antikörper des Tieres sind in den konstanten Regionen ihrer Eiweißketten anders aufgebaut als die des Menschen (siehe S. (1) 234). Sie sind daher Fremdstoffe, gegen die der Körper eines passiv immunisierten Menschen ebenfalls Antikörper („Anti-Anti-Körper") und Gedächtniszellen bildet. Daher kommt es bei einer zweiten Behandlung mit Antikörpern, die von der gleichen Tierart stammen, zu einer schnellen und starken Immunreaktion. Der Impfstoff wirkt dann wie ein Gift. Die Immunreaktion kann so stark sein, dass ernsthafte Krankheitserscheinungen auftreten, wie etwa ein anaphylaktischer Schock durch sich schlagartig erweiternde Blutgefäße, was zu einem steilen Blutdruckabfall führt. Je nach Menge der injizierten Antikörper kann dies sogar tödlich sein. Bei einer zweiten passiven Immunisierung müssen daher Antikörper von einer anderen Tierart verwendet werden.

2.5 Blutgruppen und Bluttransfusionen

Die **Blutgruppen** des Menschen beruhen auf verschiedenen Typen der roten Blutkörperchen **(Erythrozyten)**, die sich in bestimmten Antigenen unterscheiden. Bei einer Bluttransfusion kann es zu lebensbedrohenden Störungen kommen, wenn die roten Blutkörperchen des Spenders und des Empfängers unterschiedliche Antigene tragen.

Das AB0-System

Im AB0-Blutgruppen-System des Menschen sind die Antigene auf der Oberfläche der roten Blutkörperchen und die Antikörper des Blutserums so verteilt wie es in der Tab. 16 dargestellt ist.

Blutgruppe	Antigene	Antikörper
A	A	gegen B
B	B	gegen A
0	keine	gegen A **und** gegen B
AB	A und B	keine

Tab. 16: Zuordnung von Antigenen und Antikörpern im AB0-System.

Wenn Erythrozyten bei einer Transfusion von Blut mit passenden Antikörpern in Kontakt kommen, kommt es zur **Agglutination** (Verklumpung) und zu weiteren Immunreaktionen. Rote Blutkörperchen werden zerstört und durch die Agglutination können Kapillaren verstopfen, was zu lebensgefährlichen Durchblutungsstörungen führt. Im AB0-System bilden sich die Antikörper, **ohne** dass das Immunsystem Kontakt mit den Erythrozyten einer anderen Blutgruppe haben muss. Die Antikörper entstehen in den ersten Wochen nach der Geburt, sie sind also schon **vor** einer möglichen Transfusion im Blut vorhanden. Bei einer weiteren Kategorie der Blutgruppen, dem **Rhesus-System**, ist dies anders.

Rhesus-System und Rhesus-Unverträglichkeit

Rote Blutkörperchen des Typs „Rhesus-positiv" **(Rh^+)** tragen das Rhesus-Antigen, beim Typ „Rhesus-negativ" **(rh^-)** fehlt dieses. Erst wenn rote Blutkörperchen des Typs Rh^+ in die Blutbahn eines Menschen vom Typ rh^- geraten, lösen sie dort die Bildung von **Anti-Rhesus-Antikörpern** aus. Zu einem solchen Blutkontakt kann es kommen, wenn eine Mutter mit dem Typ rh^- ein Kind mit dem Typ Rh^+ zur Welt bringt. Die Rhesus-Antigene der roten Blutkörperchen des Kindes lösen im Körper der Mutter eine **Immunantwort** aus, in deren Folge Antikörper und Gedächtniszellen gegen das Rhesus-Antigen entstehen. Bei einer **zweiten Schwangerschaft** ist ein ungeborener Embryo mit dem Typ Rh^+ durch die Anti-Rhesus-Antikörper der Mutter bedroht. Diese Antikörper sind sehr klein und können über die Plazenta aus dem Blut der Mutter in den Kreislauf des Kindes gelangen. Die Antikörper des AB0-Systems sind dagegen nicht in der Lage, die **Plazentaschranke** zu passieren.

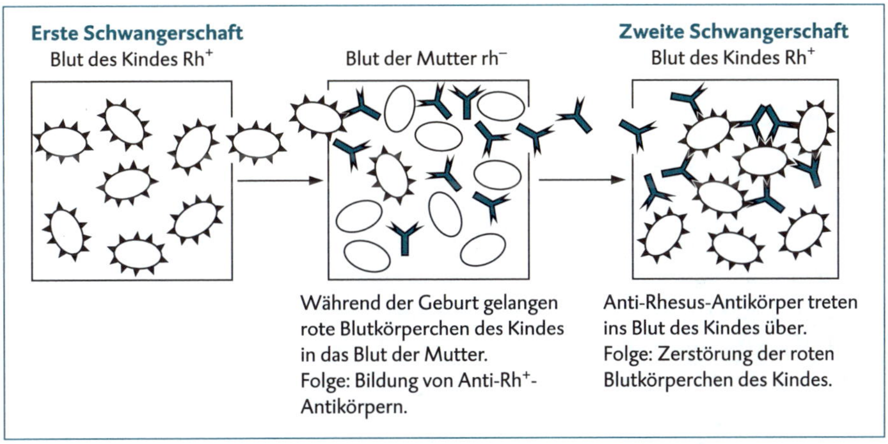

Abb. 139: Immunreaktion bei Rhesus-Unverträglichkeit von Mutter und Kind.

Die medizinische Forschung hat ein einfaches Verfahren gefunden, um bei der Blutgruppen-Konstellation „Mutter rh^- – Kind Rh^+" der Schädigung des Embryos bei einer zweiten Schwangerschaft vorzubeugen: Unmittelbar **nach der ersten Geburt** erhält die Mutter Anti-Rhesus-Antikörper und wird damit **passiv** gegen die roten Blutkörperchen ihres ersten Kindes (Rh^+) immunisiert. Die injizierten Antikörper führen schnell zur Beseitigung der roten Blutkörperchen des Kindes, die in die Blutbahn der Mutter geraten sind, sodass das Immunsystem der Mutter **keine Gelegenheit** erhält, eine eigene Immunreaktion gegen das Rhesus-Antigen zu veranlassen. Im Körper der Mutter entstehen also weder Rhesus-Antikörper noch Gedächtniszellen.

3 Störungen des Immunsystems

3.1 Krebs

Krebszellen entstehen durch **Mutationen** (siehe Genetik, S. (1) 119 ff.). Eine Krebsgeschwulst **(Karzinom)** besteht aus undifferenzierten, nicht mehr für spezielle Aufgaben eingerichteten Zellen, die sich rasch und unkontrolliert teilen. Alle gesunden Körperzellen tragen **Gewebsantigene** (MHC-Proteine), an denen das Immunsystem sie als körpereigen erkennen kann. Wenn eine Zelle zu einer Krebszelle mutiert, verändern sich auch ihre Gewebsantigene. Das Immunsystem erkennt eine Krebszelle in der Regel als körperfremd und vernichtet sie, v. a. mithilfe der T-Killer-Zellen. Wenn jedoch das Immunsystem geschwächt ist oder wenn sehr viele Zellen mutieren, überleben einzelne Krebszellen und können zu Krebsgeschwulsten heranwachsen. Krebs hat also eine genetische und eine immunologische Ursache.

3.2 AIDS

Die **Immunschwächekrankheit AIDS** (engl. **A**cquired **I**mmunodeficiency **S**yndrom) wird durch **HIV** (**H**umanes **I**mmunschwäche-**V**irus) hervorgerufen. HI-Viren befallen und zerstören **T-Helfer-Zellen**. Zusätzlich greifen die T-Killer-Zellen die von HI-Viren befallenen T-Helfer-Zellen an. Das hat katastrophale Folgen: Das Immunsystem kann keine Antikörper mehr bilden, die zellvermittelte Immunreaktion ist schwer gestört. Die Ausschaltung der T-Helfer-Zellen macht nicht nur die Bekämpfung der HI-Viren unmöglich, sondern schwächt das gesamte Immunsystem so stark, dass auch andere Erreger und entstehende Krebszellen nicht mehr wirkungsvoll bekämpft werden können.

Daher erkranken AIDS-Patienten in der Regel an Krebs. Durch viele nicht mehr bekämpfbare Erreger, sogenannte „opportunistische" Erreger, treten Infektionskrankheiten wie **Lungenentzündungen und Tuberkulose** auf. Hinzu kommt, dass HI-Viren im Körper des Menschen häufig ihre Erbinformation durch **Mutation** ändern und in der Folge auch die Antigen-Bereiche in ihrer Eiweißhülle andere Eigenschaften erhalten. (siehe Proteinbiosynthese, S. (1) 119 ff.). Dadurch wird die Bekämpfung durch das Immunsystem zusätzlich erschwert, z. B. erkennen die T-Killer-Zellen die mit neuen HI-Viren-Typen befallenen Zellen nicht mehr und die schnelle Bildung passender Antikörper mithilfe von Gedächtniszellen ist nicht mehr möglich. Zurzeit machen die sich ständig verändernden Antigene eine Schutzimpfung gegen AIDS unmöglich.

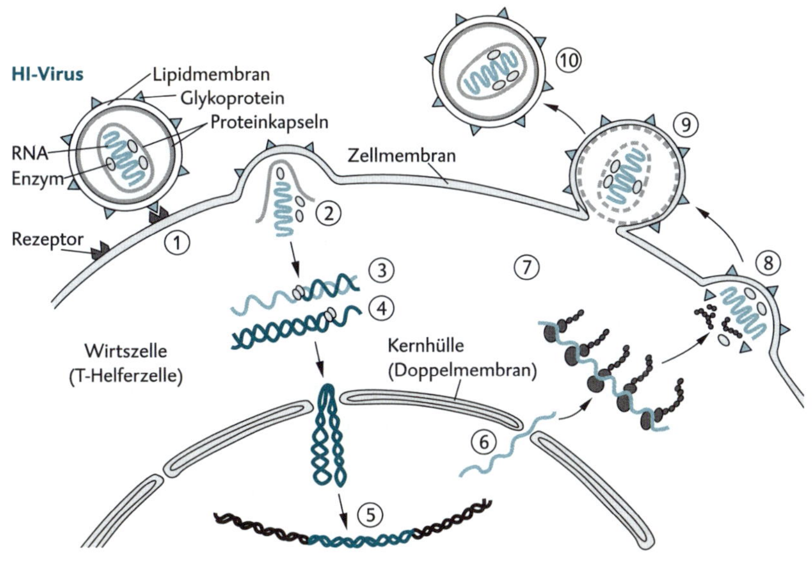

① Bindung an Rezeptor
② Einschleusen der Viren-RNA und der Virenenzyme
③ Umkopieren von RNA auf DNA durch die reverse Transkriptase
④ Herstellen eines doppelten DNA-Strangs
⑤ Integration der Viren-DNA in die DNA der Wirtszelle
⑥ Durch Transkription gebildete Viren-RNA (dient als mRNA zur Synthese von neuen Virenproteinen und -RNA)
⑦ Translation an der Viren-RNA, Bildung von Virenproteinen
⑧ Abschnüren eines Virus
⑨ Zusammenfügen der Virusproteine, Bildung der neuen Proteinkapsel
⑩ Fertiges HI-Virus

Abb. 140: Vermehrung von HI-Viren.

Zwischen der **Infektion** mit HI-Viren und dem **Ausbruch der Krankheit** AIDS kann eine sehr lange Zeit vergehen, da die HI-Viren als Proviren in der Lage sind, über Jahre hinweg inaktiv in den Zellen des Körpers zu ruhen.
HI-Viren werden v. a. während des Geschlechtsverkehrs durch Spermaflüssigkeit und Sekrete der Vagina übertragen. Der einzig wirksame Schutz ist die Verwendung von **Kondomen**. Ein anderer Infektionsweg läuft über Blut-Blut-Kontakte, z. B. durch nicht sterile, von mehreren Personen verwendete Injektionsnadeln, wie es im Drogenmilieu immer wieder vorkommt, oder durch Transfusion HIV-verseuchter Blutkonserven.

AIDS wird durch das **HI-Virus** verursacht, das spezifische Immunreaktionen weitgehend unmöglich macht.

3.3 Autoimmunerkrankungen

Autoimmunkrankheiten entstehen, wenn das Immunsystem teilweise die Fähigkeit verliert, körpereigene von körperfremden Substanzen zu **unterscheiden**. In einem solchen Fall bilden sich Antikörper und T-Killer-Zellen, die gegen die Gewebsantigene der Zellen des **eigenen Körpers** wirken.

Beispiele

- **Multiple Sklerose:** Zerstörung der Myelinscheide von Nervenzellen (siehe Neurophysiologie, S. (1) 147 f. und 162 f.).
- Jugenddiabetes **(Diabetes Typs I):** Zerstörung der insulinbildenden Zellen in den Langerhans'schen Inseln der Bauchspeicheldrüse.
- **Myasthenia gravis:** Zerstörung der Acetylcholin-Rezeptoren an den motorischen Endplatten (siehe Neurophysiologie, S. (1) 166 f.).
- **Rheumatoide Polyarthritis:** Zerstörung von Knorpel- und Knochenzellen der Gelenke.

Autoimmunkrankheiten entstehen, wenn sich das Immunsystem gegen Zellen des eigenen Körpers richtet.

3.4 Transplantation von Geweben und Organen

Bei der Übertragung von Geweben und Organen eines Menschen auf den Körper eines anderen wirken die MHC-Proteine der fremden Zellmembranen als **(Gewebsverträglichkeits-)Antigene**. Sie lösen Immunreaktionen aus und rufen u. a. die Bildung von T-Killer-Zellen hervor, die die transplantierten Zellen zerstören. So kommt es zur **Abstoßung des transplantierten Gewebes**. Als Maßnahmen gegen diese Abstoßungsreaktion kommen infrage:

- Die Transplantation von Geweben, deren **MHC-Proteine** dem körpereigenen Antigen-Muster **ähnlich** sind.
- **Medikamente**, die die Lymphozyten funktionsunfähig machen oder an der Teilung hindern, sogenannte immunsuppressive Stoffe. Die damit verbundene, weitgehende Schwächung des Immunsystems lässt allerdings die Gefahr ansteigen, dass Infektionskrankheiten oder Krebs auftreten.

3.5 Allergien

Außer den Immunglobulinen G (IgG) bildet der Körper noch andere Typen von Antikörpern. Bei **allergischen Reaktionen** spielen die **Immunglobuline E** (IgE) eine Rolle. Eine allergische Reaktion läuft folgendermaßen ab (siehe Abb. 141, S. (1) 250):

- Beim ersten Kontakt des Körpers mit einem Antigen, hier „Allergen" genannt, werden außer den Immunglobulinen G (IgG) auch die Immunglobuline E (IgE) gebildet.
- Diese IgE binden sich an bestimmte Leukozyten, die **Mastzellen**. Diese Zellen enthalten **Histamin und Serotonin** in ihren Golgi-Vesikeln (siehe Zytologie, S. (1) 21 f.).
- Bei einem erneuten Kontakt trifft das **Allergen** auf die von den IgE-Molekülen besetzten Mastzellen, die daraufhin Histamin und Serotonin **freisetzen.** Das führt zu Entzündungen, Schwellungen und zur Erweiterung der Blutgefäße des umgebenden Gewebes sowie zu einer verstärkten Sekretproduktion. (Unter dem Einfluss von Histamin können Immunzellen die Blutgefäße verlassen und ins Gewebe eingedrungene Erreger bekämpfen.)
- Bei Nicht-Allergikern verhindern die durch die entsprechenden Antigene gebildeten **T-Unterdrücker-Zellen**, dass sich zu viele IgE-Moleküle an die Mastzellen binden.

Allergische Reaktionen treten bei gestörter Funktion der **T-Unterdrücker-Zellen** auf.

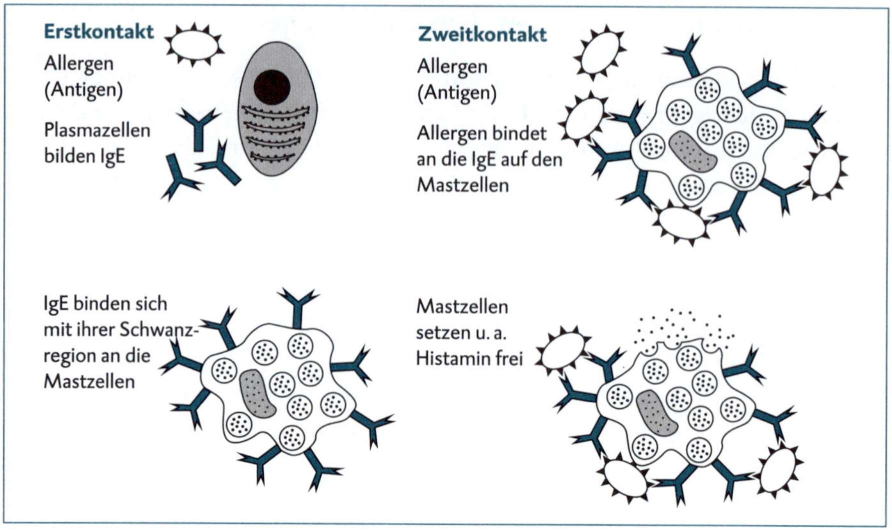

Abb. 141: Verlauf einer allergischen Reaktion.

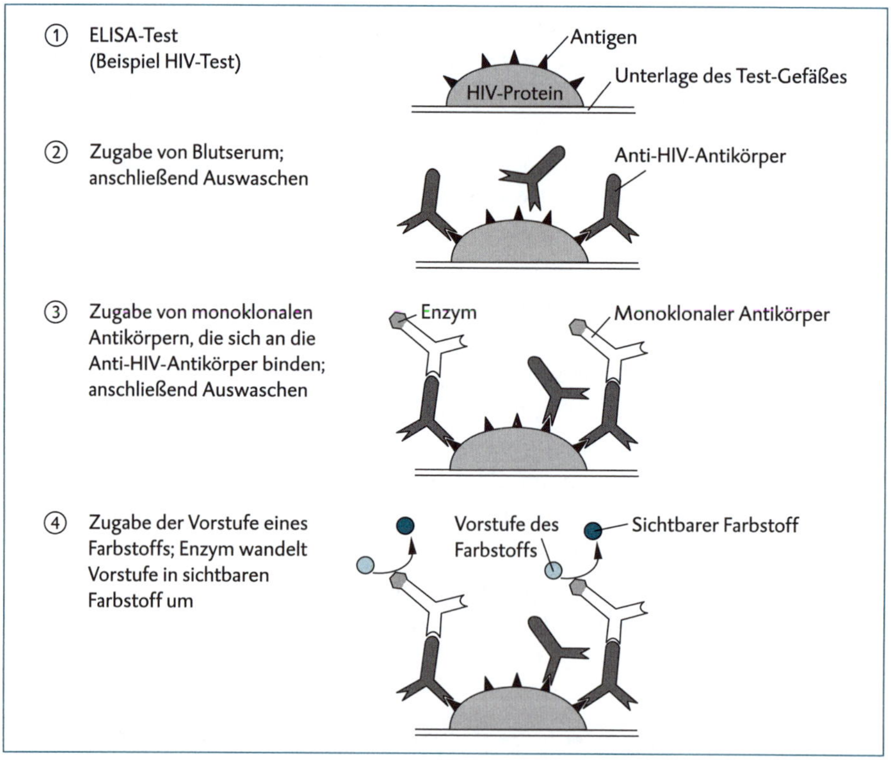

Abb. 142: ELISA-Test. (Beispiel HIV-Test)

3.6 Immunologische Nachweisverfahren

In der Biotechnologie macht man sich die Fähigkeit von Antikörpern zunutze, einen spezifischen Stoff (Antigen) zu binden. Der **ELISA**-Test (siehe Abb. 142, S. (1) 250) ist ein solches Verfahren, mit dem sehr geringe Konzentrationen von Proteinen, Viren, aber auch von Hormonen und Schadstoffen in Flüssigkeiten nachgewiesen werden können (z. B. in Blutseren, Urin, Milch usw.). Die Bezeichnung ELISA gibt eine Kurzbeschreibung des Verfahrens wieder: **E**nzyme **L**inked **I**mmunosorbent **A**ssay (Enzymgekoppelter Immunadsorptionstest). In der Medizin verwendet man den ELISA-Test z. B., um zu erkennen, ob eine Person Kontakt mit dem HI-Virus hatte. War dies der Fall, hat die Person spezifische Antikörper gegen HIV (Typ IgG) gebildet. Für den Nachweis, ob diese Anti-HIV-Antikörper vorhanden sind, verwendet man monoklonale Antikörper. Das sind Antikörper, die von genetisch identischen Zellen, also von einem Klon, gebildet wurden. Sie binden spezifisch an ein bestimmtes Antigen.

Ein ELISA-Test zum Nachweis der Anti-HIV-Antikörper verläuft wie folgt:

1 Man gibt Serum der zu testenden Person in ein Gefäß (Mikrotiterplatte), an dessen Boden ein bestimmtes Protein des HI-Virus fixiert ist.

2 Wenn im Serum der Person Anti-HIV-Antikörper vorhanden sind, heften sich diese mit ihren spezifischen Bindungsstellen an die HIV-Proteine. Sie bilden einen Antigen-Antikörper-Komplex (nach dem Schlüssel-Schloss-Prinzip). Um im weiteren Verlauf des Tests Störungen zu vermeiden, wird das Serum danach ausgewaschen.

3 Es werden monoklonale Antikörper zur Probe hinzugegeben, die sich spezifisch an Anti-HIV-Antikörper binden. Diese monoklonalen Antikörper-Moleküle tragen ein bestimmtes Enzym.

4 Die Probe wird ausgewaschen. Dadurch werden die monoklonalen Antikörper wieder entfernt, wenn keine HIV-Antikörper in der Probe waren, die die monoklonalen Antikörper festhalten.

5 Die nicht sichtbare Vorstufe eines Farbstoffs wird der Probe zugesetzt. Das an den monoklonalen Antikörpern hängende Enzym löst eine Reaktion aus, durch die sich die Farbstoff-Vorstufe in einen sichtbaren Farbstoff ändert.

Wenn sich die Probe in einem Gefäß färbt, weiß man, dass das Enzym vorhanden ist. Das Enzym ist an einen monoklonalen Antikörper gebunden und dieser hängt wiederum an einem HIV-Antikörper aus dem Serum. Die Farbe zeigt also an, dass HIV-Antikörper im Serum vorhanden sind. Das Immunsystem der zu testenden Person hat also Kontakt mit dem HI-Virus gehabt. Die Person ist HIV-positiv (HIV^+).

Zusammenfassung

- Die **immunologische Abwehr** läuft v. a. in den Lymphknoten, in der Lymphflüssigkeit und im Blut ab.
- Immunreaktionen lassen sich **durch Antigene auslösen**.
- Erreger, Fremdstoffe und entartete Zellen werden v. a. durch **Phagozytose**, **T-Killer-Zellen** und die Blockade von Oberflächenmolekülen durch **Antikörper** unschädlich gemacht.
- **Unspezifische Immunreaktionen** sind beim Menschen **von Geburt an** möglich. Sie sind **nicht** an eine bestimmte Erregerart **angepasst**.
- An unspezifischen Immunreaktionen sind v. a. **phagozytierende Leukozyten** und natürliche **Killerzellen** beteiligt. Sie richten sich unterschiedslos **gegen alle** Erreger und entartete Körperzellen, v. a. gegen Krebszellen.
- Die Fähigkeit zu **spezifischen Immunreaktionen** ermöglicht die Ausrichtung der Bekämpfung auf **bestimmte** Erreger, Fremdstoffe und entartete Zellen.
- Die spezifische Immunreaktion geht von **B- und T-Lymphozyten** aus.
- **B-Lymphozyten** sind an der **humoralen Immunreaktion** beteiligt. Sie können sich zu Plasmazellen, die antigenspezifische Antikörper bilden, und zu Gedächtniszellen umwandeln.
- **Plasmazellen** können nur entstehen, wenn die **Antigene** eines Erregers sowohl mit den passenden B-Lymphozyten als auch mit den entsprechenden T-Helfer-Zellen in Kontakt getreten sind.
- Der **Kontakt** zwischen Antigenen und T-Lymphozyten wird **über Makrophagen** vermittelt.
- **Antikörper** sind Eiweißmoleküle, die **Antigene binden** können. Jeder Antikörpertyp passt mit seinen **variablen Bereichen** zu einem **bestimmten Antigen**. Die **konstanten Bereiche** sind **artspezifisch**.
- Antikörper rufen **Agglutination** und **Präzipitation** hervor.
- Der außerordentlich hohen Zahl möglicher Antigene entspricht eine ebenso hohe Anzahl unterschiedlicher B-Lymphozyten und damit auch unterschiedlicher Plasmazellen und Antikörper.
- **T-Lymphozyten** bewirken die **zellvermittelte Immunreaktion**. Nach dem Kontakt mit dem betreffenden Antigen differenzieren sie sich zu antigenspezifischen T-Killer-, T-Helfer- und T-Unterdrücker-Zellen.
- **T-Killer-Zellen** erkennen von Erregern befallene oder durch Mutation entartete Körperzellen (v. a. Krebszellen) an ihren veränderten Gewebsantigenen **(MHC-Proteinen)** und zerstören sie.
- **T-Helfer-Zellen** schütten **Botenstoffe** aus, die B-Lymphozyten dazu anregen, sich in Plasmazellen umzuwandeln.

- Nach einer überstandenen Infektion ermöglichen die gebildeten **Gedächtniszellen** eine schnellere und stärkere Immunreaktion, wenn der Körper erneut von den gleichen Erregern befallen wird.
- Durch **aktive Immunisierung** bilden sich **Gedächtniszellen**, die einen vorbeugenden Schutz bieten. Bei der **passiven Immunisierung** werden **Antikörper injiziert**, die gegen den betreffenden Erreger wirken.
- Die passive Immunisierung hat keinen dauerhaften Schutz vor Infektionen zur Folge. Sie wird nur zur Behandlung, nicht zur Vorbeugung, eingesetzt.
- Die **roten Blutkörperchen** der verschiedenen **Blutgruppen** unterscheiden sich durch ihre **Antigene**. Bei Bluttransfusionen kommt es zu Immunreaktionen, wenn im Blutserum entsprechende Antikörper zu diesen Antigenen vorhanden sind. Im ABO-System sind zwei Antigene von Bedeutung, im Rhesus-System eines. Aufgrund des Rhesus-Systems kann es durch Immunreaktionen zu lebensgefährlichen Folgen für das ungeborene Kind kommen.
- **Krebsgeschwulste** können entstehen, wenn sich Körperzellen durch **Mutation** verändert haben und das Immunsystem diese Zellen nicht oder nicht mehr vollständig vernichten kann.
- HI-Viren sind Retroviren. Ihre RNA mit der enthaltenen Erbinformation wird in den Wirtszellen in DNA umgeschrieben. **HI-Viren** können **AIDS** auslösen. Die Viren befallen bevorzugt **T-Helfer-Zellen** und legen damit die wichtigsten Prozesse der spezifischen Immunreaktion lahm. AIDS ist tödlich, weil durch das stark geschwächte Immunsystem andere Infektionskrankheiten und Krebszellen kaum noch bekämpft werden können.
- Autoimmunkrankheiten treten auf, wenn das Immunsystem teilweise die Fähigkeit verliert, **fremde von körpereigenen** Zellen zu unterscheiden, und dann auch Zellen des eigenen Körpers angreift.
- Das Immunsystem erkennt **transplantierte** Zellen, Gewebe und Organe an den **Gewebsantigenen (MHC)** als körperfremd und löst eine Abstoßungsreaktion aus.
- **Allergien** entstehen, wenn **T-Unterdrücker-Zellen** unvollständig arbeiten. Ursache für die Krankheitserscheinungen sind **Mastzellen**, die nach dem Kontakt mit dem Allergen **Histamin und Serotonin** ausschütten.
- Mit dem **ELISA-Test** lassen sich sehr geringe Mengen von Substanzen nachweisen. Dazu verwendet man **monoklonale Antikörper**, die ein Enzym tragen, das eine **Farbreaktion** hervorruft.

fgaben

272 Nennen Sie vier verschiedene Typen von Erregern, die Infektionskrankheiten auslösen können, und je zwei konkrete Beispiele.

273 Nennen Sie die Möglichkeiten eines neugeborenen Kindes, sich unmittelbar nach der Geburt, noch vor der ersten Milchmahlzeit, gegen Krankheitserreger zu wehren.

274 Diphtherie ist eine lebensgefährliche Infektionskrankheit. Im Volksmund wurde sie früher als „Würgeengel der Kinder" bezeichnet. Die krankmachenden Bakterien befallen zunächst die oberen Atemwege, können aber später auch den Herzmuskel schädigen und Lähmungen hervorrufen. Heute hat die Diphtherie durch wirkungsvolle Impfungen ihren Schrecken verloren.
Zwei Kinder wurden gegen Diphtherie geimpft. Anschließend wurde die Menge der Anti-Diphtherie-Antikörper in ihrem Blut in sieben aufeinanderfolgenden Wochen gemessen. Die Ergebnisse sind vereinfacht in der Abb. 143 dargestellt.

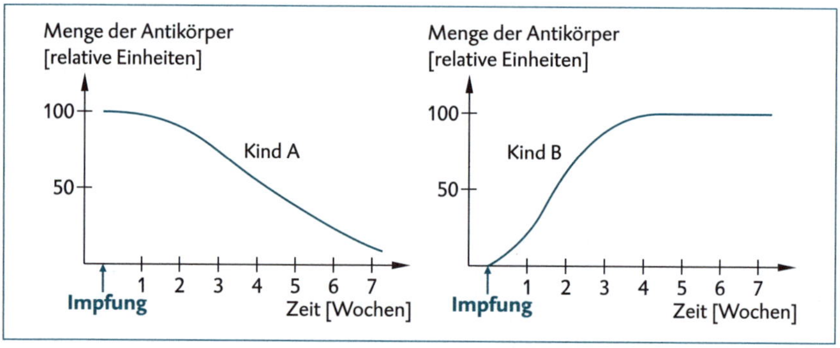

Abb. 143: Menge der Antikörper nach der Impfung bei Kind A und Kind B.

Erklären Sie die Veränderungen der Menge der Antikörper im Blut der beiden Kinder. Erläutern Sie dazu auch die Vorgänge im Immunsystem.

275 Beschreiben Sie die Unterschiede im molekularen Bau folgender Antikörper vom Typ Gammaglobulin:

- **a** Antikörper des Menschen gegen Diphtherie und Antikörper des Menschen gegen Cholera.
- **b** Antikörper des Menschen gegen Diphtherie und Antikörper eines Rindes gegen Diphtherie.

276 Nennen Sie chemische Bindungsarten, die bei der Bildung von Antigen-Antikörper-Komplexen wirksam werden können.

277 Die Bindung von Antikörpern an Antigene kann in den Körper eingedrungene Erreger, Giftstoffe u. Ä. unschädlich machen.
Erläutern Sie drei verschiedene Möglichkeiten der Immunabwehr mithilfe von Antikörpern.

278 In Versuchen mit Aufschwemmungen von Bakterien in Reagenzgläsern sollen einige Eigenschaften von Antikörpern nachgewiesen werden. Die erfolgreiche Agglutination ist daran erkennbar, dass sich die Erreger am Boden der Reagenzgläser absetzen (Präzipitation).

Folgende Versuche wurden durchgeführt:

a Zu einer Aufschwemmung von Typhusbakterien wird das Blutserum eines Menschen gegeben, der gerade eine Typhuserkrankung überstanden hat.
Ergebnis: Die Typhusbakterien verklumpen und setzen sich am Boden des Reagenzglases ab.

b Zu einer Aufschwemmung von Typhusbakterien wird das Serum eines Menschen gegeben, der noch nicht an Typhus erkrankt war.
Ergebnis: Die Typhusbakterien setzen sich nicht am Boden des Reagenzglases ab.

c Zu einer Aufschwemmung von Cholerabakterien wird das Serum eines Menschen gegeben, der bereits einmal an Typhus erkrankt war.
Ergebnis: Die Cholerabakterien setzen sich nicht am Boden des Reagenzglases ab.

Stellen Sie die Schlüsse auf die Wirkungsweise von Antikörpern dar, die sich aus diesen Versuchen ziehen lassen.

279 Als Astronauten Ende des vergangenen Jahrhunderts zum ersten Mal Mondgestein auf die Erde brachten, befürchtete man, dass das Immunsystem eventuell darin enthaltene Erreger oder Giftstoffe nicht bekämpfen könne. Zum Glück erwiesen sich die daraufhin getroffenen Vorsichtsmaßnahmen aber als unnötig.
Nennen Sie die Zellen des Immunsystems, die für den Fall des Kontakts mit infektiösen außerirdischen Substanzen nicht eingerichtet sein könnten, und die Folgen einer solchen Situation für die Funktion des Immunsystems.

280 Bestimmte Krankheiten, die durch Fehlfunktionen des Immunsystems ausgelöst werden, sind durch eine Knochenmark-Transplantation heilbar.

a Nenne Sie die Zellen, auf die es bei einer solchen Transplantation besonders ankommt.

b Erläutern Sie kurz die Funktion der in der Teilaufgabe a genannten Zellen.

c Beschreiben Sie kurz Kriterien, nach denen Knochenmarkspender ausgewählt werden.

281 Stellen Sie den doppelten Kontrollmechanismus dar, der dafür sorgt, dass die Teilung und Differenzierung der B-Lymphozyten nur dann beginnt, wenn ein fremdes Antigen auftaucht.

282 Nennen Sie die Zellen, denen eine falsche Funktion zugeordnet ist.

a B-Lymphozyten – können sich zu Plasmazellen differenzieren
b T-Killer-Zellen – können von Viren befallene Zellen vernichten
c Plasmazellen – binden Antigene an Rezeptoren ihrer Membran
d Gedächtniszellen – können sich zu Plasmazellen umwandeln
e Stammzellen – produzieren Antigene
f T-Helfer-Zellen – geben Botenstoffe ab, die auf Stammzellen wirken

283 In der Abb. 144 sind Zellen und Vorgänge des Immunsystems vereinfacht und unvollständig dargestellt.

a Nennen Sie die Fachbegriffe für die mit Ziffern und Buchstaben gekennzeichneten Strukturen.
b Beschreiben Sie die Aufgaben der Zelltypen 5 und 6.
c Stellen Sie in einer Schemazeichnung den Vorgang dar, der erforderlich ist, um aus der Zelle 3 Zellen vom Typ 7 und 8 zu bilden. Beschriften Sie das Schema und erläutern Sie es in Stichworten.
d Erläutern Sie die Bedeutung des Vorgangs, der mit der punktierten Linie zwischen 7 und 8 angedeutet wird.
e Beschreiben Sie in Stichworten die Vorgänge, die die Voraussetzung dafür sind, dass die Zelle 2 die Zelltypen 4, 5 und 6 bilden kann.

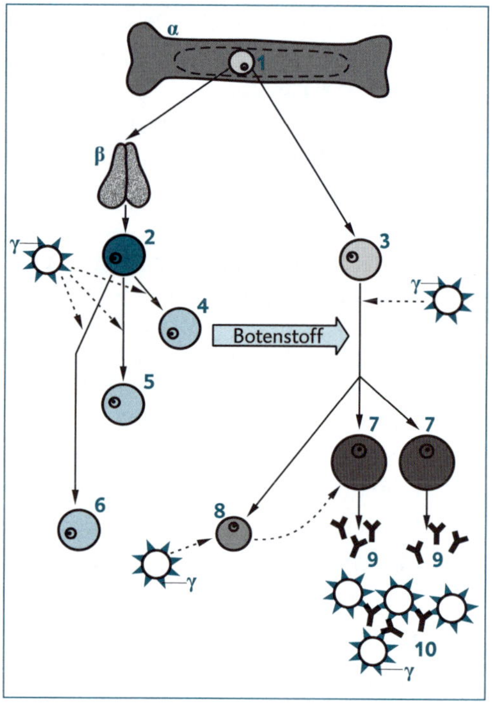

Abb. 144: Zellen und Vorgänge des Immunsystems.

284 Erklären Sie, welche Bedeutung die große Ribosomenzahl und das sehr stark ausgebildete Endoplasmatische Retikulum (ER) der Plasmazellen haben.

285 Beschreiben Sie die Vorgänge der Immunreaktion am Beispiel einer Infektion mit Tetanusbakterien.

286 Ordnen Sie folgende Aussagen entweder der aktiven oder der passiven Immunisierung zu:

- a Der Impfstoff wird dadurch erzeugt, dass man in einem Tier eine humorale Immunreaktion auslöst.
- b Es werden antigenspezifische Antikörper in die Blutbahn des Patienten injiziert.
- c Die Impfung wird zur Therapie einer Krankheit eingesetzt.
- d Die Impfung wird zur Vorbeugung eingesetzt (Schutzimpfung).
- e Schlangen- oder Insektengifte lassen sich bekämpfen.
- f Die Immunisierung bietet in der Regel jahrelangen Schutz, allerdings häufig keinen lebenslänglichen.
- g Die Immunisierung lässt keine Gedächtniszellen entstehen, die vor einer erneuten Erkrankung durch den gleichen Erreger schützen.
- h Die injizierten Verbindungen bekämpfen die Krankheitserreger, jedoch erkennt das Immunsystem sie als körperfremd und bildet gegen sie gerichtete Antikörper und Gedächtniszellen.
- i Eine Wiederholung der Immunisierung mit einem identischen Impfstoff kann zu lebensbedrohenden Krankheitserscheinungen führen.

287 Erläutern Sie die Funktion der Zellen, die während der zellvermittelten Immunreaktion gebildet werden.

288 Bei der passiven Immunisierung muss das Impfmaterial in den Körper injiziert werden, der Patient kann es nicht als Tropfen oder Tablette über den Verdauungskanal aufnehmen. Geben Sie eine Erklärung dafür.

289 Impfstoffe für eine passive Immunisierung lassen sich nicht nur aus dem Blut von Tieren gewinnen, sondern auch aus dem eines Menschen, der gerade die entsprechende Krankheit überstanden hat.
Erläutern Sie, welchen Vorteil ein Impfstoff, der von einem Menschen stammt, gegenüber einem Impfstoff aus dem Blut eines Tieres bietet.

290 Nennen Sie diejenigen Transfusionen, nach denen eine Verklumpung (Agglutination) der roten Blutkörperchen auftritt.

	Spender	Empfänger
a	nur Serum der Blutgruppe A	Blutgruppe B
b	Vollblut der Blutgruppe A (mit Serum und allen Blutzellen)	Blutgruppe B
c	nur Serum der Blutgruppe AB	Blutgruppe A
d	nur rote Blutkörperchen der Blutgruppe 0	Blutgruppe A
e	nur rote Blutkörperchen der Blutgruppe AB	Blutgruppe 0
f	nur rote Blutkörperchen der Blutgruppe B	Blutgruppe A

Tab. 17: Verklumpung bei Transfusionen

291 Während der Geburt kann es vorkommen, dass Blut des Kindes in die Blutbahn der Mutter gerät.
Rhesusfaktor-Konstellationen:
Fall A: Die Mutter hat die Blutgruppe Rh^+, das Kind der ersten Schwangerschaft die Blutgruppe rh^-.
Fall B: Die Mutter hat die Blutgruppe rh^-, das Kind der ersten Schwangerschaft die Blutgruppe Rh^+.
Fall C: Die Mutter hat die Blutgruppe Rh^+, das Kind der ersten Schwangerschaft die Blutgruppe Rh^+.

a Nennen Sie von den angegebenen Konstellationen diejenigen, die bei einer zweiten Schwangerschaft zu Schädigungen des Kindes führen können. Begründen Sie Ihre Antwort.

b Erläutern Sie Maßnahmen, durch die die Schädigungen bei einer nachfolgenden Schwangerschaft verhindert werden können.

292 Erklären Sie die Aussage „Krebs hat eine genetische und eine immunologische Ursache“.

293 Erklären Sie, warum AIDS-Patienten

a durch Infektionen besonders bedroht sind.

b häufig an Krebs erkranken.

294 Erläutern Sie, warum

a es bisher nicht gelungen ist, eine Schutzimpfung gegen AIDS zu entwickeln.

b AIDS durch eine passive Immunisierung nicht zu behandeln ist.

295 Eine Infektion mit HI-Viren lässt sich durch ein Verfahren nachweisen, das prüft, ob im Blut eines Menschen Anti-HIV-Antikörper vorhanden sind (ELISA-Test). Dieser Test bietet allerdings keine vollständige Sicherheit.
Beschreiben Sie Bedingungen, unter denen ein ELISA-Test negativ ausfällt, sich also keine HIV-Antikörper nachweisen lassen, obwohl eine Infektion stattgefunden hat. Berücksichtigen Sie dabei nicht den Fall, dass die Zahl der eingedrungenen HI-Viren zu gering war.

296 Beschreiben Sie zwei Ursachen dafür, dass nach einer Infektion mit HI-Viren die Zahl der T-Helfer-Zellen stark abnimmt.

297 In der Abb. 145 ist der Verlauf einer HIV-Infektion bis zur Erkrankung an AIDS dargestellt. Unter „Immunkompetenz“ versteht man die Fähigkeit des Immunsystems, die Ausbreitung von Erregern und das Wachstum von Tumoren zu verhindern oder einzuschränken.

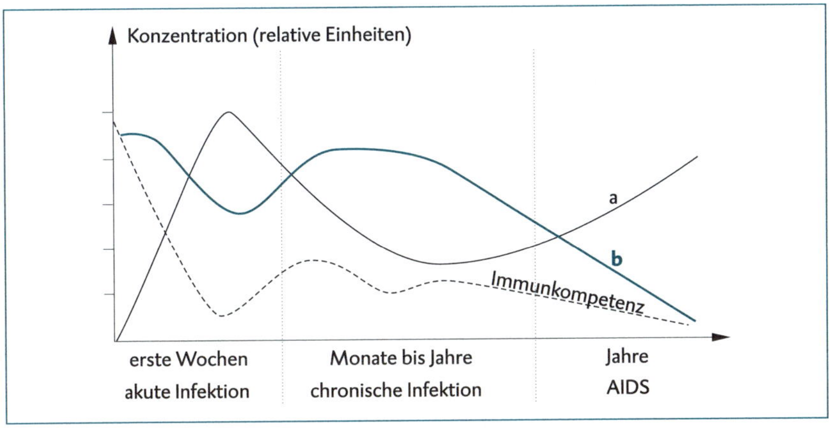

Abb. 145: Verlauf einer HIV-Infektion.

a Stellen Sie fest, welche der Kurven a bzw. b jeweils die Konzentration der T-Helfer-Zellen bzw. der HI-Viren angeben.

b Erläutern Sie den Verlauf der beiden Kurven.

298 Erläutern Sie, wie es zum Auftreten von Autoimmunkrankheiten kommen kann, und nennen Sie drei Beispiele.

299 In einem immunologischen Labor wurden folgende Transplantations-Experimente an Mäusen aus verschiedenen Zuchtstämmen durchgeführt:

Versuch I: Ein kleines Hautstück der Maus A wurde auf eine gerade geborene Maus B übertragen. Das transplantierte Hautstück heilte ein, es wurde nicht abgestoßen.

Versuch II: Nachdem die Maus B erwachsen war, wurde ein weiteres Mal ein Hautstück der Maus A übertragen.

Versuch III: Ein Hautstück der Maus B wurde auf die Maus A transplantiert.

a Erklären Sie, wie es zum Ergebnis des Versuchs I kommt.

b Beschreiben Sie die Ergebnisse, die die Versuche II und III brachten. Begründen Sie Ihre Antworten.

300 Antikörper vom Immunglobulin-E-Typ können sich an Zellen des Immunsystems binden. Wenn dieser Vorgang nicht richtig gesteuert wird, können die erwähnten Zellen des Immunsystems Substanzen freisetzen, die allergische Beschwerden hervorrufen.

a Nennen Sie die Zellen des Immunsystems, an die sich die IgE binden.

b Beschreiben Sie den Vorgang, durch den die bei Punkt a genannten Zellen die in ihnen enthaltenen Substanzen freisetzen. Nennen Sie die Fachbezeichnungen dieser Stoffe.

c Nennen Sie die Zellen des Immunsystems, die bei gesunden Menschen, d. h. Nicht-Allergikern, das Auftreten einer allergischen Reaktion verhindern.

301 Erklären Sie, warum im Verfahren des ELISA-Tests das Auswaschen der Probe erforderlich ist, nachdem monoklonale Antikörper in das Testgefäß zugegeben wurden.

302 Erklären Sie, warum die Diagnose „HIV-positiv" nach einem ELISA-Test nicht ganz sicher voraussagt, dass der betroffene Mensch an AIDS erkrankt ist oder erkranken wird.

303 Für die medizinische Diagnose ist es zuweilen erforderlich nachzuweisen, ob ein bestimmtes Hormon im Blut vorhanden ist.
Schlagen Sie ein Verfahren vor, mit dem man durch einen ELISA-Test erkennen kann, ob das Blut eines Menschen ein bestimmtes Hormon enthält. Gehen Sie dabei davon aus, dass es sich um ein Protein-Hormon handelt.

Lösungen

1 Das Auflösungsvermögen ist der kleinste Abstand, den zwei Strukturen haben dürfen, um sie noch als getrennte Bildpunkte wahrnehmen zu können. Die Grenze des Auflösungsvermögens liegt beim LM bei 0,2 µm, beim TEM bei 0,1 nm.

2 28 µm = 28 · 1 000 nm. 28 000 : 40 = 700 Scheiben à 40 nm.

3 a; c; d; e, f; h

4 Im LM lassen sich lebende Zellen betrachten, im TEM ist dies wegen des Vakuums nicht möglich. Im LM entstehen farbige Bilder, was im TEM nicht möglich ist, da nicht Licht, sondern Elektronenstrahlen verwendet werden.

5

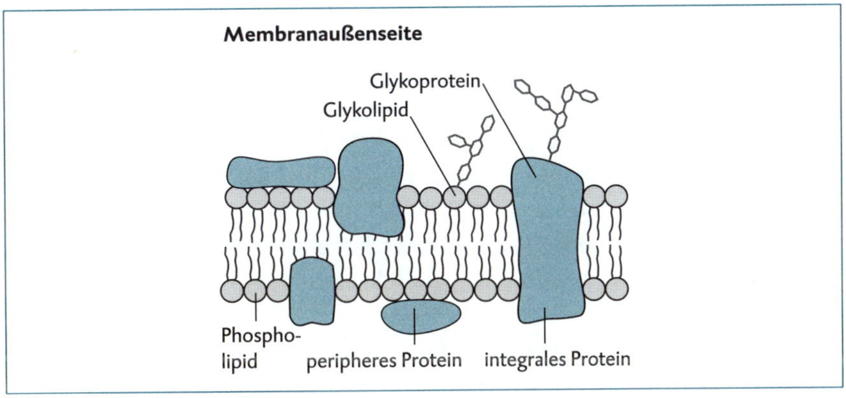

6 Die nach außen gerichteten Bereiche der Membranproteine sind hydrophil. Daher können sie sich nur sehr schwer durch den hydrophoben Bereich im Inneren der Membran schieben (hydrophobe Enden der Lipide in der Lipid-Doppelschicht).

7 Die Zellgrenzmembran der roten Blutkörperchen besteht u. a. aus einer doppelten Schicht von Lipidmolekülen, die sich mit ihren hydrophoben Enden einander gegenüberstehen. Auf einer Wasseroberfläche ordnen sich die Lipidmoleküle so an, dass sie mit ihrem hydrophilen Ende ins Wasser hineinragen, während die lipophilen vom Wasser abgewandt sind. Es bildet sich also nur eine einfache Schicht von Lipidmolekülen. Die Lipid-Doppelschicht der Zellmembran der roten Blutkörperchen nimmt daher, wenn sie auf dem Wasser zur Einzelschicht wird, die zweifache Fläche ein.

8 Das „Flüssig-Mosaik-Modell" beschreibt die ständige Bewegung und Lageveränderung der Lipidmoleküle und der aufgelagerten und eingebetteten Proteine (periphere und integrale Proteine). Als „Membranfluss" bezeichnet man Vorgänge, die zur Vergrößerung oder Verringerung der Membranfläche führen. Das geschieht, wenn sich Vesikel von einer Membran abschnüren oder mit ihr verschmelzen, z. B. an der Zellgrenzmembran durch Exo- bzw. Endozytose.

9 Bei einer starken Vergrößerung stellen die beiden dunklen Linien Teile einer einzelnen Membran dar. Die Proteinmoleküle im Außen- und Innenbereich der Membran erscheinen im TEM jeweils als dunkle Linie. Der dazwischenliegende helle Bereich wird vor allem von Phospholipidmolekülen gebildet.

Bei einer schwachen Vergrößerung muss jede der beiden dunklen Linien als einzelne Membran gedeutet werden. Die Gesamtstruktur kann daher eine Doppelmembran darstellen, z. B. als Teil der Hülle des Zellkerns, eines Chloroplasten oder eines Mitochondriums. Auch sehr enge Kanäle des Endoplasmatischen Retikulums oder Zisternen eines Dictyosoms könnten im TEM-Bild als zwei dunkle, parallele Linien erscheinen.

10 Das Plasmalemma stellt eine Barriere dar, weil es für viele Teilchen undurchlässig ist, z. B. für hydrophile Teilchen oder für große Moleküle.

Ein Vermittler zur Umgebung der Zelle ist es, weil es durch seine selektive Permeabilität festlegt, welche Teilchen aus der Umgebung der Zelle in den Zellinnenraum und umgekehrt wandern sollen. In besonderen Fällen kann das Plasmalemma seine selektive Permeabilität zeitweise ändern. Für diese Zeit nehmen die entsprechenden Membranproteine eine andere Form und andere Eigenschaften an.

Durch Exozytose und ähnliche Vorgänge können Signalmoleküle, z. B. Hormone oder Neurotransmitter, abgegeben werden, die in anderen Zellen Veränderungen hervorrufen. Proteine und Glykoproteine des Plasmalemmas wirken als Rezeptoren für Signalstoffe des Zellaußenraums, z. B. für den Neurotransmitter Acetylcholin.

11 Die Membran wird für viele Substanzen durchlässig, die sonst nicht oder nur durch besondere Porenproteine oder spezielle Transportvorgänge die Zelle verlassen oder in sie eindringen können. Da die Membran damit ihre Fähigkeit zur selektiven Permeabilität verliert, kann sie nicht mehr steuern, welche Substanzen ins Zytoplasma aufgenommen und welche abgegeben werden sollen. Der Stoffwechsel gerät außer Kontrolle, die Zelle stirbt ab.

12
A: 4(, 1)	C: 1	E: 2	G: 2
B: 2, 3	D: 2	F: 2, 3	

13 c, d, g

14 Die Zellgröße wird v. a. durch die Diffusion begrenzt. Die Geschwindigkeit des Stofftransports durch Diffusion nimmt mit steigender Entfernung nicht linear, sondern exponentiell ab. In großen Zellen würde deshalb der Stofftransport durch Diffusion zu lange dauern. Die Zellen könnten z. B. nicht schnell genug auf Änderungen der Umwelt reagieren.

15 Liposomen sind durch ihre Lipid-Doppelschicht ähnlich aufgebaut wie die Zellgrenzmembran der Zelle. Ihre künstlich hergestellte Membran kann daher mit Zellmembranen verschmelzen. Ein Medikament, das in einem Liposom eingeschlossen ist, könnte auf diese Weise wie durch eine Endozytose in das Innere der Zelle gelangen.

16 **Experiment I:** Die Farbstoffteilchen liegen als Kationen vor, sind also polar. Die Zellmembran ist für polare Teilchen nicht oder nur sehr schwer durchlässig. Die Neutralrotionen können daher nicht in die Zelle eindringen, sie bleiben in der Zellwand und färben diese rot.
Experiment II: Die Neutralrotmoleküle sind lipophil. Sie können daher die Lipid-Doppelschicht der Membran leicht passieren und durch das Plasmalemma und den Tonoplasten in die zentrale Vakuole diffundieren. Durch das saure Milieu des Zellsafts wandeln sich dort die gelben, lipophilen

Neutralrotmoleküle in rote, hydrophile Neutralrotkationen um. Die aber können nun nicht mehr durch den Tonoplasten hindurch zurück ins Zytoplasma wandern, da die Membran für hydrophile Teilchen nicht durchlässig ist. Die Neutralrotkationen sind dort „gefangen“ (Ionenfalle). Im Laufe der Zeit diffundieren immer mehr Farbstoffteilchen in die zentrale Vakuole und färben sie dadurch zunehmend stärker rot.

17 Die Lage der Proteine in der Membran ändert sich ständig, da sie in der Lipidschicht schwimmen und der Bewegung der Lipidmoleküle folgen (Flüssig-Mosaik-Modell). Die Verschiebung der antigenbindenden Proteine wird durch die Veränderung der Leuchtstoffverteilung an der Membran deutlich.

18 Ein Nahrungspartikel wird durch Einstülpung der Zellgrenzmembran in ein Bläschen eingeschlossen, das sich als Nahrungsvesikel von der Membran ablöst und ins Innere der Zelle wandert. Dort verschmilzt es mit einem Lysosom, einem Vesikel, das abbauende Enzyme (u. a. Lysozym) enthält. Die Enzyme zerlegen das Nahrungsteilchen so weit, dass für die Zelle nutzbare Nährstoffmoleküle entstehen.

19
- a Chloroplasten, Mitochondrien, Zellkern
- b Golgi-Apparat, Vesikel (Golgi-Vesikel, Lysosomen), Endoplasmatisches Retikulum, Zellsaftvakuole
- c Ribosomen, Mikrotubuli (inklusive Geißeln, Wimpern und Zentriolen), Zellwand

20
a: Mitochondrien
b: Leukoplasten (und Chloroplasten)
c: Zellkern
d: Zellkern
e: Chloroplasten
f: Mitochondrien (und Chloroplasten)
g: Lysosomen
h: Chromoplasten
i: Endoplasmatisches Retikulum
j: Dictyosomen (Golgi-Apparat)
k: Chloroplasten
l: Dictyosomen (Golgi-Apparat)
m: Endoplasmatisches Retikulum
n: Vesikel (z. T. auch ER)
o: Lysosomen
p: zentrale Vakuole (Pflanzenzelle)
q: Ribosomen
r: Zellwand (aus Zellulose)
s: Mikrotubuli
t: zentrale Vakuole

21 a; g; h; i; o

22 b; d; e

23 a = Zellkern
b = Kernporen
c = Mitochondrien
d = raues ER (ER mit Ribosomen)
e = Zellgrenzmembranen benachbarter Zellen

24 a Zellkern, Mitochondrien, Chloroplasten
b Eine Membran grenzt immer auf einer Seite an einen plasmatischen und auf der anderen Seite an einen nicht-plasmatischen Bereich. Zwei plasmatische Bereiche lassen sich nur durch zwei Membranen voneinander trennen, zwischen denen ein schmaler nicht-plasmatischer Bereich vorhanden ist (Doppelmembran). Das Plasma im Zellkern, im Mitochondrium und im Chloroplasten lässt sich nur durch eine Doppelmembran vom Zytoplasma trennen.

25 a Muskelzellen: hoher Bedarf an ATP für die Kontraktion der Proteinfibrillen (Eiweißfäden)
c Leberzellen: hohe Stoffwechselrate; Ablauf vieler endergonischer chemischer Prozesse
e Endknöpfchen von Nervenzellen: Synthese von Transmitter, z. B. Acetylcholin aus Cholin und Essigsäure

26 Mitochondrien enthalten eigene DNA, eigene Ribosomen und eine doppelte Hüllmembran. Diese könnte darauf zurückzuführen sein, dass eine selbstständige Zelle in Frühzeiten der Evolution durch eine Art Phagozytose zum Mitochondrium wurde.
In der Matrix der Mitochondrien laufen eine selbstständige Proteinbiosynthese und weitere Prozesse ab, die eine eigenständige Vermehrung durch Teilung oder Knospung ermöglichen.

27 a doppelte Hüllmembran; vielfache Einstülpungen der inneren Hüllmembran; eigene DNA; eigene Ribosomen (eigener Proteinsyntheseapparat mit den erforderlichen Enzymen, tRNA-Molekülen usw.)
b In Chloroplasten wird Glucose aus CO_2 und H_2O aufgebaut (Fotosynthese), in Mitochondrien wird Glucose zu CO_2 und H_2O abgebaut (Zellatmung).

28 Wie alle Pflanzenzellen enthalten auch die Zellen einer Kartoffelknolle Plastiden. Sie dienen hier als Leukoplasten zur Speicherung von Stärke. In den Zellen, die an der Erdoberfläche liegen, bilden sich aber durch die Bestrahlung mit Licht aus den Proplastiden nicht Leukoplasten, sondern Chloroplasten.

29 Durch Abschnüren von Bläschen aus dem Endoplasmatischen Retikulum können Vesikel mit verschiedenen Aufgaben entstehen. Ihre Hülle wird zur Membran der Zisternen des Golgi-Apparats oder der Zellgrenze, indem die Vesikel mit diesen Strukturen verschmelzen. Die Kernhülle kann als Teil des Endoplasmatischen Retikulums betrachtet werden.

30 Durch die Verpackung der Enzyme in Vesikel
- kann ein Enzym in eine hohe Konzentration gebracht werden (Verhinderung der Diffusion, da die Membran des Vesikels eine Diffusionsschranke bildet),
- kann verhindert werden, dass ein Enzym am falschen Ort wirkt (z. B. Selbstverdauung bei Lysozymen),
- kann die Zelle bestimmen, an welchem Ort und zu welcher Zeit ein Enzym wirken soll (gezielter Transport von Enzymen),
- kann die Zelle einen Vorrat an Enzym anlegen, sodass dieses bei Bedarf sofort bereitgestellt werden kann, ohne dass erst die Synthese in Gang gesetzt werden muss.

31 **a** Im Zytoplasma der Schleimhautzelle liegt das Lysozym in Lysosomen vor. Zur Ausscheidung verschmilzt die Membran eines Lysosoms mit der Zellgrenzmembran. Dadurch wird sein Inhalt in den Zellaußenraum abgegeben (Exozytose).

b Lysozym katalysiert den Abbau organischer Substanzen. Es kann dadurch in die Nase eingedrungene Bakterien abtöten (Immunabwehr).

32 c: Weiße Blutkörperchen sind besonders geeignet, da sie sehr viele Lysosomen enthalten. Die hohe Zahl von Lysosomen ist erforderlich, um die von den Leukozyten phagozytierten Erreger oder andere Fremdstoffe im Zytoplasma abzubauen. Der Abbau geschieht durch Lysozym und andere Enzyme, die nach dem Verschmelzen von Lysosomen und Nahrungsvakuolen mit den Erregern in Kontakt kommen.

33 Den Solarzellen entsprechen die Chloroplasten. Mithilfe des Chlorophylls können sie Lichtenergie in chemische Energie (Glucose) festlegen.
Der Batterie entsprechen die Stärkekörner der Zelle. Sie können in Chloroplasten oder in Leukoplasten (in besonderen Pflanzenteilen, z. B. Knollen) gespeichert sein. Durch Abbau der Stärke kann die Pflanze jederzeit, auch wenn kein Licht vorhanden ist, Glucose herstellen. Glucose ist zur Gewinnung von Stoffwechselenergie (v. a. ATP) in den Mitochondrien erforderlich. Wie die Batterie des Solarfahrzeugs sind die Stärkekörner Energiespeicher für die Zeit, in der die Sonne nicht oder nicht ausreichend scheint. *(Hinweis: Die meisten Pflanzen speichern Glucose in Form von Stärke. Es kommen allerdings auch andere Formen der Energiespeicherung vor, z. B. Rohrzucker in Zuckerrüben und im Zuckerrohr.)*

34 a: ER → Vesikel → Golgi-Apparat → Golgi-Vesikel → Zellgrenzmembran → Exozytose

35

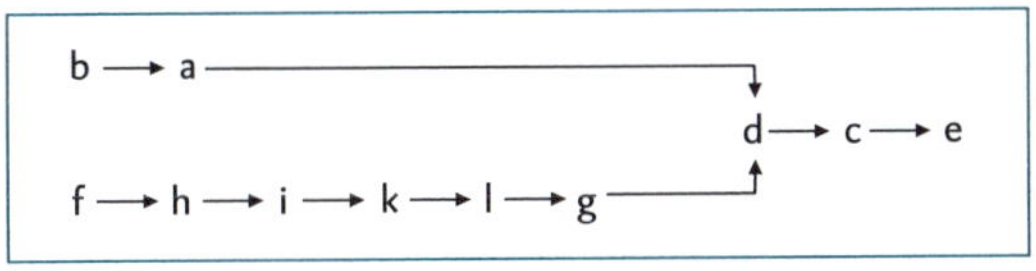

36 **a** Innere Membran der Chloroplasten; große Teile der Membran von Lichtsinneszellen des Menschen.

b Die Membranen enthalten Pigmente (Farbstoffmoleküle), die Licht absorbieren können; z. B. Chlorophyll in der Chloroplastenmembran und Rhodopsin (Sehfarbstoff) in der Membran der Stäbchen (Netzhaut des menschlichen Auges).

c Die innere Membran der Chloroplasten und große Bereiche der Zellgrenzmembran von Lichtsinneszellen sind vielfach eingestülpt. Dadurch ist ihre Oberfläche stark vergrößert, sodass eine stärkere Lichtabsorption möglich wird.

37 **a** Zu sehen ist ein Ausschnitt aus einem Chloroplasten. Dies ist an der typischen geldrollenartigen Form der Membranstapel, der Grana, erkennbar. Diese sind nur bei diesem Organell zu finden.

b Chloroplasten sind durch eine Doppelmembran vom Zytoplasma abgegrenzt.

c Weitere Strukturen, die im TEM-Bild eines Chloroplasten sichtbar sind:
- Ribosomen
- Stärkekörner
- Stroma-Thylakoide, die als Einstülpungen der inneren Hüllmembran entstehen und nicht in Form von Grana angeordnet sind
- Doppelmembran (Hülle des Chloroplasten)

38 a = ER (raues ER)
b = Kernpore
c = Zellkern (Kernplasma)
d = Nukleolus
e = Kernhülle (Doppelmembran)
f = Mitochondrium
g = Dictyosom

39 a = Chloroplast
b = Zellwand
c = Tonoplast
d = Vakuole
e = Nukleolus
f = Zellkern

40 a Zu sehen ist ein Mitochondrium. Es könnte aus der Zelle eines Tieres, einer Pflanze oder eines Pilzes stammen. Bakterien haben keine Mitochondrien (vgl. Endosymbiontentheorie)
b a = Doppelmembran (Hülle des Mitochondriums)
b = Tubuli und Cristae (Einstülpungen der inneren Hüllmembran)

41
- Ein chemisches Gleichgewicht kann nicht erreicht werden.
- Die Entnahme von Energie ist möglich.
- Die vollständige Umwandlung der enthaltenen Substanzen ist möglich.

42 In der Zellatmung baut die Zelle Glucose ($C_6H_{12}O_6$) zu CO_2 und H_2O ab. In einem geschlossenen System wäre der vollständige Abbau von Glucose nicht möglich, da CO_2 und H_2O das System nicht verlassen könnten und sich damit nach einiger Zeit ein chemisches Gleichgewicht einstellen würde. Im Fließgleichgewicht der Zelle dagegen fließen CO_2 und H_2O ständig ab, z. B. CO_2 an das Blut und über die Lunge an die Luft.

43 Die Energie, die zur Verrichtung der Arbeit erforderlich ist, wird von Prozessen in den Zellen des Muskels geliefert (ATP-Bildung in der Zellatmung). Einem geschlossenen System könnte aber keine Energie entnommen werden. Die Muskelzelle muss also ein offenes System darstellen.

44 Bei Pflanzen aus dem Licht; Herstellung energiereicher Verbindungen in der Fotosynthese.
Bei Tieren aus energiereichen Verbindungen, die als Nährstoffe aufgenommen wurden; die Energie der aufgenommenen Nährstoffe stammt allerdings letztlich ebenfalls aus dem Licht.

45
- Stoffwechsel: gerichtet verlaufende Reaktionen durch Zufuhr und Abfluss von Substanzen.
- Reizbarkeit: Zufuhr von Material oder Energie ändert Bedingungen und setzt Ein- oder Ausstrom von Stoffen in Gang (z. B. Natriumionen).
- Wachstum: gezielte Veränderung des Abstands des Fließgleichgewichts zum chemischen Gleichgewicht, sodass mehr Zellsubstanz entsteht.
- Fortpflanzung: Fähigkeit, das Fließgleichgewicht kontrolliert so zu verändern, dass sich Strukturen verdoppeln (z. B. Replikation der DNA o. Ä.). Dadurch wird Autoreproduktion möglich.

46 a; b; c; f; g

47 a; c; e

48 a In den meisten Fällen erhalten endergonische Prozesse Energie über die Abspaltung einer Phosphatgruppe aus ATP (Adenosintriphosphat). Die Übertragung dieser Phosphatgruppe auf ein Molekül und die damit verbundene Erhöhung der Reaktionsbereitschaft bezeichnet man als Phosphorylierung. ATP wird durch diesen Vorgang zum ADP (Adenosindiphosphat).

b Bildung von Glucose in der Fotosynthese; Synthese von Proteinen; Synthese von Stärke und Cellulose (und viele ähnliche Vorgänge, durch die aus kleinen Molekülen große entstehen).

49
- Kontraktion von Muskelzellen, Schlagen von Geißeln und ähnliche Formen der mechanischen Arbeit.
- Transport gegen das Konzentrationsgefälle, z. B. Ionenpumpen der Membran wie die Natrium-Kalium-Pumpe, Endozytose, Exozytose (z. B. Absonderung von Sekreten), andere Formen der Transportarbeit.
- Protein-, Stärkesynthese u. ä. Formen der chemischen Arbeit (endergonische Reaktionen).

50 b; e; f; g; h; i

51 Da ATP nur eine festgelegte Energiemenge binden und abgeben kann,

- wird Wärme frei, wenn eine endergonische Reaktion weniger als die festgelegte Energiemenge benötigt (Verlust an für die Zelle direkt nutzbarer Energie).
- wird Wärme frei, wenn eine exergonische Reaktion mehr Energie freisetzt, als durch die Reaktion ADP + Ⓟ $\longrightarrow$ ATP gebunden werden kann.
- erfolgt bei endergonischen Prozessen, die mehr Energie benötigen, als die übertragbare Energie der ATP-ADP-Reaktion ausmacht, die Energieübertragung in mehreren Einzelschritten, in denen je ein ATP-Molekül gespalten wird.

52 Durch die Möglichkeit, Energie mithilfe von ATP aus einer exergonischen Reaktion auf eine endergonische zu übertragen, können die beiden Reaktionen sowohl an unterschiedlichen Orten der Zelle wie auch zu unterschiedlicher Zeit ablaufen. (Gäbe es die Übertragung mithilfe von ATP nicht, wäre es z. B. nicht möglich, die Zellatmung nur in den Mitochondrien ablaufen zu lassen und alle von ihr abhängenden endergonischen Prozesse an anderen Stellen der Zelle.) Außerdem dient ATP als kurzfristiger Energiespeicher, aus dem die Zelle sehr schnell Energie beziehen kann.

53 Phospholipide (stellen den größten Anteil der Lipid-Doppelschicht); ATP; Nukleinsäuren (DNA, RNA)

54 z. B. ATP-abhängige Leuchtreaktion; Phosphorylierung als Voraussetzung für die Stärkesynthese; Muskelkontraktion durch ATP-Zugabe (Beschreibungen siehe S. (1) 49)

55 Ein Gemisch aus Luciferin und Luciferase leuchtet auf, wenn man ATP zugibt. Alle heute auf der Erde lebenden Organismen bilden ATP als Energieüberträger. Leuchtet das Gemisch bei dem Kontakt mit Material von der Marsoberfläche auf, wäre dies ein Nachweis für die Anwesenheit von ATP und damit für Leben in ähnlicher Form wie auf der Erde. *(Hinweis: Lebensformen ließen sich bei der Marsmission nicht nachweisen.)*

56 **a** C, H, O, N
b S, P, K, Na, Ca, Mg, Cl

57 a (v. a. Stärke und Cellulose); e (v. a. Chlorophyll)

58 Fette:

- Speicherung von Energie (Fettdepots, Samen von Pflanzen usw.)
- Bau der Biomembran (Lipid-Doppelschicht)

Kohlenhydrate:

- Energielieferant (Glucoseabbau in der Zellatmung)
- Energiespeicher (z. B. Stärke in Pflanzenzellen, Samen, Knollen u. Ä.)
- Bestandteil von Rezeptoren auf der Außenseite der Zellgrenzmembran
- Stützung und Formgebung der Zelle (Cellulose der Zellwand)

59 a Proteine bestehen aus Ketten von **Aminosäuren**.

b Proteinähnliche Verbindungen mit weniger als 100 Einzelbausteinen bezeichnet man als **Peptide**.

c Die Zahl der verschiedenen Einzelbausteine, die für den Bau von Proteinen fast aller lebenden Organismen zur Verfügung stehen, beträgt **20**.

d Die Einzelbausteine der Proteine, die der menschliche Organismus nicht selber herstellen kann, nennt man **essenzielle Aminosäuren**.

e Bei der Verkettung der Einzelbausteine von Proteinen bindet sich jeweils **die Aminogruppe (NH_2-Gruppe)** einer Aminosäure an die **Carboxygruppe (COOH-Gruppe)** der benachbarten Aminosäure unter Austritt von Wasser (Kondensation).

f Die Bindung zwischen den Einzelbausteinen von Proteinen löst sich unter **Aufnahme von Wasser (Hydrolyse)**.

60

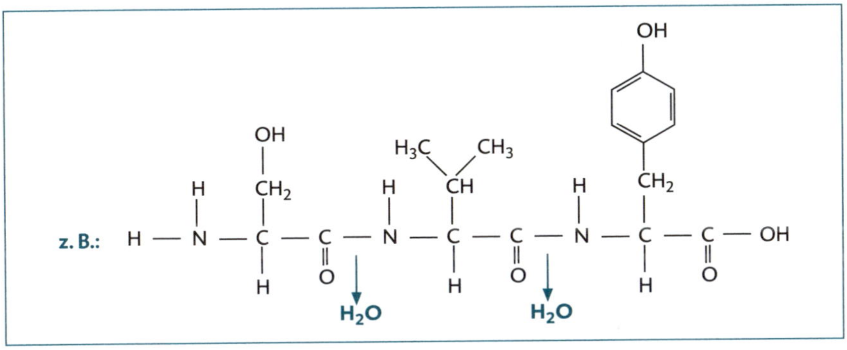

61 a

- Aminosäuren mit unpolarem Rest: Leu
- saure Aminosäuren: Asp
- Aminosäuren mit polarem Rest: Ser
- basische Aminosäuren: Lys

b 1 = Aminogruppe; 2 = Carboxygruppe; 3 = Rest

62 a 20^{100}

b Die Verschiedenartigkeit der Proteine wird durch die Anordnung der Aminosäurekette (Primärstruktur) im Raum erhöht. Dabei unterscheidet man:

- Sekundärstruktur: Helix- und/oder Faltblattstruktur; dabei können einige Bereiche derselben Kette in Primärstruktur, andere in Sekundärstruktur vorliegen.
- Tertiärstruktur: dreidimensionale Anordnung der Sekundärstruktur einer Aminosäurekette.
- Quartärstruktur: Verbindung zweier Proteine in Tertiärstruktur zu einem Gesamtmolekül.

63 a; b; c, g

64 a Zwischen Aminosäuren der Peptidkette (Peptidbindungen); in Disulfid-Brücken (Bindungen zwischen Aminosäuren, die in verschiedenen Kettenbereichen liegen, stabilisieren die Tertiärstruktur).

b Wasserstoffbrücken, Ionenbindungen und Van-der-Waals-Kräfte zwischen den Resten der Aminosäuren.

65 Proteine können dienen

- als Katalysatoren (Enzyme, z. B. Lysozym, Katalase, Amylase etc.).
- zur Festigung (z. B. Kollagen in Bindegewebszellen, Keratin in Haaren).
- zum Transport (z. B. Hämoglobin, Tunnel- und Carrierproteine in der Axonmembran).
- als Signale (z. B. Hormone wie Insulin).
- als Rezeptoren (z. B. Proteine der Zellgrenzmembran: Hormonrezeptoren, Acetylcholinrezeptoren in Synapsen, Antigenrezeptoren usw.).
- zur Kontraktion (z. B. in Muskelzellen, Geißeln).
- zur Abwehr von Erregern (Antikörper).

66 Starke Erwärmung; Kontakt mit Säuren; Kontakt mit Basen; Kontakt mit Schwermetallen

67 Fähigkeit, die Aktivierungsenergie chemischer Reaktionen herabzusetzen, unverändert aus der Reaktion hervorzugehen und schon in geringer Menge eine große Zahl von Molekülen zur Reaktion anzuregen.

68 • Substratspezifität: Maltase ist nur in der Lage, die Spaltung von Maltose zu katalysieren, nicht die von anderen Zweifachzuckern, z. B. Lactose (Milchzucker) oder Saccharose (Rohrzucker).
• Wirkungsspezifität: Maltase kann nur die Spaltung von Maltose in zwei Glucosemoleküle katalysieren, nicht andere chemische Veränderungen, z. B. die Verbindung von Maltosen zu Vielfachzuckern.

69 Enzyme sind Proteine. Ihre Wirkung ist abhängig von ihrer Tertiärstruktur. Oberhalb einer bestimmten Temperatur denaturieren Enzyme. Wie bei allen Proteinen verändert sich die Tertiärstruktur. Bei Menschen beginnt dieser Prozess, wenn die maximale Körpertemperatur überschritten wird.

70 a; c; f; h

71 Das Ladungsmuster des aktiven Zentrums hat Bedeutung für die Fähigkeiten eines Enzyms, ein Substratmolekül kurzzeitig zu binden (einen Enzym-Substrat-Komplex zu bilden). Je nach pH-Wert der Umgebung weicht dieses Ladungsmuster vom optimalen Zustand ab. Dadurch ändert sich die Wirksamkeit des Enzyms.
Die Wirkung eines Enzyms ist abhängig von seiner Tertiärstruktur. Bei Senkung oder Erhöhung des pH-Werts verändern sich die Ladungsverhältnisse in Teilen der Aminosäurekette, weil bestimmte Aminosäuren Protonen aufnehmen oder abgeben, wenn sich in ihrer Umgebung der Gehalt an Protonen ändert. Bei veränderten Ladungsverhältnissen ziehen sich andere Bereiche der Aminosäurekette an oder stoßen sich ab. Dadurch nimmt das Enzym eine andere räumliche Struktur (Tertiärstruktur) an.

72 a Die Enzyme von Säugern haben ihr Temperatur-Optimum bei ca. 35–42 °C. Beim Waschen mit höherer Temperatur sind sie daher unwirksam, da sie denaturieren. Von Bedeutung ist außerdem der sehr hohe pH-Wert der Waschlauge.
b Geeignete Spender für Waschmittelenzyme sind Organismen, die in heißen Quellen leben, z. B. Bakterien. Das Temperatur-Optimum ihrer Enzyme liegt in einem Bereich, der auch beim Waschen erreicht wird (z. B. 60 °C). Besonders geeignet sind Enzyme von Bakterien, die in einer heißen Umgebung mit basischem Milieu (hoher pH-Wert) leben. Sie denaturieren auch in der Waschlauge nicht.

73 Ohne säurefeste Tablettenkapsel kämen Trypsin und Chymotrypsin mit der Magensäure in Kontakt. Infolgedessen würde sich die Tertiärstruktur der Enzyme durch Denaturierung irreversibel verändern, sodass sie unwirksam werden würden.

74 Für die kompetitive Hemmung treffen zu: a; b; f; i
Für die allosterische Hemmung treffen zu: a; b; c; d; e; g; h

75 **a** Endprodukthemmung
b allosterisches Enzym

76 Durch die Ähnlichkeit mit Para-Amino-Benzoesäure können Sulfonamide als kompetitive Hemmstoffe des Enzyms wirken, das die Synthese der lebensnotwendigen Verbindung katalysiert. Die Bakterien sind daher bei entsprechend hoher Konzentration von Sulfonamiden nicht mehr in der Lage, die erwähnten lebensnotwendigen Verbindungen herzustellen. Sie sterben ab oder können sich nicht mehr vermehren.

77 Blei aus dem Benzin gelangt mit den Auspuffgasen in die Luft und damit auch in die Lungen und von dort über das Blut bis in die Zellen des Menschen. Wie alle Schwermetalle ist Blei ein schweres Enzymgift. Es verändert die Tertiärstruktur dauerhaft und führt damit zu einer irreversiblen Hemmung der Enzyme. Das kann zu sehr schwerwiegenden Störungen des Stoffwechsels führen, da für fast alle Reaktionen im Körper Enzyme erforderlich sind. Blei in den Zellen kann z. B. dazu führen, dass Stoffe nicht oder nur noch ungenügend gebildet oder abgebaut werden.

78 Es läuft vorwiegend die Reaktion A → H ab. Die Reaktionen C → D und C → F werden von den Endprodukten E bzw. G gehemmt. Daher steht nur wenig Substrat für die Reaktionen D → E bzw. F → G zur Verfügung, sodass auch diese Reaktionen nur schwach oder gar nicht ablaufen. Das Substrat C wird nur noch geringfügig (nicht) umgesetzt. Es häuft sich an. Dadurch wird die Hemmung der Reaktion A → B stärker, sodass auch diese Reaktion nur noch schwach (nicht) ablaufen kann. Damit entsteht kein B mehr und infolgedessen schwächt sich auch die Reaktion B → C ab (oder fällt ganz aus). Die Substanz A häuft sich an, sodass die Reaktion A → H mit hoher Geschwindigkeit abläuft, da für sie viel Substrat (A) zur Verfügung steht.

79 Die Zelle kann folgende Faktoren verändern:
- Konzentration des Enzyms (über die Proteinbiosynthese),
- Konzentration des Substrats,
- Konzentration von allosterischen Hemm- oder Aktivierungsstoffen,
- Konzentration des Endprodukts (z. B. durch erhöhte oder verminderte Abgabe des Endprodukts aus der Zelle oder dem Organell), wenn die Möglichkeit zur Endprodukthemmung vorliegt.

Möglich sind eventuell auch Veränderungen der Wirksamkeit der beteiligten Enzyme durch Änderungen der Temperatur oder des pH-Werts der Umgebung.

80 Je stärker die Substratkonzentration steigt, desto geringer ist die Zunahme der Reaktionsgeschwindigkeit. Bei hoher Substratkonzentration sind bereits sehr viele Enzyme an ein Substratmolekül gebunden (Enzym-Substrat-Komplex). Wenn nun noch weitere Substratmoleküle hinzukommen, finden diese nur noch sehr wenige freie Enzymmoleküle vor. Nur wenige Enzymmoleküle können also zusätzlich aktiv werden und zu einer Steigerung der Reaktionsgeschwindigkeit führen.

81 a Die geringe Temperatur während des Winterschlafs liegt weit außerhalb des Temperatur-Optimums der Enzyme von Säugern. Die Enzyme sind daher nur sehr geringfügig aktiv und infolgedessen laufen die Stoffwechselprozesse sehr langsam ab.

b Die meisten Reaktionen in der Zelle laufen nur ab, wenn sie durch ATP Energie erhalten. ATP wird in der Zellatmung durch Abbau von Nährstoffen gewonnen. Wenn die Stoffwechselprozesse nur sehr langsam ablaufen, ist daher der Bedarf an ATP und damit an Nährstoffen gering. Deshalb kann ein Winterschläfer für viele Monate darauf verzichten, Nahrung aufzunehmen. Für die Herstellung der geringen ATP-Mengen reicht das gespeicherte Fett in seinem Körper aus.

82 a: Durch die Zugabe von Enzymmolekülen erhöht sich die Zahl der Enzym-Substrat-Komplexe und damit auch die Menge der Reaktionsprodukte, die sich pro Zeiteinheit bilden.

83 b; c; d

84 a Das Enzym A hat eine höhere Aktivität. Es kann pro Zeiteinheit mehr Enzym-Substrat-Komplexe bilden als das Enzym B und erreicht daher seine maximale Reaktionsgeschwindigkeit bei geringerer Substratkonzentration als das Enzym B.
Im Schaubild erkennbar ist dies am geringeren K_m-Wert des Enzyms A (nicht an der höheren maximalen Geschwindigkeit).

b Durch die Erhöhung der Enzymkonzentration würde bei beiden Enzymen die maximale Geschwindigkeit höher liegen und die Kurve würde steiler ansteigen, da pro Zeiteinheit mehr Enzyme als Enzym-Substrat-Komplex vorliegen. Der K_m-Wert würde gleich bleiben. Die halbmaximale Geschwindigkeit würde zwar höher liegen, da aber die Kurve steiler ansteigt, würde der Wert der Substratkonzentration gleich bleiben.

85 a Ethanol: Zu Beginn nimmt die Reaktionsgeschwindigkeit mit steigender Substratkonzentration sehr schnell zu, die Kurve steigt steil an. Bei einer weiteren Erhöhung der Substratkonzentration nähert sich die Reaktionsgeschwindigkeit asymptotisch einem Sättigungswert (V_{max}).
Methanol: Bei einer Zunahme der Methanolkonzentration nimmt die Reaktionsgeschwindigkeit zu. Die Kurve steigt zu Beginn weniger steil an als die Ethanolkurve. Der Sättigungswert ist aus der Darstellung nicht ablesbar. Abzuschätzen ist aber, dass er erst bei einer viel höheren Substratkonzentration erreicht wird als beim Abbau von Ethanol.

b Die Michaelis-Konstante (K_m-Wert) liegt für den Abbau von Ethanol bei etwa 1 und ist damit viel geringer als die, die für die Umsetzung von Methanol gilt.

c Aus dem Kurvenverlauf und dem geringen K_m-Wert darf man schließen, dass sich Ethanol viel besser an das Enzym Alkoholdehydrogenase bindet als Methanol (Alkoholdehydrogenase hat eine größere Affinität zu Ethanol als zu Methanol). Ethanol wird also viel schneller abgebaut. Wenn nach einer Methanolvergiftung Ethanol gegeben wird, bindet das Enzym vor allem diesen Alkohol. Schon bei einer geringen Ethanolkonzentration sind die aktiven Zentren sehr vieler Enzymmoleküle von Ethanolmolekülen besetzt. Es bleiben keine oder nur wenige Enzymmoleküle frei, an die sich Methanolmoleküle binden könnten. Die meisten Methanolmoleküle werden daher nicht umgesetzt und unverändert ausgeschieden.

d Wenn Ethanol als Gegenmittel zu spät verabreicht wird, sind bereits viele Methanolmoleküle umgesetzt worden. Nach 20 Stunden waren aus dem Methanol schon so große Mengen von Formaldehyd und Ameisensäure entstanden, dass schwere Zellschäden auftraten, die zum Tod führten.

86 a Der K_m-Wert gibt die Substratkonzentration an, bei der eine enzymatisch katalysierte Reaktion mit der Hälfte der maximalen Geschwindigkeit abläuft. Die Hälfte aller Enzymmoleküle liegt dann als Enzym-Substrat-Komplex vor.

b Hexokinase setzt Glucose mit höherer Geschwindigkeit um als Fructose. Sie erreicht die halbmaximale Reaktionsgeschwindigkeit beim Umsatz von Glucose schon bei einer geringeren Substratkonzentration (geringer K_m-Wert).

c Die Substratspezifität der Hexokinase ist nicht sehr hoch, da ihr als Substratmoleküle mehr als eine Molekülart dienen kann (sowohl Glucose als auch Fructose).

87 Urease katalysiert den Abbau von Harnstoff zu CO_2 und NH_3 (Ammoniak). Die aus CO_2 und NH_3 entstehenden Ionen erhöhen die elektrische Leitfähigkeit der Lösung. Zur Feststellung der Leitfähigkeit verwendet man ein Amperemeter und Elektroden, die in die Lösung eintauchen. Wenn Thioharnstoff statt Harnstoff verwendet wird, kommt es zu keiner Änderung der Leitfähigkeit. Daraus lässt sich schließen, dass Thioharnstoff nicht zu CO_2 und NH_3 abgebaut wird. Urease ist also nur in der Lage, den Abbau von Harnstoff zu katalysieren, nicht den von Thioharnstoff. Das Enzym wirkt spezifisch nur auf Harnstoff.

88 Für den Nachweis ist eine Versuchsreihe erforderlich, in der eine enzymatisch katalysierte Reaktion bei verschiedenen Temperaturen im Reagenzglas abläuft. Wichtig für die Aussagekraft ist, dass die Versuchsbedingungen in allen Versuchsansätzen konstant sind, dass z. B. mit immer denselben Enzym- und Substratkonzentrationen gearbeitet wird. Verändert wird jeweils nur die Temperatur.

a Versuch zur Wirkung von Urease: Urease baut Harnstoff zu CO_2 und NH_3 ab. Durch die aus diesen Abbauprodukten entstehenden Ionen erhöht sich die elektrische Leitfähigkeit der Lösung. Harnstoff ist ungeladen und führt daher zu keiner Leitfähigkeit der Lösung. Je schneller die Reaktion abläuft, desto mehr Ionen entstehen und desto stärker steigt infolgedessen die Leitfähigkeit. Um die Leitfähigkeit messen zu können, benötigt man eine Spannungsquelle, Elektroden, die in die Lösung eintauchen, und ein Amperemeter, das die Stromstärke misst. Eine Veränderung der Temperatur hat Einfluss auf die Höhe der Leitfähigkeit. Daher lässt sich anhand der Leitfähigkeit die Abhängigkeit der durch die Urease katalysierten Reaktion von der Temperatur messen.

b Versuch zur Wirkung von Katalase: Katalase katalysiert den Abbau von H_2O_2 zu O_2 und H_2O. Die Reaktion läuft auch im Reagenzglas ab. Als Katalasespender dienen Leber- oder Kartoffelstückchen. In diesen Zellen ist Katalase enthalten. Als Substrat gibt man H_2O_2 hinzu. Die Bildung von O_2 lässt sich an den entstehenden Schaumbläschen und mithilfe der Glimmspanprobe nachweisen.
Je schneller der H_2O_2-Abbau erfolgt, desto stärker ist die Blasenbildung und desto heller und länger leuchtet der Glimmspan auf. Blasenbildung und Glimmspanprobe verändern sich, wenn man den Versuch bei unterschiedlichen Temperaturen durchführt. Die Temperatur beeinflusst also die Geschwindigkeit des Abbaus von H_2O_2.

c Versuch zur Wirkung von Amylase: Amylase baut Stärke ab. Die im Speichel des Menschen enthaltene Amylase katalysiert diese Reaktion auch im Reagenzglas. Als Substrat verwendet man Stärke, die mit Lugol'scher Lösung blau gefärbt wurde, als Emzymquelle dienen einige Tropfen Speichel. Die Geschwindigkeit der Reaktion lässt sich daran ablesen, wie schnell die blaue Färbung verschwindet. Im Experiment entfärbt sich die Stärkelösung je nach Temperatur unterschiedlich schnell. Dadurch ist nachgewiesen, dass der durch Amylase katalysierte Abbau von Stärke von der Temperatur abhängt.

89 a

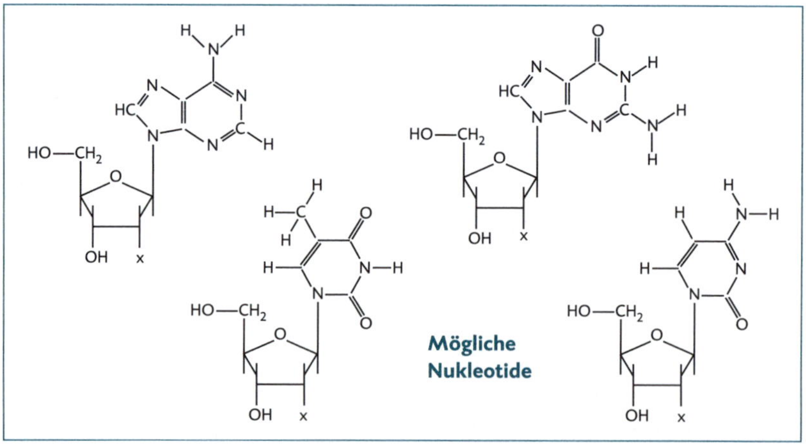

b Der Pfeil weist auf Wasserstoffbrückenbindungen hin. Sich gegenüberstehende, komplementäre Basen sind auf diese Art verbunden.

c Durch die seitlichen Pfeile wird angedeutet, dass die beiden Polynukleotidstränge gegenläufig angeordnet sind. In der Abb. 61 liegt im links abgebildeten Strang das fünfte C-Atom der Desoxyribose mit dem daran hängenden Phosphorsäure-Rest oben, im gegenüberliegenden Strang liegt das dritte C-Atom der Desoxyribose oben.

90
- RNA: d; h; i; k; m; p; q; s; t (für tRNA: b; g)
- DNA: b; e; f; g; h; i; k; l; n; p; q; s; t; u
- Proteine: a; b; c; o; r

91

RNA	DNA
Nukleotide enthalten Ribose (Fünferzucker, Pentose).	Nukleotide enthalten Desoxyribose (Fünferzucker, Pentose).
Am Bau sind vier verschiedene Nukleotide mit je einer der Basen Cytosin, Guanin, Adenin oder Uracil beteiligt.	Am Bau sind vier verschiedene Nukleotide mit je einer der Basen Cytosin, Guanin, Adenin oder Thymin beteiligt.
Besteht aus einem einfachen Polynukleotidstrang, RNA-Einzelstrang; (ein Einzelstrang kann stellenweise gepaart sein).	Besteht aus zwei miteinander über Wasserstoffbrücken verbundenen Polynukleotidsträngen (DNA-Doppelstrang).

92 DNA besteht aus zwei Polynukleotidsträngen mit komplementären Basen. Jedes Adenin-Nukleotid hat als komplementären Partner auf dem anderen Polynukleotidstrang ein Thymin-Nukleotid. Daher ist die Menge an A und T immer gleich. Ebenso verhält es sich mit den Basen Guanin und Cytosin. Jede Organismenart trägt die für sie typischen genetischen Informationen. Sie liegen in der Basensequenz ihrer DNA. Infolgedessen liegen die vier Basen A, T, G und C bei verschiedenen Organismenarten in unterschiedlichen Mengen vor. Beispielsweise kann die Art I einen höheren Anteil von A haben (und damit auch von T) als die Art II. G und C hätten in einem solchen Fall bei der Art I einen geringeren Anteil an der Gesamtmenge der Basen als bei der Art II.

93 a; c
Ursache ist die spezifische Basenpaarung von A und T bzw. C und G. A und T sind immer in der gleichen Menge vorhanden, ebenso verhält es sich mit den Basen C und G. Wenn A = T und G = C ist, dann muss auch A + G = C + T sein.

94 Ein Gen besteht aus einer spezifischen Basenfolge (Basensequenz) auf einem Abschnitt eines der beiden Polynukleotidstränge der DNA.
(Hinweis: Bei einigen Viren wird ein Gen durch die spezifische Basenfolge eines Abschnitts der RNA gebildet.)

95
- Entspiralisierung der DNA
- Öffnung der H-Brücken zwischen den gepaarten Basen der beiden Polynukleotidstränge
- Anlagerung freier Nukleotide mit jeweils komplementären Basen an die nicht gepaarten Basen der beiden Polynukleotidstränge
- Verbindung der angelagerten Nukleotide untereinander zu einem neuen Polynukleotidstrang

Zur Öffnung des Doppelstrangs und zur Synthese der komplementären Einzelstränge sind ATP und spezifische Enzyme erforderlich.

96 Die beiden durch einen Replikationsvorgang gebildeten DNA-Moleküle (DNA-Doppelstränge) bestehen jeweils aus einem Polynukleotidstrang, der auch Bestandteil des ehemaligen, ursprünglichen DNA-Moleküls war. Die Hälfte (*semi-* = „halb") des alten Strangs bleibt also in jedem der neuen DNA-Moleküle erhalten, wird „konserviert".

97 Nach der ersten Mitose ist in jedem DNA-Molekül noch einer der beiden Polynukleotidstränge radioaktiv. Nach der zweiten Mitose erscheinen das erste Mal auch DNA-Moleküle ohne radioaktive Markierung.

98 Thymin kommt als einzige Base nur in der DNA vor, nicht aber in der RNA. Dort ist an seiner Stelle Uracil vorhanden. Wenn man radioaktives Thymin verwendet, darf man sicher sein, dass die Untersuchungsergebnisse die DNA betreffen und nicht die RNA.

99 a; e; g; h

100 a; c; d; g

101
- Zellen aufbrechen, z. B. mit einem Mörser.
- Bruchstücke mit einem Filter von flüssigen Bestandteilen trennen.
- Proteine von der DNA trennen. Das kann durch starke Detergenzien, im einfachsten Fall mit Haushaltsspülmittel, geschehen. Evtl. kann man auch Waschpulver oder bestimmte Fruchtsäfte zusetzen, um mit den darin enthaltenen Proteasen die Proteine abzubauen.
- DNA mit eiskaltem Ethanol ausfällen. Die DNA fällt als klare, viskose Substanz aus. Dass es sich tatsächlich um DNA handelt und nicht z. B. um RNA, lässt sich mit einer spezifischen Färbung (Toluidinblau) nachweisen oder durch Zugabe des Enzyms DNase, das DNA abbaut und die ausgefällte Substanz dadurch weniger viskös macht.

102 Die Transportform der Chromosomen beschreiben: b; d; g; i; k
Die Arbeitsform der Chromosomen beschreiben: a; c; e; f; h

103
a Chromosomen in der Form, wie sie in der TEM-Aufnahme zu sehen sind, sind auch im Lichtmikroskop sichtbar.

b Das dargestellte Chromosom stammt aus einer sich teilenden Zelle. Während der Mitose sind die Chromosomen sehr stark verkürzt und verdickt, sodass sie deutlich erkennbar sind.

c Die beiden Schenkel des Chromosoms entstanden durch Replikation: Die beiden Einzelstränge des ursprünglichen DNA-Doppelstrangs öffneten sich, danach lagerten sich an jeden Einzelstrang Nukleotide mit komplementären Basen an, die miteinander zu einem neuen Einzelstrang verbunden wurden. So entstanden zwei neue DNA-Moleküle, die je aus einem alten und einem neu gebildeten Polynukleotid-Einzelstrang bestanden. Nach der Replikation spiralisierten sich die beiden DNA-Doppelstränge, die noch an einer Stelle zusammenhingen, vielfach und eng. Sie wurden dadurch sehr viel kürzer und dicker.

d Die beiden Schenkel des Chromosoms werden als Chromatiden bezeichnet. Sie sind im Zentromer miteinander verbunden.

e Die genetische Information der beiden Schenkel, der Chromatiden, ist identisch. Durch die Replikation entstanden DNA-Doppelstränge mit derselben Abfolge (Sequenz) der Basen.

f Die DNA ist so dicht spiralisiert, dass die Moleküle, die für das Ablesen der genetischen Information erforderlich sind, die DNA nicht erreichen können.

104 Hinweise zur Angabe der Gesamtzahl der DNA-Doppelstränge:
1. Ziffer: Zahl der Chromosomensätze. Die Körperzellen des Menschen enthalten zwei Chromosomensätze (2n).
2. Ziffer: Zahl der Chromosomen pro Satz. Beim Menschen umfasst ein Satz 23 Chromosomen (n = 23).
3. Ziffer: Zahl der Chromatiden pro Chromosom. Ein Chromosom besteht aus einem DNA-Doppelstrang. Verdoppelt es sich, besitzt es zwei Chromatiden, die ebenfalls jeweils aus einem DNA-Doppelstrang bestehen.

a $2 \cdot 23$ à 2: Vor Beginn der Mitose fand eine Replikation statt.

b $2 \cdot 23$ à 1: Die Replikation läuft erst kurz vor Beginn der Mitose ab.

c $2 \cdot 23$ à 2: Vor Beginn der Meiose fand eine Replikation statt.

d $1 \cdot 23$ à 2: Trennung der homologen Chromosomen in der ersten Reifungsteilung (aber keine Trennung der durch die Replikation entstandenen Chromatiden).

e $1 \cdot 23$ à 1: Trennung der Chromatiden jedes Chromosoms in der zweiten Reifungsteilung.

f $2 \cdot 23$ à 1: Durch Befruchtung entstandener diploider Chromosomensatz (2n = 46) aus $1 \cdot 23$ Chromosomen des Vaters und $1 \cdot 23$ Chromosomen der Mutter. (Wegen der schnell nacheinander ablaufenden Mitosen während der Embryonalentwicklung sind Replikationen sehr häufig. Die Zahl $2 \cdot 23$ à 1 gilt daher nur für die kurzen Zeiträume zwischen zwei Mitosen.)

g $8 \cdot 23$ à 1: Achtfacher Chromosomensatz.

105 **a** In den Zellen des Menschen, des Rindes und von *E.-coli*-Bakterien ist die Base Adenin etwa gleich häufig wie Thymin. Gleiches gilt für die Häufigkeit von Guanin und Cytosin. Für diese Besonderheit verantwortlich ist die Paarung komplementärer Basen im DNA-Doppelstrang. Der Base Adenin auf einem Einzelstrang entspricht immer die Base Thymin auf dem gegenüberliegenden Einzelstrang. Ebenso verhält es sich mit Guanin und Cytosin.
Die Unterschiede der Basenhäufigkeiten bei den verschiedenen Organismen erklären sich durch deren unterschiedliche genetische Informationen, die sich in der Abfolge der Basen widerspiegeln. Das Vorliegen unterschiedlicher Informationen erhöht die Wahrscheinlichkeit, dass auch die Häufigkeit der Basen verschieden ist. Da die Häufigkeitswerte prozentual angegeben sind, die Summe also jeweils 100 ergeben muss, sind bei einem hohen Wert für Adenin und Thymin

die Werte von Guanin und Cytosin entsprechend geringer. Die Werte für die Zellen der Milz und der Leber des Menschen sind etwa gleich hoch. Alle Körperzellen eines Organismus entstehen durch Mitosen. Dabei wird die genetische Information zunächst durch Replikation identisch verdoppelt und dann jeweils zur Hälfte unverändert an die neu entstehenden Zellen weitergegeben. In allen Körperzellen ist daher die genetische Information identisch. Daher müssen auch die Häufigkeiten der Basen in allen Zellen gleich sein.

b Das Verhältnis der Summe von Adenin und Thymin zur Summe von Guanin und Cytosin ist bei den in der Tab. 8 berücksichtigten Organismen verschieden. Für die Speicherung der genetischen Information ist eine bestimmte Menge Adenin auf einem DNA-Einzelstrang erforderlich. Auf dem jeweils komplementären anderen Einzelstrang der DNA liegt wegen der spezifischen Basenpaarung die gleiche Menge an Thymin. Ebenso verhält es sich mit den Häufigkeiten der Basen Guanin und Cytosin. Weil der Mensch, das Rind und *E. coli* jeweils eine andere genetische Information haben, unterscheiden sich die Mengen von Adenin (und Thymin) in ihrer DNA. Dadurch ist auch der Gehalt an Guanin (und Cytosin) verschieden, sodass unterschiedliche Quotienten „A + T zu G + C" entstehen.

c Die Werte, die sich bei Messungen der Spermien-DNA ergeben würden, wären die gleichen wie die in der Tabelle angegebenen. Spermien entstehen durch Meiose, also durch eine Trennung der homologen Chromosomen. Spermien enthalten nur die Hälfte des Chromosomensatzes der Körperzellen. Weil die homologen Chromosomen unterschiedliche Allele tragen können, ist die genetische Information eines Spermiums in der Regel anders als die der Körperzellen. Daher kann auch die Häufigkeit der Basen in den Spermien eines Menschen verschieden sein. Wenn allerdings ein Spermium entsteht, das ein bestimmtes Chromosom mit einer bestimmten genetischen Information enthält, entsteht gleichzeitig immer auch ein Spermium mit dem homologen Partner dieses Chromosoms. Betrachtet man alle Spermien eines Menschen, bleibt die Anzahl der verschiedenen homologen Chromosomen gleich. Weil man in einer entsprechenden Untersuchung nicht den Basengehalt eines einzelnen Spermiums messen würde, sondern den einer großen Spermien-Zahl, ist sichergestellt, dass alle homologen Chromosomen des Menschen erfasst würden. Dass Spermien nur die Hälfte der DNA der Körperzellen besitzen, spielt keine Rolle, weil in der Tabelle Prozentwerte angegeben sind.

106 Organismen wachsen v. a. durch die Vermehrung ihrer Zellen, nur in geringem Maße durch Größenzunahme der Zellen. Die Vermehrung der Zellen geschieht durch Zellteilungen (Mitosen). Während der Mitosen liegen die Chromosomen in der Transportform vor.

107 Eine größere Zelle wird möglich, wenn sich die DNA vermehrt und damit der Zellkern größer wird. Beispiele:

- polyploide Zellen (mehr als zwei Chromosomensätze)
- Riesenchromosomen in den Zellen der Speicheldrüsen von Fliegen und Mücken (Vervielfachung der DNA-Moleküle, die gebündelt im gleichen Chromosom bleiben)

(Hinweis: In einigen Fällen sind sehr große Zellen dadurch möglich, dass es mehr als einen Zellkern gibt, z. B. bei Zellen der Skelettmuskulatur.)

108 a; b; h; i; k; m; n; o; p

109
- ATP; Funktion: Energieübertragung und Energiespeicherung
- DNA; Funktion: Speicherung der genetischen Information
- RNA; Funktion: Realisierung der genetischen Information *(Hinweis: bei einigen Viren auch Speicherung der genetischen Information)*

110
- Antigen-Antikörper-Reaktion (Bindung von Antigenen, z. B. von Erregern an entsprechende Antigen-Bindungsstellen der Antikörper)
- Bindung von Neurotransmittern an die Wirkstellen (Rezeptoren) der postsynaptischen Membran von Synapsen
- Bildung von Enzym-Substrat-Komplexen (Bindung eines Substrat-Moleküls an ein Enzym-Molekül mit passendem aktivem Zentrum)

111 Der genetische Code ist kommafrei, zeigt keine Überlappung, ist degeneriert und universell.

112 Die Ursache ist die Degeneration des genetischen Codes (Redundanz). Eine Aminosäure kann von mehr als einem Basentriplett codiert werden.

113 a Mehrere verschiedene Basentripletts codieren für die gleiche Aminosäure, sodass die Information eines Tripletts trotz Änderung einer Base gleich bleiben kann (Degeneration des genetischen Codes).

b Der genetische Code wird fortlaufend und ohne Überlappung gelesen. Eine veränderte Base gehört immer nur zu einem Triplett.

114 a Die mit –S–S– dargestellten Bereiche sind Disulfidbrücken. Die Quartärstruktur von Insulin besteht aus zwei Polypeptidketten.
Die Disulfidbrücken zwischen den beiden Aminosäureketten dienen dazu, die Quartärstruktur zu festigen. Zwischen den Aminosäuren an der sechsten und an der elften Position in der kurzen Kette sorgt die Disulfidbrücke dafür, dass das Polypeptid in einer festen, unveränderlichen Schleife liegt.

b An der Position 8 steht bei Schafen und Rindern die Aminosäure Alanin, bei allen anderen der aufgeführten Insulinmoleküle steht dort Threonin. Die DNA-Tripletts, die für die Aminosäure an der Position 8 codieren, sind unterschiedlich. Die erste Base bei Rindern und Schafen ist Cytosin, bei den übrigen Tieren und beim Menschen steht dort Thymin.
An der Position 10 steht bei Rindern und Schafen die Aminosäure Valin, bei allen übrigen hier berücksichtigten Organismen steht an dieser Stelle die Aminosäure Isoleucin. Dies ist ebenfalls auf jeweils unterschiedliche Basen an der ersten Stelle des entsprechenden Tripletts der DNA zurückzuführen. Bei Rindern und Schafen steht hier Cytosin, bei allen übrigen beginnt das Triplett mit Thymin.
(Anmerkung: Bei der Lösung ist darauf zu achten, dass der genetische Code in der Code-Sonne als mRNA-Code angegeben ist. In der Lösung wird aber die Angabe für DNA erwartet.)

c Veränderungen der Basensequenz der DNA, bei der nur eine Base ausgetauscht wird, werden als Punktmutation bezeichnet.

115 Die Proteinsynthese ist nur mithilfe der mRNA-Moleküle möglich, die noch vor der Mitose gebildet wurden. Während der Mitose liegen die Chromosomen in Transportform vor. Ihre DNA ist so stark verdichtet (spiralisiert), dass keine Transkription stattfinden kann.

116 b; d; e; g

117 Der Mechanismus der Transkription ähnelt dem der Replikation, da bei beiden der DNA-Doppelstrang zunächst geöffnet wird. Bei der Transkription allerdings bildet sich nur an einem der beiden entstandenen DNA-Einzelstränge ein komplementärer Strang, bei der Replikation an beiden. Bei der Transkription öffnet sich der DNA-Strang nicht auf ganzer Länge wie bei der Replikation, sondern nur in dem Bereich, in dem ein Gen liegt, sodass sich nur dort komplementäre Nukleotide anlagern können. Bei der Replikation sind dies DNA-Nukleotide, bei der Transkription RNA-Nukleotide, die den Zuckerbaustein Ribose statt Desoxyribose und die Base Uracil statt Thymin enthalten.

118 a Die Entdeckung des Spleißens machte diese Korrektur erforderlich.

b Beim Spleißen werden mRNA-Bereiche, die keine Information tragen (Introns), herausgeschnitten. Die verbleibenden codierenden Abschnitte, die Exons, können in unterschiedlicher Weise miteinander verbunden werden, sodass mehrere verschiedene mRNA-Moleküle entstehen können, die jeweils eine andere genetische Information tragen. Die alte Auffassung, dass ein Gen die Information für ein bestimmtes Protein enthält, gilt daher nicht mehr. Für die Codierung der Information über die ca. 90 000 Proteine sind nicht ungefähr gleich viele Gene (100 000) erforderlich, sondern sehr viel weniger, ca. 20 000.

119 Im ersten Abschnitt der Transkription entsteht bei den Eukaryoten eine Abschrift des gesamten DNA-Abschnitts. Aus dieser Vorläufer-mRNA (Prä-mRNA) werden durch den Vorgang des Spleißens Abschnitte herausgeschnitten, die keine Information über den Bau von Proteinen tragen, die Introns. Die fertige mRNA, die den Zellkern verlässt, besteht nur noch aus Exons und ist daher kürzer als die Prä-mRNA und der entsprechende DNA-Abschnitt.

120 Proteinsynthese an Ribosomen im Zytoplasma

- Die DNA müsste den geschützten Raum im Zellkern verlassen. Dabei könnte sie Schaden nehmen.
- Eine mehrfache Abschrift der genetischen Information wie bei der Bildung der mRNA wäre nicht möglich. Es könnte nur von einer Vorlage abgelesen werden, wodurch die Proteinsyntheserate geringer wäre.

Proteinsynthese an Ribosomen im Zellkern

- Die Proteine könnten dann nicht mehr in der Nähe der Stellen produziert werden, an denen sie gebraucht werden.
- Der gezielte Transport der teilweise sehr „sperrigen“ Proteinmoleküle aus dem Zellkern zu den verschiedenen Bereichen des Zytoplasmas würde Schwierigkeiten bereiten.

121 b; c; e; f

122
- Das tRNA-Molekül, das aus dem Bereich des Ribosoms herausrückt, löst seine Paarung mit der mRNA.
- Das tRNA-Molekül, das vorher an zweiter Stelle im Ribosom gelegen hat, rückt an die erste Stelle.
- Das tRNA-Molekül, das jetzt an erster Stelle im Ribosom liegt, übernimmt zusätzlich zu seiner eigenen einzelnen Aminosäure noch die Aminosäurekette, die am vorherigen ersten tRNA-Molekül hing.
- An die freigewordene zweite Stelle der mRNA lagert sich im Bereich des Ribosoms ein komplementäres tRNA-Molekül an.
- Die Translation bricht ab, wenn ein Stopp-Codon in das Ribosom gelangt.
- Das aus dem Ribosom herausgerückte, frei gewordene tRNA-Molekül kann erneut eine Aminosäure binden.

123 In den Zellen des Knochenmarks ist das Gen für die Hämoglobin-Bildung dauerhaft aktiv, da ständig neue rote Blutkörperchen benötigt werden. An diesem Gen läuft die Transkription ab, daher enthalten die Zellen mRNA mit der Information für das menschliche Hämoglobin. In den Zellen des Krallenfrosches läuft die Translation ab. Da der genetische Code universell ist, kann sich an den menschlichen mRNA-Molekülen im Zytoplasma des Krallenfrosches menschliches Hämoglobin bilden. Dabei werden Ribosomen, tRNA, Aminosäuren, Enzyme und ATP des Frosches verwendet.

124 Für die Proteinbiosynthese *in vitro* sind alle 20 Aminosäuren, beide Ribosomen-Untereinheiten, ATP und ähnliche Energieüberträger, alle tRNA-Typen, mRNA sowie spezifische Enzyme für die Einzelprozesse der Translation notwendig.

125 a Wie in der Zelle bei der Transkription muss der DNA-Abschnitt zunächst in eine mRNA umgeschrieben werden.

3'CGG	CGC	TCA	AAA	TCG5'	DNA
5'GCC	GCG	AGU	UUU	AGC3'	mRNA
Ala	Ala	Ser	Phe	Ser	Aminosäuresequenz

b Punktmutation an der ersten Stelle im zweiten Basentriplett

3'CGG	**T**GC	TCA	AAA	TCG5'	DNA
5'GCC	**A**CG	AGU	UUU	AGC3'	mRNA
Ala	**Thr**	Ser	Phe	Ser	Aminosäuresequenz

c Rastermutation an der ersten Stelle im zweiten Basentriplett

3'CGG	GCT	CAA	AAT	CGx5'	DNA
5'GCC	CGA	GUU	UUA	GCx3'	mRNA
Ala	Arg	Val	Leu	Ala	Aminosäuresequenz

126 Als Erste werden die tRNA-Moleküle radioaktiv, weil sich die zugegebenen Aminosäuren an die jeweils passenden tRNA-Moleküle binden. Danach lässt sich die Radioaktivität an den Ribosomen nachweisen, da sich die tRNA-Moleküle mit den daran gebundenen radioaktiven Aminosäuren in ihrem Bereich an die mRNA anlagern. Zuletzt werden Proteine radioaktiv, wenn sich die Aminosäuren zu Peptidketten verbunden haben.

127 Durch die beschränkte Lebensdauer der mRNA kann die Synthese eines Proteins zeitlich begrenzt werden. Wenn die mRNA unbegrenzt funktionsfähig wäre, würde eine einmal begonnene Proteinbiosynthese ständig weiterlaufen. Die Möglichkeit, die Synthese eines Proteins zu beenden, ist ein unverzichtbares Element der Steuerung des Stoffwechsels.

128 Eine hohe Proteinsyntheserate ist durch die mehrfache Transkription desselben Gens, also durch die Bildung mehrerer mRNA-Moleküle am selben Gen möglich. Außerdem erlauben die Polysomen eine gleichzeitige Translation derselben mRNA an mehreren Ribosomen.

129 Die genetische Information des HI-Virus ist als RNA gespeichert. In der Wirtszelle muss diese daher zunächst in DNA umgeschrieben werden. Dafür ist das Enzym reverse Transkriptase erforderlich. Wenn dieses Enzym durch NNRTIs unwirksam gemacht worden ist, kann die genetische Information des Virus nicht in die DNA der Wirtszelle integriert werden und daher auch vom Proteinsyntheseapparat der Zelle nicht abgelesen werden. Infolgedessen bilden sich keine neuen HI-Viren.

130 Eine Bekämpfung wäre zum Beispiel möglich, wenn man

a die HI-Viren daran hindert, sich an die Rezeptoren der Zellmembran zu binden.

b verhindert, dass die HI-Virenhülle mit der Zellgrenzmembran verschmilzt und der Vireninhalt in die Zelle gerät.

c das Enzym reverse Transkriptase hemmt.

d das Enzym hemmt, das den Einbau der HIV-DNA in die DNA der Wirtszelle steuert.

e bei der Neubildung der Viren verhindert, dass sich eines der bei c bis e genannten Enzyme bildet, z. B. dadurch, dass die Transkription der entsprechenden DNA-Abschnitte oder die Translation der zugehörigen mRNA gestört ist.

f bei der Neubildung der Viren den Prozess blockiert, durch den an der DNA neue Viren-RNA entsteht.

g verhindert, dass sich die vom Proteinsyntheseapparat der Wirtszelle gebildeten Bestandteile des HI-Virus (Hüllproteine, Enzyme und RNA) zu einem vollständigen Virus zusammensetzen.

131 a Enzyme sind Proteine. Die Basensequenz der DNA legt die Aminosäuresequenz der Enzyme fest. Eine veränderte Base kann zu einer anderen Aminosäure an der entsprechenden Stelle des Proteins führen. Wegen der Degeneration des genetischen Codes ist das aber nicht zwingend so. Da die Primärstruktur des Proteins auch seine Sekundär- und Tertiärstruktur bestimmt, kann unter bestimmten Umständen schon die Änderung einer einzigen Aminosäure zu einer abweichenden Tertiärstruktur des Enzyms führen. Wenn davon auch das aktive Zentrum betroffen ist, kann das Enzym unwirksam werden.

b Enzyme katalysieren chemische Reaktionen in der Zelle. Bei Ausfall eines Enzyms kann daher die entsprechende Reaktion nicht stattfinden. Das Reaktionsprodukt entsteht nicht mehr und das Substrat dieser Reaktion häuft sich an. In den meisten Fällen sind davon auch andere Reaktionen betroffen, z. B. solche, die in Stoffwechselketten das Reaktionsprodukt weiter chemisch verändern.

132 c; d; e; g

133 Die dunkle Färbung von Haaren und Haut kommt durch Melanin zustande. Der Ausgangsstoff für die Synthese dieses Pigments ist die Aminosäure Tyrosin. Der Körper erhält Tyrosin aus den Proteinen, die er mit der Nahrung aufnimmt sowie durch den Umbau von Phenylalanin, einer ebenfalls mit der Nahrung aufgenommenen Aminosäure. Phenylketonurie-Kranke leiden unter einem Tyrosin-Mangel, da sie nicht in der Lage sind, Phenylalanin zu Tyrosin umzubauen. Ihnen fehlt also die zweite Tyrosin-Quelle. Daher können sie auch nur geringe Mengen Melanin bilden.

134 Phenylalanin ist zum Aufbau des körpereigenen Eiweißes erforderlich. Der Körper kann diese essenzielle Aminosäure nicht selber synthetisieren, sondern muss sie mit der Nahrung aufnehmen. Ohne Phenylalanin könnten z. B. wichtige Enzyme ausfallen und daher schwerwiegende Stoffwechselstörungen auftreten.

135
- Genommutation: Änderung der Chromosomenzahl um ganze Chromosomensätze (Polyploidie) oder einzelne Chromosomen. Im Lichtmikroskop sichtbar.
- Chromosomenmutation: Veränderung der Chromosomenstruktur. Im Lichtmikroskop sichtbar.
- Genmutation: Veränderung der Basensequenz eines Gens (Punkt- oder Rastermutation). Im Lichtmikroskop nicht sichtbar.

136 a Genommutation: Polyploidie bei Zuchtpflanzen, Trisomie 21 beim Menschen
b Genmutation: Sichelzellenanämie, Phenylketonurie, Albinismus
c Punktmutation: Sichelzellenanämie

137 Trotz Austausch einer Base der DNA kann weiterhin das gleiche Protein entstehen, wenn erstens dieser Austausch vom Reparaturmechanismus erkannt und rückgängig gemacht wird, zweitens die ausgetauschte Base in einem DNA-Bereich liegt, der kein Gen enthält, also keine sinnvolle genetische Information verloren gegangen ist, oder drittens durch den Austausch der Base zwar ein neues Triplett entsteht, das aber wegen der Degeneration des genetischen Codes weiterhin die Informationseinheit für die gleiche Aminosäure darstellt.

Trotz des Austauschs einer Aminosäure im Protein kann das Merkmal unverändert bleiben, wenn die geänderte Aminosäure an einer unbedeutenden Stelle liegt, sodass z. B. die Tertiärstruktur gleich bleibt, bzw. bei Enzymen deren Veränderung sich nicht auf das aktive Zentrum auswirkt.

138 a Beim Verlust einer Base kommt es zu einer Verschiebung des Leserasters, also zu einer Rastermutation. Von der fehlenden Base an ändern sich alle folgenden Tripletts und damit höchst wahrscheinlich auch die Aminosäuren des Proteins. Durch diese Änderung der Primärstruktur nimmt das Protein mit hoher Wahrscheinlichkeit auch eine andere Tertiärstruktur an. Wenn es sich bei dem Protein um ein Enzym handelt, kann es unwirksam werden.

b Bei Verlust von drei aufeinanderfolgenden Basen kommt es ebenfalls zu einer Rasterverschiebung. Wenn aber zufällig alle ausfallenden Basen zum gleichen Triplett gehören, fehlt genau eine Aminosäure im Protein, das Leseraster bleibt allerdings erhalten, sodass sich die nachfolgende Aminosäuresequenz nicht ändert. Die Primärstruktur des Proteins bleibt dann bis auf die ausgefallene Aminosäure gleich, auch die Tertiärstruktur erfährt keine tiefgreifende Veränderung. Die Chance, dass sich die Mutation nur wenig auswirkt, ist daher in diesem Fall größer.

139 Wenn dem Merkmal eine Genwirkkette zugrunde liegt, kann die Mutation jedes Gens dieser Kette Auswirkungen auf das Merkmal haben.

140 a Körperzelle: Die Merkmale der betroffenen Zelle können sich ändern. Häufig bildet sich die Zelle zu einer Krebszelle um.

b Keimzelle: Die Mutation kann an einen Nachkommen weitergegeben werden, wenn die betroffene Keimzelle zur Befruchtung kommt. Alle Zellen des Körpers dieses Nachkommen tragen dann die Mutation. In den Zellen, in denen das mutierte Gen realisiert wird, kann es zu einer Veränderung von Merkmalen kommen.

c Zelle der Keimdrüse, aus der die Keimzellen entstehen: Alle Keimzellen tragen die Mutation. Alle Nachkommen tragen in jeder Zelle ihres Körpers die Mutation und evtl. veränderte Merkmale.

141 Mutationen in Körperzellen werden durch Mitosen an alle aus ihnen entstehenden Zellen weitergegeben. In einem frühen Embryonalstadium gehen aus einer Zelle sehr viel mehr neue Zellen hervor als bei älteren Embryonen. Je früher eine Mutation in der Embryonalentwicklung auftritt, desto mehr Zellen sind später im erwachsenen Körper davon betroffen.

142 Salpetrige Säure ändert alle C-G-Basenpaare im betroffenen Bereich der DNA zu U-G-Paaren. Die Mutation führt aber erst zu einer Änderung des Gens, nachdem sich die Zelle geteilt hat. Bei der Replikation, die ja der Mitose vorausgeht, lagert sich an U nicht G an, sondern stattdessen A. Uracil ist komplementär zu A, nicht zu G. Dadurch erhält der komplementäre Strang eine andere Basensequenz. Das auf diese Weise mutierte Gen kann zur Änderung des betreffenden Merkmals führen.

143 a Die Ozonschicht fängt einen Teil der UV-Strahlung der Sonne ab. Bei einer Verringerung der Dicke der Ozonschicht erreicht daher mehr UV-Strahlung die Erdoberfläche. UV-Strahlen können Mutationen auslösen. In Körperzellen führen Mutationen häufig zur Entstehung von Krebszellen. Da die Haut der UV-Strahlung besonders stark ausgesetzt ist, bilden sich aus ihren Zellen besonders häufig Tumore.

b Von den Tumoren des Hautkrebses können sich kleine Zellansammlungen lösen, mit dem Blut oder mit der Lymphflüssigkeit in andere Körperbereiche gelangen, sich dort festsetzen und zu neuen Tumoren (Metastasen) heranwachsen.

144
- Die Zunahme der Mutationsrate lässt sich durch die in großen Höhen intensivere kosmische Strahlung (Höhenstrahlung) erklären, die während der langen Flugdauer einwirkt.
- Flugzeugabgase tragen zur Zerstörung der Ozonschicht bei, sodass die mutationsauslösende UV-Strahlung weniger gut abgefangen wird und in höherem Maße auf die Erdoberfläche gelangt.

145
- Teerstoffe im Tabak (Rauchen, passives Rauchen)
- Ultraviolette Strahlung (Sonnenlicht)
- Aflatoxine (Schimmelpilze)
- Nitrosamine (gepökeltes Fleisch)
- Röntgenstrahlung (medizinische Untersuchung)
- Höhenstrahlung (Flugreisen, Aufenthalt im Hochgebirge)

weitere Mutagene:

- Salpetrige Säure
- Radioaktive Strahlung

146 Im Unterschied zu normalen Zellen teilen sich Krebszellen sehr häufig und ungehemmt, da sie die Kontrolle über den Zeitpunkt und die Häufigkeit der Mitose verloren haben. Krebszellen haben keine speziellen Merkmale, die für die Erfüllung besonderer Aufgaben erforderlich sind, sie sind nicht differenziert. Auf der Außenseite ihrer Zellgrenzmembran tragen Krebszellen bestimmte veränderte Proteine (Gewebsantigene). Dadurch können sie vom Immunsystem als veränderte Zellen erkannt werden.

147 In Tumoren laufen ungehemmt und häufig Mitosen ab. Zellen können sich aber nur teilen, wenn eine Replikation vorausgeht, wenn sich also die DNA vorher verdoppelt. Im ersten Schritt der Replikation trennt sich der DNA-Doppelstrang in seine beiden Polynukleotidstränge. Weil *Cisplatin* das verhindert, kann auch keine Mitose stattfinden, der Tumor stellt infolgedessen sein Wachstum ein.

148 a Basensequenz: Abfolge der Basen auf den DNA-Einzelsträngen
b Replikation (semikonservativ)
c Transkription: Bildung von mRNA an DNA-Abschnitten
d Differenzielle Genaktivierung, z. B. An- und Abschalten von Genen durch Transkriptionskontrolle

149 a Während der Zeit, in der nur Glucose als Nährstoff zu Verfügung stand, war in den Bakterienzellen ein Repressor aktiv, der die Transkription des Gens verhinderte, das die Information für das Lactose abbauende Enzym enthält. Die Lactose, die die Bakterien im neuen Nährmedium aufgenommen haben, inaktiviert diesen Repressor. Die Zellen können das entsprechende Enzym bilden und mit dem Lactoseabbau beginnen. Lactose ist hier gleichzeitig Auslöser (Induktor) für die Transkription und Substrat für das entsprechende Enzym.
b Auslösung der Transkription durch (Substrat-)Induktion

150 Der Mechanismus, der die Transkription des Strukturgens auslöst, kann defekt sein. Denkbar sind mehrere Möglichkeiten, z. B.:

- Das Gen, das den Repressor bildet, kann so mutiert sein, dass der Repressor eine Form hat, in der er sich nicht inaktivieren lässt.
- Durch die Mutation eines anderen Gens kann ein Stoff entstehen, der den Repressor aktiviert oder ebenfalls die Operatorsequenz besetzt und die Transkription des Strukturgens blockiert.

151 a Die Transkription wird ausgelöst bzw. blockiert.

b

	Induktion	Repression
Unterschiede	ungebundener Repressor ist aktiv	ungebundener Repressor ist inaktiv
	Repressor wird durch Steuersubstanz inaktiviert	Repressor wird durch Steuersubstanz aktiviert
	veränderter Repressor kann nicht mehr am Operator binden → Blockade aufgehoben	veränderter Repressor bindet am Operator → Blockade setzt ein
	Transkription der Strukturgene aktiviert	Transkription der Strukturgene inaktiviert
Gemeinsamkeiten	Tertiärstruktur des allosterischen Repressors verändert sich durch die Bindung der Steuersubstanz	
	Gleiches System beteiligter Steuerelemente: Regulator, Repressor, Promotor, Operator, Strukturgen(e), Steuersubstanz	
	Als Steuersubstanz dienen häufig Substrat oder Endprodukt der Reaktionen, die durch die Genprodukte katalysiert werden.	

c

Vorteile	Zelle bildet nur dann Genprodukte, wenn sie sie wirklich benötigt. → Sparsamer Umgang mit Material und Energie	Zelle bildet nur so lange Genprodukte, wie sie Bedarf an ihnen hat. → Unnötige oder evtl. schädliche Anhäufung von Genprodukten wird vermieden, Material- und Energieeinsparung

152 In der Zelle würde an allen Genen ständig Transkription ablaufen. Damit würden Genprodukte von allen Genen hergestellt, eine differenzielle Genaktivierung wäre nicht möglich. Da die Zelle keine Möglichkeit hätte, sich zu differenzieren, könnte sie keine speziellen Merkmale ausbilden. Außerdem könnten zur gleichen Zeit Genprodukte, v. a. Enzyme, entstehen, die sich gegenseitig in ihrer Wirkung aufheben, z. B. solche, die die Synthese einer bestimmten Substanz katalysieren und gleichzeitig solche, die ihren Abbau auslösen. Ein geordneter Stoffwechsel wäre nicht möglich, die Zelle wäre nicht lebensfähig.

153 b; d; f; g; h; k; l

154 b; c; e; h

155 Verlauf:

- Radioaktiv markierte RNA-Nukleotide werden in die Speicheldrüsen einer Fliegen- oder Mückenlarve eingebracht.
- Nach einiger Zeit legt man die Riesenchromosomen auf einen für radioaktive Strahlung empfindlichen Film (Autoradiografie).

Ergebnis: Auf dem Film schwärzen sich die Chromosomen im Bereich der Puffs stärker als in ihrer Umgebung.

Erklärung: Die RNA-Nukleotide lagern sich also an die DNA im Bereich des Puffs an. Das weist darauf hin, dass dort die Transkription abläuft.

156 **a** Die Länge der Belichtung könnte die Transkription bestimmter Gene auslösen oder blockieren. Z. B. könnte die geringe Belichtung während der kurzen Tage im Herbst die Transkription der Gene blockieren, die zur Bildung des Vollinsekts aus der Puppe erforderlich sind.

b Bei Pflanzen kann die Länge der Belichtung die Keimung der Samen auslösen (Lichtkeimer/Dunkelkeimer) und die Bildung von Blüten steuern (Langtag-/Kurztagpflanzen).

157 c; e; f

158 In Äquatornähe sind die Tage und Nächte das ganze Jahr über etwa gleich lang. Die zur Blütenbildung erforderlichen langen Dunkelperioden findet der Weihnachtsstern, eine Kurztagpflanze, in unseren Breiten erst im Herbst und Winter. Erst unter diesen Bedingungen läuft die Transkription der Gene ab, die die Information für die Blütenbildung enthalten.

159 a Der entscheidende Faktor für die Auslösung der Blütenbildung ist bei Kurztag- und Langtagpflanzen nicht die Dauer der Belichtung, sondern eine kritische Länge von ununterbrochener Dunkelheit.

b Bei Kurztagpflanzen wird eine lange Dunkelphase, die normalerweise ausreicht, um die Blütenbildung auszulösen, durch eine sehr kurzfristige Belichtung unterbrochen. Die so behandelten Pflanzen bilden keine Blüten. In ähnlicher Weise verfährt man mit Langtagpflanzen. Sie werden unter Bedingungen gehalten, in denen die Dunkelphase lang genug ist, um die Blütenbildung zu verhindern. Wenn man die Dunkelphase durch eine sehr kurzfristige Belichtung unterbricht, bilden die Pflanzen dennoch Blüten.

c Um nachzuweisen, ob die Länge der Belichtung oder der Dunkelheit die Blütenbildung auslöst, muss man jeweils einen der beiden Faktoren verändern. Mit jeder Verlängerung oder Verkürzung der Belichtungsdauer ändert sich aber gleichzeitig auch die Länge der Dunkelheit. Im Experiment lässt sich daher auf diese Weise nicht feststellen, welche Änderung – die der Belichtung oder der Dunkelheit – tatsächlich Einfluss auf die Blütenbildung hat. Schlüssige Ergebnisse sind nur möglich, wenn man einen der beiden Faktoren ändert, ohne dass die Änderung Einfluss auf den jeweils anderen Faktor hat. In den beschriebenen Experimenten geschieht das durch die sehr kurzfristige Unterbrechung der Dunkelphase.

d Man könnte die Belichtungsphasen durch kurzfristiges Abdunkeln unterbrechen. Wenn tatsächlich nur die Länge der Nächte den entscheidenden Faktor darstellt, dürfte die Unterbrechung der Belichtungsphasen keinen Einfluss auf die Bildung der Blüten haben.

160 Lipophile Hormone können die Zellgrenzmembran passieren und nach Wanderung durch das Zytoplasma den Zellkern erreichen. Dort können sie z. B. an Repressoren binden und dadurch Blockaden aufheben oder auslösen.

Lipophobe Hormone können die Membran wegen ihrer Lipiddoppelschicht nicht durchqueren. Fettunlösliche Hormone nehmen an der Außenseite der Membran Kontakt mit Rezeptoren auf und lösen auf der Innenseite die Bildung von Signalstoffen aus, die die Transkription eines bestimmten Gens auslösen oder stoppen.

161

	Dauergewebe	Stammzellen
Aufgaben	Sorgt dafür, dass die Prozesse ablaufen, die erforderlich sind, um den Körper am Leben zu erhalten.	Bilden ständig neue, differenzierte Zellen und sorgen damit für den Aufbau oder die Verjüngung der Gewebe und Organe.
Grad der Differenzierung	Besteht aus endgültig differenzierten Zellen.	Nicht endgültig differenzierte (bis zu einem gewissen Grad undifferenzierte) Zellen.
Teilungsfähigkeit	Besteht aus Zellen, die sich nicht mehr teilen können.	Können sich teilen und sich dabei, je nach Gewebe, in dem sie liegen, differenzieren.

162 Zelltypen höherer Pflanzen:

- Zellen des Abschlussgewebes: verdickte Wände, meist mit Kutikula.
- Wurzelhaarzellen: dünne Zellwand, Außenseite zu Haar ausgezogen.
- Zellen des Assimilationsparenchyms: zahlreiche Chloroplasten.
- Zellen des Speicherparenchyms: zahlreiche Leukoplasten.
- Zellen der Blütenblätter: häufig mit Chromoplasten.
- Stütz- und Festigungszellen: stark verdickte Zellwände.
- Zellen des Leitungsgewebes: sehr lang, evtl. mit aufgelagerten Leisten.

163 Zelltypen des Menschen:

- Drüsenzellen: stark ausgebildeter Golgi-Apparat.
- Nervenzellen: häufig mit sehr langem Fortsatz (Axon), an dessen Ende eine Verdickung, das Endknöpfchen, liegt.
- Zellen der glatten und quergestreiften Muskulatur: mit Proteinfäden, die so angeordnet sind, dass sich die Zelle kontrahieren kann.
- Rote Blutkörperchen: enthalten Hämoglobin zum O_2-Transport.
- Keimzellen: Eizellen mit hohem Anteil an Zytoplasma, u. a. als Material- und Energiespeicher für die ersten Teilungen nach der Befruchtung, Spermien mit Geißel zur Bewegung.
- Plasmazellen des Immunsystems: stark ausgebildetes Endoplasmatisches Retikulum (Proteinsynthese, Bildung von Antikörpern).
- Lichtsinneszellen: vielfach eingestülpte Zellgrenzmembran mit zahlreichen Molekülen des Sehfarbstoffs Rhodopsin.
- Oberflächenzellen der Haut und anderer Abschlussgewebe.

- Bindegewebszellen
- Knorpelzellen
- Knochenzellen

164 Eine typische Nervenzelle ist aufgebaut aus einem Zellkörper mit Zellkern und Zytoplasma, Dendriten (stark verzweigte, kurze Fortsätze) und einem Axon (langer, am Ende wenig verzweigter Fortsatz, endet im Endknöpfchen). Das Axon wird umhüllt von der Markscheide (spiralig gewundene Membranstapel der Schwann'schen Zelle). Diese Myelinscheide ist in regelmäßigen Abständen von den Ranvier'schen Schnürringen unterbrochen. Axon und Myelinscheide bilden zusammen die Nervenfaser.

165 Ein Nerv aus diesem Teil des Nervensystems besteht aus:
- Bindegewebe: Strukturmaterial des Nervs; verbindet die Bestandteile des Nervs untereinander.
- Nervenfasern: bestehen aus Axonen, die Informationen von oder zum ZNS leiten und von einer Markscheide (Myelinscheide) umgeben sind (gebildet aus Schwann'schen Zellen, die der Versorgung und elektrischen Isolierung des Axons dienen).
- Blutgefäße: versorgen die Nervenzellen mit Nährstoffen und Sauerstoff; entfernen Kohlenstoffdioxid und Abfallstoffe.

166 Auf den Dendriten wird die Information zum Zellkörper geleitet, auf dem Zellkörper zum Axon und auf dem Axon in Richtung Endknöpfchen.

167 Myelin besteht fast nur aus Membranen. Membranen sind aus Eiweiß (Protein) und Lipiden (Fetten) aufgebaut. Lipide haben eine geringe elektrische Leitfähigkeit und können deshalb das Axon elektrisch isolieren.

168 Auf dem TEM-Bild erscheint die Myelinscheide als eine Reihe dunkler, konzentrisch angeordneter Kreise. Sie fehlt den marklosen Nervenfasern. Diese sind nur von einer Schwann'schen Zelle umhüllt, in dessen Zytoplasma je nach Vergrößerung die Organellen mehr oder weniger detailliert zu erkennen sind.

169 Die Unterbrechungen werden als Ranvier'sche Schnürringe bezeichnet. Das Axon ist an diesen Stellen nicht elektrisch isoliert.

170 Markhaltige (myelinisierte) Nervenfasern sind nur bei Wirbeltieren zu finden. Der größte Teil ihres Nervensystems besteht daraus. Eine Ausnahme macht ein Teil des vegetativen Nervensystems. Das Nervensystem der wirbellosen Tiere besteht aus marklosen Nervenfasern.

171 Bei sehr starkem Eiweißmangel hat der Körper Schwierigkeiten, Membranen zu bilden. Das kann u. a. zum verminderten Aufbau von Myelinscheiden und zu einer geringeren Bildung von Dendriten führen. Dadurch kann die Funktion des Nervensystems beeinträchtigt werden.

172 Ein Ersatz von verloren gegangenen Zellen ist immer nur durch die Teilung erhalten gebliebener Zellen oder durch die Differenzierung von Stammzellen möglich. Nervenzellen können sich in der Regel nicht teilen, da sie keine Zentralkörperchen (Centriolen) besitzen. Von den Zentralkörperchen aus bilden sich Spindelfasern, die während der Mitose die Chromatiden an die Zellpole ziehen. Ohne den Spindelapparat kann die Mitose nicht ablaufen.
(Hinweis: Nach neueren Forschungsergebnissen sind in einigen Bereichen des Gehirns Nervenzellen vorhanden, die sich teilen können.)

173 Die Zellmembran besteht aus einer zentralen Schicht von Lipiden (Fetten), die immer wieder von Eiweißmolekülen (integrale Proteine) durchzogen ist. Eiweiße liegen auch der Innen- und Außenseite der Lipidschicht auf (periphere Proteine). Die Lage der Proteine in der Membran ändert sich ständig.

174 Im Außenraum ist die Konzentration von Na^+ und Cl^- höher als im Innenraum, dort ist hingegen die Konzentration organischer Anionen und von K^+ höher.

175 Der Diffusion bis zum Konzentrationsausgleich steht das Bestreben nach Ladungsausgleich entgegen. Im Innen- wie im Außenraum liegen sowohl positiv und negativ geladene Ionen vor. Diese entgegengesetzt geladenen Ionen ziehen sich gegenseitig an. Es können daher nur so viele Ionen durch die Membran diffundieren, wie es die Anziehungskraft der jeweils entgegengesetzt geladenen Ionen zulässt. Zum Beispiel können nur so viele K^+ diffundieren, wie es die negative Ladung der organischen Anionen gestattet. Außerdem trägt die Natrium-Kalium-Pumpe zur Aufrechterhaltung der Ladungs- und Konzentrationsunterschiede bei.

176 a Membranen sind nur für bestimmte Ionen durchlässig. Diese Eigenschaft wird als selektive Permeabilität bezeichnet. Beispielsweise können Kaliumionen die Membran sehr gut passieren, während sie für Natriumionen schlecht durchlässig ist.

b Verantwortlich für die selektive Permeabilität sind die integralen Proteine der Membran. Sie können Tunnel durch die Membran bilden (Tunnelproteine, Porenproteine, Ionenkanäle) und auf diese Weise die hydrophoben Bereiche der Lipidschicht im Inneren der Membran auch für geladene Teilchen (z. B. Ionen) passierbar machen. Die Porenproteine lassen je nach ihrer Gestalt (Tertiärstruktur) und nach ihrer Ladung nur ganz bestimmte Arten von Teilchen passieren.

177 Proteine der Membran arbeiten als

- Porenproteine,
- Natrium-Kalium-Pumpe,
- Ladungsträger (viele organische Anionen sind Proteine).

178 ATP wird für den Betrieb der Natrium-Kalium-Pumpe benötigt. Die Membran ist nicht ganz undurchlässig für Natriumionen (Leckstrom). Die ständig eindringenden Natriumionen müssen gegen das Konzentrationsgefälle zurück in den Außenraum transportiert werden. Dies kann nur unter Verrichtung von Arbeit geschehen, also unter Energieaufwand.

179 a; d; e

180 Zur Messung des Ruhepotenzials benötigt man Elektroden, die die Spannung ableiten. In der Regel verwendet man eine äußerst dünne Glaskapillare, die mit Salzlösung (KCl-Lösung) gefüllt und in die Zelle eingestochen wird. Als Bezugselektrode wird im Außenraum eine Metallelektrode an die Membran der Zelle oder in das umgebende Medium gelegt. Zur Messung der Spannungsstärke dient ein Voltmeter. Da die fließenden Messströme sehr schwach sind, muss ein Verstärker vorgeschaltet werden. Gemessen wird eine Spannung mit negativem Vorzeichen von ca. – 50 bis –100 mV. Der Innenraum der Nervenzelle ist gegenüber dem Außenraum elektrisch negativ. Im Innenraum herrscht ein Überschuss an Anionen vor, im Außenraum liegen mehr Kationen als Anionen vor.

181 a Das Membranpotenzial wird positiver, die Potenzialdifferenz wird geringer. Bei Verringerung der NaCl-Konzentration wird die Zahl der positiv geladenen Teilchen (Kationen) im Außenraum geringer. Die Ladung an der Außenseite der Membran wird dadurch weniger positiv. Die Ladungsdifferenz nimmt ab, sodass die gemessene Spannung einen kleineren Wert besitzt. Gleichzeitig wird der Konzentrationsunterschied der Cl^--Ionen zwischen Innen- und Außenraum geringer. Dadurch diffundieren weniger Cl^--Ionen ins Zellinnere. Dem Außenraum gehen weniger negative Teilchen verloren, der Innenraum erhält weniger. Der Außenraum wird weniger positiv, der Innenraum weniger negativ.

b Das Ruhepotenzial wird positiver. Die an der Außenseite der Membran zugegebenen Kaliumionen ersetzen zwar die Natriumionen und verändern daher die Ladung an der Außenseite zunächst nicht, sie machen aber den Konzentrationsunterschied der Kaliumionen zwischen dem Innen- und dem Außenraum kleiner. Damit ist auch die Diffusion der Kaliumionen nach außen geringer oder es diffundieren sogar Kaliumionen von außen in den Innenraum. Der Innenraum verliert also weniger an positiver Ladung, er ist weniger negativ und die Ladungsdifferenz damit geringer.

182 Diffusion läuft ohne Verbrauch von Stoffwechselenergie ab. Das entstandene Ruhepotenzial kann aber nur aufrechterhalten werden, wenn ATP für den Betrieb der Natrium-Kalium-Pumpe zur Verfügung steht. In toten Zellen ist der Vorrat an ATP bald aufgebraucht, sodass die Natrium-Kalium-Pumpe nicht mehr arbeiten kann. Die Na^+-Konzentration wird im Innenraum ständig höher und infolgedessen die Ladungsdifferenz an der Membran immer geringer, bis bei einem Konzentrationsausgleich das Ruhepotenzial zusammenbricht.

183 Der Zellinnenraum wird nach der Vergiftung ständig positiver. Die Ladungsdifferenz nimmt ab, das Membranpotenzial wird positiver. Wenn die Zellatmung einer Zelle blockiert wird, kann die Zelle kein ATP mehr herstellen (evtl. ist eine geringe Produktion von ATP durch die Glykolyse [Milchsäuregärung] noch möglich). In Nervenzellen ist u. a. die Funktion der Natrium-Kalium-Pumpe energieabhängig. Wenn sie bei einer ruhenden Nervenzelle ausfällt, werden die durch den Na^+-Leckstrom in die Zelle einsickernden Natriumionen nicht mehr zurück in den Außenraum transportiert. Für jedes eingedrungene Na^+ kann dann ein K^+ nach außen diffundieren, da das eingeströmte Na^+ ein K^+ im Innenraum ersetzt. Durch das Eindringen weiterer Na^+ wird die Fähigkeit der organischen Anionen, die K^+ durch die elektrostatische Anziehung festzuhalten, vermindert und es können mehr K^+ nach außen diffundieren. Daher kommt es zu einem immer weiter fortschreitenden Ausgleich der Konzentration von Na^+ bzw. K^+ an der Membran. Je geringer der Konzentrationsunterschied der Ionen an der Membran ist, desto geringer ist auch die Potenzialdifferenz.

184 a Während der ersten Phase des Aufstrichs wird die Permeabilität der Membran nicht verändert. Die Depolarisation bis zum Schwellenwert ist auf die Einflüsse des elektrischen Feldes der benachbarten Region zurückzuführen (bzw. bei künstlicher Reizung auf den Reizstrom der Elektroden). Erst beim Erreichen des Schwellenwerts öffnen die Natriumporen.

b Der Ladungsunterschied (Potenzialdifferenz) wird während des Aufstrichs zunächst geringer und kehrt sich später um.

185 Aktionspotenziale lassen sich in die folgenden Abschnitte gliedern:

- Depolarisation bis zum Schwellenwert: Das Membranpotenzial wird durch Einflüsse von Nachbarstellen am Axon positiver.
- Depolarisation bis zur Potenzialumkehr: Der Innenbereich der Membran wird gegenüber dem Außenbereich elektropositiv.
- Repolarisation: Der Innenbereich wird gegenüber dem Außenbereich wieder elektronegativ.
- Hyperpolarisation: Der Innenbereich der Membran wird gegenüber dem Außenbereich für kurze Zeit stärker negativ, als es beim Ruhepotenzial der Fall ist.

186 Nach Erreichen des Schwellenwertes öffnen sich spannungsgesteuerte Na^+-Poren. Dadurch kann Na^+ in den Zellinnenraum diffundieren und die Potenzialdifferenz wird geringer (Depolarisation). Die Depolarisation reicht bis zur Potenzialumkehr (Ladung des Innenraums gegenüber dem Außenraum positiv) und findet ihr Ende, wenn sich die Na^+-Poren wieder schließen, während sich gleichzeitig spannungsgesteuerte K^+-Poren öffnen und K^+ verstärkt nach außen diffundiert. In der Folge wird die Ladungsdifferenz zwischen Innen- und Außenraum der Membran wieder größer (Repolarisation). Die Öffnung dieser K^+-Poren dauert länger, als zur Wiederherstellung des Ruhepotenzials erforderlich wäre. Daher wird das Membranpotenzial kurzzeitig negativer als das Ruhepotenzial (Hyperpolarisation). Nach der Schließung der K^+-Poren werden die während des Aktionspotenzials diffundierten Ionen durch die Natrium-Kalium-Pumpe wieder zurücktransportiert.

187 a In der Spalte A ist die Ionenzahl des Außenraums angegeben, in der Spalte B die des Innenraums.
An der Axonmembran herrscht ein Ladungsunterschied zwischen dem Innen- und Außenraum. Dieser beruht auf einer Ungleichverteilung von Ionen. Im Außenraum sind mehr Na^+ und Cl^- vorhanden als im Innenraum und im Innenraum sind mehr A^- und K^+ vorhanden als im Außenraum.

b Bei länger andauernder starker Erregung verändert sich die Zahl der Natrium- und Kaliumionen folgendermaßen:

- die Zahl der Natriumionen verringert sich im Außenraum und steigt im Innenraum.
- die Zahl der Kaliumionen sinkt im Innenraum und steigt im Außenraum.

Während der starken Erregungsleitung entstehen an der Axonstelle in kurzen Abständen viele Aktionspotenziale. Durch die Öffnung von spannungsgesteuerten Na^+-Poren in der ersten Hälfte und von K^+-Poren in der zweiten Hälfte jedes Aktionspotenzials strömen Natriumionen verstärkt in das Axoninnere ein und Kaliumionen aus dem Axon heraus in den Außenraum. Die Natrium-Kalium-Pumpe kann diese Verschiebung der Ionenkonzentrationen in den kurzen Zeitabständen zwischen den Aktionspotenzialen nicht vollständig rückgängig machen, weil die Aktionspotenziale so schnell aufeinanderfolgen. Der Konzentrationsunterschied der Natriumionen zwischen dem Außen- und Innenraum des Axons wird daher mit zunehmender Zeit immer größer, ebenso verändert sich der Konzentrationsunterschied der Kaliumionen.

c Die Natrium-Kalium-Pumpe benötigt ATP, um arbeiten zu können. Ist die Axonstelle unerregt, dringen nur wenige Natriumionen pro Zeiteinheit in das Axoninnere ein. Die Natrium-Kalium-Pumpe arbeitet nur geringfügig, daher ist der ATP-Bedarf gering. Die zahlreichen Aktionspotenziale während der Zeit der starken Erregungsleitung lassen viele Natriumionen in das Axon hinein- und Kaliumionen herausströmen. Die Natrium-Kalium-Pumpe arbeitet daher in starkem Maße, weshalb der ATP-Bedarf der Axonstelle sehr hoch ist.

188 Die Kurve a stellt die Permeabilitätsänderung für Na^+ dar. Zu Beginn des Aktionspotenzials, in der Zeit der Depolarisation, steigt die Permeabilität der Axonmembran für Na^+ durch die Öffnung von spannungsgesteuerten Na^+-Poren, in der Zeit der Depolarisation schließen sich diese Na^+-Poren wieder.
Die Kurve b zeigt die Permeabilitätsänderung für K^+. Sie steigt durch die Öffnung von spannungsgesteuerten K^+-Poren an, allerdings sehr viel langsamer und schwächer als die Permeabilität für Na^+. Sie erreicht ihren Höhepunkt nach der Potenzialumkehr des Aktionspotenzials und dauert länger an als die erhöhte Permeabilität der Membran für Na^+.

189 Bestimmte Na^+- und K^+-Poren lassen sich öffnen, wenn sie von elektrischen Feldern beeinflusst werden. Beim Anlegen einer Spannung, die einen bestimmten Wert überschreitet (Schwellenwert), öffnen sich die Na^+-Poren. Später im Verlauf des Aktionspotenzials öffnen sich unter bestimmten Spannungsbedingungen auch spannungsgesteuerte K^+-Poren. Durch die zeitlich versetzte Öffnung der Na^+- und K^+-Poren und die dadurch ausgelöste verstärkte Diffusion von Na^+ bzw. K^+ wird die Depolarisation und die Repolarisation während eines Aktionspotenzials ermöglicht.

190 Der Begriff „Alles-oder-nichts"-Ereignis beschreibt, dass für die Auslösung eines Aktionspotenzials nur die Überschreitung des Schwellenwertes entscheidend ist. Wenn die Membran bis über den Schwellenwert depolarisiert wird, antwortet die Membran auf immer gleiche Weise, sie baut ein immer gleiches Aktionspotenzial auf. Das Aktionspotenzial läuft entweder vollständig ab, oder es entsteht gar nicht.

191 Erforderlich zur Auslösung und Messung eines Aktionspotenzials sind:
- ein Gerät, mit dem eine Spannung erzeugt werden kann (Reizstromgenerator) und Elektroden, die die Spannung auf das Axon übertragen.
- eine Glaselektrode, die mit einer Salzlösung gefüllt ist und in das Axon eingestochen wird (Messelektrode), sowie eine Metallelektrode, die außen an das Axon angelegt wird (Bezugselektrode).
- ein Gerät, das die schwachen Ströme, die sich aus dem Membranpotenzial ergeben und von den Elektroden aufgenommen und geleitet werden, verstärkt (Verstärker).
- ein Oszilloskop, das die Veränderungen der Ladungsdifferenzen an der Membran sichtbar macht.

192 Nach dem Überschreiten des Schwellenwertes verstärken sich die Veränderungen der Membraneigenschaften gegenseitig, sodass es zu einer positiven Rückkoppelung kommt. Wenn sich die ersten Na^+-Poren öffnen, wird die Depolarisation stärker. Dadurch öffnen sich weitere Na^+-Poren, wodurch die Depolarisation noch stärker wird, sodass sich noch mehr Na^+-Poren öffnen usw.

193 In der Zeit nach der Potenzialumkehr werden die Na^+-Poren geschlossen, während sich gleichzeitig die K^+-Poren öffnen. In dieser Zeit, der absoluten Refraktärzeit, lassen sich die Na^+-Poren nicht öffnen, daher kann die entsprechende Stelle der Membran kein AP aufbauen. In der Endphase eines Aktionspotenzials sind viele K^+-Poren schon wieder geschlossen, einige Na^+-Poren lassen sich bereits wieder öffnen. Das kann aber nur geschehen, wenn der Schwellenwert weit überschritten wird (starke Depolarisation). In dieser relativen Refraktärzeit ist die betreffende Membranstelle nur bei starker Erregung zur Bildung eines APs anzuregen.

194 Wenn weniger Na^+ im Außenraum vorliegen, können bei der Öffnung der Na^+-Poren weniger Na^+ in die Zelle hinein diffundieren, der Diffusionsdruck ist geringer. Daher wird die Innenseite der Membran weniger positiv. Der Spitzenwert der Ladungsumkehr senkt sich, die Amplitude des Aktionspotenzials wird geringer.

195 Bei einer Blockade der Na^+-Poren hat eine Depolarisation über den Schwellenwert hinaus keine Wirkung auf die Membran. Es können keine Natriumionen einströmen, daher kann sich das Ruhepotenzial nicht ändern. Da das Aktionspotenzial das Signal der Informationsübertragung an Axonen ist, kann das Nervensystem nach der Vergiftung seine Aufgabe nicht mehr erfüllen. Das Gehirn erhält z. B. keine Meldungen mehr aus den Sinnesorganen, die Muskulatur kann nicht zur Kontraktion angeregt werden.

196 Während des Ruhepotenzials transportieren die Natrium-Kalium-Pumpen die wenigen Na^+, die durch die Membran eingesickert sind, in den Zellaußenraum zurück. Während eines Aktionspotenzials diffundiert durch die kurzfristige Öffnung der Na^+-Poren verstärkt Na^+ in den Zellinnenraum. Die Natrium-Kalium-Pumpen arbeiten daher nach einem Aktionspotenzial stärker als während des Ruhepotenzials und deshalb ist auch ihr Bedarf an Energie in Form von ATP höher.

197 Kurz nach dem Tod ist die Verteilung der Ionen an der Membran zunächst unverändert. Solange der Konzentrationsunterschied der Natriumionen genügend hoch ist, kann eine Depolarisation bis über den Schwellenwert den Einstrom von Na^+ und damit den Aufbau eines Aktionspotenzials noch auslösen. Auch die Natrium-Kalium-Pumpe arbeitet noch so lange, wie der Vorrat an ATP in der Zelle für ihren Betrieb ausreicht. Eine Neubildung von ATP ist aber nicht mehr möglich, da der Stoffwechsel in der toten Zelle erlischt und die Zellatmung ausfällt. Solange die Natrium-Kalium-Pumpe arbeitet, kann der Unterschied der Na^+-Konzentration an der Axonmembran hoch gehalten werden, sodass sich Aktionspotenziale auslösen lassen. Je geringer die Konzentrationsunterschiede an der Membran jedoch werden, desto geringer wird die Amplitude der Aktionspotenziale, bis sie schließlich ganz erlöschen.

198 a Die Spannungsänderungen während eines Aktionspotenzials laufen in außerordentlich kurzer Zeit ab. Zeigergeräte sind zu träge, um bei Spannungen, die nur für wenige Millisekunden bestehen, ausschlagen zu können.

b Oszilloskope können auch sehr kurzzeitige Spannungsänderungen sichtbar machen. Der schnell horizontal über den Bildschirm laufende Elektronenstrahl bildet eine Linie, die bei der Änderung der Spannung vertikal abgelenkt wird. Wenn der Strahl z. B. 10 ms braucht, um über den Bildschirm zu laufen, dann können die Spannungsänderungen während eines Aktionspotenzials, das sich in etwa 2 ms vollzieht, auf etwa einem Fünftel der horizontalen Linie als Ausschlag sichtbar werden. Ein Oszilloskop kann also Spannungsänderung in ausreichend hoher zeitlicher Auflösung messen, um Aktionspotenziale darstellen zu können.

199 Ein Aktionspotenzial erzeugt, wenn es in den Bereich der Potenzialumkehr eintritt, ein so starkes elektrisches Feld, dass die Nachbarbereiche auf dem Axon bis zum Schwellenwert depolarisiert werden können. Dadurch öffnen sich spannungsgesteuerte Na^+-Poren und ein neues Aktionspotenzial beginnt sich zu bilden.

200 Teile des Nervensystems einiger wirbelloser Tiere enthalten Riesenaxone. Ihr Durchmesser ist sehr viel größer als der der Axone von Wirbeltieren. Daher lassen sie sich mit sehr viel weniger Aufwand untersuchen, z. B. ist das Einstechen von Elektroden sehr viel einfacher.

201 **a** Besonders dicke Axone, die Riesenaxone, leiten die Erregung schneller als die normalen Axone des Regenwurms. Diesem Nutzen für das Tier stehen allerdings erhebliche Kosten gegenüber. Der Aufwand an Zellmaterial und Energie ist enorm. Die große Membranfläche der Riesenaxone enthält viele Ionenkanäle und entsprechend hoch ist die Menge der bei einem Aktionspotenzial diffundierenden Ionen. Daher ist auch eine hohe Zahl an Natrium-Kalium-Pumpen erforderlich, die insgesamt einen sehr hohen Energiebedarf haben. Ebenso ist für die Unterhaltung der größeren Menge an Zytoplasma ein höherer Aufwand an Stoffwechselenergie erforderlich. Beim Menschen besteht der größte Teil des Nervensystems aus myelinisierten Nervenfasern. Die Myelinscheide ermöglicht die saltatorische Erregungsleitung und eine sehr viel höhere Fortleitungs-Geschwindigkeit eines APs als an den Riesenaxonen des Regenwurms.

b Die Kosten für den Einsatz von Riesenaxonen sind so hoch, dass der Nutzen, die schnellere Erregungsleitung, nur dann überwiegt, wenn nur wenige Bereiche des Nervensystems damit ausgestattet sind. Daher sind Riesenaxone nur dort zu finden, wo die schnellere Erregungsleitung sehr wichtige Vorteile bietet, z. B. in Nerven, die zu Muskeln für Fluchtbewegungen führen.

202 Verantwortlich für die Festlegung der Richtung ist die Refraktärzeit. Ein Aktionspotenzial kann nur den axonabwärts liegenden Bereich zur Bildung eines weiteren Aktionspotenzials anregen. Die axonaufwärts liegende Stelle befindet sich noch in der Refraktärzeit und ist daher nicht erregbar.

203 Aufeinander zulaufende Aktionspotenziale löschen sich gegenseitig aus, sobald sie sich treffen. Hinter jeder Stelle des Axons, an der gerade ein Aktionspotenzial abläuft, liegt ein Bereich, der sich in der Refraktärphase befindet und daher unerregbar ist. Jedes der beiden Aktionspotenziale kann im Augenblick des Zusammentreffens weder den Bereich hinter ihm erregen (der ist durch die eigene Refraktärzeit blockiert) noch den vor ihm liegenden (der ist wegen der Refraktärzeit des auftreffenden Aktionspotenzials unerregbar).

204 **a** An myelinisierten Nervenfasern findet eine saltatorische Erregungsleitung statt, an nicht myelinisierten Fasern wird die Erregung kontinuierlich geleitet.

b An markhaltigen Nervenfasern isoliert die Myelinscheide das Axon, sodass in seinem Bereich keine Ionen die Membran passieren können. Aktionspotenziale können nur an den Unterbrechungen der Myelinscheide, den Ranvier'schen Schnürringen, aufgebaut werden. An marklosen Fasern fehlt diese Isolation. Hier lassen sich alle Membranbereiche zur Bildung von Aktionspotenzialen anregen. Die Zahl von Aktionspotenzialen, die bei der Überwindung einer bestimmten Strecke entstehen, ist bei myelinisierten Fasern daher sehr viel geringer als bei nicht myelinisierten.

c Die Erregungsleitung an der myelinisierten Faser ist wegen der geringeren Zahl der erforderlichen Aktionspotenziale schneller als bei der nicht myelinisierten Faser. Außerdem ist der Energiebedarf geringer, da nur an den Ranvier'schen Schnürringen Ionen diffundieren können und daher auch nur hier Natrium-Kalium-Pumpen erforderlich sind.

d Die Nervenfasern mit der schnellsten Erregungsleitung sind bei Wirbeltieren zu finden.

205 Ohne Refraktärzeit könnte ein Aktionspotenzial an jeder seiner Nachbarstellen ein neues Aktionspotenzial auslösen. Dadurch würde die Membran des Axons auf ganzer Länge depolarisiert. Bei einer solchen Dauerdepolarisierung hätten die Aktionspotenziale keinen Signalcharakter mehr.

206 Bevor ein Aktionspotenzial die Elektrode 1 erreicht, liegen beide Messstellen 1 und 2 im Ruhepotenzial. Daher gibt es keinen Ladungsunterschied zwischen diesen beiden Stellen. Im Oszilloskop verläuft der Elektronenstrahl daher bei 0 mV. Wenn der Gipfel eines Aktionspotenzials die Elektrode 1 erreicht hat, wird eine Spannung zwischen den beiden Elektroden gemessen. Im Bild ist das durch einen Ausschlag der Kurve erkennbar (Bereich b). Die Stelle 1 wird durch den Einstrom von Na^+ in das Axon negativer als die Stelle 2, an der noch das Ruhepotenzial herrscht. Wenn das Aktionspotenzial weiterläuft, wird an der Stelle 1 wieder das Ruhepotenzial hergestellt – die Spannung zwischen den beiden Elektroden beträgt dann wieder 0 mV (Bereich c). Wenn das Aktionspotenzial, und damit der Bereich der Potenzialumkehr, die Messstelle 2 erreicht, wird wieder eine Spannung zwischen den beiden Elektroden gemessen, allerdings mit umgekehrter Polung (Bereich d).

207 Eine mögliche Versuchsanordnung könnte wie folgt aussehen: Als Quelle für die Aktionspotenziale dient ein Reizgenerator, der mit den angeschlossenen Elektroden die Axonmembran erregt. Denkbar sind aber auch natürliche Quellen für Aktionspotenziale, etwa wenn man Axone verwendet, die Erregungen von Sinneszellen ableiten. An zwei Stellen des Axons werden in einem festgelegten Abstand Aktionspotenziale in intrazellulärer Ableitung gemessen. Aus dem zeitlichen Abstand des Auftretens lässt sich die Leitungsgeschwindigkeit errechnen. Noch einfacher ist eine Versuchsanordnung, bei der extrazellulär abgeleitet wird (siehe Aufg. 206, Abb. 96). Wenn die Entfernung zwischen den beiden Elektroden bekannt ist, kann man aus dem Abstand zwischen den nach oben und nach unten gerichteten Ausschlägen die Geschwindigkeit errechnen.

208 a Mit „A“ ist die absolute Refraktärzeit bezeichnet, mit „B“ die relative.

b Die Membran ist im Zeitraum A nicht erregbar. Die Na^+-Kanäle sind hier in einem Zustand, in dem sie sich nicht öffnen lassen. Keine noch so starke Depolarisation ist dazu in der Lage. In der Abbildung wird das durch den Schwellenwert (senkrechte Linie) dargestellt.

c Im Zeitraum B erhalten die Na^+-Poren die Fähigkeit zurück, sich zu öffnen. Zunächst ist dazu aber noch eine starke Depolarisation erforderlich. Der Schwellenwert für die Auslösung eines Aktionspotenzials liegt daher höher (ist positiver) als normal.

d Im Zeitraum B sind noch nicht alle Na^+-Poren wieder in einem Zustand, in dem sie sich bei einer ausreichenden Depolarisation öffnen könnten. Die geringere Zahl geöffneter Na^+-Kanäle hat einen schwächeren Na^+-Einstrom zur Folge und dadurch auch eine geringere Veränderung des Ladungsunterschieds an der Membran. Verantwortlich für die geringere Amplitude ist aber auch noch ein zweiter Faktor: Der Einstrom von Na^+ macht zwar den Innenraum positiver, ein Teil dieser Wirkung wird aber wieder aufgehoben, weil sich einige spannungsgesteuerte K^+-Poren noch nicht geschlossen haben, sodass der Einstrom von Na^+ noch zu einem verstärkten Ausstrom von K^+ führen kann. Zu bedenken ist auch der Na^+-Verlust des Außenraums durch das vorangegangene Aktionspotenzial. Der Konzentrationsunterschied der Natriumionen zwischen dem Außen- und Innenraum des Axons hat, vor allem wenn viele Aktionspotenziale vorangingen, abgenommen. Im Zeitraum B kann weniger Na^+ in den Zellinnenraum diffundieren, weil die Diffusionsgeschwindigkeit mit der Verringerung des Konzentrationsunterschieds abnimmt.

209 In der relativen Refraktärzeit ist die entsprechende Stelle des Axons schon wieder bereit, ein neues Aktionspotenzial aufzubauen, wenn der noch hoch liegende Schwellenwert erreicht wird. Durch eine starke Depolarisation ist das möglich. Auf diese Weise lässt sich eine Membranstelle dazu anregen, noch bevor ein Aktionspotenzial ganz beendet ist, also vor Ablauf von ca. 3 ms, ein neues Aktionspotenzial zu bilden. Die Impulsfrequenz kann daher bei sehr starker Depolarisation, z. B. infolge einer sehr starken Reizung einer Sinneszelle, über 330 APs/s liegen.

210 **a** Ohne oder mit nur teilweise vorhandener Myelinscheide ist keine saltatorische Erregungsleitung möglich. Die geschädigten Nervenfasern leiten die Erregung wesentlich langsamer.

b Bei einer geringeren Geschwindigkeit der Erregungsleitung kommen an den Muskelzellen pro Zeiteinheit weniger Aktionspotenziale an. Die Muskeln werden weniger stark erregt und kontrahieren daher schwächer. Bei einer Zerstörung der Myelinscheiden sind nur noch schwache, kraftlose Bewegungen möglich. Zur Steuerung von Bewegungen ist in der Regel ein fein aufeinander abgestimmtes Erregungsmuster erforderlich. Wenn z. B. ein Arm in eine bestimmte Richtung bewegt werden soll, müssen alle daran beteiligten Muskeln zur richtigen Zeit in der richtigen Stärke von den Aktionspotenzialen auf den Axonen zur Kontraktion angeregt werden. Wenn die Leitungsgeschwindigkeit nicht mehr die vorgesehene Geschwindigkeit hat, kommt es zu Koordinationsstörungen, z. B. durch die verzögerte Kontraktion von Muskeln.

211 Die Natrium-Kalium-Pumpe arbeitet durch einen chemischen Prozess. Chemische Reaktionen sind nach der RGT-Regel (Verdoppelung der Reaktionsgeschwindigkeit bei einer Zunahme um 10 °C) temperaturabhängig. Die Natrium-Kalium-Pumpe läuft also bei Igeln und Fledermäusen im Winter wesentlich langsamer als im Sommer. Für die Diffusionsgeschwindigkeit fällt bei kurzen Diffusionswegen an Membranen der geringe Unterschied der Körpertemperatur von etwa 30 °C kaum ins Gewicht. Das Ruhepotenzial ändert sich daher bei geringen Temperaturen nicht. Es dauert jedoch länger, bis nach einem Aktionspotenzial das Ruhepotenzial wiederhergestellt ist.

Bei einer hohen AP-Frequenz diffundiert viel Na^+ und K^+ durch die Membran. Die Natrium-Kalium-Pumpe kann im Winter bei geringer Körpertemperatur nur langsam arbeiten, daher ist der Vorrat an Na^+ im Außenraum eher erschöpft als im Sommer. Wenn viel Na^+ einströmt und nur wenig zurücktransportiert wird, verläuft der Aufbau der Aktionspotenziale immer langsamer, bis ein Zustand erreicht ist, in dem bei einer Depolarisation bis zum Schwellenwert die Na^+-Poren zwar geöffnet werden, aber nicht genügend Na^+ im Außenraum vorhanden ist, um ein Aktionspotenzial aufzubauen. Die Fähigkeit, viele Aktionspotenziale hintereinander zu leiten, wird immer geringer. Ein Winterschläfer kann daher seine Muskeln nicht so stark und so lange kontrahieren, weil er die dazu erforderlichen hohen Impulsfrequenzen auf den Axonen nicht zustande bringt.

212 Der Leitungswiderstand der Nervenzellen ist tatsächlich sehr hoch, sodass eine passive Leitung wie z. B. in einem Kupferkabel nicht möglich ist. Dennoch ist nach dem heutigen Kenntnisstand die Übertragung durch eine Änderung der Ladungsverhältnisse, also durch elektrische Prozesse, möglich. An den Axonen, die ja den weitesten Transport von Information in einer Nervenzelle ermöglichen, werden die Potenzialänderungen, die als Signal dienen, ständig neu aufgebaut. Der Einfluss eines einzigen Aktionspotenzials muss daher nicht vom Axonhügel bis zum Endknöpfchen reichen. Das wäre auch wegen des hohen elektrischen Widerstands völlig ausgeschlossen. Ein Aktionspotenzial muss mit seinem elektrischen Feld nur die Na^+-Poren in seiner Nachbarschaft erreichen. Diese öffnen sich und damit kann ein neues Aktionspotenzial beginnen. Mithilfe dieser „Leitung durch Wiederverstärkung" umgeht das Axon die Schwierigkeit des hohen elektrischen Widerstands.

213 Der Energiebedarf in den Endknöpfchen ist hoch. Nach der Spaltung des Acetylcholins durch die Cholinesterase werden die Spaltprodukte, Cholin und Essigsäure, in das Endknöpfchen aufgenommen. Die anschließende Resynthese, in der Acetylcholin aus den Spaltprodukten wieder aufgebaut wird, benötigt Stoffwechselenergie. Das dafür erforderliche ATP wird in den Mitochondrien gebildet.

214 Der Transmitter wird durch ein Enzym gespaltet, im Fall des Acetylcholins durch die Cholinesterase. Die Spaltung macht den Transmitter unwirksam, er löst sich von der Wirkstelle, die Na^+-Poren schließen sich.

215 Bei hohen AP-Impulsfrequenzen muss das Endknöpfchen sehr viel Transmitter in den synaptischen Spalt ausschütten. Wenn ein Vorrat vorhanden ist, kann das sehr schnell geschehen. Wenn kein Transmitter gespeichert wäre, müsste erst die Synthese ablaufen, bevor die Ausschüttung möglich wäre. Dadurch würde sich die Erregungsübertragung verzögern.

216 Eine erregende Synapse ruft eine Depolarisation der postsynaptischen Zelle hervor. Das Membranpotenzial wird positiver und kann, wenn es stark genug ist, am Axonhügel der postsynaptischen Zelle die Bildung eines Aktionspotenzials auslösen. Eine hemmende Synapse ruft dagegen eine Hyperpolarisation hervor. Das Membranpotenzial der postsynaptischen Zelle wird negativer, die Potenzialdifferenz größer. Dadurch wird die Auslösung eines Aktionspotenzials an der postsynaptischen Zelle erschwert.

217 In die Zelle eindiffundierendes Ca^{2+} löst die Verschmelzung der synaptischen Bläschen mit der präsynaptischen Membran aus. Dadurch setzen die Bläschen den in ihnen gespeicherten Transmitter in den synaptischen Spalt frei. Bei Calciummangel könnte die Erregung an den Synapsen nicht oder nur vermindert übertragen werden.

218 Die Erregung kann an den Synapsen nur in eine Richtung übertragen werden, weil nur in der postsynaptischen Membran Rezeptoren für den Transmitter liegen und nur die präsynaptische Zelle, das Endknöpfchen, Transmitter ausschütten kann.

219 a Wenn man ein Axon an einer Stelle zwischen dem Axonhügel und dem Endknöpfchen künstlich erregt, entstehen Aktionspotenziale, die in beide Richtungen laufen. Auf beiden Seiten der Reizelektrode wird die Axonmembran depolarisiert, dadurch wird je ein Aktionspotenzial ausgelöst, das danach in je eine Richtung weitergeleitet wird.

b Unter natürlichen Bedingungen entsteht das erste Aktionspotenzial am Axonhügel. Es wird durch ein vom Zellkörper kommendes Generatorpotenzial ausgelöst. Die Weiterleitung kann nur in Richtung des Endknöpfchens geschehen, weil der Zellkörper nicht in Lage ist, Aktionspotenziale aufzubauen. Erregung kann nie von der post- auf die präsynaptische Seite einer Synapse übertragen werden, weil die postsynaptische Seite keinen Transmitter ausschütten kann und in der präsynaptischen Membran keine Rezeptoren liegen.

220 a Die Hemmung der Cholinesterase durch Tabun und Sarin verhindert die Spaltung von Acetylcholin. Wurde der Transmitter einmal in den synaptischen Spalt ausgeschüttet, wirkt er ständig. Mit jedem einlaufenden Aktionspotenzial wird die Transmittermenge noch vermehrt. Die Rezeptoren in der postsynaptischen Membran sind daher ständig und in hoher Zahl besetzt. Die Folge ist eine starke Dauererregung der postsynaptischen Zelle und, bei hohen Giftdosen, großer Teile des Nervensystems. Betroffen sind auch die motorischen Endplatten, sodass die Skelettmuskulatur dauerhaft und stark kontrahiert (starre Lähmung). Gefährlich ist das besonders bei der Atemmuskulatur. Ihre krampfartige Lähmung führt zum Ersticken.

b Die Blockade der Rezeptoren der postsynaptischen Membran durch Schierlingsgift hat zur Folge, dass den Acetylcholinmolekülen weniger Wirkstellen zur Verfügung stehen. Daher können weniger Na^+-Poren geöffnet werden, sodass das EPSP geringer ausfällt. Die Weiterleitung der Erregung ist erschwert. An den motorischen Endplatten führt das geringere EPSP zu einer schwächeren Kontraktion. Bei hohen Giftdosen können die Muskeln auch bei sehr hoher Impulsfrequenz auf den Axonen nicht mehr zur Kontraktion gebracht werden (schlaffe Lähmung), weil zu viele Wirkstellen durch das Gift besetzt sind. Die Atemmuskulatur fällt aus, dadurch tritt der Tod ein.

c Fliegenpilzgift löst eine zu starke Erregung der postsynaptischen Zellen aus. Zusätzlich zu den ausgeschütteten Acetylcholinmolekülen ruft das Gift auch die Bildung eines EPSP hervor. Dadurch fällt es höher als vorgesehen aus. An den motorischen Endplatten hat das eine zu starke Kontraktion der Muskeln zur Folge (starre Lähmung). Da das Gift durch Cholinesterase nicht abgebaut werden kann, kommt es zu einer Dauererregung, sodass ein gewisser Kontraktionszustand der Muskeln ständig bestehen bleibt. In schweren Vergiftungsfällen kann durch die Lähmung der Atemmuskulatur der Tod eintreten.

221 Die hohe Impulsfrequenz bringt viele synaptische Bläschen dazu, ihren Inhalt in den synaptischen Spalt freizusetzen. Hält die starke Erregung der Axone an, kann der Vorrat an den Endknöpfchen nicht mehr ausreichen, um so viel Transmitter freizusetzen, dass seine Menge der Impulsfrequenz auf dem Axon entspricht. Das EPSP an der postsynaptischen Zelle fällt dadurch geringer aus. An den motorischen Endplatten wird dann die Kontraktion der Muskelzelle immer geringer.

222 Die Diffusionsgeschwindigkeit nimmt mit steigender Entfernung ab. Kurze Entfernungen können schnell durch Diffusion überwunden werden, bei größeren Distanzen ist die Geschwindigkeit sehr gering. Wenn der Transmitter schnell übertragen werden soll, muss der Spalt so schmal wie möglich gehalten werden. Bei einem breiten Spalt würden Aktionen und Reaktionen des Körpers langsamer erfolgen.

223 Informationen, die im Nervensystem geleitet werden, können von sehr verschiedener Art sein. Es kann sich z. B. um die Information über Licht-, Schall-, oder Druckreize handeln oder um Informationen über die Stärke, mit der Muskeln kontrahieren sollen. Alle diese verschiedenen Informationsarten müssen auf Leitungen, die aus Zellen bestehen, übertragen werden. Licht, Schall oder Druck lassen sich in Zellen nicht direkt übertragen. Die Reize müssen daher in Signale umgesetzt werden, die in Zellen leitbar sind. An Axonen sind Aktionspotenziale solche Signale.

224 a Am Axon ist nur die Information über die Stärke des Reizes übertragbar. Sie wird als Frequenz der Aktionspotenziale codiert.
b Axone sind nicht in der Lage, Informationen über die Qualität von Reizen zu übertragen.
c Das ZNS entnimmt die Information, um welche Qualität des Reizes es sich handelt, allein aus der Lage des Axons, über die die Meldung einläuft. Aktionspotenziale der Axone, die im Sehzentrum enden, werden immer als Licht gedeutet, die die ins Hörzentrum einlaufen, empfindet der Mensch immer als Geräusch usw.

225 Bei frequenzmodulierter Codierung ist für die exakte Übertragung der Information nur entscheidend, ob ein Signal ankommt oder nicht. Abgeschwächte Signale, Aktionspotenziale von weniger als +30 mV, haben den gleichen Signalcharakter wie normale Aktionspotenziale. Störungen der Stärke der Aktionspotenziale verändern daher die Information nicht. Bei amplitudenmodulierter Codierung läge die Information in der Höhe des Aktionspotenzials. Veränderungen der Ausschlaghöhe von Aktionspotenzialen kommen aber im Organismus nicht selten vor, sodass die Gefahr der Veränderung der Information gegeben wäre. Die frequenzmodulierte Codierung am Axon bietet daher eine höhere Sicherheit als die Amplitudenmodulation.

226 c; d

227 Der Inhalt der Information würde sich nicht ändern. Die Information wird auf dem Axon durch die Frequenz der Aktionspotenziale codiert. Daher ist es nur von Bedeutung, ob ein Aktionspotenzial übertragen werden kann oder nicht. Die Form des Aktionspotenzials, z. B. das Ausmaß der Umpolarisierung, verändert die Information nicht. Aktionspotenziale von +10 mV haben den gleichen Signalcharakter wie solche von +30 mV.

228 Durch die allein frequenzmodulierte Codierung hat das Axon keine Möglichkeit, Informationen über die Qualität der Erregung zu übermitteln, also darüber, ob z. B. eine Licht-, Druck- oder Hörsinneszelle gereizt wurde. Verschiedene Reizqualitäten müssen auf getrennten Axonen übermittelt werden. Der Körper benötigt daher eine große Zahl an Nervenzellen. Damit ist ein hoher Materialaufwand und Energiebedarf verbunden. Der Stoffwechsel im Zytoplasma der vielen Nervenzellen muss unterhalten werden und die Vorgänge an den zahlreichen Nervenzellen, v. a. die Natrium-Kalium-Pumpe und die Transmittersynthese an den Synapsen, sind auf große Mengen Stoffwechselenergie (ATP) angewiesen. Der Körper muss daher einen großen Teil der aufgenommenen Nährstoffe dazu verwenden, Energie für die Funktionen der Nervenzellen zu liefern.

229 a Das Tier erkennt die Heftigkeit des Reizes an der hohen Frequenz, mit der die APs auf den afferenten Axonen in das Gehirn einlaufen.

b Die Information darüber, um welche Art von Reiz es sich handelt, entnimmt das Gehirn der Lage der Gehirnbereiche, in die die Aktionspotenziale einlaufen. Alle mit einer sehr hohen Frequenz im Hörzentrum eintreffenden Aktionspotenziale deutet das Gehirn des Tieres als lautes Geräusch. Wenn das Tastzentrum sehr stark erregt wird, entsteht die Empfindung eines Schlages.

230 Eine mögliche Erklärung von Phantomschmerzen ist die Reizung von Axonen, die früher das amputierte Bein versorgten und deren Reste im nicht amputierten Teil des Körpers erhalten sind. Wenn z. B. auf Axonen, die vor der Amputation Erregungen von Schmerzsinneszellen des Beines ins Gehirn geleitet haben, Aktionspotenziale laufen, entsteht im Gehirn der Eindruck, das Bein schmerze, obwohl das Bein gar nicht mehr vorhanden ist. Das Gehirn erzeugt diese Empfindung allein daraus, dass im Hirnbereich, der für die Schmerzempfindung des Beines zuständig ist, Aktionspotenziale ankommen. *(Hinweis: Durch neuere Forschungen wird die hier dargestellte Erklärung teilweise in Zweifel gezogen.)*

231 Wenn es gelänge, die Axone zu transplantieren, wären sie als Ersatz für menschliche Nervenzellen verwendbar. Die Codierung der Information läuft auf allen Axonen aller Tiere in gleicher Weise wie beim Menschen.

232 Die Richtung der Erregungsleitung lässt sich erkennen, wenn man an zwei Stellen des Axons Elektroden anlegt. Besonders einfach ist dies bei einer extrazellulären Ableitung möglich (siehe Aufg. 206, S. (1) 177). Anhand des Ergebnisses über die Richtung der Erregungsleitung lässt sich feststellen, ob es sich um ein afferentes oder um ein efferentes Axon handelt, ob also das Axon von einer Sinneszelle her zum ZNS zieht oder vom ZNS an einen Muskel oder eine Drüse.
Aus dem Bild auf dem Oszilloskop kann jedoch nur festgestellt werden, ob und in welcher Frequenz Aktionspotenziale auf dem Axon laufen. Das Ergebnis erlaubt keine Aussagen über den Inhalt der Information. Man kann also weder feststellen, ob die abgeleiteten Aktionspotenziale Informationen über Druck- oder Temperaturreize enthalten, noch, welche Muskeln durch die Aktionspotenziale auf dem Axon kontrahieren sollen.

233 Nur das Aktionspotenzial läuft als „Alles-oder-nichts"-Ereignis ab.

234 Am Axon der ersten Zelle wird die Information durch Frequenzmodulation codiert, an der Synapse wechselt die Informationsleitung in einen chemischen Konzentrationscode und an den Dendriten und am Zellkörper der zweiten Zelle wird durch Amplitudenmodulation codiert, bevor am Axonhügel mit dem Aufbau von Aktionspotenzialen wieder auf den frequenzmodulierten Code umgestellt wird.

235 Die Refraktärzeit begrenzt den zeitlichen Abstand zwischen zwei Aktionspotenzialen. Wenn zeitliche Summation möglich sein soll, müssen sich zwei nacheinander aufgebaute EPSPs (oder IPSPs) überlagern. Das erste EPSP darf dafür noch nicht abgeklungen sein, wenn das zweite aufgebaut wird. Das zweite EPSP kann aber erst aufgebaut werden, wenn ein zweites Aktionspotenzial im Endknöpfchen eintrifft, und das ist erst nach dem Ablauf der Refraktärzeit möglich. Daher muss das erste EPSP so lange bestehen bleiben, bis ein zweites Aktionspotenzial eintrifft, was erst nach der Refraktärzeit möglich ist.

236 Bei Verschaltungen nach dem Divergenzprinzip kann die Erregung eines Axons auf mehrere postsynaptische Zellen übertragen werden. Verschaltungen nach dem Konvergenzprinzip machen es möglich, die Erregung mehrerer Zellen auf eine einzige zu übertragen. Wenn alle zusammengefassten Synapsen erregend sind, kann dadurch das EPSP verstärkt werden. Beide Verschaltungen ergeben eine große Vielfalt an Verrechnungsmöglichkeiten der Erregung verschiedener Nervenzellen.

237 Die Impulsfrequenz bei D ist höher als die bei C. Wenn ein Aktionspotenzial an die Gabelstelle des Axons der Zelle 2 kommt, erregt es mit seinem elektrischen Feld Stellen auf beiden Zweigen des Axons. Sowohl auf dem oberen wie auch auf dem unteren Zweig wird ein neues Aktionspotenzial aufgebaut. Dadurch ist die Impulsfrequenz auf beiden Zweigen ebenso hoch wie auf dem unverzweigten Axon. Die Zelle 4 erhält daher doppelt so viele Aktionspotenziale zur gleichen Zeit wie die Zelle 3. Dort läuft die Erregung nur über ein Axon und eine Synapse ein. Wegen der doppelt so großen Zahl einlaufender Aktionspotenziale ist durch räumliche Summation das EPSP der Zelle 4 höher als das der Zelle 3. Nach der Leitung über den Zellkörper ist daher auch das Generatorpotenzial am Axonhügel stärker, sodass das Axon der Zelle 4 eine höhere Impulsfrequenz erzeugen kann.

238 Je kürzer der Leitungsweg von einer Synapse über den Dendriten und Zellkörper hinweg ist, desto geringer ist die Abschwächung des EPSPs. Bei nahe am Axonhügel liegenden Synapsen reicht ein geringes EPSP aus, um das Ruhepotenzial des Axons bis über den Schwellenwert zu depolarisieren. Fern liegende Synapsen müssen dafür ein stärkeres EPSP erzeugen.

239 Folgende Faktoren sind für die Fähigkeit, am postsynaptischen Axon Aktionspotenziale auslösen zu können, von Bedeutung:

- **a** Die Impulsfrequenz im präsynaptischen Axon – bei hoher Impulsfrequenz ist die Fähigkeit zur zeitlichen Summation größer.
- **b** Die Lage der erregten Synapsen – EPSPs, die nahe am Axonhügel entstehen, werden weniger abgeschwächt; IPSPs verlieren bei einem langen Leitungsweg einen Teil ihrer hemmenden Wirkung.
- **c** Räumliche Summation – EPSPs können durch gleichzeitig an verschiedenen Synapsen einlaufende Aktionspotenziale verstärkt werden. Besonders leicht ist das bei verzweigten Axonen möglich.

d Hemmende Synapsen – je nach Zahl und Lage der aktiven hemmenden Synapsen kann sich das EPSP durch räumliche Summation unterschiedlich stark vermindern.

e Höhe des Ruhepotenzials – durch ein Ruhepotenzial, das vom normalen Wert abweicht, fällt das EPSP stärker oder schwächer aus.

240 Um eine negative Rückkoppelung im Nervensystem zu erreichen, ist die Verschaltung mit Zwischennervenzellen, die hemmende Synapsen bilden, erforderlich. Ein einfaches Beispiel ist im Folgenden beschrieben: Die Nervenzelle 1 leitet ihre Erregung über das Axon A ab. Das Axon bildet einen Zweig, der eine Synapse a mit einer Zwischennervenzelle bildet. Das Axon der Zwischennervenzelle endet mit einer hemmenden Synapse b am Zellkörper der Nervenzelle 1. Wenn auf der Nervenzelle 1 ein so hohes EPSP vorliegt, dass auf seinem Axon A Aktionspotenziale laufen, wird über die Verzweigung des Axons auch die Zwischennervenzelle erregt. Dadurch laufen auch auf dem Axon der Zwischennervenzelle Aktionspotenziale, sodass die hemmende Synapse b wirksam wird. Durch das IPSP der Synapse b wird die Nervenzelle 1 gehemmt, sodass die Fähigkeit, an ihrem Axon Aktionspotenziale auszulösen, herabgesetzt wird. Die beschriebene Schaltung ähnelt der Renshaw-Hemmung.

241 a Eine Erregung, die über das Axon 2 eintrifft, löst ein EPSP aus, das über eine weite Strecke bis zum Axonhügel laufen muss. Daher ist seine Abschwächung so groß, dass es nur noch eine Impulsfrequenz von 50 APs/s auslösen kann. Das EPSP, das durch die Erregung auf dem Axon 1 entsteht, legt einen kürzeren Weg über den Zellkörper zurück. Deshalb verringert es sich nicht so stark und kann eine höhere Impulsfrequenz an der Stelle 3 bewirken. Wenn gleichzeitig an beiden Synapsen Erregungen eintreffen, überlagern sich die EPSPs durch räumliche Summation. Das EPSP wird dadurch stärker, infolgedessen kann auch die Frequenz der APs an der Stelle 3 höher werden.

b Auf den Zweigen des Axons 1 werden Aktionspotenziale mit den gleichen Frequenzen geleitet. Dadurch laufen gleichzeitig viele Aktionspotenziale in mehrere Synapsen ein. Durch räumliche Summation wird das EPSP sehr stark, sodass nach Leitung über den Zellkörper hinweg am Axonhügel eine sehr hohe Impulsfrequenz ausgelöst werden kann. In diesem Fall ist die Impulsfrequenz sogar höher als die ursprüngliche auf dem präsynaptischen Axon 1.

c Das EPSP, das die Aktionspotenziale des Axons 1 erzeugen, löst nach Leitung über den Zellkörper hinweg eine Impulsfrequenz von 200 APs/s aus. Wenn gleichzeitig auch an der Synapse des Axons 2 Aktionspotenziale einlaufen, wird die Impulsfrequenz an der Stelle 3 geringer. Axon 2 bildet am Zellkörper hemmende Synapsen. Bei gleichzeitig über das Axon 1 und das Axon 2 einlaufenden Erregungen werden das EPSP und das IPSP miteinander verrechnet, sodass insgesamt ein geringes EPSP bleibt, das am Axonhügel nur Aktionspotenziale in einer Frequenz von 100 APs/s auslösen kann.

242 Unser Gehirn muss ständig arbeiten, um die Vorgänge im Körper zu steuern. Zu jeder Zeit laufen an den Nervenzellen Vorgänge ab, die Stoffwechselenergie benötigen. Das sind v. a. Prozesse an den außerordentlich zahlreichen Synapsen. Hier ist v. a. die Synthese und Speicherung von Transmitter energieaufwändig. Zahlreiche Axone des Gehirns leiten ständig Aktionspotenziale. Dadurch besteht immer ein hoher Bedarf an Stoffwechselenergie für den Betrieb der Natrium-Kalium-Pumpe.

243 Während der Klassenarbeit arbeitet das Gehirn der Schüler und Schülerinnen besonders intensiv. Vor allem laufen außerordentlich viele Informationsübertragungen an den zahlreichen Synapsen ab. Dort wird die Information in vielfältiger Weise in sehr zahlreichen und komplexen Schritten verrechnet. In dieser Zeit müssen daher sehr viele Synapsen ihre Transmitter ausschütten. Nach der Spaltung der Transmittermoleküle erfolgen der Wiederaufbau und die Speicherung in den synaptischen Bläschen. Dazu benötigt die präsynaptische Zelle Stoffwechselenergie in Form von ATP. Auch die Axone der Gehirnzellen arbeiten in dieser Zeit stärker. Sie leiten mehr Aktionspotenziale als gewöhnlich, deshalb ist mehr Stoffwechselenergie für den Betrieb der Natrium-Kalium-Pumpe erforderlich. Wie jede andere Zelle gewinnt die Nervenzelle ATP durch den Abbau von Zucker in der Zellatmung. Dabei entsteht als Abfallstoff CO_2. Da der Bedarf an ATP während der Klassenarbeit groß ist, läuft die Zellatmung intensiv ab, Produktion und Ausatmung von CO_2 sind hoch.

244 Im inneren Bereich des Querschnitts durch das Rückenmark liegt die graue Substanz. Sie bildet in etwa den Umriss eines Schmetterlings. Im äußeren Bereich liegt die weiße Substanz. Dort gehen auf jeder Seite die Spinalnerven ab. Zunächst sind sie noch in einen hinteren und vorderen Zweig getrennt, sie vereinigen sich aber bald zum einheitlich geführten,

großen Spinalnerv. In der hinteren Wurzel des Spinalnervs liegt das Spinalganglion. Für die helle Farbe der weißen Substanz sind die zahlreichen Myelinscheiden verantwortlich. Die graue Färbung wird v. a. durch die vielen Zellkörper und Dendriten der Nervenzellen hervorgerufen.

245 „A“ gibt den Axonhügel an. Der Oszillograph zeigt, welche Potenziale am Axonhügel ankommen und welche Reaktionen sie am Axon auslösen.

A An der Synapse werden zwei EPSPs nacheinander ausgelöst, die sich wegen des großen zeitlichen Abstands nicht überlagern können. Eine zeitliche Summation findet deshalb nicht statt. Beide EPSPs sind nach ihrer Leitung über den Zellkörper so schwach, dass sie die Membran des Axonhügels nicht bis zum Schwellenwert depolarisieren können. Daher kann kein Aktionspotenzial entstehen.

B An der Synapse entstehen kurz hintereinander zwei EPSPs, die durch zeitliche Summation auch nach ihrer Leitung über den Zellkörper noch ausreichen, um den Axonhügel bis zum Schwellenwert zu depolarisieren und damit den Aufbau eines Aktionspotenzials auszulösen.

C Auf den beiden Axonen 1 und 2 laufen gleichzeitig Aktionspotenziale an den Synapsen ein. Die entstehenden EPSPs werden durch räumliche Summation zu einem EPSP, das nach seiner Leitung über den Zellkörper noch genügend stark ist, um die Membran des Axonhügels bis zum Schwellenwert zu depolarisieren und dadurch ein Aktionspotenzial auszulösen.

D Über das Axon 3 laufen Aktionspotenziale in die Synapse ein. An der Synapse wird das Ruhepotenzial der postsynaptischen Zelle negativer, die Zelle wird hyperpolarisiert. Die Synapse des Axons 3 muss demnach hemmend wirken. Das IPSP dieser Synapse ergibt durch räumliche Summation zusammen mit dem EPSP, das durch die Aktionspotenziale auf Axon 1 entsteht, ein sehr geringes EPSP, das nach seiner Leitung über den Zellkörper weit unter dem Schwellenwert der Membran des Axonhügels bleibt.

246 In der grauen Substanz des Rückenmarks liegen Zellkörper und Dendriten von Nervenzellen. An ihren Synapsen laufen Schaltprozesse ab, z. B. die, durch die Reflexe möglich werden. Die weiße Substanz wird von zahlreichen Nervenfasern gebildet, die vom Gehirn ausgehen oder zum Gehirn führen. Sie übermitteln Informationen aus dem Körper, vor allem von den Sinnesorganen, oder leiten Erregungen vom Gehirn aus in den Körper, z. B. um nach der Umschaltung in der grauen Substanz Muskeln zur Kontraktion anzuregen. Außerdem enthält die weiße Substanz die Nervenfasern, die aus den Spinalnerven kommen oder in sie eintreten.

247 Durch Reflexbögen werden Schaltwege kurz gehalten. Wenn die Informationen ausschließlich im Gehirn verrechnet würden, müssten alle Erregungen durch die weiße Substanz des Rückenmarks zunächst in das Gehirn einlaufen und nach der Verschaltung wieder zurück. Die Leitung über diesen langen Weg würde mehr Zeit kosten als die über die kurze Strecke bis zu den Zellen des Reflexbogens in der grauen Substanz des Rückenmarks. Außerdem befreien die Reflexbögen des Rückenmarks das Gehirn von der Aufgabe, alle reflektorischen Bewegungen zu steuern.

248 Muskelspindeln messen den Dehnungszustand eines Muskels. Ihre Axone ziehen in das ZNS. Sie melden dem Rückenmark und Gehirn, welche Muskeln wie stark kontrahiert sind.

249 a Durch die Dehnung des Beugermuskels werden seine Muskelspindeln erregt. Sie leiten auf ihren Axonen Aktionspotenziale zu den Zellkörpern der motorischen Vorderhornzellen des Beugers in der grauen Substanz des Rückenmarks. Diese Nervenzellen müssten durch die von den Muskelspindeln einlaufenden Aktionspotenziale dazu gebracht werden, ihrerseits Aktionspotenziale an den Beugermuskel zu leiten und ihn dadurch zur Kontraktion anzuregen. Die vorangegangene Kontraktion des Streckermuskels hat allerdings Zwischennervenzellen erregt, die mit ihren hemmenden Synapsen die motorischen Vorderhornzellen des Beugermuskels unerregbar gemacht haben. Daher unterbleibt die Kontraktion des Beugermuskels, obwohl seine Muskelspindeln gedehnt wurden.

b Der Beugermuskel lässt sich ebenfalls durch einen kurzen Zug an seiner Sehne reflektorisch zur Kontraktion bringen. Auch er ist Teil eines Reflexbogens mit den gleichen Elementen wie beim Streckermuskel. Allerdings ist seine Sehne nicht so gut erreichbar wie die des Streckermuskels, daher ist der Reflex durch einen Eingriff von außen, z. B. durch einen Schlag, weniger leicht auslösbar.

250 In den Spinalganglien liegen die Zellkörper der Axone, die die Erregung aus den Muskelspindeln des Streckers zu den motorischen Vorderhornzellen leiten. Wenn diese Nervenzellen ausfallen, kann die Dehnung der Muskelspindeln des Streckers nicht mehr zu einer Erregung der entsprechenden motorischen Vorderhornzellen führen. Dadurch laufen keine Aktionspotenziale mehr in die motorischen Endplatten des Streckermuskels, sodass keine reflektorische Kontraktion ausgelöst werden kann.

251 a Im Rückenmark sind alle längs verlaufenden Axone durchtrennt. Daher können keine Aktionspotenziale vom Gehirn in den Bereich unterhalb der verletzten Stelle laufen. Vom Gehirn gesteuerte Bewegungen wie z. B. das Gehen werden dadurch unmöglich.

b Auch die Informationsübertragung in der Gegenrichtung ist unterbrochen. Daher können bei dem Patienten keine Meldungen aus Sinneszellen unterhalb des durchtrennten Rückenmarksbereichs mehr ins Gehirn geleitet werden. Empfindungen sind in diesem Bereich nicht mehr möglich.

252 Durch die Zerstörung der motorischen Vorderhornzellen können keine Aktionspotenziale mehr zu den motorischen Endplatten der Muskeln geleitet werden. Im betroffenen Bereich können die Muskeln nicht mehr kontrahieren. Damit fallen alle reflektorischen Bewegungen aus. Aber auch willkürliche Bewegungen sind nicht mehr möglich. Die Axone, die Erregung aus dem Gehirn leiten, ziehen zunächst an die motorischen Vorderhornzellen. Von dort aus werden die Muskeln auf den gleichen Axonen wie im Reflexbogen erregt. Schmerzempfindungen und Empfindungen von Druck, Temperatur u. Ä. sind weiterhin möglich. Die Polioviren zerstören die sensorischen Nervenzellen nicht. Sie können weiterhin arbeiten und Aktionspotenziale aus den Schmerz-, Druck- oder Temperatursinneszellen zum Gehirn leiten.

253 Die Axone der Schmerz- und Temperatursinneszellen ziehen durch den Spinalnerv in das Rückenmark und erregen dort motorische Vorderhornzellen. Auf den Axonen dieser Zellen laufen Erregungen zu den Muskeln, die die Hand zurückziehen. Diese Erregungsleitung verläuft wegen des kurzen Weges sehr schnell. Die APs auf den Axonen der Schmerzsinneszellen laufen dagegen über das Rückenmark bis ins Gehirn. Wegen des langen Weges kann die Schmerzempfindung später einsetzen als die reflektorische Bewegung, die die Hand zurückzieht.

254 Strychnin blockiert hemmende Synapsen im Rückenmark. Wie aus der Abb. zu entnehmen ist, verhindert die hemmende Synapse, die das Axon der Zwischennervenzelle 1 mit der motorischen Zelle 2 bildet, dass Beuger und Strecker des Unterarms gleichzeitig kontrahieren. Wenn eine Erregung aus dem Gehirn über die Zelle 3 zum Beuger geleitet wird, müsste seine Kontraktion über die Dehnung der Muskelspindel im Strecker und die motorische Zelle 2 auch den Strecker zur Kontraktion bringen. Dies wird aber dadurch verhindert, dass die Erregung aus dem Gehirn auch die hemmende Synapse an der Zelle 2 aktiviert. Bei einer Strychninvergiftung fällt diese hemmende Synapse aus. Daher kommt es zur gleichzeitigen Kontraktion von Beuger und Strecker. Der Unterarm krampft und kann nicht mehr bewegt werden (starre Lähmung).

255 a Großhirn, Kleinhirn
Hirnstamm: Mittelhirn, Brücke, Nachhirn
Zwischenhirn: Thalamus, Hypothalamus

b

Großhirn: A, O	Kleinhirn (mit Großhirn): D, I
Nachhirn: F, G, M	Brücke und Mittelhirn: L, N
Thalamus: C, E	Hypothalamus: B, H, K

256 Eine Krähe hat ein viel größeres Kleinhirn als ein Leguan. Das Kleinhirn ist für die Koordination von Bewegungen zuständig, die erforderlich sind, um den Körper im Gleichgewicht zu halten. Die Körperhaltung eines Vogels ist labiler als die eines Leguans. Um auf nur zwei Beinen laufen, vor allem aber, um fliegen zu können, ohne das Gleichgewicht zu verlieren, sind sehr fein abgestimmte Bewegungen erforderlich. Ein Leguan dagegen läuft auf vier Beinen oder liegt mit der Körperunterseite auf dem Boden. Die Gefahr umzufallen ist gering. Zur Steuerung der Körperlage benötigt ein Reptil daher viel weniger Nervenzellen als ein Vogel. Das Kleinhirn der Vögel ist deshalb sehr viel größer als das der Reptilien.

257 a Im vorderen Teil des Stammhirns (Mittelhirn und Brücke) werden die Übergänge zwischen Schlaf- und Wachzustand sowie die Bewusstseinslage geregelt. Bei einer Bewusstlosigkeit über längere Zeit, z. B. beim Koma nach einem Schlaganfall, ist häufig die Funktion des Mittelhirns gestört.

b Das Salzwasser wurde in den Hypothalamus injiziert. Dieser Teil des Zwischenhirns arbeitet u. a. als Steuerzentrum für den Wasser- und Mineralstoffhaushalt, die Körpertemperatur, die Nahrungs- und Flüssigkeitsaufnahme.

258 Die sensorischen Felder verarbeiten die Erregung, die aus den Sinnesorganen ins Gehirn einlaufen. Die motorischen Felder sind maßgeblich an der Steuerung von Bewegungen beteiligt.

259 Die Sehfarbstoffmoleküle (Rhodopsin) sind Bestandteil der Membran. Sie liegen an exponierter Stelle nebeneinander auf einer Fläche und können auf diese Weise von den Photonen des Lichts leicht getroffen werden. Die Membran der Lichtsinneszellen ist in den Bereichen, die Rhodopsin enthalten, vielfach eingestülpt. Diese Einstülpungen bilden die Discs. Dadurch vergrößert sich die Membranfläche, sodass eine große Anzahl von Sehfarbstoffmolekülen Platz findet.

260 Die in den Lichtsinneszellen auftretende Veränderung des Membranpotenzials ist umso größer, je stärker der Lichtreiz ist. Dieses Potenzial läuft über die Zelle bis zur Synapse, Aktionspotenziale treten nicht auf, die Stärke des Reizes wird durch die Amplitude des Membranpotenzials codiert. Auf den Axonen der Nervenzellen, die an die Lichtsinneszellen grenzen, entstehen dagegen Aktionspotenziale. Dort wird die Stärke der Erregung frequenzmoduliert verschlüsselt.

261 b; c; e; g; i; k

262 a Signalübertragung an der Membran einer Riechsinneszelle:
- Ein Duftmolekül bindet an ein Rezeptormolekül der Zellgrenzmembran einer Riechsinneszelle.
- Über eine Reaktionskaskade, die den Rezeptor, das G-Protein und das in der Membran liegende Enzym AC einschließt, wird ATP zu cAMP umgewandelt.
- cAMP bindet an Rezeptoren von Na^+-Poren-Proteinen, die sich dadurch öffnen.
- Natriumionen strömen in die Riechsinneszelle ein und verändern so das Ruhepotenzial der Zelle.

b Signalübertragung durch einen second messenger.

c Durch die Signalübertragung mithilfe eines second messengers kann ein Reiz verstärkt werden. Das liegt daran, dass ein einzelnes Duftmolekül in der Membran zu Vorgängen führt, die mehrere Moleküle cAMP entstehen lassen. Daher kann ein einzelnes Duftmolekül zur Öffnung mehrerer Na^+-Poren führen.

263 Verantwortlich dafür ist die Kreuzung des Sehnervs. Kurz vor dem Eintritt in das Zwischenhirn laufen die beiden Sehnerven zusammen. Von dieser Stelle an werden die Axone aus dem rechten Netzhautbereich des rechten Auges und dem rechten Netzhautbereich des linken Auges gemeinsam in die rechte Hälfte des Großhirns weitergeführt. Ein Teil der Axone des linken Sehnervs wechselt also an dieser Stelle die Seite. Entsprechendes gilt für den Verlauf der Axone des rechten Sehnervs.

264 Außer der angeborenen Fähigkeit, die Unterschiede in der Erregung der beiden Augen zu einem räumlichen Eindruck zu verrechnen, kann das Gehirn auch durch den Vergleich mit gespeicherten Erfahrungen zu einem räumlichen Eindruck kommen. Die Speicherung solcher Erfahrungen geschieht während der frühen Kindheit. Beispiele für Erfahrungen:
- Abnahme der Größe eines Objekts mit zunehmender Entfernung.
- Entfernungsabhängige Trübung des Bildes durch die Luft.
- Entfernt liegende Objekte können von näher liegenden teilweise verdeckt sein.

265 Solche Informationen sind u. a.:
- Unterschiede der Bilder beider Augen, die von korrespondierenden Netzhautbereichen gemeldet werden.
- Unterschiede der Bilder der beiden Augen, die aus disparaten Netzhautbereichen gemeldet werden.
- Der Kontraktionszustand des Ziliarmuskels (Linsenmuskel, der das Auge auf verschiedene Entfernungen einstellt).

266 I Das Objekt 1 – 2 – 3 wird fixiert. Die Bildpunkte 1, 2 und 3 fallen auf korrespondierende Netzhautbereiche. Das sind der gelbe Fleck in jedem Auge und die Netzhautbereiche, die in der gleichen Richtung und Entfernung vom gelben Fleck liegen. Bei einer solchen Abbildung auf der Netzhaut jedes Auges entsteht im Gehirn ein einziges einheitliches Bild.

II Das Objekt 1 – 2 – 3 wird fixiert. Der Bildpunkt A fällt im linken Auge auf einen Netzhautbereich, der links vom gelben Fleck 2 auf der Netzhaut liegt, im rechten Auge aber auf einen Netzhautbereich, der rechts vom gelben Fleck liegt. Diese beiden Bereiche sind disparat, daher kann das Gehirn kein einheitliches Bild errechnen. Es entstehen Doppelbilder. Auch der Punkt B wird auf disparaten Netzhautbereichen abgebildet und daher ebenfalls als Doppelbild wahrgenommen.

267 Die im Projektionsfeld des Sehens wahrgenommenen Bilder werden mit den im Assoziationsfeld des Sehens gespeicherten Bildern verglichen. Dabei sucht das Gehirn nach Merkmalen für eine Deutung als räumliche Gestalt. In diesem Fall sind solche Hinweise zu finden, aber gleichzeitig sind auch Merkmale vorhanden, die sich der Interpretation als räumlichem Körper widersetzen (unmögliches Objekt). Daher kommt es zu verwirrenden Eindrücken.

268 Das Gehirn nimmt im Projektionsfeld des Sehens ein Bild wahr. Beim Vergleich mit den im Assoziationsfeld des Sehens gespeicherten Bildern kommt es in diesem Fall zu keinem eindeutigen Ergebnis. Der Verrechnungsprozess erbringt zwei Interpretationen, die beide gültig sind. Auch bei noch so langer Betrachtung und damit ständig sich wiederholender Verrechnung ist das Gehirn nicht in der Lage, ein endgültiges Ergebnis zu liefern. Offensichtlich gibt es auch keine Möglichkeit, durch eine dem Sehzentrum übergeordnete Gehirnregion eine der beiden Bildinterpretationen zu unterdrücken. Die hier gegebene Erklärung ist stark vereinfacht. *(Anmerkung: An der Entstehung des Phänomens der „Umspringbilder" sind auch andere, nicht genannte Gehirnbereiche beteiligt.)*

269 Rindentaube Menschen sind nicht in der Lage, Geräusche wahrzunehmen. Sie sind vollständig taub, obwohl die Ohren fehlerlos arbeiten. Ursache dafür ist der Ausfall des Projektionsfeldes des Hörens. Informationen laufen zwar aus dem Ohr über den Hörnerv ins Gehirn ein, sie können aber wegen des defekten Projektionsfeldes des Hörens nicht wahrgenommen werden. Menschen, die unter Seelentaubheit leiden, hören Geräusche, erkennen sie aber nicht. Ihr Assoziationsfeld des Hörens arbeitet nicht. Es besteht daher keine Möglichkeit, die Wahrnehmungen im Projektionsfeld mit schon einmal Gehörtem und im Assoziationsfeld Gespeichertem zu vergleichen. Die Personen können dadurch auch den Sinn gesprochener Wörter und Sätze nicht erkennen.

270 a Gestört ist das Broca-Zentrum. Dieses Großhirnfeld steuert die Produktion von Sprache. Es entwickelt Erregungsmuster, die die motorischen Zentren der Sprachorgane (Zunge, Lippen, Gaumen usw.) zur koordinierten Bewegung bringen. Das Broca-Zentrum liegt im Schläfenbereich der linken Großhirnhälfte.

b Unverletzt blieb das Wernicke-Zentrum. Dort ist der Sinn der Wörter gespeichert. Das Wernicke-Zentrum ist dem Broca-Zentrum übergeordnet. Die Person kann ein Muster für eine sinnvolle Wortwahl und eine angemessene Grammatik entwerfen, aber die Umsetzung ist wegen der Schädigung des Broca-Zentrums nur unvollständig möglich, wie die stockende, auf wenige Worte beschränkte Sprache zeigt. Auch das Sprachverständnis ist erhalten geblieben, erkennbar daran, dass der Patient die Aufforderung des Arztes verstand. An dieser Fähigkeit ist das Wernicke-Zentrum maßgeblich beteiligt.

271 a Gestört ist das Wernicke-Zentrum.

b Das Broca-Zentrum arbeitet noch.

c Die Person kann einen gehörten Satz nicht wiederholen. Das Wernicke-Zentrum steuert auch das Sprachverständnis. Wenn es ausfällt, kann man sich an früher schon einmal gehörte Wörter nicht erinnern. Man nimmt den gesprochenen Satz zwar wahr, erkennt aber die Wörter nicht. Daher kann man Sätze nicht nachsprechen.

272
- Viren: Pocken, Grippe
- Bakterien: Tetanus, Cholera
- Pilze: Fußpilz, Schleimhaut-Pilz
- Einzeller: Malaria, Schlafkrankheit
- Würmer: Bilharziose, Flussblindheit

273 Dem Neugeborenen stehen zunächst nur Mechanismen der unspezifischen Immunabwehr zu Verfügung, z. B.:
- mechanische Schranken und chemische Abwehr (Haut, Schleimhäute, Enzyme in Sekreten, Magensäure, Säuremantel der Haut u. Ä.),
- Phagozytose durch Fresszellen,
- natürliche Killerzellen.

274 Kind A wurde mit einem Impfstoff geimpft, der zu einer passiven Immunisierung führte. Dazu spritzte man Antikörper, die gegen Diphtherie-Bakterien wirken. Diese Antikörper sind im Blut nicht beständig. Sie

zerfallen mit der Zeit und, wenn sie durch das Immunsystem eines Tieres gewonnen wurden, wirken wie fremdes Protein. Sie werden dann vom Immunsystem als Fremdkörper erkannt und von der spezifischen und unspezifischen Immunabwehr vernichtet. Daher nimmt der Gehalt an Antikörpern im Blut des geimpften Kindes stetig ab.
Die Impfung, die Kind B erhalten hat, führte zu einer aktiven Immunisierung. Es wurden Antigene des Diphtherie-Bakteriums geimpft. Die Antigene riefen im Körper des Kindes eine Immunreaktion hervor, durch die B-Lymphozyten dazu angeregt wurden, Plasmazellen zu bilden. Die Plasmazellen produzierten große Mengen an Antikörpern. Daher stieg beim Kind B die Menge der Antikörper im Blut nach der Impfung schnell sehr stark bis zu einem maximalen Wert an.

275 a Die Unterschiede liegen nur im variablen Teil der leichten und schweren Ketten (Proteinmoleküle). Durch unterschiedliche Abfolge der Aminosäuren in diesen Proteinbereichen entstehen unterschiedliche Antigenbindungsstellen.
b Die konstanten Bereiche der Antikörper bestehen aus Proteinen mit verschiedenen Aminosäuresequenzen. Die Proteinbereiche, die die Antigenbindungsstellen bilden, sind dagegen bei beiden Antikörpertypen gleich.

276 Antigen-Antikörper-Komplexe bilden sich durch schwache Bindungen, v. a. durch Wasserstoffbrücken- und Ionenbindungen sowie durch Van-der-Waals-Kräfte.

277 Durch die Bindung von Antikörpern an Antigene
- können Viren sich nicht mehr an den Rezeptoren der Zellmembran festsetzen und daher auch nicht mehr in die Zellen eindringen;
- verklumpen mehrere Erreger miteinander (Agglutination), sodass Fresszellen sie in einem Phagozytose-Vorgang aufnehmen können;
- werden gelöste Fremdstoffe ausgefällt (Präzipitation), sodass sie phagozytiert werden können.

278 Die Versuche a und b zeigen, dass gegen Typhusbakterien wirkende Antikörper im Serum des Menschen nur nach einer Thyphusinfektion vorhanden sind. Sie bestätigen, dass spezifisch wirkende Antikörper erst gebildet werden, wenn das entsprechende Antigen in den Körper des Menschen eingedrungen ist. Der Versuch c zeigt, dass Antikörper spezifisch

wirken. Die Infektion mit Typhusbakterien hat die Bildung von Anti-Typhus-Antikörpern ausgelöst. Diese können aber Cholerabakterien nicht agglutinieren und dazu bringen, sich am Reagenzglasboden abzusetzen.

279 Denkbar ist, dass im Immunsystem kein Lymphozyten-Typ vorhanden ist, der auf seiner Membran Rezeptoren besitzt, die zu den Antigenen der außerirdischen Substanzen passen. In einem solchen Fall könnte keine spezifische Immunantwort ausgelöst werden.

280 **a** Stammzellen

b Aus den Stammzellen bilden sich u. a. B- und T-Lymphozyten. Das sind Zellen, die die spezifische Immunreaktion, also die humorale und die zellvermittelte Immunreaktion, auslösen können.

c Die Zellen des Spenders sollen die gleichen Gewebsantigene (MHC) haben wie der Empfänger, um eine Abstoßungsreaktion gegen das transplantierte Knochenmark zu verhindern.

281 Zwei Vorgänge müssen ablaufen: Die Antigen-Rezeptoren des B-Lymphozyten müssen sich an ein Antigen binden und eine T-Helfer-Zelle, die mit dem gleichen Antigen Kontakt aufgenommen hat, muss spezifische Botenstoffe (Zytokine) abgeben. Erst wenn diese Botenstoffe auf den B-Lymphozyten treffen, beginnt seine Teilung und Differenzierung.

282 c; e; f

283 **a** α: Röhrenknochen (mit Knochenmark)
β: Thymusdrüse
γ: Antigene (z. B. auf Bakterien oder Viren)

1: Stammzelle
2: T-Lymphozyt
3: B-Lymphozyt
4: T-Helfer-Zelle
5, 6: T-Killer-, T-Unterdrücker-Zelle
7: Plasmazellen
8: Gedächtniszelle (B-Gedächtniszelle)
9: Antikörper
10: Antigen-Antikörperreaktion (Agglutination)

b Die Zellen 5 und 6 stellen T-Killer-Zellen bzw. T-Unterdrücker-Zellen dar. T-Killer-Zellen zerstören Zellen, die von Viren befallen sind, und bekämpfen Pilze, Einzeller und parasitische Würmer. Außerdem sind sie in der Lage, Krebszellen zu erkennen und zu vernichten.
T-Unterdrücker-Zellen wirken hemmend auf die humorale und die zellvermittelte Immunreaktion. Sie sorgen u. a dafür, dass die Immunreaktion nach der Überwindung einer Infektion nicht weiterläuft (Abschaltphase).

c
- Kontakt des B-Lymphozyten mit dem Antigen
- Einbau von Antigenen in die Zellgrenzmembran des B-Lymphozyten
- Kontakt zwischen Antigenen auf der Membran des B-Lymphozyten und den Rezeptoren der T-Helfer-Zelle; Ausschütten von Botenstoffen (Zytokinen)

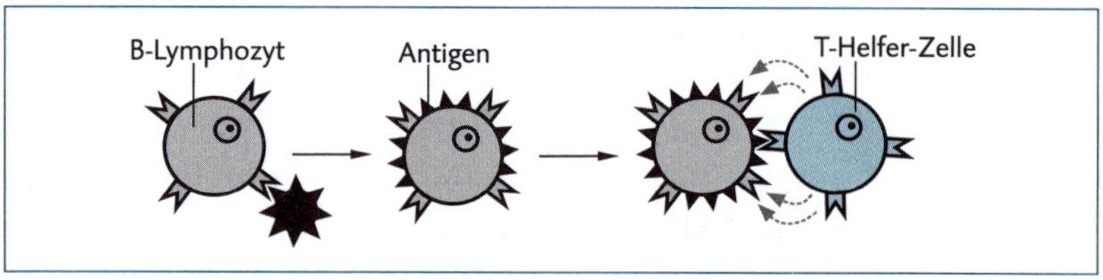

d Wenn die Erreger, die die Bildung der Gedächtniszellen (8) hervorgerufen haben, erneut in den Körper eindringen (Zweitinfektion), wandeln sich die Gedächtniszellen zu Plasmazellen um. Auf diese Weise werden sehr schnell große Mengen an Antikörpern gebildet, weil die länger andauernden Vorgänge, die bei einer Erstinfektion ablaufen, jetzt nicht mehr erforderlich sind.

e
- Antigen wird von Makrophagen aufgenommen (Phagozytose)
- Makrophage präsentiert Antigene auf seiner Zellgrenzmembran
- T-Lymphozyt (2) mit passendem Rezeptor bekommt Kontakt mit dem Antigen auf der Zellgrenzmembran des Makrophagen
- Auslösen der Differenzierung des T-Lymphozyten in erregerspezifische T-Helfer- (4), T-Unterdrücker- und T-Killer-Zellen (5 und 6).

284 Plasmazellen stellen große Mengen von Antikörpern her. Antikörper sind Eiweiße. Proteine werden in den Zellen an Ribosomen gebildet und im ER transportiert. Für eine hohe Produktion von Antikörpern sind daher viele Ribosomen und ein stark ausgebildetes ER erforderlich.

285 Nach einer Infektion mit Tetanusbakterien laufen während der Immunreaktion folgende Vorgänge ab:

- B- und T-Lymphozyten mit passenden Antigenrezeptoren binden sich an die Antigene der Tetanusbakterien. (Der Kontakt der T-Lymphozyten mit den Antigenen der Tetanusbakterien kommt mithilfe von Antigen präsentierenden Makrophagen zustande.)
- Die durch den Antigenkontakt aktivierten T-Lymphozyten teilen und differenzieren sich u. a. zu T-Helfer-Zellen.
- Die durch den Kontakt mit dem Tetanus-Antigen aktivierten T-Helfer-Zellen binden sich an Tetanus-Antigen-Rezeptoren von B-Lymphozyten und schütten Botenstoffe (Zytokine) aus.
- Die B-Lymphozyten werden durch den Kontakt mit dem Tetanus-Antigen und dem von den T-Helfer-Zellen ausgeschütteten Botenstoff angeregt, sich zu teilen und zu Plasma- und Gedächtniszellen umzuwandeln.
- Die Plasmazellen bilden große Mengen von Antikörpern, die gegen das Tetanus-Antigen wirken.

286 aktive Immunisierung: d; f
passive Immunisierung: a; b; c; e; g; h; i

287 Ein T-Lymphozyt erkennt fremde Antigene mit seinen spezifischen Antigen-Rezeptoren. Wenn sich ein passendes Antigen angelagert hat, beginnt er sich zu teilen und zu differenzieren. Dadurch entstehen:

- T-Helfer-Zellen: Sie regen durch ihre spezifischen Botenstoffe (Zytokine) B-Lymphozyten, die Kontakt mit dem gleichen Antigen hatten, zur Teilung und Differenzierung an.
- T-Killer-Zellen: Sie binden sich an Zellen, die von Viren befallen sind, und zerstören diese. Die Substanzen, die sie nach der Bindung ausscheiden, können auch Pilze, Einzeller, parasitische Würmer und andere kleine Vielzeller bekämpfen. Außerdem sind T-Killer-Zellen in der Lage, entartete Zellen, v. a. Krebszellen, zu vernichten.
- T-Unterdrücker-Zellen: Sie wirken hemmend auf T- und B-Lymphozyten und beenden sowohl die humorale als auch die zellvermittelte Immunreaktion.

288 Bei der passiven Immunisierung erhält der Patient Antikörper, die gegen den Krankheitserreger wirken. Antikörper sind Proteine. Die Verdauungsenzyme im Magen-Darm-Trakt zerlegen Proteine in ihre Bestandteile, die

Aminosäuren. Antikörper in Tabletten- oder Tropfenform würden also zerstört und könnten ihren Wirkort, Blut und Lymphe, nicht erreichen.

289 Bei der passiven Immunisierung werden Antikörper injiziert. Die Antikörper eines Tieres wirken wegen der nicht-menschlichen Eiweiße der konstanten Bereiche als Fremdstoffe und lösen eine Immunreaktion aus, die zur Bildung von Anti-Antikörpern führt. Wenn dagegen menschliche Antikörper für die Behandlung verwendet werden, unterbleibt diese Immunreaktion oder sie fällt sehr viel schwächer aus.

290 a; b; e; f

291 **a** Zu Komplikationen bei einer zweiten Schwangerschaft kann es im Fall B kommen. Wenn rote Blutkörperchen des Kindes (Rh^+) mit ihren Rh-Antigenen in die Blutbahn der Mutter geraten, antwortet deren Immunsystem mit der Bildung von Antikörpern, die gegen die eingedrungenen Rh^+-Blutkörperchen gerichtet sind. Wenn das Kind in einer zweiten Schwangerschaft die Blutgruppe Rh^+ hat, können die Antikörper aus dem Blut der Mutter über die Plazenta in die Blutbahn des Kindes gelangen und dort die roten Blutkörperchen (Rh^+-Typ) agglutinieren und zerstören.

b Werden der Mutter gleich nach der Geburt Antikörper injiziert, die gegen das Rh-Antigen wirken, erhält ihr Immunsystem keine Gelegenheit zu einer Immunreaktion gegen die eingedrungenen Rh^+-Blutkörperchen. Die injizierten Antikörper besetzen die Rh-Antigene, blockieren sie und agglutinieren die eingedrungenen Erythrozyten des Kindes. Die Immunzellen der Mutter können auf diese Weise keinen Kontakt mit den Rh-Antigenen aufnehmen, sodass die Bildung von Anti-Rh-Antikörpern und Gedächtniszellen verhindert wird.

292 Genetische Ursache: Krebszellen entstehen durch die Veränderung der DNA (Mutation). Dadurch und durch fehlende Differenzierung besitzt die Zelle andere Gewebsantigene (MHC-Proteine).
Immunologische Ursache: Unter normalen Umständen erkennt das Immunsystem die Krebszellen an ihren andersartigen Gewebsantigenen als körperfremd. Killer-Zellen lagern sich daraufhin an und zerstören sie. Wenn das Immunsystem aber geschwächt/gestört ist oder wenn es durch zu viele Krebszellen überfordert ist, kann es nicht alle Krebszellen vernichten, sodass Tumore entstehen.

293 a HI-Viren zerstören T-Helfer-Zellen. Durch den Ausfall dieser Zellen ist die humorale Immunreaktion stark gestört. Der Körper hat nur noch wenige Möglichkeiten, sich gegen eindringende Krankheitserreger zu wehren. Erreger, die diese Gelegenheit ausnutzen („opportunistische" Erreger) können unter diesen Umständen sehr leicht Krankheiten auslösen.

b Auch im Körper eines gesunden Menschen entstehen durch Mutationen ständig Krebszellen. Da durch die Zerstörung der T-Helfer-Zellen auch die zellvermittelte Immunreaktion stark geschwächt wird, werden die entstandenen Krebszellen nur noch in sehr geringem Maße bekämpft, sodass sie zu Tumoren heranwachsen können.

294 a HI-Viren mutieren ständig und ändern dadurch die Antigene ihrer Hülle. Durch eine Schutzimpfung erzeugte Gedächtniszellen würden zwar Antikörper liefern, jedoch passen sie mit hoher Wahrscheinlichkeit nicht zu den inzwischen veränderten Antigenen der HI-Viren.

b Ähnlich verhält es sich mit Antikörpern, die bei einer passiven Immunisierung eingesetzt würden. Außerdem ist ein direkter Kontakt mit den Viren unmöglich, solange sie im Inneren der Zellen liegen.

295 Die Immunabwehr des Körpers benötigt eine gewisse Zeit, um die Prozesse in Gang zu setzen, die zur Bildung spezifischer Antikörper führen. Wenn der AIDS-Test sehr kurze Zeit nach der Infektion durchgeführt wird, lassen sich noch keine HIV-Antikörper nachweisen, weil die Zeit zu ihrer Bildung nicht ausreichte.

296 Ursachen für die starke Verringerung der Zahl der T-Helfer-Zellen sind:

- Die HI-Viren befallen die T-Helfer-Zellen und töten sie.
- Von HIV befallene T-Helferzellen werden durch T-Killerzellen angegriffen und vernichtet.

297 a Die Kurve a gibt die Konzentration der HI-Viren an.
Die Kurve b zeigt die Konzentration der T-Helfer-Zellen.

b Kurz nach der Infektion stehen den HI-Viren viele T-Helfer-Zellen zur Verfügung. Die Viren können sich daher stark vermehren, sodass ihre Zahl sehr schnell und stark ansteigt. Die Zahl der T-Helfer-Zellen nimmt dadurch extrem ab. Die Zahl der HI-Viren sinkt, wenn das Immunsystem Antikörper gebildet hat. Dadurch kann die Konzentration von T-Helfer-Zellen wieder steigen. Solange genügend T-Helfer-

Zellen vorhanden sind, bleibt die Konzentration der Viren gering und die Fähigkeit zur Immunabwehr (Immunkompetenz) bleibt erhalten, wenn auch auf geringem Niveau. Die infizierten Personen fühlen sich wohl oder nur geringfügig belastet. Wenn die Zeit der chronischen Infektion dem Ende zugeht, ist die Zahl der T-Helfer-Zellen durch die ständige Infektion mit HI-Viren so weit gesunken, dass das Immunsystem stark geschwächt ist. Es können nur noch in geringem Maße Plasmazellen und infolgedessen nur wenige Antikörper hergestellt werden. Auch die Aktivierung der T-Killer-Zellen wird stark eingeschränkt. Die HIV-Konzentration steigt dadurch an. Die Patienten können sich immer weniger gegen Infektionskrankheiten und das Wachstum von Tumoren wehren, sie erkranken an AIDS.

298 Zu Autoimmunkrankheiten kommt es, wenn das Immunsystem bestimmte Zellen des eigenen Körpers nicht mehr von fremden unterscheiden kann und sie daher mit Killer-Zellen und Antikörpern angreift. Beispiele sind Multiple Sklerose, Jugend-Diabetes (Diabetes Typ I), Rheumatoide Polyarthritis und Myasthenia gravis.

299 a **Versuch I:** Die Fähigkeit zur spezifischen Immunreaktion, die auch die Abstoßung von transplantiertem Gewebe ermöglicht, entwickelt sich erst nach der Geburt. Das Immunsystem der neugeborenen Maus kann fremde Gewebsantigene (MHC) noch nicht von denen der eigenen Zellen unterscheiden. Daher lösen die Antigene der fremden Zellen keine Immunreaktion aus, der Körper stößt das transplantierte Hautstück nicht ab.

b **Versuch II:** Auch bei einer zweiten Transplantation eines Hautstücks kommt es zu keiner Abstoßungsreaktion. Das Immunsystem der Maus B hat in der nachgeburtlichen Entwicklungsphase die Gewebsantigene der Maus A als körpereigen akzeptiert. Daher bleiben auch später alle Zellen mit Antigenen der Maus A vor Angriffen durch das Immunsystem verschont.

Versuch III: Maus A stößt das transplantierte Hautstück von Maus B ab. Das Immunsystem der Maus A erkennt die transplantierten Hautzellen an ihren andersartigen Gewebsantigenen als körperfremd.

300 a Mastzellen
b Exozytose: Golgi-Vesikel verschmelzen mit der Hüllmembran der Mastzelle und setzen die in ihnen enthaltenen Substanzen frei. Dabei handelt es sich um Histamin und Serotonin.
c T-Unterdrücker-Zellen

301 Es soll nachgewiesen werden, ob sich monoklonale Antikörper gebunden haben. Das geschieht durch den enzymatischen Umbau einer Farbstoff-Vorstufe in einen sichtbaren Farbstoff. Wenn nicht ausgewaschen wird, die monoklonalen Antikörper also auch in der Probe bleiben, wenn sie nicht gebunden werden konnten, kommt es immer zu einer Färbung. Die Probe soll sich aber nur färben, wenn sich die monoklonalen Antikörper an Anti-HIV-Antikörper gebunden haben. Daher müssen ungebundene monoklonale Antikörper durch Auswaschen entfernt werden.

302 Durch den Test lässt sich nachweisen, dass Anti-HIV-Antikörper vorhanden sind, dass also HI-Viren in den Körper eingedrungen sind. Es ist möglich, wenn auch nicht sehr wahrscheinlich, dass das Immunsystem es geschafft hat, die HI-Viren vollständig zu vernichten, z. B. wenn nur wenige HI-Viren übertragen wurden. Dann kommt es zu keiner Erkrankung.

303 Am Boden der Testgefäße (Mikrotiterplatten) sind Antikörper fixiert, die spezifisch das betreffende Hormon binden. In solche Gefäße wird eine Probe des Blutserums gegeben. Wenn das Hormon im Serum vorhanden ist, bindet es sich an diese Antikörper. Danach werden monoklonale Antikörper in die Gefäße gegeben, die eine Bindungsstelle für die oben erwähnten Antikörper haben und an die ein bestimmtes Enzym gekoppelt ist. Jetzt wird die Probe ausgewaschen. Dadurch werden alle monoklonalen Antikörper entfernt, die nicht gebunden vorliegen. Danach gibt man die nicht sichtbare Vorstufe eines Farbstoffs in die Testgefäße, die von dem an den monoklonalen Antikörpern hängenden Enzym in einen sichtbaren Farbstoff umgewandelt werden kann. Die Proben färben sich, wenn monoklonale Antikörper vorhanden sind. Dies ist nur möglich, wenn auch Hormone vorhanden sind, weil die Hormone die monoklonalen Antikörper gebunden und so vor Auswaschung geschützt haben. Die Hormone wiederum hängen an den spezifischen Antikörpern, die am Boden der Testgefäße fixiert sind.

Stichwortverzeichnis

Die in Klammern angegebenen Ziffern verweisen auf die Bände Abitur-Training Biologie 1, Verlags-Nr. 847018V, und Abitur-Training Biologie 2, Verlags-Nr. 847028.

Quellenverzeichnis

Titelbild (Virus): © mathagraphics – Fotolia.com
Kapitelbild 1(Phagozytose): NAS/Biophoto Associates/OKAPIA
Kapitelbild 2 (Junge mit Albinismus): © Imago/Friedrich Stark
Kapitelbild 3 (Sepia): © Natuska106/Dreamstime.com
Kapitelbild 4 (Makrophagen): Dr. Raowf Guirguis, National Cancer Institute; Foto von Susan Arnold; http://commons.wikimedia.org/wiki/File:Macs_killing_cancer_cell.jpg?uselang=de
Abb. 14, S. 28 (Zellkern): Ude, Joachim; Koch, Michael: Die Zelle. Atlas der Ultrastruktur. Heidelberg: Spektrum Akademischer Verlag, 3. Auflage 2002, S. 41
Abb. 15, S. 28 (Chloroplast): Steer, M. W.; Holden, J. H. W.; Gunning, B. E. S.: Avena chloroplasts: species relationships and the occurrence of stromacentres. In: Canadian Journal of Genetics and Cytology 1970 (12/1), Abb. 21c. Mit Erlaubnis von Canadian Science Publishing.
Abb. 16, S. 29 (Mitochondrium) und Abb. 27, S. 41 (Mitochondrium): Ude, Joachim; Koch, Michael: Die Zelle. Atlas der Ultrastruktur. Heidelberg: Spektrum Akademischer Verlag, 3. Aufl. 2002, S. 81
Abb. 17, S. 29 (Golgi-Apparat): © BIOPHOTO ASSOCIATES
Abb. 19, S. 30 (raues Endoplasmatisches Reticulum): Bild aus Dr. Jastrows EM Atlas (www.drjastrow.de)
Abb. 20, S. 31 (Mikrotubuli): © Glückert R., Forschungslabor für Innenohrbiologie, HNO Klinik Innsbruck
Abb. 21, S. 31 (Tierzelle): © NAS/Don W. Fawcett/OKAPIA
Abb. 22, S. 31 (Pflanzenzelle): © Dr. Jeremy Burgess/Science Photo Library/Agentur Focus
Abb. 24, S. 40 (Granathylakoide): Gunning, B. E. S.; Steer, M. W.: Plant cell biology: structure and function. Sudbury: Jones & Bartlett, 1996
Abb. 25, S. 40 (Nukleus): Ude, Joachim; Koch, Michael: Die Zelle. Atlas der Ultrastruktur. Heidelberg: Spektrum Akademischer Verlag, 3. Aufl. 2002, S. 32
Abb. 26, S. 40 (Pflanzenzelle): Kleinig, Hans; Sitte, Peter : Zellbiologie. Ein Lehrbuch. Heidelberg: Spektrum Akademischer Verlag, 5. Aufl. 2004, S. 21
Abb. 62, S. 95 (Chromosom): aus Stubblefield, E.; Wray, W.: Chromosoma (Berlin) 32, 262 (1971)
Abb. 106, S. 193; Abb. 107, S. 194 (Querschnitt und Verschaltung Rückenmark), Abb. 124, S. 219; Abb. 125, S. 220 (Gehirne): Peter Kornherr, Dorfen